普通高等教育电工电子基础课程系列教材

数字电子技术基础

第 2 版

主编　沈任元
参编　王海群　刘桂英　陈　平　成叶琴

机械工业出版社

本书是依据高等院校电气信息类专业数字电子技术基础课程教学的基本要求而编写的理论和实验合一的教材。课程以基础实验和项目任务实验为引领，将知识点融入其中，通过实践来学习基本理论，注重基本理论、基本分析方法的介绍和应用，始终贯彻"教、学、练、思"相结合的原则，鼓励学生积极思考，使学生熟悉器件在数字电子系统中的具体应用，从能力培养的角度出发，使学生能够学以致用，培养学生分析问题和解决问题的能力，创建一种生动的教学模式。

本书可作为高等院校理工科电类各专业本科或专科"数字电子技术"及相关课程的教材，也可供有关工程技术人员自学和参考。本书可满足先开设数字电路，后开设模拟电路的课程设置要求。为方便教学，本书配有理论和实验的全程视频课程、电子课件、部分习题答案、实验指导等资源，读者可登录 http：//www.sdju.edu.cn/网络服务/课程中心/数字电子技术基础。

图书在版编目（CIP）数据

数字电子技术基础/沈任元主编．—2 版．—北京：机械工业出版社，2019.2（2025.1 重印）

普通高等教育电工电子基础课程系列教材

ISBN 978-7-111-61929-1

Ⅰ．①数… Ⅱ．①沈… Ⅲ．①数字电路-电子技术-高等学校-教材 Ⅳ．①TN79

中国版本图书馆 CIP 数据核字（2019）第 021567 号

机械工业出版社（北京市百万庄大街 22 号　邮政编码 100037）
策划编辑：徐　凡　责任编辑：徐　凡　王玉鑫
责任校对：张晓蓉　封面设计：张　静
责任印制：刘　媛
涿州市般润文化传播有限公司印刷
2025 年 1 月第 2 版第 8 次印刷
184mm×260mm・16.5 印张・446 千字
标准书号：ISBN 978-7-111-61929-1
定价：39.80 元

电话服务　　　　　　　　　网络服务
客服电话：010-88361066　　机　工　官　网：www.cmpbook.com
　　　　　010-88379833　　机　工　官　博：weibo.com/cmp1952
　　　　　010-68326294　　金　书　网：www.golden-book.com
封底无防伪标均为盗版　　　机工教育服务网：www.cmpedu.com

写给同学们的话

同学们！现代数字电子技术的发展是令人激动兴奋的，你无论走到哪里，都能看到数字电子设备和装置，数字电子技术使我们能够使用小巧灵便、功能强大的手机、MP5等电子产品。数字电子技术改变着整个工业体系的技术，如DSP技术、SoC设计、EDA技术、嵌入式系统、面向用户的微电子技术等新技术的应用，也指引着未来电子技术的发展方向，电子产品的复杂度也越来越高。数字电子技术脱胎换骨式的变化，对这一领域的专业基础课程"数字电子技术基础"的教学内容提出了更高的要求。

从有利于培养高级技术人才出发，以培养学生的综合工作能力为线索，结合我们多年从事数字电子技术课程教学的改革和实践经验，依据高等学校电气信息类专业数字电子技术基础课程教学的基本要求，编写了这本理论和实验合一的试点教材。我们要与你们一起创建一种教与学相结合、学与用相结合、动手与动脑相结合的教学模式，为应用型本科课程实施方面做一尝试性探索。

本课程是采用更紧密的"教、学、做"合一的办法来学习技术理论的基础课。在课内外学习基本理论的基础上，充分利用实验来学习技术理论，我们开设的实验项目中不但有掌握基础理论知识的认识实验，还安排了一个以四相步进电动机控制的项目实验（通过一学期逐步完成）。每章实验的内容紧密配合理论课的教学，遵循循序渐进的实践原则，你们可以亲手来试一试。数字电子技术基础课程中"做"的作业不仅有理论分析计算，还包括实验作业，面对实验中提出的问题，正是挑战你们独立思考的机会，只有对问题喜欢刨根问底，以钻研为乐趣，喜欢琢磨的人才可能成为优秀的工程师。理论结合实践的认识过程常常遵循着"理论—实践—理论—实践"的路径，在寻求解决问题的过程中，会让每个同学都能体会到成功的喜悦，我们评价的重点是你们的学习态度和学习的投入程度，我们特别鼓励你们的创造性实践。实践是打开电子技术"大门"的钥匙，你们在实践中养成的应用知识能力，做事专注细心、踏实稳重，有科学的态度和创新意识，这些都会给以后的学习和工作带来更大的益处。尽管数字电子技术还有更多内容要进一步介绍，但由于教学计划的课时有限，本书只能帮助你们学习最重要的数字电子技术的基本原理，希望同学们在学习过程中能参阅更多的图书和资料，要努力去思考、理解、实践、积累，这样才能真正学会。

对书中存在的一些不妥和疏漏之处，欢迎广大学生多提宝贵意见，请把你们的意见和建议告诉我们（E-mail：renyuan@ciyiz.net）。

诚邀同学们上座享用为你们制作的"数字大餐"，期待着与你们的携手合作！

编 者

前　言

为了适应本科人才培养的要求和电子科学技术的发展，我们从"数字电子技术基础"课程的教学要求和总结教学实践的基础上来编写这本理论和实验合一的教材，采用更紧密的"教、学、做"教学理念，在传统的传递知识型学科教学的基础上，通过"教、学、做"使学生能够掌握良好的学习方法，把被动接受学习转向主动探究性的学习，使掌握的专业基础知识有一定广度和深度，对学生将来的学习和工作更具有意义和富有实际价值。

本书的主要特色：

（1）本课程教学依据的是高等院校电气信息类专业数字电子技术基础课程教学的基本要求。尊重教学规律和学生认识规律，保证（不强调）知识的系统性、逻辑性和完整性，更关注学生的学习兴趣，如何更好地掌握数字电子技术的基本知识、基本理论以及分析和设计数字电路的一般方法。就目前来说，我们认为学习传统数字电子的理论技术对于深入理解现代数字电子技术是必需的。

（2）理论教学与实践应用并重。课程教学通过基础实验和项目任务实验的引领，将理论知识点融入实验中，书中安排了24个实验，其中验证性实验6个，设计性实验8个，课外实验10个。设法改变原来的课程实施过于强调接受学习、死记硬背的状况，鼓励学生主动参与和充分交流，乐于探究，勤于动手，培养学生具有更新知识的能力，以及在实践中培养学生发现问题、分析和解决问题的能力，使学生能够学以致用，形成积极主动的学习态度，以符合应用型本科人才培养的要求。

（3）通过理论与实践应用并重的教学，学生能更好地完成从高中阶段向大学阶段在学习上和心理上的适应过程，并能更好地通过课程评价促进学生发展、教师提高和改进教学实践等。

（4）本书从分析TTL门电路着手，理解逻辑器件的技术参数、逻辑集成器件的应用并以CMOS为主。书中配备了各章的应用电路介绍和各种类型的例题、习题，并在书后给出了部分习题的答案，有利于读者自我学习检查。为了理论教学、实验、课程设计等需要，还选编了各种用于模拟电路和数字电路的典型元器件的参数，并出版了《常用电子元器件简明手册》（ISBN：978-7-111-30728-0）。

本书的理论教学参考学时数为32~48，实验教学参考学时数为14~30，有关章节内容可根据各校专业要求及学时情况酌情调整。本书可满足先开设数字电路，后开设模拟电路的课程设置要求。本书可作为高等院校理工科电类各专业本科或专科"数字电子技术"及相关课程的教材，也可供有关工程技术人员自学和参考。

本书各章实验汇总：

（1）课内实验

实验1.1　数字电路的认识实验（验证性）

实验1.2　逻辑门电路的功能测试（验证性）

实验2.1　四相步进电动机转动（验证性）

实验2.2　门电路的逻辑变换（设计性）

实验 3.1　组合逻辑电路的设计（设计性）
实验 3.2　步进电动机正反转控制（设计性）
实验 3.5　步进电动机转动数字显示（设计性）
实验 4.1　触发器逻辑功能的测试（验证性）
实验 5.1　寄存器及其应用（验证性）
实验 5.4　步进电动机驱动控制（设计性）
实验 5.5　步进电动机置数控制（设计性）
实验 6.1　555 定时器的应用（验证性）
实验 6.3　步进电动机转速和定时控制（设计性）
实验 9.1　步进电动机的点动、光照、声音等控制（综合设计性）

（2）课外实验

实验 1.3　集成逻辑门电路参数测试
实验 2.3　集成逻辑门电路的应用
实验 3.3　集成组合逻辑电路（一）
实验 3.4　集成组合逻辑电路（二）
实验 3.6　数字动态显示控制
实验 5.2　计数器功能
实验 5.3　计数器及其应用
实验 6.2　多谐振荡器的应用
实验 7.1　随机存取存储器及其应用
实验 8.1　D/A、A/D 转换器

合计 24 个：验证性实验 6 个、设计性实验 8 个、课外实验 10 个。

参加本书编写的编者有王海群（第 1 章）、成叶琴（第 2、3 章）、刘桂英（第 4~6 章）、陈平（第 7、8 章）、沈任元（第 9 章、附录、各章实验等）。全书由沈任元、王海群统稿，华东师范大学劳五一教授担任主审，他认真审阅了全书，并提出了宝贵的修改意见。本书编写过程中得到了上海电机学院领导、教师、学生的关怀和支持，在此一并表示深深的谢意。

对书中存在的一些不妥和疏漏之处，敬请读者批评指正，请把你们的意见和建议告诉我们（E - mail：renyuan@ ciyiz. net）。

编　者

目 录

写给同学们的话
前言

第 1 章 数字电路和逻辑门电路 ... 1
1.1 概述 ... 1
1.2 数字信号与模拟信号 ... 1
1.3 数字电路的逻辑状态和正负逻辑 ... 2
1.3.1 逻辑状态和正负逻辑的规定 ... 2
1.3.2 标准高低电平的规定 ... 2
1.4 基本逻辑关系及其逻辑运算 ... 2
1.4.1 与逻辑和与运算 ... 3
1.4.2 或逻辑和或运算 ... 3
1.4.3 非逻辑和非运算 ... 4
1.5 半导体器件的开关特性 ... 4
1.5.1 半导体基本知识 ... 4
1.5.2 半导体二极管及其开关特性 ... 5
1.5.3 晶体管及其开关特性 ... 6
1.6 TTL 集成门电路 ... 9
1.6.1 TTL 门电路系列 ... 9
1.6.2 TTL 与非门电路 ... 9
1.6.3 TTL 门电路的外部特性 ... 11
1.6.4 TTL 门电路的主要参数 ... 15
1.6.5 TTL 其他类型的门电路 ... 17
1.7 CMOS 门电路 ... 21
1.7.1 MOS 管的开关特性 ... 22
1.7.2 CMOS 门电路概述 ... 23
1.7.3 CMOS 门电路系列 ... 25
1.7.4 CMOS 器件使用时应注意的问题 ... 26
1.8 集成门电路的接口电路 ... 27
1.8.1 TTL 电路驱动 CMOS 电路 ... 27
1.8.2 CMOS 电路驱动 TTL 电路 ... 28
1.9 数字电路故障的检测和排除 ... 29
1.9.1 产生故障的主要原因 ... 29
1.9.2 常见的故障类型 ... 29
1.9.3 查找故障的常用方法 ... 30
1.10 应用电路介绍 ... 31
本章小结 ... 32
思考题与习题 ... 33
本章实验 ... 37
实验 1.1 数字电路的认识实验 ... 37
实验 1.2 逻辑门电路的功能测试 ... 37
实验 1.3 集成逻辑门电路参数测试 ... 39

第 2 章 逻辑代数基础 ... 43
2.1 数制与编码 ... 43
2.1.1 几种常用的数制 ... 43
2.1.2 不同进制数之间的相互转换 ... 44
2.1.3 编码 ... 46
2.2 逻辑代数基础 ... 48
2.2.1 基本概念 ... 49
2.2.2 基本逻辑运算 ... 49
2.3 逻辑函数常用的描述方法及相互间的转换 ... 49
2.3.1 逻辑函数及其表示方法 ... 49
2.3.2 真值表、卡诺图和函数式的对应关系 ... 51
2.3.3 用逻辑图描述逻辑函数 ... 52
2.3.4 用波形图描述逻辑函数 ... 52
2.3.5 逻辑函数相等的概念 ... 52
2.4 逻辑函数的化简 ... 53
2.4.1 逻辑代数中的基本公式和定律 ... 53
2.4.2 逻辑函数的化简与变换 ... 54
2.4.3 代数法化简 ... 56
2.4.4 卡诺图法化简 ... 57
2.5 具有无关项逻辑函数的化简 ... 60
2.5.1 任意项、约束项和无关项 ... 60
2.5.2 无关项的化简 ... 61
2.6 应用电路介绍 ... 62
本章小结 ... 63
思考题与习题 ... 64
本章实验 ... 65
实验 2.1 四相步进电动机转动 ... 65
实验 2.2 门电路的逻辑变换 ... 66
实验 2.3 集成逻辑门电路的应用 ... 68

第 3 章 组合逻辑电路 ... 70
3.1 组合逻辑电路概述 ... 70
3.2 组合逻辑电路的分析 ... 70
3.2.1 基本分析方法 ... 70
3.2.2 分析举例 ... 71
3.3 组合逻辑电路的设计 ... 72

| 3.3.1 基本设计方法 ………………… 72
| 3.3.2 设计举例 …………………… 72
3.4 常用的组合电路 ……………………… 74
　3.4.1 编码器 …………………………… 75
　3.4.2 译码器 …………………………… 78
　3.4.3 数据选择器 ……………………… 84
　3.4.4 数据分配器 ……………………… 86
　3.4.5 数值比较器 ……………………… 87
　3.4.6 加法器 …………………………… 89
3.5 组合逻辑电路中的竞争和冒险 ……… 92
　3.5.1 竞争冒险现象产生及其产生的原因 …………………………… 92
　3.5.2 冒险现象的判断 ………………… 93
　3.5.3 消除冒险现象的方法 …………… 93
3.6 应用电路介绍 ………………………… 94
本章小结 …………………………………… 96
思考题与习题 ……………………………… 96
本章实验 …………………………………… 99
实验 3.1 组合逻辑电路的设计 ………… 99
实验 3.2 步进电动机正反转控制 ……… 100
实验 3.3 集成组合逻辑电路（一） …… 100
实验 3.4 集成组合逻辑电路（二） …… 102
实验 3.5 步进电动机转动数字显示 …… 104
实验 3.6 数字动态显示控制 …………… 105

第 4 章　触发器 ………………………… 106
4.1 触发器的基本电路 ………………… 106
　4.1.1 基本 RS 触发器 ………………… 106
　4.1.2 钟控 RS 触发器 ………………… 108
4.2 边沿触发器 ………………………… 110
　4.2.1 边沿 D 触发器 ………………… 110
　4.2.2 边沿 JK 触发器 ………………… 111
4.3 触发器功能的转换 ………………… 112
　4.3.1 D 触发器转换为 JK、T 和 T′触发器 ……………………………… 113
　4.3.2 JK 触发器转换为 D、T 和 T′触发器 ……………………………… 113
4.4 应用电路介绍 ……………………… 114
本章小结 ………………………………… 116
思考题与习题 …………………………… 117
本章实验 ………………………………… 119
实验 4.1 触发器逻辑功能的测试 …… 119

第 5 章　时序逻辑电路 ………………… 121
5.1 时序逻辑电路的基本概念 ………… 121
　5.1.1 时序逻辑电路的结构及特点 … 121
　5.1.2 时序逻辑电路的分类 ………… 121

　5.1.3 时序逻辑电路的逻辑功能的表示方法 …………………………… 122
5.2 时序逻辑电路的分析 ……………… 122
5.3 常用集成时序逻辑器件 …………… 125
　5.3.1 寄存器 ………………………… 125
　5.3.2 计数器 ………………………… 129
5.4 应用电路介绍 ……………………… 143
本章小结 ………………………………… 145
思考题与习题 …………………………… 146
本章实验 ………………………………… 151
实验 5.1 寄存器及其应用 …………… 151
实验 5.2 计数器功能 ………………… 153
实验 5.3 计数器及其应用 …………… 155
实验 5.4 步进电动机驱动控制 ……… 156
实验 5.5 步进电动机置数控制 ……… 157

第 6 章　脉冲波形的产生与整形 ……… 158
6.1 预备知识 …………………………… 158
　6.1.1 脉冲概念 ……………………… 158
　6.1.2 微分电路和积分电路 ………… 158
　6.1.3 阈值电压 ……………………… 160
　6.1.4 利用反相器对微积分脉冲进行整形处理 …………………………… 160
6.2 555 定时器 ………………………… 161
　6.2.1 555 定时器的电路组成 ……… 161
　6.2.2 555 定时器的功能及工作原理 … 162
6.3 555 定时器构成脉冲波形的产生与整形电路 ……………………………… 163
　6.3.1 施密特触发器 ………………… 163
　6.3.2 单稳态触发器 ………………… 164
　6.3.3 多谐振荡器 …………………… 165
6.4 门电路构成脉冲波形的产生与整形电路 ……………………………… 167
　6.4.1 用门电路组成的单稳态触发器 … 167
　6.4.2 用门电路组成的施密特触发器 … 170
　6.4.3 用门电路组成的多谐振荡器 … 171
6.5 集成触发器构成脉冲波形的产生与整形电路 ……………………………… 174
　6.5.1 集成单稳态触发器 …………… 174
　6.5.2 集成施密特触发器 …………… 177
6.6 应用电路介绍 ……………………… 178
本章小结 ………………………………… 180
思考题与习题 …………………………… 181
本章实验 ………………………………… 187
实验 6.1 555 定时器的应用 ………… 187
实验 6.2 多谐振荡器的应用 ………… 187

实验 6.3　步进电动机转速和定时控制 ………… 189

第 7 章　半导体存储器与可编程逻辑器件 ……………………………… 190

7.1　半导体存储器概述 ……………………… 190
   7.1.1　半导体存储器的分类 ……………… 190
   7.1.2　半导体存储器的技术指标 ………… 190
7.2　只读存储器和随机存取存储器 ………… 191
   7.2.1　只读存储器 ………………………… 191
   7.2.2　随机存取存储器 …………………… 193
   7.2.3　存储器的扩展 ……………………… 195
7.3　可编程逻辑器件 ………………………… 196
   7.3.1　PLD 概述 …………………………… 196
   7.3.2　可编程逻辑阵列 …………………… 198
   7.3.3　通用阵列逻辑 ……………………… 200
   7.3.4　复杂可编程逻辑器件 ……………… 202
   7.3.5　现场可编程逻辑阵列 ……………… 202
7.4　应用电路介绍 …………………………… 203
本章小结 ………………………………………… 204
思考题与习题 …………………………………… 205
本章实验 ………………………………………… 206
实验 7.1　随机存取存储器及其应用 ………… 206

第 8 章　数/模和模/数转换 ……………… 208

8.1　D/A 转换器 ……………………………… 208
   8.1.1　D/A 转换器的基本原理 …………… 208
   8.1.2　D/A 转换器的主要参数 …………… 210
   8.1.3　集成 D/A 转换器 …………………… 211

8.2　A/D 转换器 ……………………………… 214
   8.2.1　A/D 转换的基本结构和工作原理 …………………………………… 214
   8.2.2　A/D 转换器的组成和工作原理 …… 217
   8.2.3　A/D 转换器的主要参数 …………… 219
   8.2.4　集成 A/D 转换器 ADC0809 ……… 219
8.3　应用电路介绍 …………………………… 221
本章小结 ………………………………………… 223
思考题与习题 …………………………………… 224
本章实验 ………………………………………… 226
实验 8.1　D/A、A/D 转换器 …………………… 226

第 9 章　数字系统的综合分析 …………… 230

9.1　数字系统的概念 ………………………… 230
9.2　数字系统的分析方法 …………………… 230
9.3　数字系统的实例分析 …………………… 231
本章小结 ………………………………………… 234
思考题与习题 …………………………………… 234
本章实验 ………………………………………… 238
实验 9.1　步进电动机的点动、光照、声音等控制 …………………………… 238

附录 ……………………………………………… 239

附录 A　电子电路实验箱简介 ………………… 239
附录 B　步进电动机工作原理简介 …………… 242
附录 C　部分基本逻辑单元图形符号对照 …… 243

部分习题答案 …………………………………… 245

参考文献 ………………………………………… 256

第1章 数字电路和逻辑门电路

1.1 概述

数字电路中,逻辑门电路就是指实现基本逻辑关系的电路,最基本逻辑关系为与、或、非,最基本的逻辑门电路是与门、或门和非门。逻辑门电路分为分立元件门电路(discrete circuit)和集成门电路(integrated circuit)两大类。集成电路按照单片硅片集成门电路的数量,可分为小规模集成(Small Scale Integration,SSI)、中规模集成(Medium Scale Integration,MSI)、大规模集成(Large Scale Integration,LSI)、超大规模集成(Very Large Scale Integration,VLSI)电路等。

根据集成电路的制造工艺来分类,数字集成电路可以分为双极型集成电路和单极型集成电路。双极型集成电路中的基本开关器件为晶体三极管。在晶体三极管中,多子和少子两种载流子同时参与导电,所以也称为双极型器件。双极型集成电路可以分为 TTL(Transistor-Transistor Logic,晶体管—晶体管逻辑)、ECL(Emitter Coupled Logic,发射极耦合逻辑)、HTL(High Threshold Logic,高阈值逻辑)电路等类型。单极型集成电路中的基本开关器件为 MOS(Metal Oxide Semiconductor,金属氧化物半导体)场效应晶体管。在场效应晶体管中,只有一种载流子(自由电子或空穴)参与导电,所以也称为单极型器件。单极型集成电路又可以分为 PMOS、NMOS 和 CMOS 等类型。双极型集成电路的特点是速度快、负载能力强,但功耗较大、结构较复杂,因而集成度较低;单极型集成电路的特点是结构简单、集成度高、功耗低,但速度比一般双极型集成电路稍慢。随着 CMOS 制造工艺的不断发展,CMOS 集成电路的工作速度和驱动能力有了明显的提高,因此 CMOS 集成电路也越来越被广泛地应用。在本章中将着重介绍 TTL 集成电路和 CMOS 集成电路。

1.2 数字信号与模拟信号

在电子应用中,可测量的量分为两大类:一类是模拟量;另一类是数字量。所谓模拟量是指在时间和数值上都是连续变化的物理量。表示模拟量的信号称为模拟信号(Analog Signals),例如模拟语言的音频信号(可以通过送话器把声音信号转换成相应的电信号),模拟温度变化的(如从热电偶上得到的)电压信号等都属于模拟信号,图 1-1 中所示的信号就是一个模拟信号。我们把处理模拟信号的电子电路称为模拟电路,如各类放大电路、稳压电路等。所谓数字量是指其变化在时间和数值上都是离散的或者说是断续的物理量。表示数字量的信号称为数字信号(Digital Signals),如图 1-2 所示。我们把处理数字信号的电子电路称为数字电路,如在本书后面章节中介绍的门电路、编码器、译码器和计数器等。

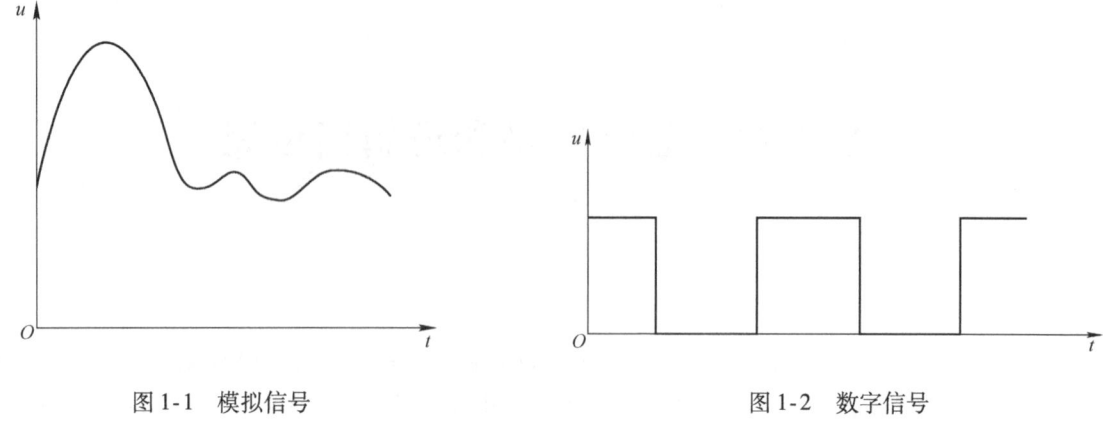

图 1-1　模拟信号　　　　　　　　　图 1-2　数字信号

1.3　数字电路的逻辑状态和正负逻辑

1.3.1　逻辑状态和正负逻辑的规定

在数字电路中，电位的高低或电路的"通""断"是相互对立的逻辑状态，可用逻辑 1 和逻辑 0 分别表示。通常有两种不同的表示方法：

通常规定高电平表示逻辑 1，低电平表示逻辑 0，称为正逻辑（Positive Logic）。

如果规定低电平表示逻辑 1，高电平表示逻辑 0，称为负逻辑（Negative Logic）。

对于同一个逻辑电路，可以采用正逻辑也可以采用负逻辑，但应事先规定。因为即使同一种电路，由于选择的正、负逻辑不同，功能也会不相同。在本书的各个章节中，均采用正逻辑。

1.3.2　标准高低电平的规定

由于电路所处环境温度的变化、电源电压的波动、负载的大小以及电路中元器件参数的分散性和干扰等因素的影响，实际的高低电平都不是一个固定的值。通常高低电平都有一个允许变化的范围，只要能够明确区分开这两种对应的状态就可以了。因此，在数字电路中，对电源电压的稳定度和元器件参数精度的要求比在模拟电路中低。但在实际应用中，若高电平太低，或低电平太高，都会使逻辑 1 或逻辑 0 这两种逻辑状态区分不清，从而破坏了原来确定的逻辑关系。因此，规定了高电平的下限值，并称它为标准高电平，用 U_{SH} 表示，同样也规定了低电平的上限值，称为标准低电平，用 U_{SL} 表示。在实际的逻辑系统中，应满足高电平 $U_H \geq U_{SH}$，低电平 $U_L \leq U_{SL}$。图 1-3 为高低电平的允许范围示意图。

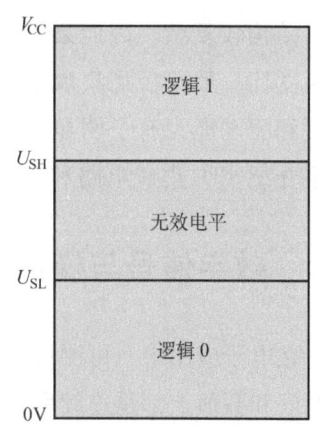

图 1-3　高低电平的允许范围

1.4　基本逻辑关系及其逻辑运算

在数字电路中，具有三种基本的逻辑关系："与""或""非"。实现这三种逻辑关系的电路分别叫作"与门（AND gate）""或门（OR gate）""非门（NOT gate）"。相对应的还具有三种基本的逻辑运算，即"与"运算、"或"运算、"非"运算。其他逻辑运算就是通过这三种基本运算来实现的。

1.4.1 与逻辑和与运算

只有当决定某一种结果的所有条件都具备时，这个结果才能发生，我们把这种因果关系称为与逻辑关系，简称与逻辑。

在图 1-4 所示电路中，只有开关 A 与开关 B 都闭合时，灯 Y 才能亮，只要有一个开关断开，灯就灭。因此灯亮和开关 A、B 的接通是与逻辑关系。

通常，我们把结果发生或条件具备用逻辑 1 表示，结果不发生或条件不具备用逻辑 0 表示。在此电路中，灯亮用 1 表示，灯灭用 0 表示，开关接通用逻辑 1 表示，断开用逻辑 0 表示。可得表示 Y 与 A、B 逻辑关系的图表，这种用 0、1 表示输入逻辑变量的各种可能的取值和相应的函数值排列在一起而组成的图表称为真值表（Truth Table），如表 1-1 所示。

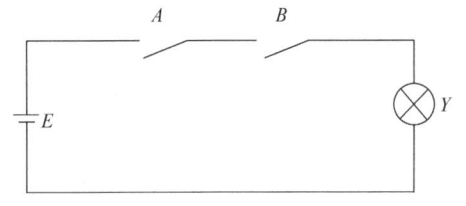

图 1-4 与逻辑关系

表 1-1 表示与逻辑运算的真值表

A	B	Y
0	0	0
0	1	0
1	0	0
1	1	1

该逻辑关系可以记作：

$$Y = A \cdot B \tag{1.1}$$

或

$$Y = AB \text{（其中"·"可以省略）}$$

利用上述运算符号，得到下列与逻辑运算：

$$0 \cdot 0 = 0$$
$$0 \cdot 1 = 0$$
$$1 \cdot 0 = 0$$
$$1 \cdot 1 = 1$$

实现与逻辑关系的电路称为与门。图 1-5 所示为与逻辑符号，也是与门的逻辑符号。

图中，A、B 叫作输入逻辑变量，Y 叫作输出逻辑变量，"与"逻辑是当所有输入均为"1"状态时，输出才为"1"状态。

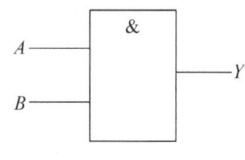

图 1-5 与逻辑符号

1.4.2 或逻辑和或运算

当决定某一结果的多个条件中，只要有一个或一个以上的条件具备，结果就发生，这种逻辑关系就称为或逻辑关系，简称或逻辑。

图 1-6 所示电路中，开关 A 和 B 只要有一个接通，灯 Y 就亮。因此灯 Y 亮和开关 A、B 接通是或逻辑关系。

同样，开关接通、灯亮，我们用逻辑 1 表示，开关断开、灯灭，我们用逻辑 0 表示。可得表示 Y 与 A、B 逻辑关系真值表，如表 1-2 所示。

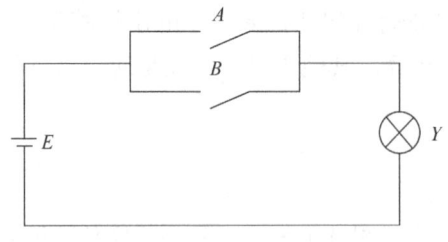

图 1-6 或逻辑关系

表 1-2 表示或逻辑运算的真值表

A	B	Y
0	0	0
0	1	1
1	0	1
1	1	1

该逻辑关系可以记作：

$$Y = A + B \tag{1.2}$$

并可得或运算的运算规则：

$$0 + 0 = 0$$
$$0 + 1 = 1$$
$$1 + 0 = 1$$
$$1 + 1 = 1$$

实现或逻辑关系的电路称为或门。图 1-7 所示为或逻辑的符号，也是或门的逻辑符号。

1.4.3 非逻辑和非运算

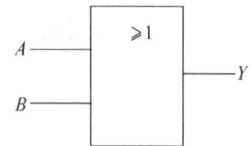

图 1-7 或逻辑符号

如果条件与结果的状态总是相反，则这样的逻辑关系叫作非逻辑关系，简称非逻辑，或者称逻辑非。

图 1-8 电路中，开关 A 接通时灯 Y 不亮，而开关 A 断开时反而灯 Y 亮。因此灯 Y 亮和开关接通是非逻辑关系。

同样，可得表示 Y 与 A 逻辑关系真值表，如表 1-3 所示。

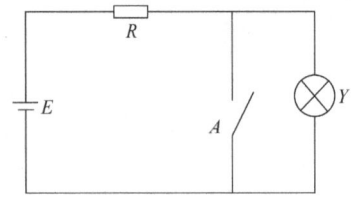

图 1-8 非逻辑关系

表 1-3 表示非逻辑运算的真值表

A	Y
0	1
1	0

该逻辑关系可以记作：

$$Y = \overline{A} \tag{1.3}$$

利用上述运算符号，得到下列非逻辑运算：

$$\overline{0} = 1$$
$$\overline{1} = 0$$

实现非逻辑关系的电路称为非门（也称为反相器），其符号和非逻辑的逻辑符号相同，如图 1-9 所示。

1.5 半导体器件的开关特性

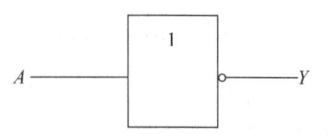

图 1-9 非逻辑符号

1.5.1 半导体基本知识

自然界的物质若按导电能力划分，可分为导体、半导体和绝缘体三种。半导体的导电能力介于导体和绝缘体之间，电阻率通常为 $10^{-3} \sim 10^{-9} \Omega \cdot cm$。常用的半导体有硅、锗、硒、砷化镓以及大多数金属氧化物和硫化物等。

半导体可以分为本征半导体和杂质半导体。纯净的单晶半导体称为本征半导体（intrinsic semiconductor）。本征半导体中的载流子（自由电子空穴对）在常温下数量少、导电能力差。在本征半导体中掺入微量合适的元素后形成的半导体称为杂质半导体。根据掺入杂质的不同可分为：P 型半导体和 N 型半导体两种。在本征半导体中掺入五价杂质原子，如掺入磷原子，可形成 N 型半导体（N - type semiconductor）。在本征半导体中掺入三价杂质原子，如硼等形成了 P 型半导体（P - type semiconductor）。

在同一块本征半导体晶片上，采用特殊的掺杂工艺，在两侧分别掺入三价元素和五价元素，一侧形成 P 型半导体，另一侧形成 N 型半导体，则在这两种半导体交界面的两侧分别留下了不能移动的正负离子，形成一个具有特殊导电性能的空间电荷区，称为 PN 结。

当电源的正极接在 PN 结的 P 端，电源的负极接在 PN 结的 N 端，即在 PN 结上加正向电压时（正偏），PN 结电阻很低，正向电流（forward current）较大，PN 结处于导通状态（turn - on state）；加反向电压时（反偏），PN 结电阻很高，反向电流很小，PN 结处于截止状态（cut - off state）。PN 结的重要特性是具有单向导电性（unilateral conductivity）。

1.5.2 半导体二极管及其开关特性

将 PN 结加上相应的电极引线和管壳，就成为半导体二极管。根据半导体二极管材料的不同，可分为硅二极管和锗二极管。图 1-10 是二极管的表示符号。

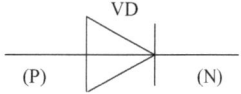

二极管的主要特性是单向导电性，其伏安特性如图 1-11 所示。

图 1-10　半导体二极管表示符号

当二极管的正向电压很小时，几乎没有电流通过二极管。正向电压超过某数值后，才有正向电流流过二极管，这一电压值称为死区电压。硅管的死区电压一般为 0.5V，锗管则约为 0.1V。二极管的正向电压大于死区电压后，有较大的正向电流通过二极管，称为二极管导通。正向电流随着电压的增加而迅速增大，当二极管充分导通后，其管压降随电流的增加变化很小，基本为一定值，普通硅管导通电压约为 0.7V，锗管约为 0.3V。当二极管加反向电压时，二极管截止，反向电流 I_S 很小而且基本不变，呈现很高的反向电阻。硅二极管的 I_S 在 $1\mu A$ 以下，反向电阻在 $10M\Omega$ 以上，锗二极管 I_S 在几十到上百微安，反向电阻为几百千欧到几兆欧，因此，二极管截止时，如同一个断开的开关。可见，二极管在电路中可以作为一个受外加电压极性控制的开关。

图 1-12a 给出了一个二极管开关电路，图 1-12b 为二极管导通状态下的等效电路，图 1-12c 为二极管截止状态下的等效电路。

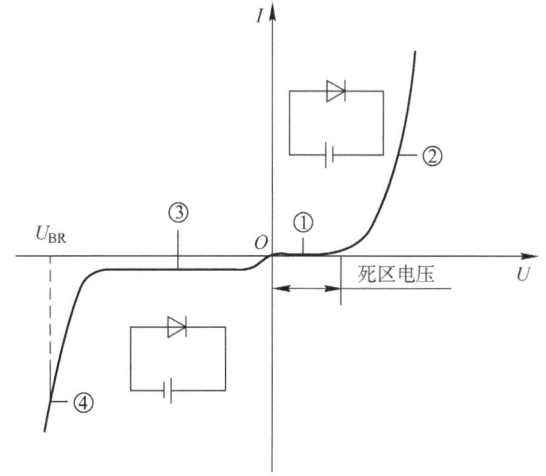

图 1-11　二极管的伏安特性

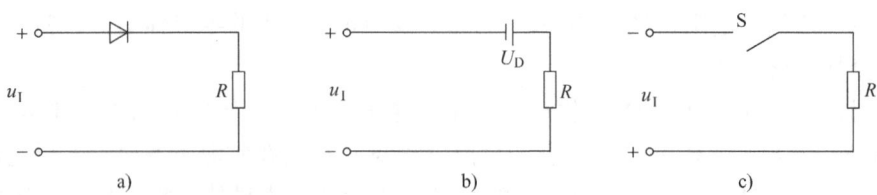

图 1-12 二极管开关电路

a) 二极管开关电路 b) 正向电压时的等效电路 c) 反向电压时的等效电路

1.5.3 晶体管及其开关特性

半导体三极管（semiconductor triode）也称晶体管或双极型晶体管，它是数字电路和模拟放大电路的最基本元器件之一。

1. 晶体管的结构及符号

晶体管是三层半导体、三个电极和外壳组成的器件。由于各层半导体排列次序的不同，晶体管有 NPN 型和 PNP 型两种结构形式。

如图 1-13a 所示是 NPN 型晶体管的结构示意图。中间层是很薄的 P 型半导体（几至几十微米），两边各为 N 型半导体，从三层半导体上各自接出一根引线就成为晶体管的三个电极：发射极 e（emitter）、基极 b（base）和集电极 c（collector）。对应的每层半导体称为发射区（emitter region）、基区（base region）和集电区（collector region）。虽然发射区和集电区是 N 型半导体，但是发射区比集电区掺入的杂质浓度高，因此它们并不是对称的。两块不同类型的半导体结合在一起，它们的交界处就会形成 PN 结。晶体管有两个 PN 结：基区－发射区之间的发射结和基区－集电区之间的集电结。两个 PN 结由掺杂浓度很低且很薄的基区联系着。

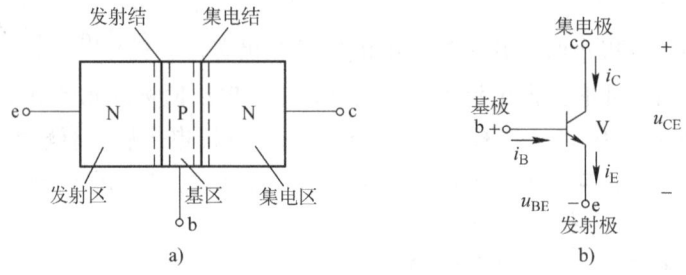

图 1-13 NPN 型晶体管

a) 结构示意图 b) 图形符号

如图 1-13b 所示为 NPN 型晶体管的图形符号和电流方向，用 V 表示晶体管。如图 1-14 所示为 PNP 型晶体管的结构示意图和图形符号。

2. 晶体管的特性曲线

晶体管的特性曲线是用来表示该晶体管各极电压和电流之间相互关系的，它反映了晶体管的性能。

（1）输入特性曲线 输入特性曲线是指当集射电压 U_{CE} 为某一常数时，输入回路中晶体管基射电压 u_{BE} 与基极电流 i_B 之间的关系曲线。图 1-15 所示为某晶体管输入特性曲线，用函数式表示为

$$i_B = f(u_{BE})|U_{CE} = 常数$$

第1章 数字电路和逻辑门电路

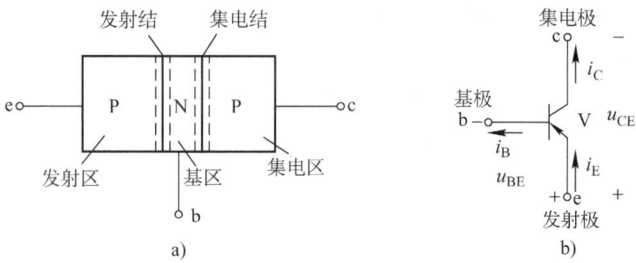

图1-14 PNP型晶体管
a) 结构示意图 b) 图形符号

我们称 U_{ON} 为开启电压，硅管的 U_{ON} 为 0.5~0.7V，锗管的 U_{ON} 为 0.2~0.3V。由图可见，当基极和发射极之间的电压 u_{BE} 小于开启电压 U_{ON}，晶体管截止，基极电流约为0；当基极和发射极之间的电压 u_{BE} 大于开启电压 U_{ON}，晶体管发射结正偏导通，硅管的 $U_{BE}=0.7V$，产生基极电流。

（2）输出特性曲线　输出特性曲线是在基极电流 I_B 一定的情况下，晶体管输出回路中集射电压 u_{CE} 与集电极电流 i_C 之间的关系曲线，用函数式表示为

$$i_C = f(u_{CE})|I_B = 常数$$

图1-16所示为某晶体管的输出特性曲线。

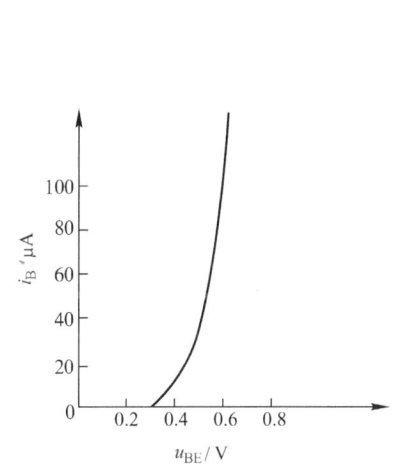

图1-15 某晶体管输入特性曲线

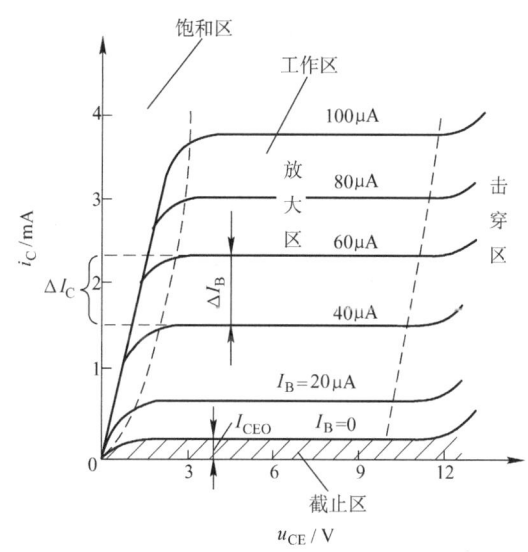

图1-16 某晶体管输出特性曲线

通常把晶体管的输出特性曲线分为三个工作区：

1）放大区（amplification region）：输出特性曲线的近似于水平部分是放大区。在放大区，$I_C=\beta I_B$，其中 β 表征晶体管的电流放大能力，称为晶体管的电流放大系数。I_C 和 I_B 成正比的关系。晶体管处于放大状态的条件是发射结正偏，集电结反偏。

2）截止区（cutoff region）：$I_B=0$ 的曲线以下的区域称为截止区。$I_B=0$ 时，$I_C=I_{CEO}$（I_{CEO} 为反向穿透电流，硅管的通常小于 $1\mu A$）。对于NPN型硅管 $U_{BE}<0.5V$ 时，已开始截止，但是为了截止可靠，常使 $U_{BE}\leq 0$，即发射结零偏或反偏，截止时集电结也处于反向偏置。

3）饱和区（saturation region）：饱和区是对应于 U_{CE} 较小（$U_{CE}<U_{BE}$）的区域，此时集电结处于正向偏置，以致使 I_C 不能随 I_B 的增大而成比例增大，即 I_C 处于"饱和"状态。在饱和区

$I_C \neq \beta I_B$，此时发射结和集电结都处于正向偏置。

从曲线的右边可以看到，当 u_{CE} 大于某一值后，i_C 开始剧增，这个现象称为一次击穿。晶体管一次击穿后，集电极电流突增，只要电路中有合适的限流电阻，击穿电流不过大，时间又很短，晶体管是不至于烧毁的。当集电极电压降低后，晶体管子仍能恢复正常工作，所以一次击穿过程是可逆的。

3. 晶体管的开关特性

在模拟放大电路中，晶体管作为放大器件，主要工作在放大区。在数字电路中，晶体管主要工作在截止状态或饱和状态，晶体管的这种工作状态称为开关状态。

如图 1-17 所示 NPN 型硅晶体管电路，下面我们来分析一下晶体管的三个工作状态。

（1）截止状态　当输入电压 $U_I = 0$ 时，晶体管 $U_{BE} = 0$，$I_B \approx 0$，$I_C \approx 0$，晶体管工作在截止状态，此时集电极和发射极之间相当于开关断开状态。此时，电路输出的高电平 $U_{OH} \approx V_{CC}$。

（2）放大状态　当增大输入电压 U_I，使其大于晶体管的开启电压 U_{ON}（硅管约为 0.5V）时，晶体管发射结正偏导通，$U_{BE} = 0.7V$ 时，晶体管进入放大工作状态，可以求得：

$$I_B = \frac{U_I - U_{BE}}{R_B} = \frac{U_I - 0.7V}{R_B} \quad (1.4)$$

$$I_C \approx \beta I_B \quad (1.5)$$

$$U_{CE} = V_{CC} - I_C R_C = V_{CC} - \beta I_B R_C \quad (1.6)$$

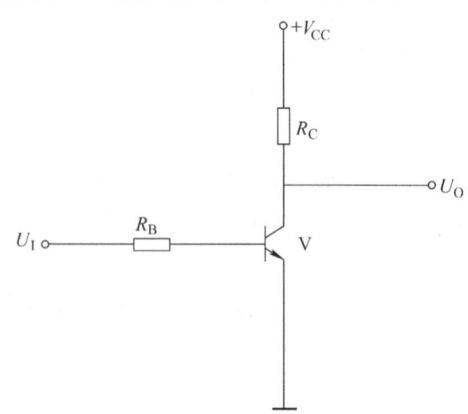

图 1-17　晶体管的开关电路

（3）饱和状态　随着 U_I 继续增大，I_C 增大，U_{CE} 减小。若 $U_{CE} < U_{BE} \approx 0.7V$ 时，晶体管集电结也正偏，晶体管进入饱和状态。当 $U_{CE} = U_{CES} \approx 0.3V$（饱和时的集电极电压 U_{CES} 称为集电极饱和压降，小功率硅管 $U_{CES} \approx 0.3V$），c、e 极之间等效电阻很小，近似于短路，此时，c、e 极相当于开关闭合状态。

晶体管处于饱和状态时，集电极电流 I_C 与 β 及 I_B 无关，而与 R_C 成反比。此时的临界饱和集电极电流称为 I_{CS}：

$$I_{CS} = \frac{V_{CC} - U_{CES}}{R_C} \approx \frac{V_{CC}}{R_C} \quad (1.7)$$

晶体管处在饱和状态时，$I_B > \frac{I_{CS}}{\beta} = I_{BS}$（设临界饱和基极电流 $I_{BS} = \frac{I_{CS}}{\beta}$），$I_C$ 不再等于 βI_B，达到饱和值 I_{CS}。因此，晶体管的饱和条件是 $I_B > I_{BS}$，即 $\beta I_B > I_{CS}$。硅晶体管饱和时，$U_{BE} = 0.7V$，$U_{CE} = U_{CES} \approx 0.3V$。

例 1-1　晶体管开关电路如图 1-17 所示，已知 $\beta = 50$，$V_{CC} = 9V$，$R_C = 2k\Omega$，$R_B = 20k\Omega$，设晶体管饱和时，$U_{BE} = 0.7V$，$U_{CES} = 0.3V$，试求：（1）当 $U_{IL} = 0.3V$ 时，判断晶体管的工作状态；（2）当 $U_{IH} = 5V$ 时，判断晶体管的工作状态。并分别求出 U_O。

解：（1）当 $U_{IL} = 0.3V$ 时，由于 $U_{BE} = 0.3V < U_{ON}$，故晶体管工作在截止状态，$U_O = 9V$。

（2）当 $U_{IH} = 5V$ 时，

$$I_{CS} = \frac{V_{CC} - U_{CES}}{R_C} = \frac{9 - 0.3}{2}mA = \frac{8.7}{2}mA = 4.35mA$$

$$I_{BS} = \frac{I_{CS}}{\beta} = \frac{4.35}{50}mA = 0.087mA \approx 0.1mA$$

$$I_B = \frac{U_{IH} - U_{BE}}{R_B} = \frac{5-0.7}{20}\text{mA} \approx 0.22\text{mA}$$

由上可得：$I_B > I_{BS}$，故晶体管工作在饱和状态，$U_O = U_{CES} = 0.3\text{V}$。

1.6 TTL 集成门电路

1.6.1 TTL 门电路系列

TTL 逻辑门电路有 54 系列和 74 系列两大类。二者相比较，54 系列的工作环境温度更宽，电源电压工作范围允许的偏差更大，如表 1-4 所示。根据工作速度和功耗的不同，TTL 电路主要分为 54/74 系列（标准通用系列）、54/74L（low - power TTL，低功耗系列）、54S/74S（Schottky TTL，肖特基系列）和 54/74LS（low - power Schottky TTL，低功耗肖特基系列）和 54AS/74AS（advanced Schottky TTL，先进肖特基系列）等，如表 1-5 所示。

表 1-4　54TTL 系列与 74TTL 系列性能比较

系列	电源电压 V_{CC}/V			工作环境温度 T/℃	
	最大	标准	最小	最大	最小
74TTL	5.25	5	4.75	70	0
54TTL	5.5	5	4.5	+125	-55

表 1-5　74TTL 系列速度和功耗的比较

速度	系列	功耗	系列
快	74AS	小	74L
	74S		74ALS
	74ALS		74LS
	74LS		74AS
	74		74
慢	74L	大	74S

下面以 LSTTL 电路为例，介绍 TTL 电路的基本工作原理及特点。

1.6.2 TTL 与非门电路

1. 电路组成

与非门是应用最广泛的逻辑门电路之一。如图 1-18 所示为 74LS00（四 2 输入的与非门）的内部电路图和引脚图。

在电路中，采用了肖特基势垒二极管（Schottky Barrier Diode，SBD）和抗饱和型的肖特基晶体管（Schottky Transistor）。肖特基势垒二极管的特点是正向压降约为 0.3~0.4V，且开关速度比普通二极管高一个数量级左右。肖特基晶体管是由普通的双极型晶体管和肖特基势垒二极管组合而成，如图 1-19 所示。当晶体管处于饱和状态时，集电结正偏，肖特基二极管导通，将集电极正向偏压钳制在 0.3~0.4V 之间，使晶体管处于浅饱和状态（或称抗饱和状态），同时，从晶体管基极分流部分电流，减小了晶体管基极电流，减少了存储延迟时间，提高开关工作速度。

74LS00 与非门电路由输入级、中间级和输出级三部分组成。输入级由电阻 R_1、肖特基二极

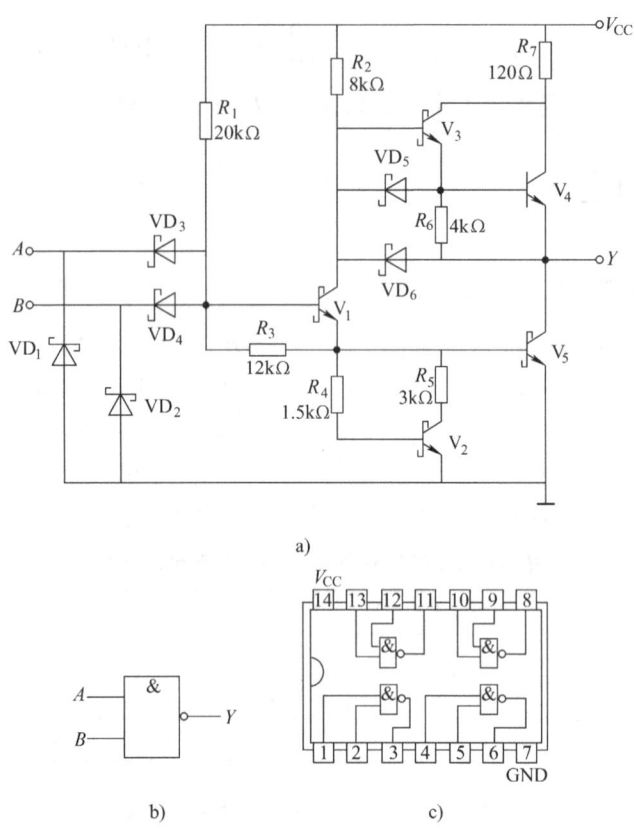

图 1-18 与非门 74LS00

a）电路图 b）符号 c）引脚图

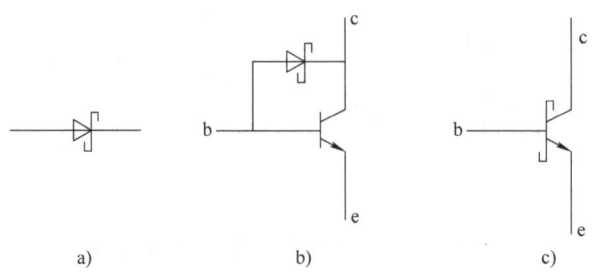

图 1-19 肖特基二极管及肖特基晶体管符号

a）肖特基二极管 b）肖特基晶体管电路图 c）肖特基晶体管符号

管 VD_1、VD_2、VD_3、VD_4 组成。VD_1、VD_2 为输入端钳位二极管，它们能限制输入端可能出现的负极性干扰脉冲，以保护输入极。当输入端信号为正时，二极管截止，不起作用。输入级可完成与逻辑功能。

中间级由 V_1、R_2、V_2、R_3、R_4 和 R_5 组成，它的作用是将输入级送来的信号分成两路输出：一路是 V_1 的发射极，它与基极输入信号同相，并供给输出管 V_5 以必要的驱动电流；一路是 V_1 的集电极，它与基极输入信号反相，这个过程称为倒相。R_3 给 V_1 的基极电荷提供泄放电路，使 V_1 能够迅速截止。V_2、R_4 和 R_5 组成 V_5 的有源泄放网络，当 V_5 由饱和状态退出时，其基极的过剩电荷可通过有源泄放网络泄放，开关时间减小，可改善瞬态特性，提高了工作速度。

输出级由 V_3、V_4、V_5 和 VD_5、VD_6、R_6、R_7 组成。R_6 给 V_4 的基极电荷提供泄放电路，使

V_4 能够迅速截止。V_3 和 V_4 为达林顿上拉电路，它和 V_5 组成推拉式输出电路，R_7 为限流电阻。推拉工作方式有利于提高工作速度和减少功耗。

2. 工作原理

设二极管导通压降为 0.4V。

1）如果输入端 A 输入低电平 0.3V，B 输入高电平 3.4V，则 VD_3 正向导通，$U_{B1} = 0.7V$，晶体管 V_1、V_2、V_5 截止。如果忽略 R_2 上的电压压降，U_{C1} 约为 5V，V_3 和 V_4 导通，此时，电路输出为高电平，即 $U_{OH} = U_{C1} - U_{BE3} - U_{BE4} \approx (5 - 0.7 - 0.7)V = 3.6V$。如果考虑到在 R_2 上产生的压降，则实际的输出高电平约为 3.4V。

2）如果输入全为 3.4V（即为高电平），VD_3、VD_4 截止，电源电压 V_{CC} 通过电阻 R_1 向 V_1 注入基极驱动电流，使 V_1 饱和，V_1 导通后，就向 V_5 的基极注入电流，使 V_5 工作于抗饱和状态，故输出低电平 $U_{OL} \approx 0.3V$。这时，$U_{E2} = 0.7V$，$U_{C1} = U_{E1} + U_{CES1} \approx 1V$，$U_{C2}$ 这个电压不足以使 V_3 和 V_4 都导通，所以 V_4 截止，输出端和电源之间可看成开路，减少了电路功耗。

由此可知，当至少一个输入为低电平时，输出即为高电平；当输入全为高电平时，输出为低电平 0。电路实现了与非逻辑关系，即 $Y = \overline{AB}$。

例 1-2 74LS00 的连接电路如图 1-20a 所示，其输入端 A 输入由函数发生器产生的方波信号，而输入端 B 的逻辑状态则由开关 S 控制。试根据输入信号画出输出端 Y 的波形。

解： 如图 1-20 所示，当控制端 $B = 0$ 时，不管输入端 A 是低电平还是高电平，输出端 Y 必为高电平，输入端 A 的信号不能通过门电路输出；当控制端 $B = 1$ 时，输出端 Y 的逻辑状态与输入端 A 相反。其输出波形如图 1-20b 所示。

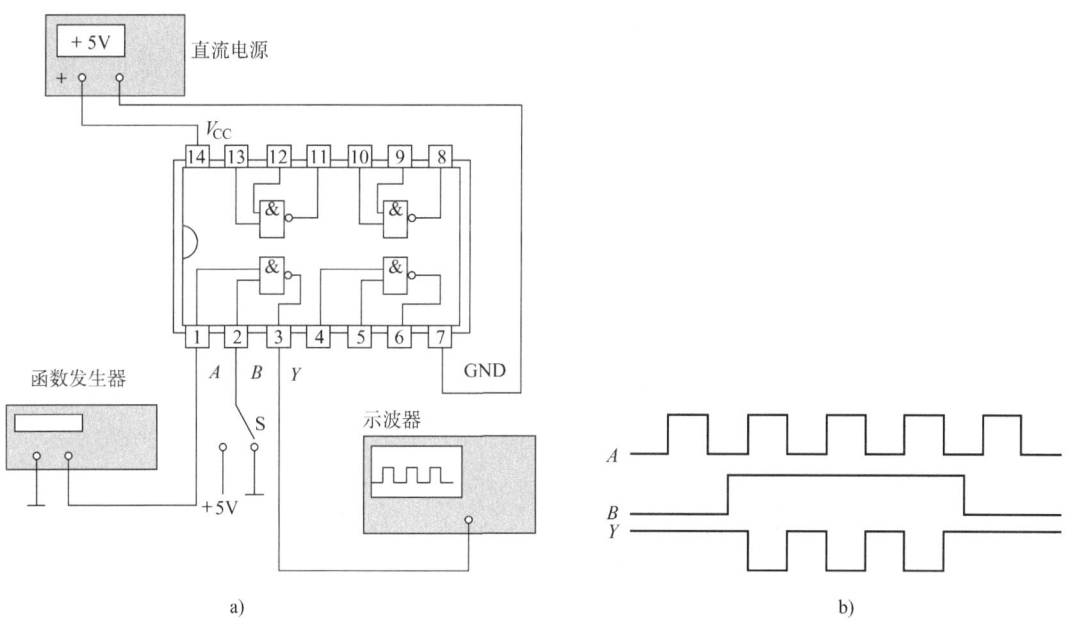

图 1-20 例 1-2 图
a）电路 b）输出波形

1.6.3 TTL 门电路的外部特性

1. 电压传输特性

74LS00 的电压传输特性如图 1-21b 所示，其测试电路如图 1-21a 所示。

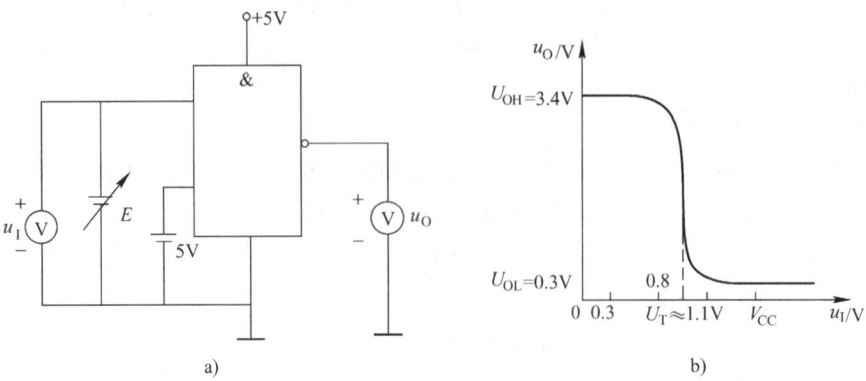

图 1-21 74LS00 的电压传输特性
a) 测试电路 b) 特性曲线

当输入电压 $u_I < 0.3V$ 时，V_1 的基极电位 $u_{B1} < 0.7V$，V_2、V_5 截止，V_3、V_4 导通，输出为高电平，$U_{OH} = 3.4V$。

当输入电压 $0.3V < u_I < 0.8V$ 时，$0.7V < u_{B1} < 1.2V$，V_5 开始导通，由于 R_3 上的电压压降小于 V_1 的开启电压，所以 V_1 仍截止，V_3、V_4 导通，输出为高电平，但由于 V_5 导通而使输出电压开始下降。

当输入电压 $u_I > 0.8V$ 时，$u_{B1} > 1.2V$，V_1 开始导通，随着输入电压的增大，输出电压也逐渐减小。当输入电压 $u_I = U_T \approx 1.1V$ 时，所有的晶体管都导通并处于放大状态，因此，输出电压随着输入电压的增大急剧减小。U_T 称为阈值电压。

当输入电压 $u_I > 1.1V$ 时，V_1、V_2、V_5 由放大状态进入饱和状态，V_3、V_4 截止，输出为低电平 $U_{OL} \approx 0.3V$。

2. TTL 与非门的输入特性

（1）输入伏安特性　输入伏安特性是用以描述输入电压与输入电流之间的关系曲线。图 1-22b 为 74LS00 的输入特性曲线，其测试电路如图 1-22a 所示。输入电流流入输入端为正，流出输入端为负。

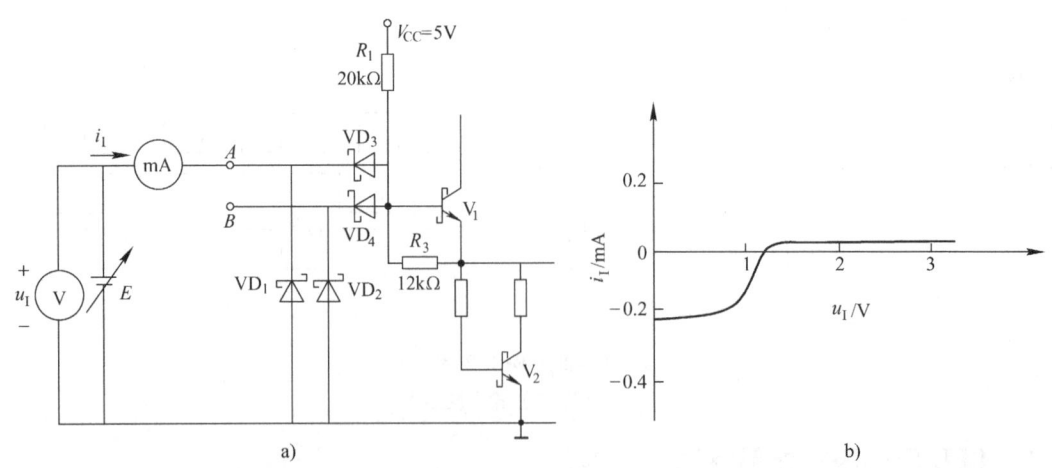

图 1-22 74LS00 与非门的输入特性
a) 测试图 b) 输入伏安特性曲线

当 $u_I=0$ 时，与非门内部电路中 V_1 是截止的，电阻 R_I 的电流全部流入输入端，$i_I = -I_{IS} = -\dfrac{V_{CC}-U_{VD}}{R_I} = -\dfrac{5-0.3}{20}\text{mA} \approx -0.24\text{mA}$，$I_{IS}$ 称为输入短路电流。

随着 u_I 的增加，i_I 的绝对值在减小，当 $u_I > 1\text{V}$ 时，V_1 开始导通，I_{R1} 的一部分流入 V_1 的基极，i_I 的减小速度加快，当 u_I 足够大时，i_I 的方向由负变正。此时，肖特基二极管反偏，i_I 的数值较小，小于 $20\mu\text{A}$。以后 u_I 继续增加，i_I 仅有微小增加，可以认为基本不变。

由此可以看出，LSTTL 与非门带同类门负载时，输出低电平时，有灌电流流入，此电流较大；输出高电平时，只有较小的拉电流。

（2）输入端负载特性　在电路的应用中，与非门的输入端有时要通过外接电阻 R_I 接地，如图 1-23a 所示。电路内 R_I 电阻的电流会在该电阻上产生电压压降 u_I。随着 R_I 的变化，u_I 也会随之变化。u_I 随 R_I 变化的关系曲线，称为输入端负载特性，如图 1-23b 所示。

由图可以看到，u_I 较小时，u_I 随 R_I 的增大而上升，但当输入电压上升到 1.1V 左右时，再增加 R_I 的值，由于 V_1、V_2、V_5 导通，u_{B1} 被钳位在 1.4V，因此 $u_I = u_{B1} - u_{VD} \approx 1.1\text{V}$，将保持不变。

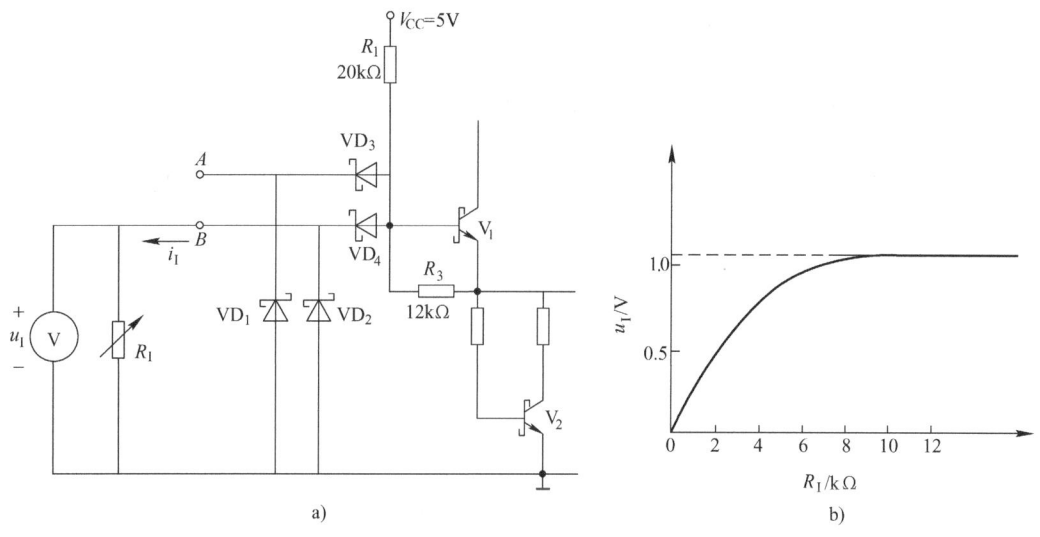

图 1-23　LSTTL 与非门输入端负载特性
a）测试电路　b）负载特性曲线

1）关门电阻 R_{OFF}：保证与非门电路关闭，输出为标准高电平时所允许的 R_I 最大值，称为关门电阻 R_{OFF}。若 $R_I < R_{OFF}$，输入端相当于接低电平，电路处于关门状态，输出高电平。

2）开门电阻 R_{ON}：保证与非门电路导通，输出为标准低电平时所允许的 R_I 最小值，称为开门电阻。当 $R_I \geq R_{ON}$ 时，输入端相当于接高电平，与非门处于开门状态，输出为低电平。

由此可见，TTL 与非门输入端悬空相当于接高电平。当希望某输入端为低电平时，对地所并接的下拉电阻必须小于 R_{OFF}。

输入负载特性是 TTL 与非门所特有的，不能用于 CMOS 电路。

3. TTL 与非门的输出特性

在实际应用中，与非门的输出端往往要接负载，负载的变化会影响到输出电压的大小。这种输出电压与输入电压之间的关系，称为输出特性。

（1）输出高电平（带拉电流负载）时的输出特性　当输入端中有一个为低电平时，空载时输出为 $u_O = 3.4\text{V}$。此时内部电路中 V_3、V_4 导通，负载电流方向由输出端流向负载，因此称为拉电流负载。如图 1-24 所示，图中输出连接了两个同类的与非门负载。当负载电流 i_L 较小时，V_3、V_4 工作在射极跟随器状态，其输出电阻很小，因此，输出电压随负载变化较小。当 i_L 较大时，R_7 上的压降也随着增大，V_3 会进入饱和状态，失去跟随作用，输出电阻增大，输出电压 u_O 将随 i_L 增大而下降。

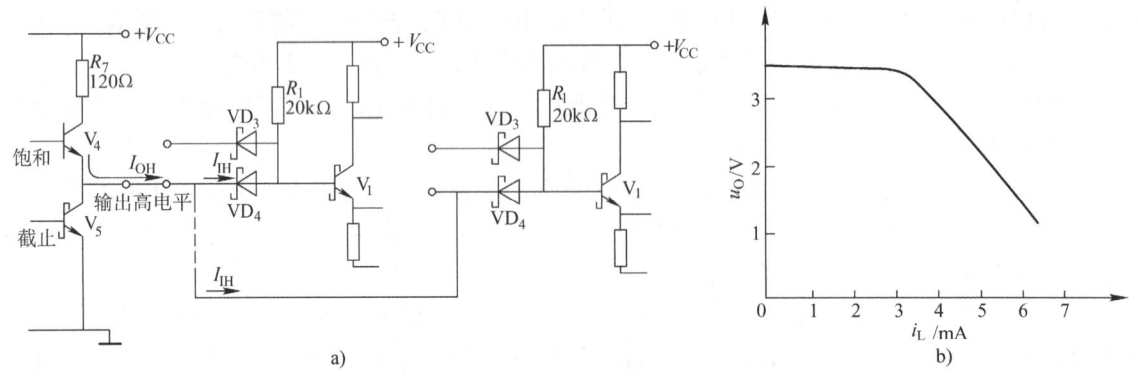

图 1-24　LSTTL 与非门输出高电平时的输出特性
a）测试图　b）输出高电平时的特性曲线

74LS00 输出为高电平时，允许的拉电流有 4mA 左右，大于此值时，u_O 降低较快，会低于允许的标准高电平输出。

（2）输出低电平（带灌电流负载）时的输出特性　当输入全为高电平时，输出为低电平，此时 V_5 饱和导通，V_3 和 V_4 截止，此时负载电流流入 V_5 集电极，故称为灌电流负载。输出特性就是一个晶体管在基极电流某一值时的共射接法的输出特性曲线，如图 1-25 所示，图中连接着两个同类的与非门负载。74LS00 输出为低电平时允许的灌电流较大，约为 8mA 左右。

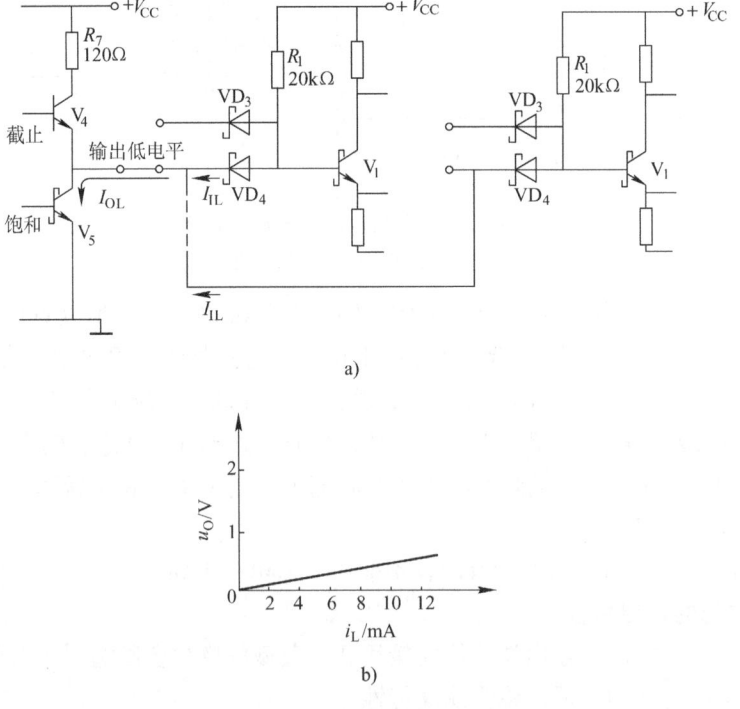

图 1-25　LSTTL 与非门输入为高电平时的输出特性
a）测试图　b）输出低电平特性曲线

1.6.4 TTL 门电路的主要参数

要合理地选用集成门电路，必须了解它们的外部特性参数。在使用中若超出了参数规定的范围，就会引起逻辑功能的混乱，甚至损坏集成块。不同系列的产品参数的含义是相同的，但数值有所不同。TTL 与非门的参数主要有输出电平、扇出系数和平均传输时间等。

1. 输出高电平 U_{OH}

U_{OH} 是指至少有一个输入为低电平时的输出高电平值。性能较好的器件空载时 U_{OH} 约为 4V。手册中给出的是在一定测试条件下（通常是最坏的情况）所测量的最小值。正常工作时，U_{OH} 不小于手册中给出的数值。74LS00 的 U_{OHmin} 为 2.7V。

2. 输出低电平 U_{OL}

U_{OL} 是指输入全为高电平时的输出低电平值。U_{OL} 是在额定的负载条件下测试的，应注意手册中的测试条件。手册中给出的通常是最大值。74LS00 的 U_{OLmax} 为 0.5V。

3. 低电平输出时的电源电流 I_{CCL}

I_{CCL} 是指输入端全部开路、输出端也开路的情况下，电源提供的总电流。I_{CCL} 和电源电压 V_{CC} 的乘积就是该与非门的空载导通功耗 P_{ON}。74LS00 的 $I_{CCL} \leqslant 4.4\text{mA}$。

4. 高电平输出时的电源电流 I_{CCH}

I_{CCH} 是指输入端接地、输出端空载时电源提供的总电流。I_{CCH} 与电源电压 V_{CC} 的乘积就是该与非门的空载截止功耗 P_{OFF}。74LS00 的 $I_{CCH} \leqslant 1.6\text{mA}$。

5. 输入短路电流 I_{IS}

I_{IS} 是指输入端有一个接地、其余输入端开路时，流入接地输入端的电流。在多级电路连接时，I_{IS} 实际上就是灌入前级的负载电流。显然，I_{IS} 大，则前级带同类与非门的能力下降。74LS00 的 $I_{IS} \leqslant 0.4\text{mA}$。

6. 高电平输入电流 I_{IH}

I_{IH} 是指一个输入端接高电平、其余输入端接地时，流入该输入端的电流。I_{IH} 实际上就是前级电路的拉电流负载。74LS00 的 $I_{IH} \leqslant 20\mu\text{A}$。

7. 输入高电平最小值 U_{IHmin}

当输入电平高于输入高电平最小值 U_{IHmin} 时，输入的逻辑电平即为高电平。74LS00 的 $U_{IHmin} = 2\text{V}$。

8. 输入低电平最大值 U_{ILmax}

当输入电平低于输入低电平最大值 U_{ILmax} 时，输入端的逻辑电平即为低电平。74LS00 的 $U_{ILmax} = 0.8\text{V}$。

9. 噪声容限

从电压传输特性曲线上看，当输入信号偏离低电平而上升时，输出的高电平并不立即下降；当输入信号偏离高电平而下降时，输出的低电平也不立即上升。因此，在数字系统中，即使有噪声电压叠加到输入信号的高、低电平上，只要噪声电压的幅度不超过允许的界限，就不会影响输出的状态，这是数字电路的一个重要特点。这个界限称为输入噪声容限，电路的噪声容限越大，其抗干扰能力就越强。

图 1-26 是 74LS 系列电路的输入端噪声容限图解。由于输入低电平和高电平的抗干扰能力不同，因此有低电平噪声容限 U_{NL} 和高电平噪声容限 U_{NH} 之分。

输入低电平噪声容限 U_{NL} 为

$$U_{NL} = U_{ILmax} - U_{OLmax}$$

式中，U_{ILmax} 为输入低电平的上限值；U_{OLmax} 为输出低电平最大值。

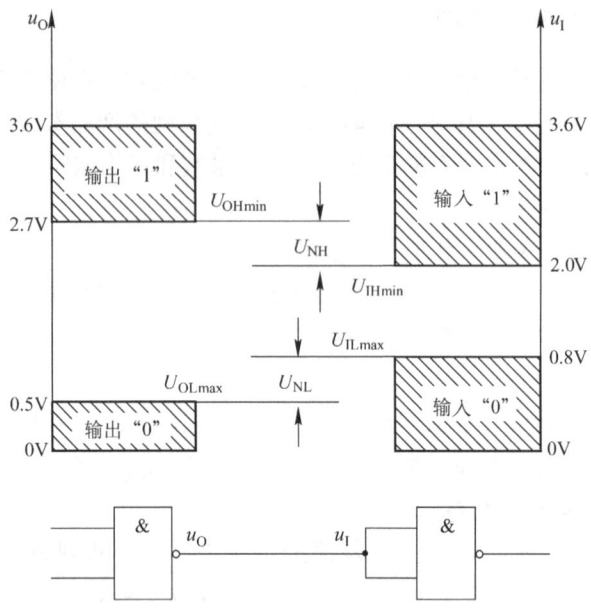

图 1-26 74LS 系列电路的输入端噪声容限图解

U_{NL} 越大，表示 TTL 与非门输入低电平时抗正向干扰能力越强。

输入高电平噪声容限 U_{NH} 为

$$U_{NH} = U_{OHmin} - U_{IHmin}$$

式中，U_{IHmin} 为输入高电平的下限值；U_{OHmin} 为输出高电平最小值。

U_{NH} 越大，表示 TTL 与非门输入高电平时抗负向干扰能力越强。

10. 扇出系数 N_O

N_O 是指与非门正常工作时，能够驱动同类与非门的最多个数，它反映了与非门电路的带负载能力，如图 1-27 所示。前面已经讲过，TTL 与非门输出低电平时，带灌电流负载，TTL 与非门输出高电平时，带拉电流负载。

（1）带灌电流负载时扇出系数为

$$N_{OH} = \frac{I_{OLmax}}{I_{ILmax}}$$

对于 74LS00 与非门电路，可以计算得到

$$N_{OH} = \frac{8}{0.4} = 20$$

（2）带拉电流负载扇出系数为

$$N_{OL} = \frac{I_{OHmax}}{I_{IHmax}}$$

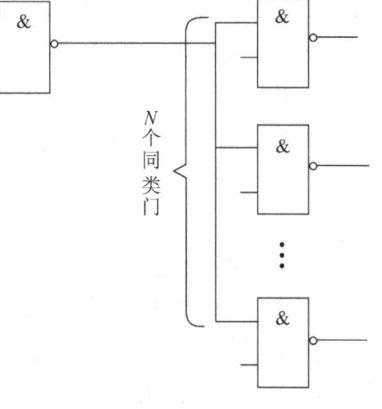

图 1-27 驱动同类门

对于 74LS00 与非门电路，可以计算得到

$$N_{OL} = \frac{4000}{2 \times 20} = 100$$

如果 N_{OH} 和 N_{OL} 不同，则应取其中小的一个作为门电路的扇出系数。

11. 平均传输时间 t_{pd}

平均传输时间 t_{pd} 是指信号由门电路输入端到输出端所延迟的时间，它是电路导通传输延迟时间 t_{rd} 和截止延迟时间 t_{fd} 的平均值，即 $t_{pd} = \dfrac{t_{rd} + t_{fd}}{2}$，如图 1-28 所示。平均传输时间 t_{pd} 是反映门电路工作速度的一个重要参数，t_{pd} 越小，门电路的工作速度越快。通常把输入电压上升到最大幅度的 50% 开始到输出电压下降到最大幅度的 50% 之间的时间间隔，称为导通延迟时间 t_{rd}；从输入电压下降到最大幅度的 50% 开始到输出电压上升到最大幅度的 50% 之间的时间间隔，称为截止延迟时间 t_{fd}。74LS00 的 $t_{pd} = 9.5 \text{ns}$。

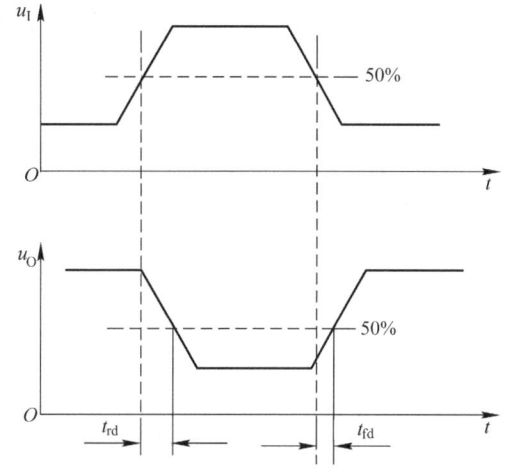

图 1-28　TTL 与非门的传输延迟时间

例 1-3　某温度控制电路如图 1-29 所示，R_t 为热敏电阻，求继电器 K 吸合的条件。

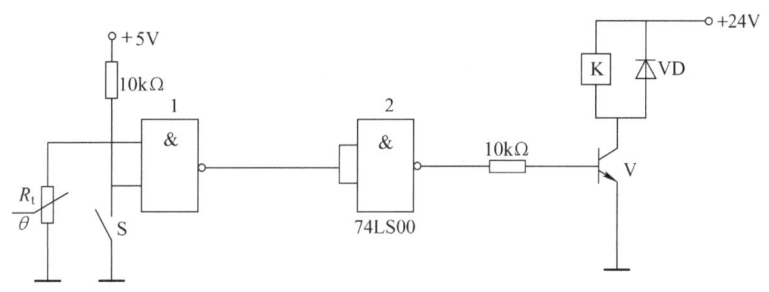

图 1-29　例 1-3 图

解： 1) 开关 S 闭合时，门 2 输出低电平，晶体管 V 截止，继电器 K 不吸合，控制电路不工作。

2) 开关 S 断开时，门 1 的输出电平由热敏电阻 R_t 决定。LSTTL 与非门 74LS00 的开门电阻 R_{ON} 约为 $10\text{k}\Omega$，当 $R_t \geq R_{ON}$ 时，输入端相当于接高电平，与非门 1 处于开门状态，输出为低电平，门 2 输出为高电平，晶体管 V 饱和，继电器 K 吸合。所以，当该热敏电阻为负温度系数（温度上升，阻值下降）时，只有当温度降低到使热敏电阻 R_t 达到 $10\text{k}\Omega$ 以上时，继电器 K 才吸合。

1.6.5　TTL 其他类型的门电路

常用的 TTL 门电路除了前面所介绍的与非门之外，还有或非门、异或门、三态门和集电极开路逻辑门等不同逻辑功能的门电路。

1. 或非门

或逻辑运算之后再进行非逻辑运算的复合逻辑运算称为或非逻辑运算，实现该逻辑运算的门电路称为或非门。

或非门输出与输入之间的逻辑关系为

$$Y = \overline{A + B + C}$$

其真值表如表 1-6 所示。

表 1-6 或非门的真值表

A	B	C	Y
0	0	0	1
0	0	1	0
0	1	0	0
0	1	1	0
1	0	0	0
1	0	1	0
1	1	0	0
1	1	1	0

每一个或非门具有两个或两个以上的输入端和一个输出端。如图 1-30 所示为 3 输入端或非门的逻辑符号。

2. 异或门

异或门有两个输入端，1 个输出端，其逻辑功能为：当两个输入端输入状态不同时，输出为 1；当两个输入端输入状态相同时，输出为 0，即

$$Y = A\bar{B} + \bar{A}B = A \oplus B$$

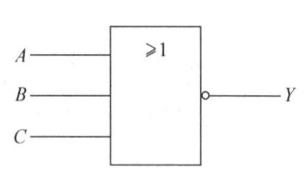

图 1-30 或非门的逻辑符号

其真值表如表 1-7 所示。
如图 1-31 所示为异或门的逻辑符号。

表 1-7 异或门的真值表

A	B	Y
0	0	0
0	1	1
1	0	1
1	1	0

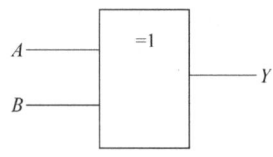

图 1-31 异或门的逻辑符号

3. 三态门

三态门（Three State gate，TS 门）是一种传输门，主要用于对信号传输的控制。三态门有 3 种输出状态，即高电平、低电平和高阻状态。高电平和低电平这两种逻辑状态为工作状态，高阻状态为禁止状态。在工作状态下，三态门的输出状态可以为 0 或 1；在禁止状态下，三态门的输出端相当于开路，呈高阻抗。

三态门是在普通逻辑门电路的基础上，增加使能控制端和控制电路构成的。如图 1-32 所示为三态 LSTTL 与非门的逻辑符号。

当三态门的使能端 E 为高电平时，电路处于工作状态，这种三态门称为高电平有效的三态门，其逻辑符号如图 1-32a 所示，其真值表如表1-8所示。

当三态门的使能端 $\bar{E}$ 为低电平，电路

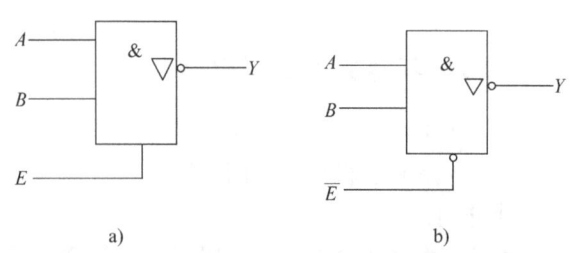

图 1-32 三态 LSTTL 与非门的逻辑符号
a) 使能控制端高电平有效的三态与非门
b) 使能控制端低电平有效的三态与非门

处于工作状态时，称为低电平有效的三态门。逻辑符号见图 1-32b，其真值表如表 1-9 所示。

表 1-8 高电平有效的三态门真值表

E	A	B	Y
1	0	0	1
1	0	1	1
1	1	0	1
1	1	1	0
0	×	×	高阻

表 1-9 低电平有效的三态门真值表

$\bar{E}$	A	B	Y
0	0	0	1
0	0	1	1
0	1	0	1
0	1	1	0
1	×	×	高阻

在数字系统中，三态门广泛地应用于总线传输中。如图 1-33 所示为用三态门构成的数据传输总线。

当 G_1 三态门的控制端 E_1 为 1 时，$G_2\cdots G_n$ 三态门的控制端 $E_2\cdots E_n$ 都为 0 时，则三态门 G_1 处于工作状态，输入数据经过反相后送到数据总线上。这样，只要 E_1、E_2、$\cdots$、E_n 按时间顺序轮流出现高电平，那么，G_1、G_2、$\cdots$、G_n 的输出信号就会轮流送到总线上。这种用总线传送数据或控制信号的方法，在计算机中得到广泛应用。

为了保证数据传送的正确性，在任一时刻只能有一个控制端为高电平，使该门信号进入总线，而其余所有控制端均应为低电平，对应门处于高阻态，不影响总线上信号的传输。

如图 1-34 所示为采用三态门实现数据双向传输。其中 G_1、G_2 为三态反相器，G_1 为低电平控制有效，G_2 为高电平控制有效。当 $E=0$ 时，G_1 工作，G_2 为高阻态，数据 D 经反相传输到总线；当 $E=1$ 时，G_1 为高阻态，G_2 工作，数据从总线经反相传输到 D 送出。实现了信号双向传送。

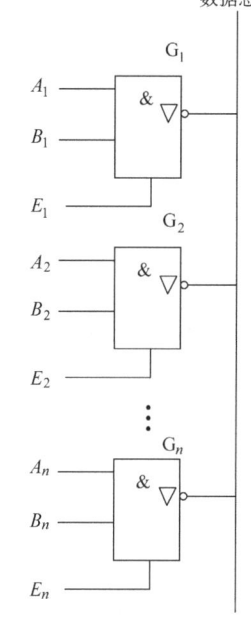

图 1-33 采用三态门的数据总线

4. 集电极开路逻辑门

（1）电路的结构　集电极开路（Open Collector）逻辑门，简称 OC 门。其电路的特点是内部电路中输出级采用晶体管集电极开路输出，典型的 LSTTL 集电极开路与非门如图 1-35 所示。

在使用 OC 门电路时必须加上拉负载电阻 R_L 和电源 V'_{CC}（也可用 V_{CC}），可以将开关输出改成电平输出，否则 OC 门的输出状态只有低电平和高阻态两种状态，而不存在高电平状态。上拉电阻的阻值一般选在 1~10kΩ 之间。

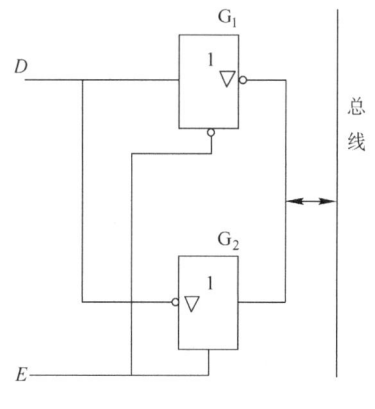

图 1-34 采用三态门实现数据双向传输

上拉负载电阻阻值的选择原则包括：

① 从节约功耗及芯片的灌电流能力考虑应当足够大；电阻大，电流小。

② 从确保足够的驱动电流考虑应当足够小；电阻小，电流大。

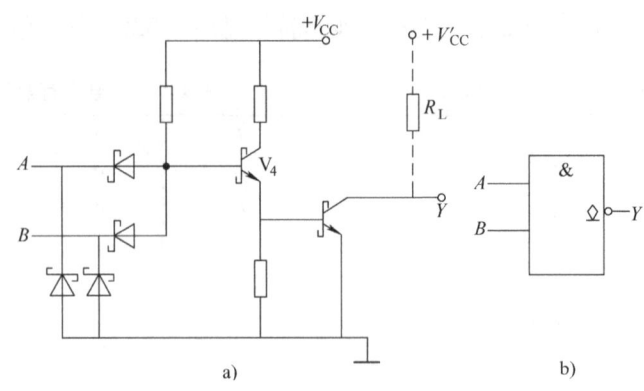

图 1-35 典型的 LSTTL 集电极开路与非门
a) 电路图　b) 逻辑符号

③ 对于高速电路，过大的上拉电阻可能边沿变平缓。选用时要进行综合考虑。

由图可以看出，OC 与非门电路的逻辑表达式为：
$$Y = \overline{AB}$$

(2) 外接负载电阻 R_L 的估算　当 n 个 OC 门输出端直接并联，并有 p 个与非门作负载时，要使电路正常工作，就需要外接一个合适的负载电阻 R_L（称为上拉电阻），即要保证输出的高电平不低于规定的 U_{OHmin}，又要保证输出的低电平不高于规定的 U_{OLmax}。

如果 n 个 OC 门输出都为高电平直接并联，则"线与"后为高电平，如图 1-36a 所示。上拉电阻 R_L 的选择应保证输出高电平不低于规定的 U_{OHmin}，即 $V_{CC} - I_{R_L}R_L \geq U_{OHmin}$。

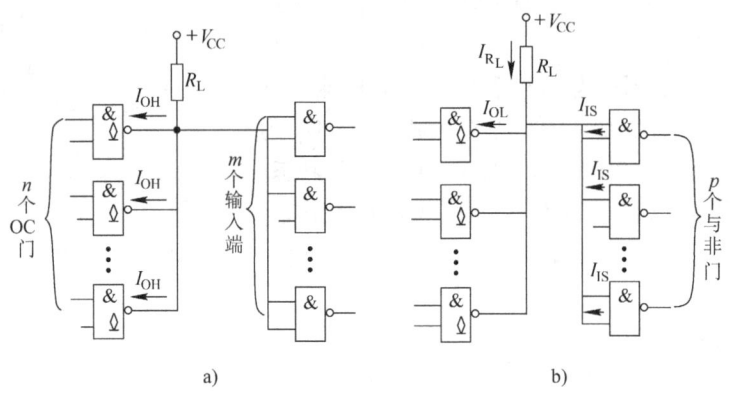

图 1-36 OC 门外接电阻 R_L 的计算
a) 输出为高电平　b) 输出为低电平

n 表示 OC 门的个数，m 表示与非门输入端的个数，I_{OH} 为 OC 门输出管截止时的漏电流，I_{IH} 为负载门电路与非门每个输入端为高电平时的输入漏电流。

由图可知：$I_{R_L} = nI_{OH} + mI_{IH}$

由于
$$V_{CC} - (nI_{OH} + mI_{IH})R_L \geq U_{OHmin}$$

则可推导出 R_L 的最大允许值 R_{Lmax}，即
$$R_{Lmax} = \frac{V_{CC} - U_{OHmin}}{nI_{OH} + mI_{IH}}$$

当 OC 门线与输出为低电平时，最不利的情况为只有一个 OC 门处于导通状态而其他 OC 门

都截止，如图1-36b所示，上拉电阻R_L的选择应保证在所有的负载电流全部流入唯一导通的OC门时，OC门线与输出低电平能够低于规定的U_{OLmax}，即$V_{CC} - I_{R_L}R_L \leq U_{OLmax}$。图中$p$表示与非门的个数，$I_{LM}$为OC门允许的最大负载电流，$I_{IS}$为每个负载门的输入短路电流。

由图可得：$I_{R_L} = I_{OL} - pI_{IS}$

则
$$V_{CC} - (I_{OL} - pI_{IS})R_L \leq V_{OLmax}$$

可推导出R_L的最小允许值R_{Lmin}，即

$$R_{Lmin} = \frac{V_{CC} - U_{OLmax}}{I_{LM} - pI_{IS}}$$

根据R_{Lmin}和R_{Lmax}值选取R_L：$R_{Lmin} \leq R_L \leq R_{Lmax}$，其中$R_L$应符合电阻标称值。

（3）OC门主要用途

1）实现"线与"功能：一般的TTL门电路不允许输出端直接接在一起，而几个OC门的输出端可以直接并联在一起。若将若干个OC门的输出端连接一个公用负载电阻R_L，再接到电源V'_{CC}，则可实现"线与"功能，如图1-37所示。

由图可知，只要其中一个门电路输出为低电平，输出即为低电平；只有当所有门电路的输出都为高电平时，输出才为高电平，即$Y = Y_1 \cdot Y_2 = \overline{AB} \cdot \overline{CD}$。这样，多个OC门连接时，总的输出等于各个与非门输出的与逻辑，实现"线与"功能。

2）实现电平转换：在数字系统的接口部分（与外部设备相连接的电路部分）需要转换电平时，常常使用OC门电路来实现电平的转换，电路如图1-38所示。

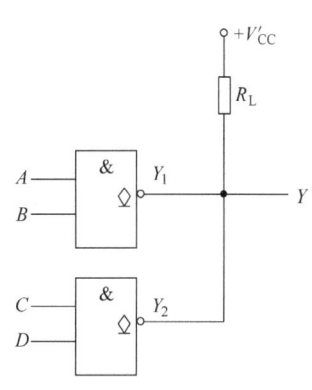

图1-37　OC与非门实现"线与"

在图1-38中，如果要把电路的输出高电平转换为10V，则可将外接的上拉电阻接到10V的电源上（即$V'_{CC} = 10V$）。这样OC门电路的输入端电平与普通TTL门电路电平一致，而输出端的高电平可以为10V，实现了电平的转换。

3）用作驱动器：可以用OC门直接驱动发光二极管、指示灯、继电器或脉冲变压器等元器件。如图1-39所示为用OC非门驱动发光二极管的电路。在图中，设$V'_{CC} = 5V$，当OC门输出为高电平时，发光二极管截止，不亮；当OC门输出为低电平时，发光二极管导通，发光。

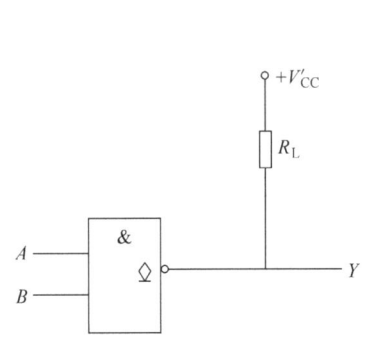

图1-38　电平转换电路

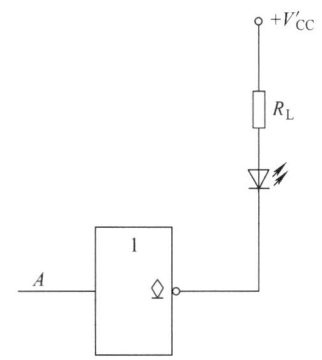

图1-39　用OC非门驱动发光二极管

1.7　CMOS门电路

另一种类型半导体器件，称为场效应晶体管，俗称场效应管。它是电压控制型器件，它利用

改变电场强弱来控制固体材料的导电能力,场效应晶体管输入端电流几乎为零,几乎不吸取信号源电流,因而它具有很高的输入电阻。根据结构的不同,场效应管可分为结型和绝缘栅型两类,其中绝缘栅型应用更为广泛。绝缘栅型场效应晶体管的结构是金属 – 氧化物 – 半导体(Metal – Oxide – Semiconductor),简称为 MOS 管。以 MOS 管作为开关器件的门电路成为 MOS 门电路。与 TTL 电路比较,MOS 门电路虽然工作速度较低,但具有集成度高、功耗低、工艺简单等优点,因此 MOS 器件在数字电路中得到了大量应用。

近年来,随着集成制造工艺的发展,CMOS 电路(如 74HC 系列电路)的工作速度已经与一般 TTL 电路接近,而且随着产品向轻、薄、小型化发展,日益要求低功耗、低发热器件,因此,CMOS 集成电路得到越来越广泛的应用。

1.7.1 MOS 管的开关特性

MOS 管按照结构的不同分为 P 沟道 MOS 管和 N 沟道 MOS 管两大类,按照工作特性的不同又可以分为增强型和耗尽型两种,在互补型 MOS 的 CMOS(Complementary MOS)门电路中使用了增强型 MOS 管。如图 1-40 所示为 N 沟道增强型 MOS 管和 P 沟道增强型 MOS 管的符号。

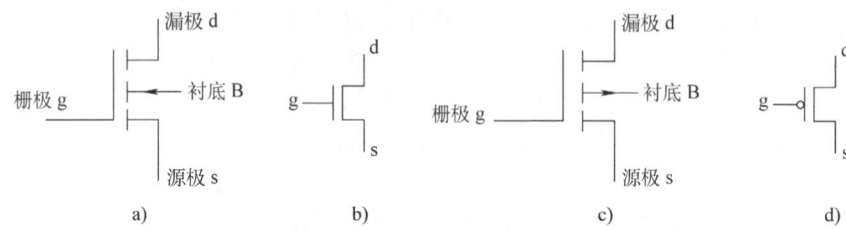

图 1-40 增强型 MOS 管符号
a) NMOS 管符号 b) NMOS 管简化符号 c) PMOS 管符号 d) PMOS 管简化符号

如图 1-41a 所示为 N 沟道增强型 MOS 管开关电路。

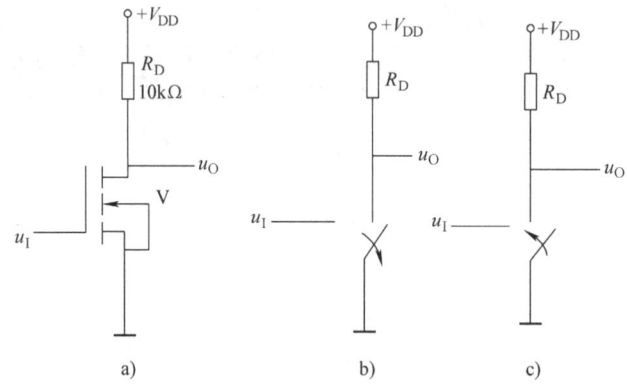

图 1-41 N 沟道增强型 MOS 管开关电路
a) 电路图 b) 输入低电平时的等效电路 c) 输入高电平时的等效电路

当输入 u_I 为低电平并且小于 MOS 管的开启电压 $U_{GS(th)}$ 时,MOS 管 V 截止,此时没有导电沟道,漏极电流约等于零,其等效电阻极大,大于 $10^7\Omega$,相当于开关断开,其等效电路如图 1-41b 所示。此时,输出为高电平 $U_{OH} \approx V_{DD}$。

当输入 u_I 为高电平并且大于 MOS 管开启电压 $U_{GS(th)}$ 时,MOS 管 V 导通,产生导电沟道。当 $u_I \gg U_{GS(th)}$ 时,MOS 管 V 的导通电阻很小,约为 $1k\Omega$,相当于开关闭合,其等效电路如图

1-41c 所示。此时，输出为低电平 U_{OL}。

P 沟道增强型 MOS 管的开关特性和 N 沟道增强型 MOS 管的相类似，只是 U_{GS}、U_{DS} 和 $U_{GS(th)}$ 均为负值。当 $|U_{GS}| > |U_{GS(th)}|$ 时，管子导通，相当于开关闭合；当 $|U_{GS}| < |U_{GS(th)}|$ 时管子截止，相当于开关断开。

1.7.2 CMOS 门电路概述

1. CMOS 反相器

CMOS 反相器是构成 CMOS 集成门电路的基本单元，其电路如图 1-42 所示，由一个 N 沟道增强型 MOS 管 V_N 和一个 P 沟道增强型 MOS 管 V_P 串联组成，V_N 作为工作管，V_P 作为负载管。为使电路正常工作，电源电压 V_{DD} 需大于 V_N 管和 V_P 管的开启电压绝对值之和，即 $V_{DD} > |U_{GS(th)P}| + |U_{GS(th)N}|$，一般 $|U_{GS(th)P}| = |U_{GS(th)N}|$。通常选用 $V_{DD} = 5V$。

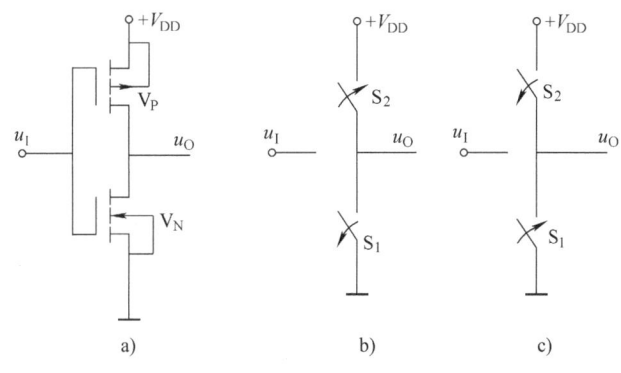

图 1-42 CMOS 反相器及其等效电路

a) 电路 b) 输入为低电平时的等效电路 c) 输入为高电平时的等效电路

当输入低电平时，V_N 管截止，V_P 管导通，等效电路如图 1-42b 所示，输出为高电平；当输入为高电平时，由于 MOS 管是电压控制器件，输入电阻很大，静态栅极电流几乎为零。此时 V_N 管导通，V_P 管截止，等效电路如图 1-42c 所示，输出为低电平。此时，静态下无论输入低电平还是高电平，管子 V_P 和 V_N 总有一个是截止的，截止时内阻极高，流过管子的静态电流极小，所以 CMOS 反相器的静态功耗极小是它与 TTL 电路比较最突出的一个优点。在常温下只有几微瓦，静态功耗可忽略不计。在状态转换过程中，CMOS 反相器瞬态电流会很大，产生所谓的动态功耗。动态功耗的大小，与工作电压 V_{DD}、输入电压变化的频率、负载电容的大小等因素有关。

如图 1-43 所示为 CMOS 反相器的电压传输特性曲线。设两管参数对称，即 $|U_{GS(th)P}| = |U_{GS(th)N}|$，$V_{DD} > |U_{GS(th)P}| + |U_{GS(th)N}|$，当 $u_I = \dfrac{V_{DD}}{2}$ 时，则 $u_I = \dfrac{V_{DD}}{2} > |U_{GS(th)N}|$，$V_N$ 管导通；$|u_I - V_{DD}| = \dfrac{V_{DD}}{2} > |U_{GS(th)P}|$，$V_P$ 管也导通，$u_O = \dfrac{V_{DD}}{2}$。当 $u_I > \dfrac{V_{DD}}{2}$ 时，V_N 管导通；$|u_I - V_{DD}| < \dfrac{V_{DD}}{2}$，$V_P$ 管截止，输出电压急剧下降至 0。

CMOS 集成电路在常温下静态功耗仅有几微瓦，几乎不耗电。由于电压传输特性陡峭，故 CMOS 反相器抗干扰能力强。在实际电路中，由于 V_N 和 V_P 管的参数不可能完全对称，故实际的电压传输特性要差一些。

CMOS 反相器中常用的有六反相器 CD4069 和 74HC04，其内部都由 6 个反相器构成。如图 1-44

所示为光控电路。当光线从全暗逐渐增强时,光敏电阻 R_1 的阻值越来越小,A 点电位 U_A 越来越高。当 $U_A > V_{DD}/2$ 时,CD4069 翻转为低电平,晶体管截止,集电极电流等于零,继电器 K 释放。

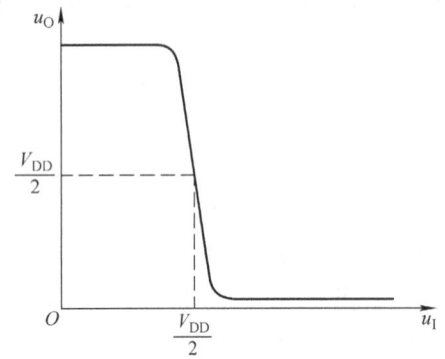
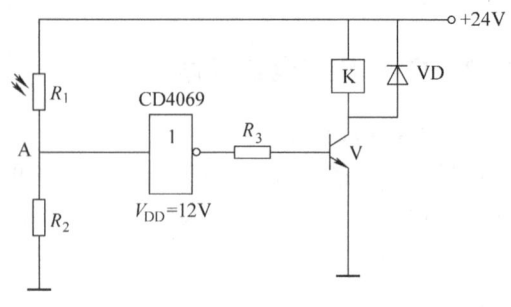

图 1-43　CMOS 反相器电压传输特性曲线　　　　图 1-44　光控电路

2. CMOS 或非门

如图 1-45 所示为 2 输入端的 CMOS 或非门电路,它由两个并联的 NMOS 管 V_1、V_2 和两个串联的 PMOS 管 V_3、V_4 组成,A、B 为输入端,Y 为输出端。V_1、V_2 为工作管,V_3、V_4 为负载管。

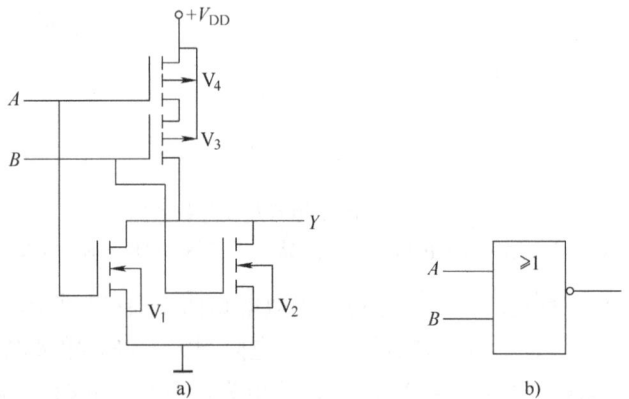

图 1-45　CMOS 或非门电路
a) 电路结构　b) 逻辑符号

当输入端 A、B 中至少有一个为高电平时,则 V_1、V_2 中至少有一个导通,V_3、V_4 中至少有一个截止,因此,输出 Y 为低电平。当两个输入端 A、B 全为低电平时,V_1、V_2 都截止,V_3、V_4 都导通,输出 Y 为高电平。

电路输出 Y 和输入 A、B 是或非逻辑关系,即 $Y = \overline{A+B}$。

74HC02 为四 2 输入端的 CMOS 或非门电路,其内部有 4 个独立的或非门。

3. CMOS 与非门

如图 1-46 所示为 2 输入端的 CMOS 与非门电路,它由两个串联的 NMOS 管 V_1、V_2 和两个并联的 PMOS 管 V_3、V_4 组成,A、B 为输入端,Y 为输出端。V_1、V_2 为工作管,V_3、V_4 为负载管。

当输入端 A、B 中至少有一个为低电平时,则 V_1、V_2 中至少有一个截止,V_3、V_4 中至少有一个导通,因此,输出 Y 为高电平。当两个输入端 A、B 全为高电平时,V_1、V_2 都导通,V_3、V_4 都截止,输出 Y 为低电平。

电路输出 Y 与输入 A、B 的关系为与非逻辑,即 $Y = \overline{A \cdot B}$。

74HC00 为四 2 输入端的 CMOS 与非门电路，其内部有 4 个与非门；74HC10 为三 3 输入端的 CMOS 与非门电路，其内部有 3 个与非门；74HC20 为四输入端的 CMOS 与非门电路，其内部有两个与非门。上述三种 CMOS 集成与非门电路的引脚排列图可查阅器件手册。

4. CMOS 传输门

CMOS 传输门也称为模拟开关。电路如图 1-47 所示，是由一个 N 沟道增强型 MOS 管 V_N 和一个 P 沟道增强型 MOS 管 V_P 并接构成的。

图 1-47a 中，V_N、V_P 两管的参数对称，两管的源极并联接在一起作为传输门的输入端，漏极并联接在一起作为传输门的输出端，两管的栅极则分别为传输门的两个互补控制端。

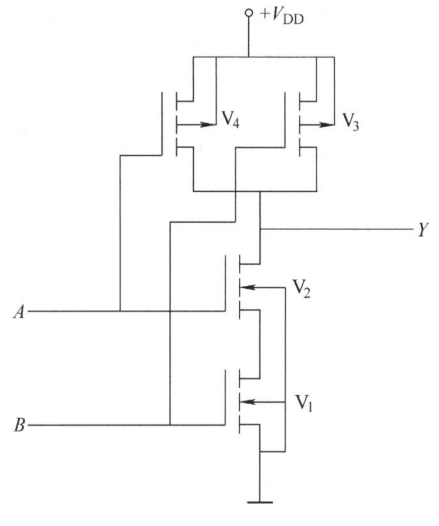

图 1-46 CMOS 与非门电路

当 C 控制端电压为电源电压（即 $+V_{DD}$）、$\overline{C}$ 控制端电压为 0V、输入信号 u_I 在 0～$+V_{DD}$ 范围内连续变化时，V_N、V_P 中至少有一个管子导通，输入和输出之间呈低阻状态，此时传输门相当于开关接通，因此输入信号可全部通过传输门。

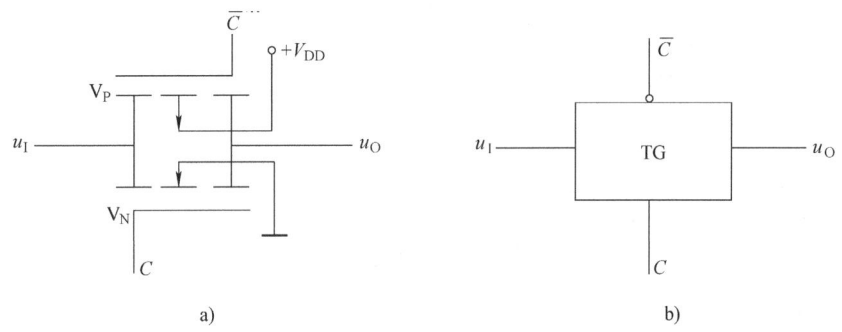

图 1-47 CMOS 传输门
a）电路 b）逻辑符号

当控制端 C 为低电压 0V、控制端 $\overline{C}$ 为电源电压、输入信号 u_I 在 0～$+V_{DD}$ 之间变化时，V_N 管和 V_P 管都处于截止状态，输入和输出之间呈高阻状态，此时传输门相当于开关断开，因此输入信号 u_I 不能通过传输门。由于漏极和源极可互换使用，因而此传输门的输入端和输出端可以对换，所以 CMOS 传输门具有双向特性。

1.7.3 CMOS 门电路系列

相对于 TTL 电路，CMOS 电路具有更多的优点，TTL 集成电路中，每个与非门消耗的功率约为 2mW，而 CMOS 电路只有 0.01mW，两者相差有 200 倍，而且 CMOS 电路集成度高、功耗低等，其工作电压范围也较大，为 3～18V，但也存在工作速度慢、抗静电能力差的缺点。随着电子技术的发展，CMOS 电路的工作速度、抗静电能力等性能得到了很大的改善，从而使其得到了越来越广泛的应用，已逐渐取代 TTL 电路。

常用不同系列的 CMOS 集成电路都有各自的特点。

1. 4000 系列 CMOS 电路

4000 系列是最早投放到市场的 CMOS 集成电路，其工作电压范围较宽为 3～18V，非常低的功耗，但存在工作速度慢、负载能力差的缺点。

2. 74HC/HCT 系列 CMOS 电路

74HC/HCT 系列是高速 CMOS 电路（high speed CMOS），T 表示与 TTL 直接兼容。其工作速度和负载能力得到了很大的改善。74HC/HCT 系列与 TTL74 系列管脚兼容，逻辑功能相同。74HC 系列的工作电压为 2~6V，但其输入电平、输出电平等不能和 TTL 电路完全兼容；74HCT 系列的工作电压一般为 5V，其输入电平、输出电平等和 TTL 电路完全兼容，因此不必经过电平转换就可以作为 TTL 器件与 CMOS 器件的中间级，同时起电平转换作用，适用于 CMOS 电路和 TTL 并存的系统中。

3. 74AC/ACT 系列 CMOS 电路

74AC/ACT 系列为改进 CMOS 电路（advanced CMOS），其逻辑功能与 TTL 系列相同。74AC 系列输入电平、输出电平等不能和 TTL 电路完全兼容；74AHCT 系列输入电平、输出电平等和 TTL 电路完全兼容。

4. 74AHC/AHCT 系列 CMOS 电路

74AHC/AHCT 系列为改进的高速型 CMOS 电路（advanced high speed CMOS），工作速度比 HC 系列快 3 倍，带负载能力提高了近 1 倍，其管脚与 TTL74 系列兼容。74AHCT 系列的输入电平、输出电平等和 TTL 电路完全兼容。

5. 74LVC 系列 CMOS 电路

74LVC 系列为低电压 CMOS 电路（low voltage CMOS），其标准工作电压为 3.3V，能够将 5V 电平转换为 3V 电平。同时传输延迟时间很短为 3.8ns，输出电流高达 24mA。

6. 74ALVC 系列 CMOS 电路

74ALVC 系列为改进的低电压 CMOS 电路（advanced low voltage CMOS），其工作电压为 3.3V，工作性能更优于 74LVC 系列，主要应用于 3.3V 逻辑总线接口电路中。

1.7.4 CMOS 器件使用时应注意的问题

使用 CMOS 集成电路时，需要采取一定的保护措施，遵循正确的使用方法：

1）注意输入端的静电保护。在储存和运输 CMOS 器件时，最好不要用容易产生静电的泡沫塑料、塑料袋或其他容器，而使用金属容器或导电泡沫塑料包装。

在安装、调试过程中，操作人员的服装、手套等应选用不易产生静电的原料制作，或采取消除静电的措施；所有与 CMOS 电路直接接触的工具（如电烙铁）、测试设备必须可靠接地。

2）不用的输入端不应悬空，可以接地（或门）或接正电源（与门），也可以并联使用（由于输入电容也并联，将使工作速度变慢）。

3）注意电源电压极性，防止输出端短路。

4）注意输入电路的过电流保护。为防止输入保持电路中钳位二极管过电流损坏（一般为 1mA），当输入端的电压可能超过 $V_{DD}+0.7V$ 或低于 $-0.7V$ 且内阻较低的信号源时，应在输入端和信号源之间串入保护电阻，并在输入端接稳压管，如图 1-48 所示。稳压管的击穿电压应等于 V_{DD}。

5）为防止脉冲信号串入电源引起的低频和高频干扰，可在 V_{DD} 和 V_{SS} 之间就近并接 10μF 钽电容和 0.01μF 磁介电容，起到电源的退耦及滤波作用。

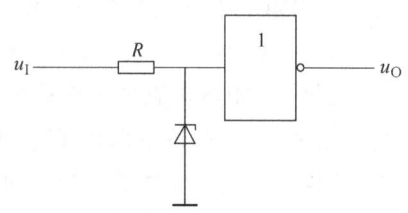

图 1-48 CMOS 电路的外接保护电路

1.8 集成门电路的接口电路

在数字系统中，有时会遇到 CMOS 和 TTL 电路同时并存的情况。由于 CMOS 和 TTL 电路为两种不同的电路，它们的输入电平、输出电平、带负载能力等性能参数也有很大的差别，必须考虑电路的连接问题。特别是近年来为了低功耗电子产品的需求，低电压逻辑器件应用越来越多。因此，在一个数字系统中，各个局部电路都有各自不同的要求，例如需要使用分立元器件，如二极管、晶体管、场效应晶体管、晶闸管、继电器等元器件时，要保证整个系统的正常工作，需用接口电路，使这些不同的电路之间能符合电平转换和功率驱动等要求。

无论是 TTL 电路驱动 CMOS 电路还是 CMOS 电路驱动 TTL 等其他电路，驱动门电路必须要给负载门电路提供一个符合要求的高电平、低电平和足够大的驱动电流，即必须满足以下的连接条件：

$$\text{驱动门} \quad \text{负载门}$$
$$U_{\text{OHmin}} \geq U_{\text{IHmin}}$$
$$U_{\text{OLmax}} \leq U_{\text{ILmax}}$$
$$I_{\text{OHmax}} \geq I_{\text{IH}}$$
$$I_{\text{OLmax}} \geq I_{\text{IL}}$$

为了便于对照比较，如表 1-10 中列出了各个系列的 TTL 和 CMOS 电路输入、输出特性参数。由于 74HCT 系列和 74ACT 系列的是与 TTL 完全兼容的，因此可以直接驱动 TTL 电路。根据上述 CMOS 和 TTL 电路的连接条件和表 1-10，可以得到下列器件可以直接连接：
1) TTL 电路与 74HCT 系列和 74ACT 系列的 CMOS 电路完全兼容，相互之间可以直接连接。
2) 74HC 系列和 74AC 系列的 CMOS 电路可直接驱动 74 系列或 74LS 系列的 TTL 电路。

表 1-10　TTL 与 CMOS 电路的输入、输出特性参数（$V_{\text{DD}} = +5\text{V}$）

	TTL 74 系列	TTL 74LS 系列	CMOS CD4000 系列	CMOS 74HC 系列	CMOS 74AC 系列	CMOS 74HCT 系列	CMOS 74ACT 系列
$U_{\text{OHmin}}/\text{V}$	2.4	2.7	4.95	4.4	4.4	4.4	4.4
$U_{\text{OLmax}}/\text{V}$	0.4	0.5	0.05	0.1	0.1	0.1	0.1
$I_{\text{OHmax}}/\text{mA}$	4	4	0.4	4	24	4	24
$I_{\text{OLmax}}/\text{mA}$	16	8	0.4	4	24	4	24
$U_{\text{IHmin}}/\text{V}$	2	2	3.5	3.15	3.15	2	2
$U_{\text{ILmax}}/\text{V}$	0.8	0.8	1.5	0.9	0.9	0.8	0.8
$I_{\text{IHmax}}/\mu\text{A}$	40	20	1	1	1	1	1
I_{IL}/mA	1.6	0.4	1×10^{-3}	1×10^{-3}	1×10^{-3}	1×10^{-3}	1×10^{-3}

3) CD4000 系列 CMOS 电路可直接驱动一至两路 74LS 系列的 TTL 电路。

除此之外，其他电路之间的连接则需采用接口电路，进行电平转换。

1.8.1　TTL 电路驱动 CMOS 电路

由 CMOS 和 TTL 电路的连接条件和表 1-10 可知，当 TTL 电路驱动 CMOS 电路时，由于 CMOS 电路是电压驱动，输入端电流极小，TTL 电路最大的低电平输出 U_{OLmax} 均低于 CMOS 电路最大的低电平输入 U_{ILmax}，所以低电平输出驱动不存在问题。而不能驱动的主要问题在于：

$$U_{OHmin} < U_{IHmin}$$

如 74LS 系列 TTL 电路的输出高电平下限值为 2.7V，74HC 系列 CMOS 电路的高电平输入最低为 3.15V，因此 2.7V 将不被 CMOS 电路接收为高电平输入。要解决这一问题简单的办法是在 TTL 的输出端与电源之间接一个上拉电阻，来提高 TTL 电路的输出高电平，如图 1-49a 所示。图 1-49b 中的 TTL 采用集电极开路的 OC 门。不同系列的 TTL 电路的上拉电阻 R 应选取不同的值。如果 TTL 电路采用的是集电极开路的 OC 门，则也能达到它们的连接要求，图中电阻 R 是 OC 门晶体管集电极的负载电阻。

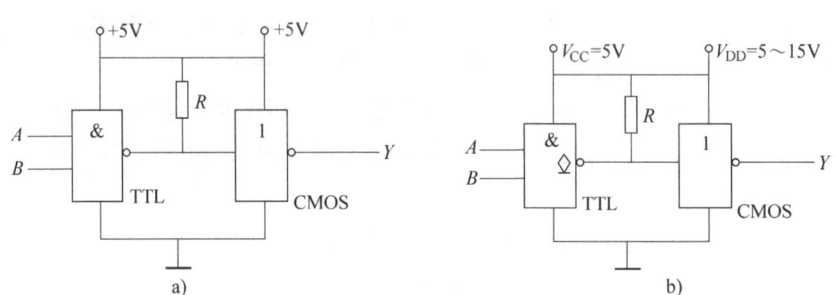

图 1-49 用上拉电阻提高输出高电平
a) TTL 驱动 CMOS b) OC 门驱动 CMOS

1.8.2 CMOS 电路驱动 TTL 电路

由 CMOS 和 TTL 电路的连接条件和表 1-10 可知，使用 CMOS 电路驱动 TTL 电路时，主要考虑的是电流问题，因为 CMOS 的输出高电平和低电平都能满足 TTL 电路输入高电平、低电平的要求，所以电压方面不存在问题。而 CD4000 系列的 CMOS 电路不能直接驱动 74 系列的 TTL 电路的问题在于不能满足连接条件：

$$I_{OLmax} < I_{IL}$$

一种解决问题的办法是在 CMOS 电路的输出端增加一级 CMOS 缓冲器，以增大 I_{OLmax}（一般可直接驱动两块典型的 TTL），如图 1-50 所示。

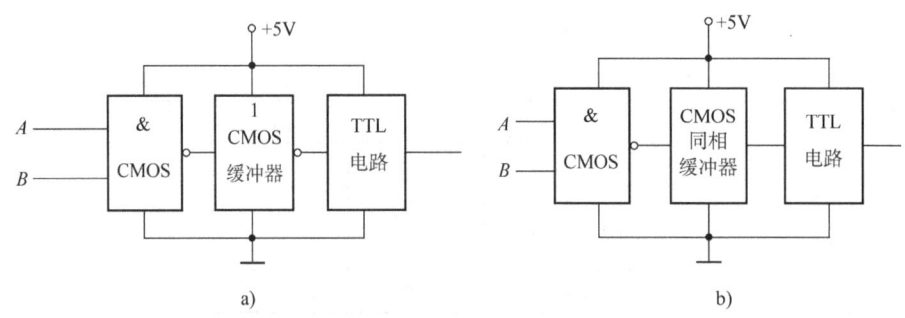

图 1-50 CD4000 系列 CMOS 电路和 TTL 电路的接口电路
a) 反相驱动 b) 同相驱动

另一种办法是在 $V_{DD}=5V$ 的 CD4000 器件与 TTL 器件之间插入 74HCT 或 74ACT 器件，其输入输出电平、驱动电流等均符合连接条件。

74HC 可直接驱动 74LSTTL，不需要作电平、电流的变换。

1.9 数字电路故障的检测和排除

一个数字电路通常由多个模块组成,连线较为复杂。因此,数字电路故障的检测一般都很复杂,不但要求具备对正常电路或系统的分析和评价能力,而且还需深刻了解电路故障的症状及查找检测和修复故障的理论与方法。数字系统的复杂性和规模的不断增大,仅靠自身积累的经验已显得越来越难"驾驭"各种故障。这就需要有一套排除数字系统故障的科学方法与策略。

1.9.1 产生故障的主要原因

数字系统的故障是指一个或多个电子元器件的损坏、接触不良、导线断裂与短路、虚焊等原因造成的功能错误。对于组合逻辑电路,如不能按真值表的要求工作,就可以认为电路有故障。对于时序逻辑电路,如不能按状态转换表工作时,就认为存在故障。产生故障的主要原因有:

1. 设计错误引发的故障

"设计错误"并不是电路逻辑设计错误,而是指所选用的器件不合适,或电路中各器件在时间配合上有错误。在设计数字系统时,忽视电子元器件的参数和工作条件引起的故障是常见的。例如,电源电压的过高或过低,轻则造成功能错误,重则造成电子元器件的损坏;不同类型集成电路之间的电平配合;电路动作边沿选择的错误;未考虑门电路带负载能力、过载引发电路逻辑功能错误;未考虑信号传输延迟时间电路存在"竞争冒险",引发误动作等都会造成故障。

此外,大功率元器件、电解电容、集成电路芯片质量等不好,造成故障也不在少数。为了减少这类故障,应选用质量好的电子元器件,使用前应严格筛选,进行优化,在电路中降额(降低额定值)使用。

2. 布线不当引发的故障

在安装中断线、桥接(相近导线连在一起造成的短路)、漏线、插错电子元器件(特别是集成电路芯片的方向容易插错)、多余输入端处理不当(如 CMOS 集成电路多余输入端悬空)等,都会造成电路故障。

3. 接触不良

接触不良也是常见的、容易发生的故障,如接插件的松动、焊接不良(如虚焊)、接点氧化等。这类故障的表现为时有时无,带有一定的偶发性。减少这类故障的办法是选用质量好的接插件,从工艺上保证焊点质量。

4. 工作环境恶劣

很多数字设备都有规定的使用条件和环境要求,如温度、湿度、工作时间等环境条件不符合规定要求时,也很难保证设备能正常工作。此外,如使用环境的电磁干扰超过允许范围,将数字信号传输线和强干扰源线捆扎在一起而又没有采取任何防范措施时,也会造成数字电路不能正常工作。

5. 超期使用

任何数字电路都有一定的使用期限,如果超期使用,很多元器件都会进入衰老期,故障必然会增加,技术性能也会下降。但只要注意维护、及时更换零部件和电子元器件等,可以减少故障,延长设备的使用期限。

1.9.2 常见的故障类型

1. 永久故障

这类故障一旦产生,就会永久保持下去。只有在人为修复后,故障才能消除。绝大多数静态故障都属于这一类。

（1）固定电平故障　　这是一种常见故障。它是由于错接而使电路中某一处的逻辑电平保持为固定值时产生的故障，称为固定电平故障。例如接地故障，这时故障点的逻辑电平固定在"0"上；又如电路的某一点和电源短路，这时故障点的电平固定在"1"上。这一类故障在没有排除之前，故障点的逻辑电平不会恢复到正常值。

当只考虑固定电平故障，且同一时间只考虑一个固定电平故障时，称其为单固定电平故障。而在数字电路中同时出现几个固定电平故障，是一个更普遍的现象，但它的故障测试技术至今仍没有较理想的方法，所以现在仍以单故障为基础进行故障的测试。

（2）桥接故障　　桥接故障是由两根或多根信号线相互短路造成的，主要有两种类型：一种为输入信号线之间桥接造成的故障，如异或门两条输入信号线的桥接会造成失去异或功能；另一种为反馈桥接造成的故障，如输入线和输出线间的桥接、两个独立电路的输入线间桥接或两个独立电路的输出线间桥接等造成的故障。这类故障的检查比固定电平故障困难。但只要细心，这类故障也是不难寻找的。

2. 间歇故障

这类故障具有偶发性的特点，在出现故障的瞬间会造成功能错误，故障消失后，电路工作又恢复正常，它的表现形式为故障时有时无。例如，竞争冒险现象产生的故障、电子元器件的衰老、特性的变化、电磁信号的干扰等都会造成间歇性的故障。这类故障的检查是十分困难的。

1.9.3　查找故障的常用方法

查找故障的目的是，确定产生故障的原因和部位，以便及时排除，使设备恢复正常工作。查找故障通常用以下方法。

1. 直观检查法

这是一种常规检查，是指不采用任何仪器设备，也不改动电路接线，直接观察电路表面来发现问题、寻找故障的方法。

1）静态观察：应仔细观察电路有没有被腐蚀、破损；电源熔断器是否烧断；电源是否接入电路；导线有无断线或短路；电子元器件有无变色或脱落，器件是否插对，引脚有无弯折、互碰；接插件有无松动、电解电容有无漏液、焊点有无脱落；多余输入端处理是否正确；布线是否合理、是否有相碰短路现象。

2）通电后观察：仔细观察有无异常现象，如电源是否短路；器件是否因电流过大而产生发烫、异味或冒烟情况；脉冲是否加入电路。此法适用于对故障进行初步检查，一般明显的故障可以用此法发现。

3）用仪表测试电路逻辑功能是否正常，并将检查的结果作详细记录，以供分析故障时使用。

2. 分割测试法

一个数字系统通常由多个子系统或模块组成，一旦发生故障往往很难查找。因此应将整个电路按电路结构或实现功能分割成若干相对独立的电路，根据故障现象和检测结果进行分析、判断，将怀疑出故障的子系统或模块单独进行检查。如其输入信号和控制信号都正常，而输出信号不正常时，则故障就出在该子系统或模块内，然后再对该子系统或模块进行故障检查。此法用于快速确定故障范围，缩短查找故障的时间。

3. 顺序检查法

（1）由输入级逐级向输出级检查　　采用这个方法检查通常需在输入端加入信号，而后沿着信号的流向逐级向输出级进行检测，直到发现故障为止。

(2) 由输出级逐级向输入级检查　当发现输出信号不正常时,这时应从输出级开始逐级向输入级进行检测,直到检测出有正常信号的一级为止,则故障便出在信号由正常变为不正常的一级。

4. 对比法

这是查寻故障的常用方法。当怀疑某一部分电路有故障时,可通过测量故障电路各点电压波形、电流、电压等参数信号,与正常电路逐项比较,从而较快找到电路中不正常的信号,分析出故障原因并判断出故障点。

5. 替代法

有时故障比较隐蔽,如集成器件性能下降,用测量逻辑电平或波形很难找出故障点,则可采用替代法来查找故障。当怀疑数字系统某一插件板的电路或元器件有故障时,则可用完全相同的电路插件板或元器件进行替换使用,以判断被替换的电路插件板或元器件是否有故障,从而达到排除故障的目的。若替换后故障消除了,则说明原来的电路插件板或元器件有故障。应用此法时,注意一定要在断电情况下才能拔插更换元器件。采用替换法的优点是方便易行,在查找故障的同时,故障也排除了。它的缺点是替换上的电路插件板或元器件有可能被损坏。因此使用替换法时应慎重。只有在判断原电路插件板和元器件确有故障或插件板、元器件替换后不会损坏时才可使用此法。

6. 电阻测试法

当电路通电后有明显异常现象,如元器件冒烟发烫有糊味等,为避免故障进一步扩散,必须尽快切断电源,采用电阻测试法检查元器件输出端与电源是否有短路现象。此法还可用来检查电路连线及底板内部是否有断路、接触不良等故障。

7. 波形观察法

用示波器检查电路各级输入输出波形是否正常,是检修波形变换电路、脉冲电路的常用方法。这种方法对于发现寄生振荡、外界干扰及噪声等引起的故障,具有独到之处。

1.10　应用电路介绍

应用一:图1-51a所示为红外遥控器中的红外发光二极管发射40kHz的脉冲调制信号,经红外接收电路之后,可解调出表示遥控目的的波形,如图1-51b所示。为了使遥控距离尽量远些,流过红外LED的电流一般需达数十甚至数百毫安,这就要求驱动红外LED的晶体管开启时间和关闭时间尽量短些,以减小晶体管管耗。因此在电路中采用加速电容C,以改善晶体管的开关特性,提高电路的工作速度,其电路如图1-51c所示。在不接加速电容C的情况下,u_C波形如图1-51d中的虚线所示。晶体管从截止($u_C=4.5V$)到饱和($u_C=0.3V$)所需的时间为t_f,在这一瞬变过程的中点附近,电流i_C与管压降u_C的乘积达到最大值。t_f越长消耗在晶体管上的功耗越大,同样,t_r段也会引起较大的管耗,可能会造成晶体管的过热。减小管耗的方法是:①选用开关时间较小的高频功率晶体管;②在R_B上并联加速电容C。采用上述方法后,u_C的波形如图1-51d中的实线所示。上述原理在大功率晶体管驱动电路中经常采用。

应用二:触摸式延时开关

触摸式延时开关可用于楼道灯控制电路或定时报警电路,其电路图如图1-52所示,由与非门G_1、G_2,晶体管V和继电器KA等元器件组成。

电路中,门G_1的一个输入端和门G_2的一个输入端接正电源,为高电平,门G_1和门G_2相当于两个反相器,所以,门G_1和门G_2也可以直接选用反相器。当人手没有碰触摸开关时,门G_1的输入端为低电平,输出为高电平,VD_1截止,门G_2的输入端为高电平,电容C_2两端充有

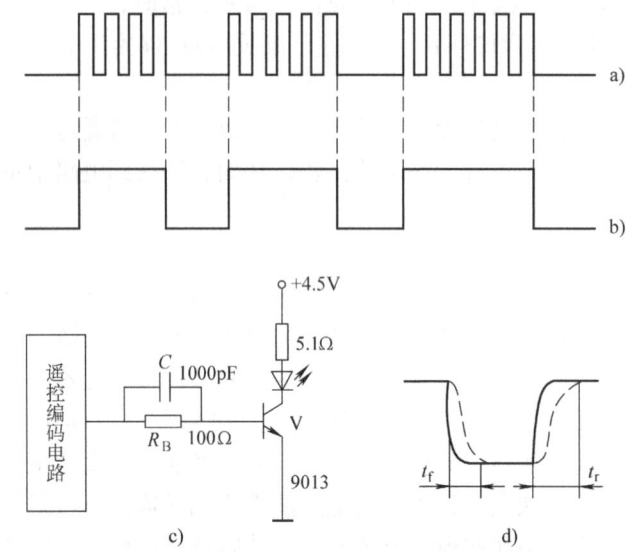

图 1-51 红外遥控器中的红外管驱动电路
a) 脉冲调制信号 b) 解调波形 c) 电路中采用加速电容 C d) 输出波形

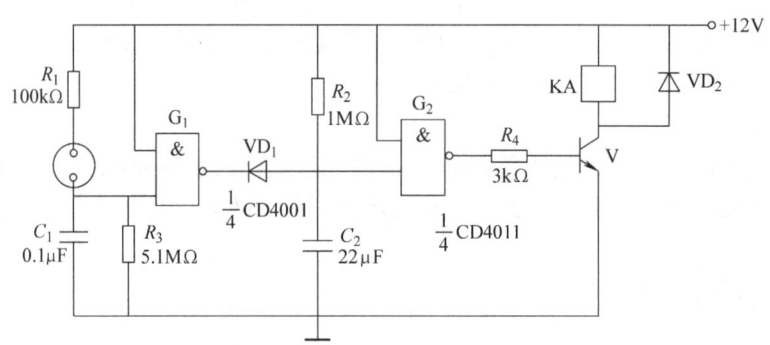

图 1-52 触摸式延时开关

正向电压，门 G_2 输出低电平，晶体管 V 截止，继电器 KA 不吸合。当人手碰触触摸开关时，V_{DD} 通过人体电阻给 C_1 充电，门 G_1 的输入端变为高电平，输出低电平，二极管 VD_1 导通，C_2 通过 VD_1 放电，门 G_2 的输入端为低电平，门 G_2 输出高电平，V 导通，继电器 KA 吸合，负载工作。而当人手离开触摸开关时，门 G_1 的输入端又重新为低电平，门 G_1 输出高电平，二极管 VD_1 截止，电容 C_2 充电，经过大约 20s 时间（取决于的充电时间常数 C_2 与 R_2 的乘积），C_2 上电压升至一定值，门 G_2 的输出又变为低电平，晶体管 V 截止，继电器 KA 释放，负载停止工作。电路中，与非门可用 74HC00 替换，也可用六反相器 74HC04 或六反相器 CD4069 替换。电路中，CD4011 中 4 个与非门使用了两个，剩余的两个门若无它用必须将输入端接 V_{DD} 或接地（V_{SS}），输出端可悬空。

本章小结

集成逻辑门电路中最常见的是 TTL 电路和 CMOS 电路。TTL 电路具有噪声容限小、功耗大、输入电阻小的特点。在本章中介绍了 74LS 系列 TTL 电路的结构、工作原理，介绍了 OC 门、三态门、传输门、模拟开关等逻辑电路及其应用。

CMOS 电路具有静态功耗非常低、输入电阻大、抗干扰能力强、电源电压的范围大等特点。新出现的 74HCT 系列和 74ACT 系列和传统的 TTL 电路兼容，工作速度也接近 TTL 电路，且同时具备 CMOS 电路的特点，在许多领域已取代了 TTL 电路。74HC 和 74AC 系列的管脚和 TTL 电路兼容，但输入输出电平不同。

当 TTL 电路和 CMOS 电路同时使用时，要保证整个系统的正常工作，必须考虑 TTL 与 CMOS 电路的接口电路。

最后介绍了数字电路中故障的产生原因、故障的类型以及检查故障的方法等。

思考题与习题

1-1 填空题

（1）74LSTTL 电路的电源电压值和输出电压的 U_{OHmin}、U_{OLmax} 电平值依次约为_____。74TTL 电路的电源电压值和输出电压的 U_{OHmin}、U_{OLmax} 电平值依次约为_____。

（2）门电路输出为_____电平时的负载为拉电流负载，输出为_____电平时的负载为灌电流负载。

（3）OC 门称为_____门，多个 OC 门输出端并联到一起可实现_____功能。

（4）_____门电路的输入电流始终为零。

（5）CMOS 门电路的闲置输入端不能_____，对于与门应当接到_____电平，对于或门应当接到_____电平。

1-2 选择题（部分是多项选择题）

（1）以下电路中常用于总线应用的有（   ）。
A. TSL 门　　　　　B. OC 门　　　　　C. 漏极开路门　　　　　D. CMOS 与非门

（2）某 TTL 与非门带同类门的个数为 N，其低电平输入电流为 1.5mA，高电平输入电流为 10μA，最大灌电流为 15mA，最大拉电流为 400μA，N 最大为（   ）。
A. 5　　　　　B. 10　　　　　C. 20　　　　　D. 40

（3）CMOS 数字集成电路与 TTL 数字集成电路相比突出的优点是（   ）。
A. 微功耗　　　　　B. 高速度　　　　　C. 高抗干扰能力　　　　　D. 电源范围宽

（4）对于 TTL 与非门闲置输入端的处理，可以（   ）。
A. 接电源　　　　　　　　　　　　　B. 通过 3kΩ 电阻接电源
C. 接地　　　　　　　　　　　　　　D. 与有用输入端并联

（5）以下电路中可以实现"线与"功能的有（   ）。
A. 与非门　　　　B. 三态输出门　　　　C. 集电极开路门　　　　D. 漏极开路门

（6）三态门输出高阻状态时，正确的说法是（   ）。
A. 用电压表测量指针不动　　　　　　B. 相当于悬空
C. 电压不高不低　　　　　　　　　　D. 测量电阻指针不动

（7）已知图 1-53 所示发光二极管的正向压降 $U_D = 1.7V$，参考工作电流 $I_D = 10mA$，某 TTL 门输出的高低电平分别为 $U_{OH} = 3.6V$，$U_{OL} = 0.3V$，允许的灌电流和拉电流分别为 $I_{OL} = 15mA$，$I_{OH} = 4mA$，则电阻 R 应选择（   ）。
A. 100Ω　　　　　B. 510Ω　　　　　C. 2.2kΩ　　　　　D. 300Ω

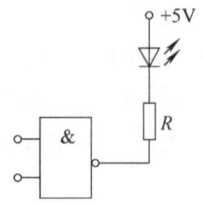

图 1-53　题 1-2（7）图

（8）74HC×××系列集成电路与 TTL74 系列相兼容是因为（　　）。
A. 引脚兼容　　　　B. 逻辑功能相同　　C. 以上两种因素共同存在

（9）74HC 电路的最高电源电压值和这时它的输出电压的高、低电平值依次为（　　）。
A. 5V、3.6V、0.3V　　B. 6V、3.6V、0.3V　　C. 6V、5.6V、0.1V

1-3　判断题

（1）普通的逻辑门电路的输出端不可以并联在一起，否则可能会损坏器件。（　　）
（2）集成与非门的扇出系数反映了该与非门带同类负载的能力。（　　）
（3）将两个或两个以上的普通 TTL 与非门的输出端直接相连，可实现线与。（　　）
（4）三态门的三种状态分别为：高电平、低电平、不高不低的电压。（　　）
（5）TTL OC 门（集电极开路门）的输出端可以直接相连，实现线与。（　　）
（6）当 TTL 与非门的输入端悬空时相当于输入为逻辑 1。（　　）
（7）TTL 集电极开路门输出为 1 时由外接电源和电阻提供输出电流。（　　）
（8）CMOS OD 门（漏极开路门）的输出端只要直接相连，就可以实现线与。（　　）
（9）CMOS 或非门与 TTL 或非门的逻辑功能完全相同。（　　）
（10）使用 CMOS 门电路时不宜将输入端悬空是因为输入端阻抗高，极易感应较高的静电压，击穿栅极，造成器件损坏。（　　）

1-4　画出 74HC 系列 CMOS 电路的噪声容限图解，并分别计算低电平噪声容限和高电平噪声容限。（设电源电压为 5V）

1-5　图 1-54 所示的 TTL 门电路中，输入端 1、2、3 为多余输入端，试问哪些接法是正确的？

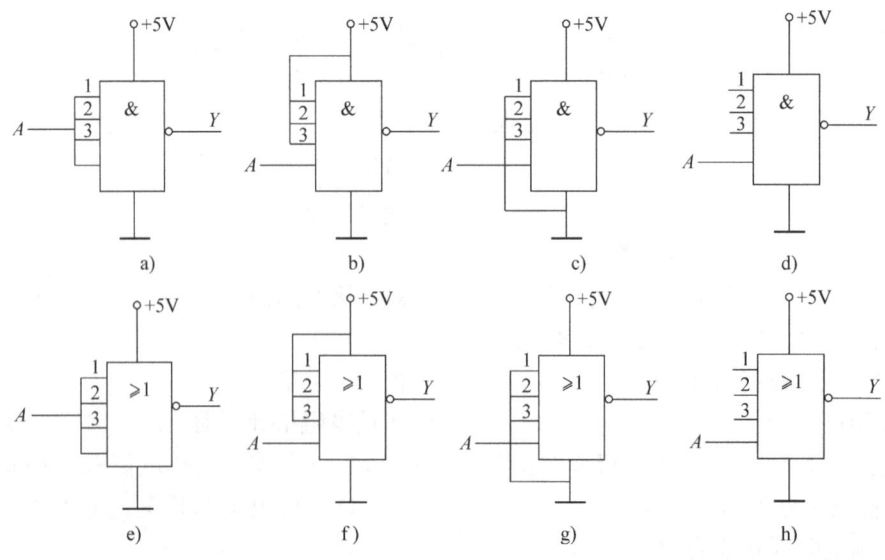

图 1-54　题 1-5 图

1-6 图 1-55 所示电路是用 TTL 反相器 74LS04 来驱动发光二极管的电路，试分析哪几个电路图的接法是正确的？为什么？设 LED 的正向压降为 1.7V，电流大于 1mA 时发光，试求正确接法电路中流过 LED 的电流。

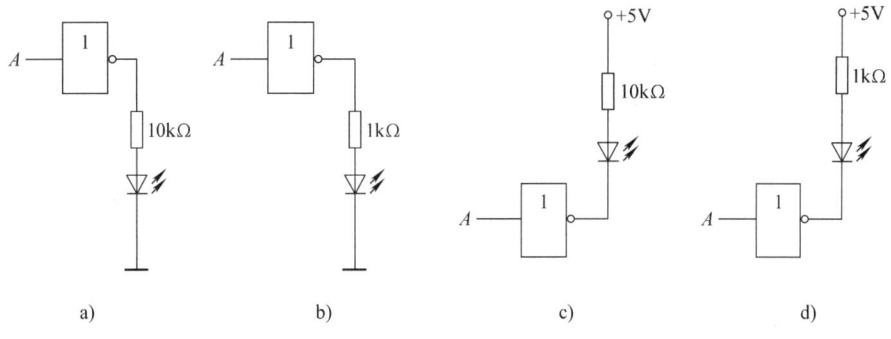

图 1-55 题 1-6 图

1-7 如图 1-56 所示，在测试 TTL 与非门的输出低电平 U_{OL} 时，如果输出端不是接相当于 8 个与非门的负载电阻 R_L，而是接 $R \ll R_L$，会出现什么情况，为什么？

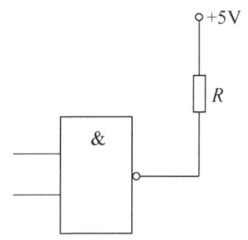

图 1-56 题 1-7 图

1-8 具有推拉输出级的 TTL 与非门输出端是否可以直接连接在一起？为什么？

1-9 电路如图 1-57a、b、c 所示，已知 A、B 波形如图 1-57d 所示，试画出相应的 Y 输出波形。

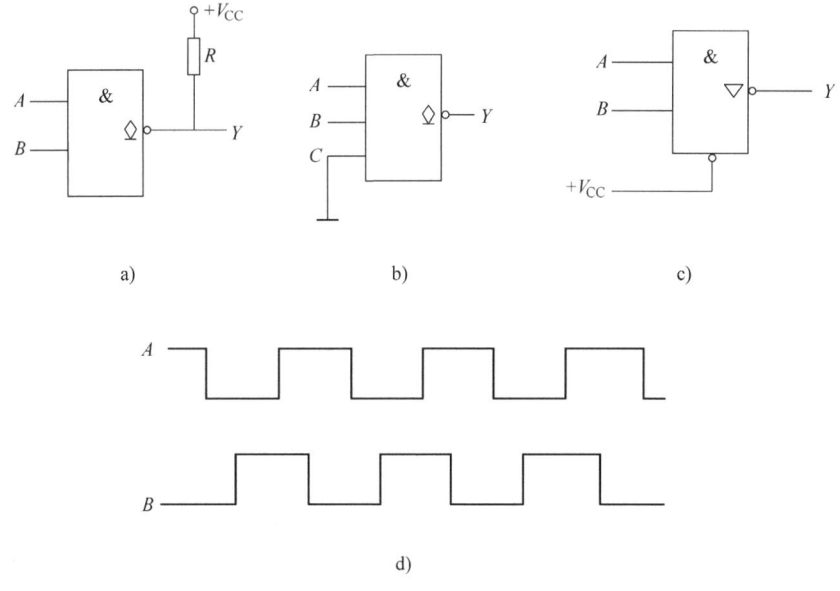

图 1-57 题 1-9 图

1-10 如图 1-58a 所示电路，是用 OC 门驱动发光二极管的典型接法。设该发光二极管的正向压降为 1.7V，发光时的工作电流为 10mA，OC 非门 7405 和 74LS05 的输出低电平电流 I_{OLmax} 分别为 16mA 和 8mA。试问：

1）应选用哪一型号的 OC 门？
2）求出限流电阻 R 的数值。
3）图 1-58b 错在哪里？为什么？

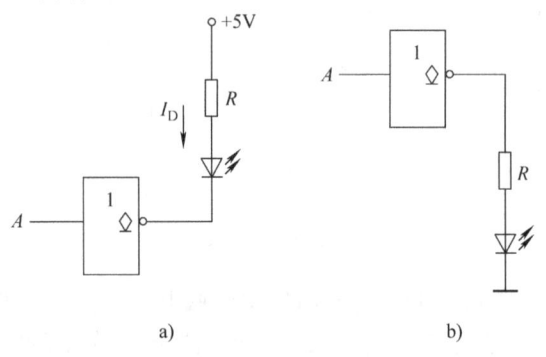

图 1-58 题 1-10 图

1-11 如图 1-59 所示电路，试写出输出与输入的逻辑表达式。

1-12 画出图 1-60 所示三态门的输出波形。

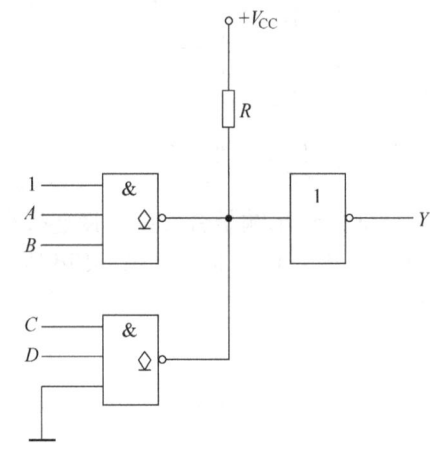

图 1-59 题 1-11 图

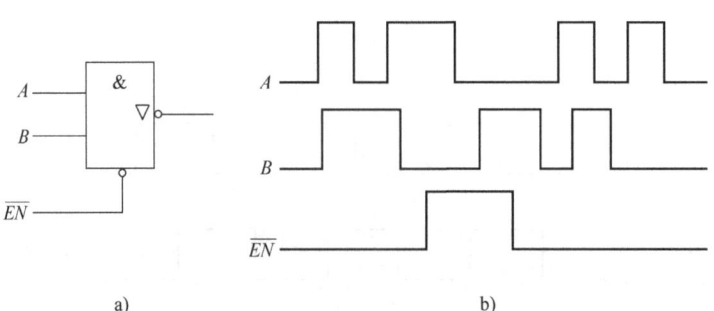

图 1-60 题 1-12 图
a）电路 b）输入波形

本 章 实 验

实验 1.1　数字电路的认识实验

1. 实验目的

初步认识数字电路,学会一些实验仪器、元器件的使用。通过一个较为直观的实验,提高学生对课程的兴趣,明确本课程的学习目的。

2. 实验设备和元器件

电子实验箱,双踪示波器,集成电路:CD4511、CD4518,数码管 KSS-08123SR,电阻510×7,元器件手册。

3. 实验技术和知识

如图 1-61 所示电路为一计数译码显示电路,计数器 CD4518 随着时钟脉冲 CP 的输入作加计数,通过 CD4511 译码驱动,数码管显示输入的时钟脉冲数目。

CD4518 是双十进制同步计数器,它由两个相同的同步十进制计数器构成。当 EN 为高电平时,在 CP 的上升沿进行加计数,CD4518 的输出 $Q_3Q_2Q_1Q_0$ 为 0000~1001;当 CP 为低电平时,在 EN 的下降沿进行加计数,$Q_3Q_2Q_1Q_0$ 为 0000~1001。CR 为清零端,它为高电平时计数器清零。

CD4511 是 BCD-7 段锁存译码驱动器,其中 $A_3A_2A_1A_0$ 为二进制数据输入端,输出端 Y_a、Y_b、Y_c、Y_d、Y_e、Y_f、Y_g 分别与数码管的 a、b、c、d、e、f、g 相连。当 $\overline{LT}$ 为试灯输入,当 $\overline{LT}=0$ 时,Y_a、Y_b、Y_c、Y_d、Y_e、Y_f、Y_g 均为高电平,与之连接的数码管 KSS-08123SR 显示数字"8";$\overline{BI}$ 为输出消隐控制端,当 $\overline{BI}=0$,$\overline{LT}=1$ 时,输出 Y_a、Y_b、Y_c、Y_d、Y_e、Y_f、Y_g 均为低电平,与之连接的数码管不显示任何数字。LE 为数据锁定控制端,当 $LE=1$,$\overline{BI}=1$,$\overline{LT}=1$ 时,输出保持原来的状态;当 $LE=0$,$\overline{BI}=1$,$\overline{LT}=1$ 时,数码管显示与 $A_3A_2A_1A_0$ 二进制数据相对应的十进制数。

4. 实验内容和步骤

通过教师的演示,学生认识计数译码显示电路的功能、作用。试组建该电路,并观察计数显示结果。

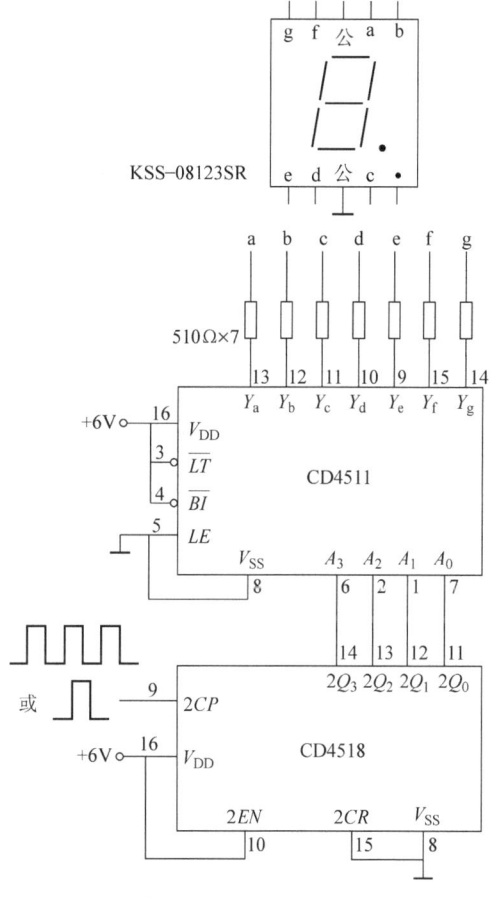

图 1-61　计数译码显示电路

5. 实验报告内容要求

实验名称、日期、组别、指导教师。实验目的、仪器规格及编号、实验电路等。把实验得到的原始数据进行整理和分析,绘出曲线或波形等。对实验结果进行分析,并做出结论,写出自己的实验心得体会。

实验 1.2　逻辑门电路的功能测试

1. 实验目的

1) 学习逻辑门电路功能测试方法。

2) 掌握常用逻辑门电路的逻辑功能，学会通过查手册来使用集成电路的基本方法。

2. 实验设备和元器件

电子实验箱，函数发生器，双踪示波器，集成电路：74HC00、74HC08、74HC27、74HC86，元器件手册。

3. 实验内容

1) 测试逻辑门电路四2输入与非门的逻辑功能。用实验箱的逻辑开关信号 A、B 作输入，把与非门输出 X 接到实验箱的逻辑电平显示1号端（发光二极管亮表示输出为逻辑高电平"1"），实验电路如图1-62所示，图中 V_{DD} 可以是 6~2V，并将实验结果记入表1-11中。

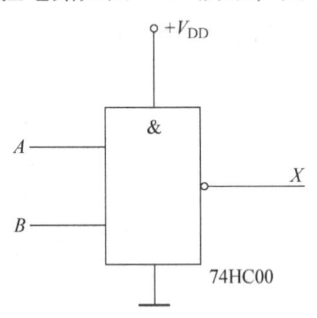

图1-62 与非门测试的实验电路

表1-11 与非门真值表

输入		输出
A	B	X

2) 测试逻辑门电路三3输入或非门的逻辑功能。用实验箱的逻辑开关 E、F、G 作输入，或非门输出端 Y 接到实验箱的输出逻辑电平显示4号端，实验电路如图1-63所示，并将实验结果记入表1-12中。

注：电路图中没有出现数字电源（V_{DD}）和数字地（GND），但用集成电路实验时必须连接，且注意极性不要接反和接错。

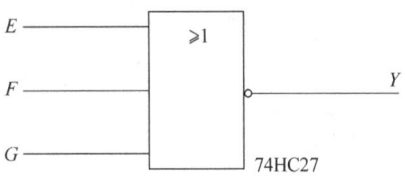

图1-63 或非门测试实验电路

表1-12 3输入或非门真值表

E	F	G	Y
⋮	⋮	⋮	⋮

3) 测试四2输入异或门逻辑门电路的组合电路的逻辑功能。输出端 X、Y、Z 分别接到显示端6、7、8号端，实验电路如图1-64所示。用逻辑开关信号作输入，实验结果记入表1-13中。

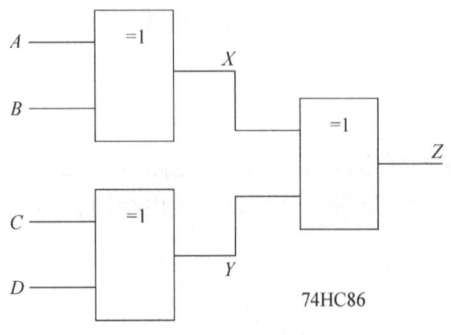

图1-64 异或门测试实验电路

表1-13 组合电路的逻辑真值表

A	B	C	D	X	Y	Z
⋮	⋮	⋮	⋮	⋮	⋮	⋮

4）用与门实现逻辑控制的测试。实验电路如图 1-65 所示。把输入端 A 接到函数发生器的输出端，输入 1kHz、幅值 5V 的连续方波脉冲，在输入端 B 分别为 0 和 1 时，用双踪示波器分别观察输入端 A 和输出端 Y 的逻辑电平变化，并在图 1-66 中画出它们的电压波形。

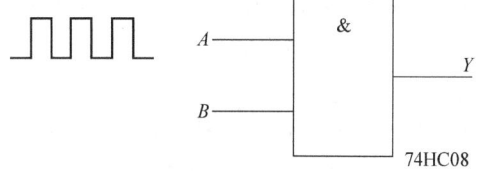

图 1-65　与门逻辑控制电路

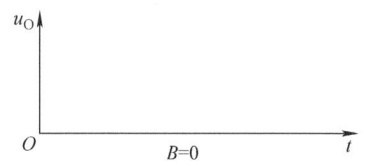 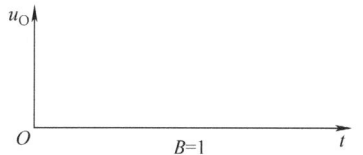

图 1-66　74HC08 的输出波形

4. 实验报告内容要求

实验名称、日期、组别、指导教师。实验目的、仪器规格及编号、实验电路等。把实验得到的原始数据进行整理和分析，绘出曲线或波形等。对实验结果进行分析，并做出结论，写出自己的实验心得体会。

实验 1.3　集成逻辑门电路参数测试

1. 实验目的

1）熟悉集成逻辑门电路的主要参数测试。

2）熟悉集成逻辑门电路的输入特性和输出特性和曲线的测试。

2. 实验仪器和元器件

电子实验箱，万用表，集成电路：74LS00，74HC00，元器件手册。

3. 实验内容

1）低电平输出的电源电流 I_{CCL} 的测试。电路如图 1-67 所示，试用 74LS00、电流表等构成该电路。测试条件是输入端悬空，输出端空载。I_{CCL} 和电源电压 V_{CC} 的乘积就是该与非门的空载导通功耗 P_{ON}。

I_{CCL} = ＿＿＿＿＿＿，P_{ON} = ＿＿＿＿＿＿。

2）高电平输入电流 I_{IH} 的测试。电路如图 1-68 所示，试用 74LS00、电流表等构成该电路。测试条件是被测一个输入端接 V_{CC}，其余输入端接地时，输出空载。

I_{IH} = ＿＿＿＿＿＿。

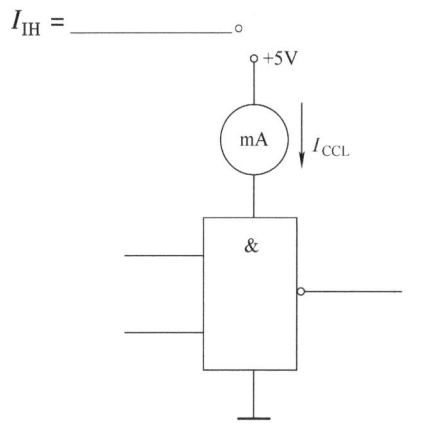 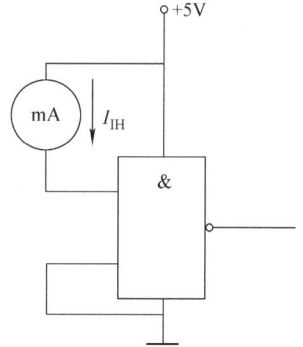

图 1-67　低电平输出的电源电流 I_{CCL} 的测试电路　　图 1-68　高电平输入电流 I_{IH} 的测试电路

3）输入短路电流 I_{IS} 的测试。电路如图 1-69 所示，试用 74LS00、电流表等构成该电路。测试条件是被测输入端与电流表串联后接地，其余输入端悬空，输出端空载。

I_{IS} = _____。

4）输入伏安特性。电路如图 1-70 所示，试用 74LS00、电位器等构成该电路。改变电位器阻值，从而改变输入电压，测量输入电流值，并记入表 1-14 中。74HC00 的测量输入电流值记入表 1-15 中。最后根据测量值，画出输入伏安特性。

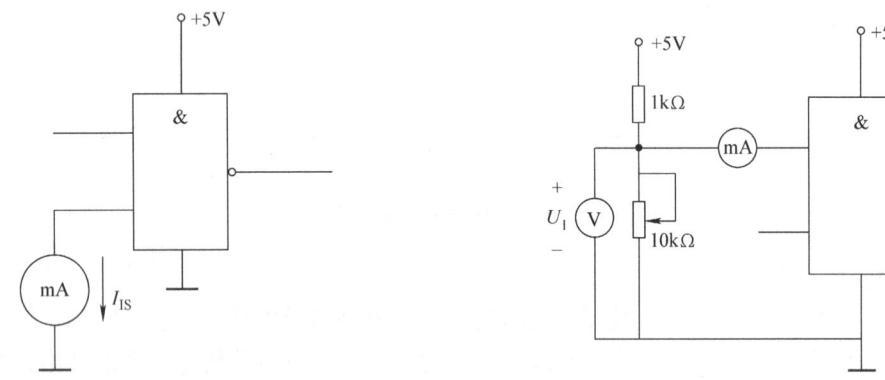

图 1-69 输入短路电流 I_{IS} 的测试电路   图 1-70 输入伏安特性的测试电路

表 1-14 74LS00 输入伏安特性的测试表

U_I/V												
I_I/mA												

表 1-15 74HC00 输入伏安特性的测试表

U_I/V												
I_I/mA												

5）输入端负载特性。电路如图 1-71 所示，试用 74LS00、电位器等构成该电路。改变电位器阻值，试用电压表测量输入电压值，将电阻阻值和输入电压值记入表 1-16 中。74HC00 的测量值记入表 1-17 中。最后根据测量值，画出输入端负载特性曲线。

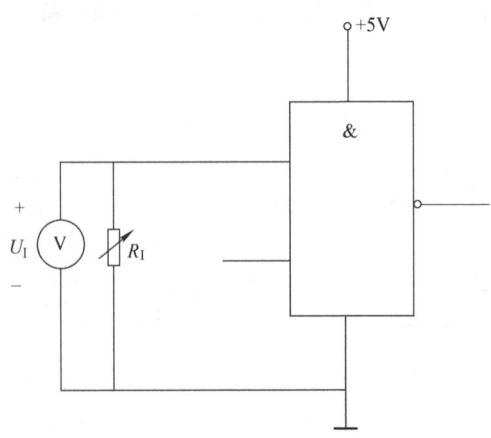

图 1-71 输入端负载特性的测试电路

表 1-16　74LS00 输入端负载特性的测试表

U_I/V													
R_I/kΩ													
U_O/V													

表 1-17　74HC00 输入端负载特性的测试表

U_I/V													
R_I/kΩ													
U_O/V													

6）输出高电平，带拉电流负载时负载特性的测试。电路如图 1-72 所示，试用 74LS00、电位器等构成该电路。改变电位器阻值，测量负载电流和输出电压值，并记入表 1-18 中。74HC00 的测量值记入表 1-19 中。最后根据测量值，画出拉电流负载时的负载特性曲线。

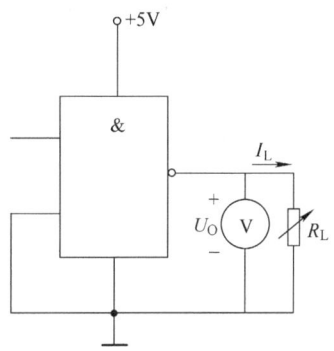

图 1-72　输出高电平、带拉电流负载时负载特性的测试电路

表 1-18　74LS00 负载特性的测试表

U_O/V													
I_L/mA													

表 1-19　74HC00 负载特性的测试表

U_O/V													
I_L/mA													

7）输出低电平，带灌电流。电路如图 1-73 所示，试用 74LS00、电位器等构成该电路。改变电位器阻值，测量负载电流和输出电压值，并记入表 1-20 中。74HC00 的测量值记入表 1-21 中。最后根据测量值，画出灌电流负载时的负载特性曲线。

8）电压传输特性。电路如图 1-74 所示，试用 74LS00、电位器等构成该电路。改变电位器阻值，从而改变输入电压，试用电压表逐点测量输入、输出电压值，并记入表 1-22 中。74HC00 的测量值记入表 1-23 中。最后根据测量值，画出电压传输特性曲线。（提示：在 U_O 变化较大的区域应多测几点，有利于绘制特性曲线）

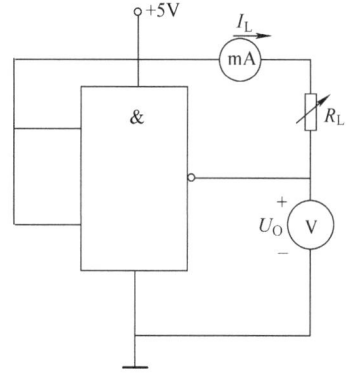

图 1-73　输出低电平、带灌电流负载时输出特性的测试电路

表 1-20 74LS00 负载特性的测试表

U_O/V											
I_L/mA											

表 1-21 74HC00 负载特性的测试表

U_O/V											
I_L/mA											

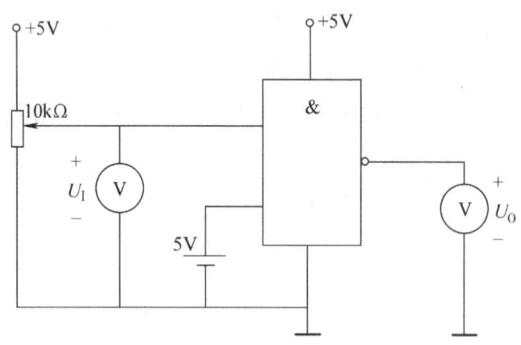

图 1-74 电压传输特性的测试电路

表 1-22 74LS00 电压传输特性的测试表

U_O/V											
U_I/V											

表 1-23 74HC00 电压传输特性的测试表

U_O/V											
U_I/V											

4. 实验报告内容要求

实验名称、日期、组别、指导教师。实验目的、仪器规格及编号、实验电路等。把实验得到的原始数据进行整理和分析，绘出曲线或波形等。对实验结果进行分析，并做出结论，写出自己的实验心得体会。

第 2 章 逻辑代数基础

本章主要介绍在分析数字电路时所涉及的一些基础知识,包括数字电路中所使用的二进制(binary system)、十进制(decimal system)、十六进制(hex system)以及十进制代码的概念及相互转换方法。另外,较详细地介绍了数字电路的重要分析工具——逻辑代数(logic algebra)。

2.1 数制与编码

通常数可用两种不同的方法表示:一是按"值"表示,即在选定的进位制中表示出这一数对应的值,称为进位制数;二是按"形"表示,即按照一定的编码方法,表示出这一数特定的形式,称为编码制数。数的两种表示方法涉及数制与码制。

2.1.1 几种常用的数制

1. 十进制数

十进制数是最常用的计数体制,十进制数的特点是:

1) 基数是 10。十进制数采用 10 个基本数码,0、1、2、3、4、5、6、7、8、9,任何一个数都可以用上述 10 个数码按一定规律排列起来表示。

2) 计数规律是"逢十进一",即 $9+1=10$。$0\sim9$ 十个数可以用一位基本数码表示,10 以上的数则要用两位以上的数码表示。例如,10 这个数,右边的"0"为个位数,左边的"1"为十位数,也就是 $10=1\times10^1+0\times10^0$,所以称为十进制。

这样,每一数码处于不同的位置时,它代表的数值是不同的,即不同的数位有不同的位权。例如,数 1987 可写为

$$1987 = 1\times10^3 + 9\times10^2 + 8\times10^1 + 7\times10^0$$

每位的位权分别为 10^3、10^2、10^1、10^0。

将上述表示方法写成一般形式,则任意一个十进制数 $[D]_{10}$ 均可表示为

$$[D]_{10} = \sum k_i \times 10^i \tag{2.1}$$

k_i 称为第 i 位的系数,它是 $0\sim9$ 当中的某一个数。如果整数部分有 n 位,小数部分有 m 位,则 i 的取值应包括 $0\sim n-1$ 所有的正整数和 $-1\sim -m$ 所有的负整数。下脚注 10 表示括号内的数是十进制数,有时也用下脚注 D(Decimal)表示。

例如:$[278]_D = [278]_{10} = 2\times10^2 + 7\times10^1 + 8\times10^0 = 278$

例如:$[278.56]_D = [278.56]_{10} = 2\times10^2 + 7\times10^1 + 8\times10^0 + 5\times10^{-1} + 6\times10^{-2}$

2. 二进制数

二进制数的特点是:

1) 基数是 2。采用两个数码 0 和 1。

2) 计数规律是"逢二进一"。

二进制的各位位权分别为 2^0、2^1、2^2、$\cdots$。任何一个 n 位二进制正整数,可表示为

$$[D]_2 = k_{n-1}\times2^{n-1} + k_{n-2}\times2^{n-2} + \cdots + k_1\times2^1 + k_0\times2^0 = \sum k_i 2^i \tag{2.2}$$

式中的下脚注 2 表示 D 是二进制数,也可以用字母 B(Binary)来代替数字"2"。

二进制数表示的数值也等于其各位加权系数之和。

例如：$[1001]_B = [1001]_2 = 1 \times 2^3 + 0 \times 2^2 + 0 \times 2^1 + 1 \times 2^0 = [9]_{10}$

由于二进制在电路中实现具有十进制无法具备的优点，因此它在数字系统中被广泛采用。

二进制具有以下独特的优点：

1) 二进制只有两个数码 0 和 1，因此它的每一位数都可以用任何具有两个不同稳定状态的元器件来表示，如晶体管的饱和与截止，继电器触点的闭合和断开，灯泡的亮与不亮等。只要规定其中一种状态表示 1，则另一种状态就表示 0，这样就可以表示二进制数了。因此二进制的数字装置简单可靠，所用元器件少，容易用诸如二极管、晶体管等电子元器件来实现。

2) 二进制的基本运算规则简单，运算操作简便。

虽然二进制数具有以上优点，但使用时位数经常是很多的，不便于书写和记忆。例如，十进制数 4020 若用二进制数表示则为 111110110100，若用十六进制表示则为 FB4，因此在数字系统的资料中常采用十六进制数来表示二进制数。

3. 十六进制数

十六进制数的基数是 16，采用 16 个数码：0、1、2、3、4、5、6、7、8、9、A、B、C、D、E、F，其中 10~15 分别用 A~F 表示。十六进制数的计数规律是"逢十六进一"。n 位十六进制正整数可表示为

$$[D]_{16} = \sum k_i 16^i \tag{2.3}$$

式中的下脚注 16 表示 D 是十六进制数，也可以用字母 H（Hexadecimal）来表示十六进制数。

例如：$[9D]_H = [9D]_{16} = 9 \times 16^1 + 13 \times 16^0 = [157]_{10}$

$[FF]_H = [FF]_{16} = 15 \times 16^1 + 15 \times 16^0 = [255]_{10}$

由上所述，对一个 r 进制数，可以按式（2.1）的形式展开，并求出等值的十进制数

$$[D]_r = \sum k_i r^i \tag{2.4}$$

其中 r 称为计数的基数（或底数），它可以是以十进制表示的大于、等于 2 的任何整数。k_i 称为第 i 位的系数，是以十进制表示的 $0 \sim r-1$ 当中的一个正整数。r^i 称为第 i 位的权。i 的取值范围与式（2.1）相同。

2.1.2 不同进制数之间的相互转换

1. 二进制、十六进制数转换为十进制数

只要将二进制、十六进制数按式（2.2）、式（2.3）展开，求出其各位加权系数之和，则得相应的十进制数。

2. 十进制数转换为二进制数、十六进制数

将十进制正整数部分转换为二进制、十六进制数时可以采用除 R 倒取余法，R 代表所要转换成的数制的基数，对于二进制数为 2，十六进制数为 16。小数部分转换时可以采用乘 R 顺取整数，转换步骤如下：

第一步：把给定的十进制数 $[N]_{10}$ 除以 R，取出余数，即为最低位数的数码 k_0。

第二步：将前一步得到的商再除以 R，再取出余数，即得次低位数的数码 k_1。

第三步：重复以上过程，直到商为 0 为止，最后得到的余数即为最高位数的数码 k_{n-1}。

第四步：将小数部分乘以基数 R 取整数，将余下的小数再乘以 R 取整数，直到所需求的精度为止。第一次取的整数为二进制小数的最高位，依次直到最后一次取的整数为二进制小数的最低位。

例 2-1 将 $[75.56]_{10}$ 转换成二进制数$\left(\text{要求误差 } \varepsilon < \frac{1}{2^6}\right)$。

解：(1) 整数部分，采用"除 2 倒取余"法转换。

2 ⌊75……余 1　即 $k_0 = 1$
2 ⌊37……余 1　即 $k_1 = 1$
2 ⌊18……余 0　即 $k_2 = 0$
2 ⌊9……余 1　即 $k_3 = 1$
2 ⌊4……余 0　即 $k_4 = 0$
2 ⌊2……余 0　即 $k_5 = 0$
2 ⌊1……余 1　即 $k_6 = 1$
　0

(2) 小数部分，采用"乘 2 顺取整"法转换。

```
    0.56
  ×    2
  ─────
  [1].12    即 k₋₁=1
  ×    2
  ─────
  [0].24    即 k₋₂=0
  ×    2
  ─────
  [0].48    即 k₋₃=0
  ×    2
  ─────
  [0].96    即 k₋₄=0
  ×    2
  ─────
  [1].92    即 k₋₅=1
  ×    2
  ─────
  [1].84    即 k₋₆=1
```

即 $[75.56]_{10} = [1001011.100011]_2$，转换到第六位则误差 $\varepsilon < \dfrac{1}{2^6}$。

例 2-2 将 $[75]_{10}$ 转换成十六进制数。

解：

16 ⌊75……余 11　即 $k_0 = B$
16 ⌊4……余 4　即 $k_1 = 4$
　0

即 $[75]_{10} = [4B]_{16}$

3. 二进制数与十六进制数的相互转换

(1) 将二进制正整数转换为十六进制数　将二进制数从最低位开始，每 4 位分为一组，每组都相应转换为 1 位十六进制数（最高位可以补 0）。

例 2-3 将二进制数 $[1001011]_2$ 转换为十六进制数。

解：二进制数　0100　1011
　　　　　　　　　 ↓　　 ↓
　　　十六进制数　 4　　 B

即 $[1001011]_2 = [4B]_{16}$　也可表示为 $[1001011]_B = [4B]_H$

（2）将十六进制正整数转换为二进制数　将十六进制数的每一位转换为相应的 4 位二进制数即可。

例 2-4　将 $[3E]_{16}$ 转换为二进制数。

解：

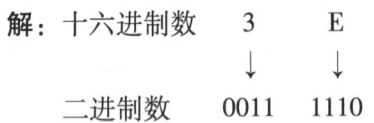

即 $[3E]_{16} = [111110]_2$（最高位为 0 可舍去），也可表示为 $[3E]_H = [111110]_B$。

十六进制和二进制数的互换计算在计算机编程中使用较为广泛。

2.1.3　编码

1. 二 – 十进制代码

任意一个数在不同的进位制中，均以一个数字串的形式表示出来，通常称为数码。不同的数码不仅可以表示出数值的大小，也可以赋予特定的含义用来表示不同的事物及状态。此时，这些数码已失去了数值的概念而成为一种代码。建立这种代码与文字、符号或特定对象之间的一一对应的关系称为编码。这就如运动会上给所有运动员编上不同的号码来表示每个运动员。

所谓二 – 十进制码（Binary Coded Decimal，BCD），指的是用 4 位二进制数来表示 1 位十进制数中的 0~9 十个数码。由于 4 位二进制数码有 16 种不同的组合状态，用以表示十进制数中的 10 个数码时，只需选用其中 10 种组合，其余 6 种组合则不用（称为无效组合）。因此，BCD 码的编码方式有很多种。表 2-1 为几种常见的 BCD 编码。

在二 – 十进制编码中，可以分为有权码和无权码。表 2-1 中列出了几种常见的 BCD 码。例如，8421BCD 码是一种最基本的，应用十分普遍的 BCD 码，它是一种有权码，8421 就是指编码中各位的位权分别是 8、4、2、1，另外 2421BCD 码、5421BCD 码也属于有权码，而余 3 码则属于无权码。

表 2-1　几种常见的 BCD 码

十进制数码	8421 编码	5421 编码	2421 编码	余 3 码（无权码）
0	0000	0000	0000	0011
1	0001	0001	0001	0100
2	0010	0010	0010	0101
3	0011	0011	0011	0110
4	0100	0100	0100	0111
5	0101	1000	1011	1000
6	0110	1001	1100	1001
7	0111	1010	1101	1010
8	1000	1011	1110	1011
9	1001	1100	1111	1100

将十进制数的每 1 位分别用 4 位二进制码表示出来，所构成的数称为二 – 十进制数。例如，$[47]_{10} = [0100\ 0111]_{8421BCD}$，下标表示该数为 8421 编码方式的二 – 十进制数，在二 – 十进制数中，每 4 位数形成一组，代表一个十进制数码，组与组之间的关系仍是十进制关系。

2. 格雷码

格雷码又称循环码，这是在检测和控制系统中常用的一种代码。表 2-2 是 4 位格雷码的编码表。格雷码最重要的特点是表中任何两个相邻的代码只有一状态不同。如果用这种代码表示一个连续变化的物理量，而且当这个物理量变化时，代码也按表中的排列顺序变化，那么在代码发生变化时，只有一位改变状态。这个性质对提高代码的可靠性方面是很有用处的。

表 2-2　4 位格雷码

十进制数	格雷码	十进制数	格雷码
0	0000	8	1100
1	0001	9	1101
2	0011	10	1111
3	0010	11	1110
4	0110	12	1010
5	0111	13	1011
6	0101	14	1001
7	0100	15	1000

3. 美国信息交换标准代码

美国信息交换标准代码（ASCII）是由美国国家标准化协会制定的一种代码，目前已被国际标准化组织（ISO）选定为一种国际通用的代码，广泛地用于通信和计算机中。

ASCII 码是 7 位二进制代码，一共有 128 个，分别用于表示 0～9，大、小写英文字母，若干常用的符号和控制命令代码，如表 2-3 所示。各种控制命令码的含义列在表 2-4 中。

表 2-3　美国信息交换标准代码（ASCII 码）

$b_4b_3b_2b_1$	$b_7b_6b_5$							
	000	001	010	011	100	101	110	111
0000	NUL	DLE	SP	0	@	P	`	p
0001	SOH	DC1	!	1	A	Q	a	q
0010	STX	DC2	"	2	B	R	b	r
0011	ETX	DC3	#	3	C	S	c	s
0100	EOX	DC4	$	4	D	T	d	t
0101	ENQ	NAK	%	5	E	U	e	u
0110	ACK	SYN	&	6	F	V	f	v
0111	BEL	ETB	'	7	G	W	g	w
1000	BS	CAN	(	8	H	X	h	x
1001	HT	EM	)	9	I	Y	i	y
1010	LF	SUB	*	:	J	Z	j	z
1011	VT	ESC	+	;	K	[	k	{
1100	FF	FS	,	<	L	\	l	|
1101	CR	GS	-	=	M	]	m	}
1110	SO	RS	.	>	N	^	n	~
1111	SI	US	/	?	O	_	o	DEL

表 2-4 ASCII 码中控制码的含义

	缩写	源于英文	意义
传送控制	ACK	Acknowledge	确认
	DLE	Date link escape	数据线扩展
	ENQ	Enquiry	询问
	EOT	End of transmission	传输结束
	ETB	End of transmission block	信息块传输结束
	ETX	End of text	文本结束
	NAK	Negative acknowledge	否认
	SOH	Start of heading	标题开始
	STX	Start of text	正文开始
	SYN	Synchronous idle	同步信号
格式控制	BS	Back space	退格
	CR	Carriage return	回车
	FF	Form feed	换页
	HT	Horizontal tab	横向制表
	LF	Line feed	换行
	VT	Vertical tabulation	垂直制表
分离信息	FS	File separator	文件分隔
	GS	Group separator	文件分隔
	RS	Record separator	记录分隔
	US	Unit separator	单元分隔
其他	BEL	Bell	报警
	CAN	Cancel	取消
	DC1	Device control 1	设备控制 1
	DC2	Device control 2	设备控制 2
	DC3	Device control 3	设备控制 3
	DC4	Device control 4	设备控制 4
	DEL	Delete	删除
	EM	End of medium	媒体用毕
	ESC	Escape	扩展
	NUL	Null	空白、无效
	SI	Shift in	移入
	SO	Shift out	移出
	SP	Space	空格
	SUB	Substitute	代替，置换

2.2 逻辑代数基础

这里所说的"逻辑"是指事物的因果关系。当两个数字代表两个不同的逻辑状态时，可以按照它们之间存在的因果关系进行推理运算，我们把这种运算称为逻辑运算。

英国的数学家乔治·布尔（George Boole）于 1849 年首先提出了进行逻辑运算的数学方法——逻辑代数。因此，逻辑代数又称布尔代数，现在逻辑代数已经成为分析和设计数字电路的主要数学工具，它为分析和设计逻辑电路提供了理论基础。逻辑代数所研究的内容是逻辑函数

(logic function)与逻辑变量(logic variables)之间的关系。

2.2.1 基本概念

自然界中，许多现象总是存在着对立的双方，为了描述这种相互对立的逻辑关系，往往采用仅有两个取值的变量来表示，这种二值变量就称为逻辑变量。例如，电平的高低，灯泡的亮灭等现象都可以用逻辑变量来表示。

逻辑变量和普通代数中的变量一样，可以用字母 A、B、C、…、X、Y、Z 等来表示。但逻辑变量表示的是事物的两种对立的状态，只允许取两个不同的值，分别是逻辑 0 和逻辑 1。这里 0 和 1 不表示具体的数值，只表示事物相互对立的两种状态。

逻辑代数就是用以描述逻辑关系，反映逻辑变量运算规律的数学，它是按照一定的逻辑规律进行运算的。

2.2.2 基本逻辑运算

所谓逻辑关系是指一定的因果关系。基本的逻辑关系只有"与""或""非"三种。第 1 章中介绍的实现这三种逻辑关系的电路分别叫作"与门""或门""非门"。因此，在逻辑代数中有三种基本的逻辑运算，即"与"运算、"或"运算、"非"运算。其他逻辑运算就是通过这三种基本运算来实现的。这三种逻辑函数式分别是 $Y = A \cdot B$、$Y = A + B$、$Y = \overline{A}$。式中的 A、B 称为输入逻辑变量，Y 称为输出逻辑变量。

2.3 逻辑函数常用的描述方法及相互间的转换

2.3.1 逻辑函数及其表示方法

1. 逻辑函数的定义

逻辑函数的定义和普通代数中函数的定义类似。在逻辑电路中，如果输入变量 A、B、C、… 的取值确定后，输出变量 Y 的值也被唯一确定了。那么，我们就称 Y 是 A、B、C、… 的逻辑函数。逻辑函数的一般表达式可以写作：

$$Y = F(A, B, C, \cdots)$$

根据函数的定义：$Y = A \cdot B$、$Y = A + B$、$Y = \overline{A}$ 三个表达式反映的是三个基本的逻辑函数，表示 Y 是 A、B 的与函数、或函数、非函数。

在逻辑代数中，逻辑函数和逻辑变量一样，都只有逻辑 0 或逻辑 1 两种取值（以后我们直接简称为 0 或 1，它们没有大小之分，不同于普通代数中的 0 和 1）。

2. 逻辑函数的表示方法

逻辑函数的表示方法有很多种，以下结合实际的逻辑问题分别加以介绍。

（1）真值表　表 2-5、表 2-6、表 2-7 是第 1 章中介绍的三种基本逻辑关系的真值表。

表 2-5 "与"门真值表

A	B	Y
0	0	0
0	1	0
1	0	0
1	1	1

表 2-6 "或"门真值表

A	B	Y
0	0	0
0	1	1
1	0	1
1	1	1

表 2-7 "非"门真值表

A	Y
0	1
1	0

例 2-5　如图 2-1 所示，它是一个用单刀双掷开关来控制楼梯照明灯的电路。上楼时，先在楼下开灯，上楼后顺手再把灯关掉。要求用逻辑函数表示电灯的状态 Y 和开关的状态 A、B 之间的逻辑关系。

解：电灯 HL 的状态用 Y 表示，$Y=1$ 表示灯亮，$Y=0$ 表示灯灭。开关 S_1 的状态用 A 表示，$A=1$ 表示 S_1 扳在上面，$A=0$ 表示 S_1 扳在下面。开关 S_2 的状态用 B 表示，$B=1$ 表示 S_2 扳在上面，$B=0$ 表示 S_2 扳在下面。通过分析可知，当 A 和 B 都为 1 或都为 0 时，灯亮，即 $Y=1$。其他情况下，灯灭，即 $Y=0$。这样，可以列出 A、B 每种取值情况下的 Y 值，如表 2-8 所示，这就是该函数的真值表。

列表时，必须把逻辑变量的所有可能的取值情况都列出，并列出相应的函数值。根据排列组合理论，如有 n 个逻辑变量，每个逻辑变量有两种可能的取值，则可能的取值有 2^n 种。习惯上，常按逻辑变量各种可能的取值所对应的二进制数的大小（从 $0 \sim 2^n - 1$）排列，这样，既可避免遗漏，也可避免不必要的重复。在上例中，AB 的取值则是按 00、01、10、11 排列的。

用真值表表示逻辑函数，主要的优点是直观明了地表示了逻辑变量的各种取值情况和逻辑函数值之间的对应关系，缺点是变量多时，列表比较烦琐。

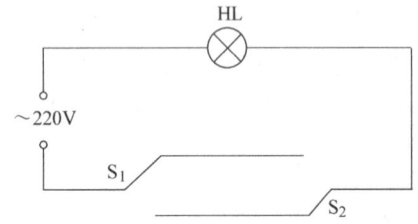

图 2-1　楼梯照明灯控制电路

表 2-8　逻辑函数 Y 的真值表

逻辑变量值		逻辑函数值
A	B	Y
0	0	1
0	1	0
1	0	0
1	1	1

（2）逻辑函数表达式　逻辑函数表达式（logic function expression）是用各变量的与、或、非逻辑运算的组合表达式来表示逻辑函数的，简称逻辑表达式、函数式、表达式。

在上例中，电灯的状态 Y 与开关的状态 A、B 的关系可表示为

$$Y = A \cdot B + \overline{A} \cdot \overline{B}$$

根据与、或、非逻辑的基本概念，从式中可以看出，Y 在两种情况下为 1：一种情况是 $A \cdot B = 1$（即 $A = B = 1$），另一种情况是 $\overline{A} \cdot \overline{B} = 1$（即 $\overline{A} = \overline{B} = 1$，也就是 $A = B = 0$）。这两种情况的任何一种情况满足，Y 的值都等于 1，这与它的真值表是相符的。这种逻辑关系也称为同或逻辑。

根据真值表可以得到逻辑表达式，这部分内容我们将会在后面的内容中介绍。

（3）逻辑图　用规定的逻辑符号连接构成的图，称为逻辑图（logic diagram）。例如 $Y = A \cdot B + \overline{A} \cdot \overline{B}$，如图 2-2 所示。

由于逻辑符号也代表逻辑门，和电路器件是相对应的，所以，逻辑图也称为逻辑电路图。

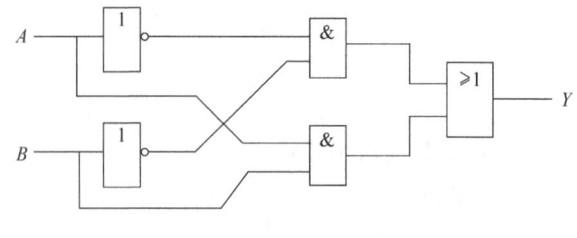

图 2-2　例 2-5 的逻辑图

（4）卡诺图　卡诺图（Karnaugh map）用来描述逻辑函数的特殊方格图，每一个方格代表逻辑函数的一个最小项。

它实际上是真值表的一种特定的图示形式，是根据真值表按一定规则画出的一种方格图。对于一个逻辑函数，除了前面介绍的用逻辑函数式、逻辑图和真值表表示之外，还可以用卡诺图来表示。真值表中的每一行对应着卡诺图中的一个方格。

以二变量为例，画二变量卡诺图的步骤如下：

1）确定方格数：方格数等于 2^n，也即等于最小项个数，其中 n 为变量的数目。

2）填入变量及最小项：按一定顺序填入最小项。

图 2-3 表示的是两变量函数 $Z = A \cdot B$ 的卡诺图和真值表。

在真值表中列出了变量 A、B 的 4 种可能取值的组合情况及其对应的函数值。

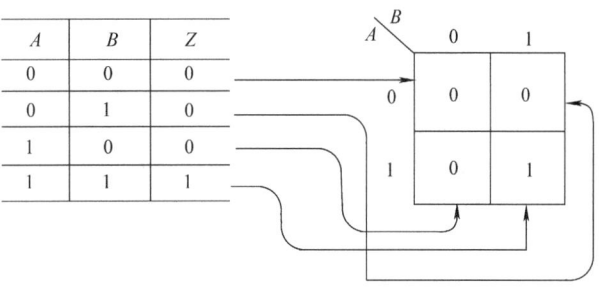

图 2-3　函数 $Z = A \cdot B$ 的卡诺图和真值表

在卡诺图中也有 4 个小方格，分别和真值表中的各行一一对应，如箭头所示。

在卡诺图的左上角标注了变量 A 和 B，在卡诺图的左边标出了变量 A 的两种取值 0 和 1，上边标出了变量 B 的两种取值 0 和 1，每个小方格对应着一种变量的取值组合，填入相应的函数值，就得到了函数 $Z = A \cdot B$ 的卡诺图。

卡诺图一般用于化简逻辑函数。

2.3.2　真值表、卡诺图和函数式的对应关系

根据真值表，可以画出卡诺图，两者具有一一对应的关系，也可以由真值表写出逻辑函数式，下面介绍由真值表写逻辑函数式的方法。

第一步，找出真值表中输出函数为"1"的各行，将其对应的变量组合中，变量取值为 0 用反变量，变量取值为 1 用原变量，用这些变量组成与项，构成基本乘积项。

第二步，将各个基本乘积项相加，就可以得到对应的逻辑函数式。

例 2-6　已知函数 Z 的真值表如表 2-9 所示，在 $Z = 1$ 的各行中，A、B、C 的取值分别为 011、101、110 和 111，其基本乘积项分别为 $\overline{A}BC$（011）、$A\overline{B}C$（101）、$AB\overline{C}$（110）和 ABC（111），所以逻辑式为

$$Z = \overline{A}BC + A\overline{B}C + AB\overline{C} + ABC$$

基本乘积项也叫作最小项，最小项是逻辑代数中的一个重要概念。

最小项的特点是：

1）每项都包括了所有的输入变量因子。

2）每个变量仅以原变量或反变量的形式出现一次。

表 2-9　函数 Z 的真值表

A	B	C	Z
0	0	0	0
0	0	1	0
0	1	0	0
0	1	1	1
1	0	0	0
1	0	1	1
1	1	0	1
1	1	1	1

例 2-7　从一般表达式求最小项表达式（已知原始函数的情况下），写出 $F(A,B,C) = AB + \overline{B}C$ 的最小项表达式。

解： $F(A,B,C) = AB + \overline{B}C = AB(C + \overline{C}) + \overline{B}C(A + \overline{A})$

$\qquad = ABC + AB\overline{C} + A\overline{B}C + \overline{A}\,\overline{B}C$

$\qquad\qquad \downarrow \qquad \downarrow \qquad \downarrow \qquad \downarrow$

$\qquad\qquad m_7 \quad\ \ m_6 \quad\ \ m_5 \quad\ \ m_1$

$$F(A,B,C) = m_1 + m_5 + m_6 + m_7 = \sum m(1,5,6,7)$$

画出三变量卡诺图（见图 2-4a、b、c）：

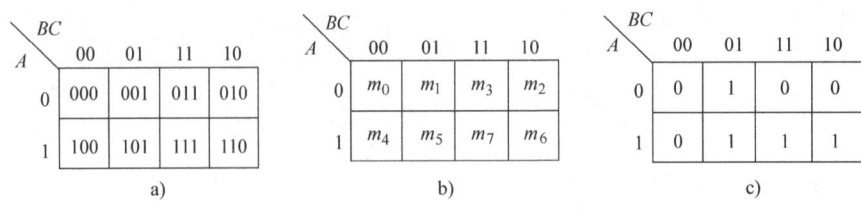

图 2-4 例 2-7 的卡诺图

2.3.3 用逻辑图描述逻辑函数

在前面介绍基本逻辑运算的表示方法时曾经讲过，逻辑变量之间的运算关系除了能用数学运算符号表示以外，还可以用图形符号表示。用逻辑图形符号连接起来表示逻辑函数，得到的连接图称为逻辑图。

由于和这些图形符号的相对应的电子电路都已经做成了集成电路产品，所以能很方便地将逻辑图实现为具体的硬件电路。

例 2-8 试分析图 2-5 逻辑图的逻辑功能。

解：由图可知 $F = \overline{A}B + A\overline{C}$

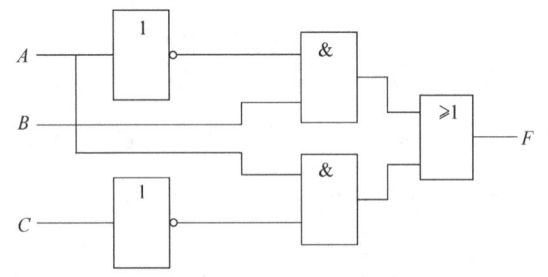

图 2-5 例 2-8 的逻辑图

2.3.4 用波形图描述逻辑函数

将输入变量所有可能的取值与对应的输出按时间顺序依次排列起来画成的时间波形，称为函数的波形（waveform）图（也称为时序图）。波形图的特点是可以用实验仪器直接显示，便于用实验方法分析实际电路的逻辑功能。在逻辑分析仪中通常就是以波形的方式给出分析结果的。

例 2-9 试分析图 2-6 的波形图中 Y 与 A、B 间的逻辑关系。

解：由波形图可见，$t_1 \sim t_2$ 期间，$A = 1$、$B = 0$，$Y = 0$；$t_2 \sim t_3$ 期间，$A = 1$、$B = 1$，$Y = 1$；$t_3 \sim t_4$ 期间，$A = 0$、$B = 1$，$Y = 0$；$t_4 \sim t_5$ 期间，$A = 0$、$B = 0$，$Y = 0$。至此已给出了 A、B 所有取值组合下 Y 的取值。可见，只要 A、B 有一个是 0，Y 就为 0；只有当 A、B 同时为 1 时，Y 才为 1。因此，Y 和 A、B 间是"与"的关系，即 $Y(A,B) = AB$。

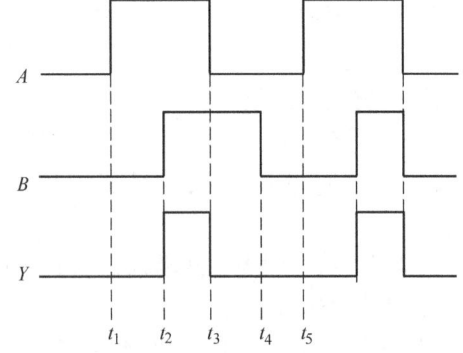

图 2-6 例 2-9 的波形图

2.3.5 逻辑函数相等的概念

如果两个逻辑函数具有相同的真值表，则称这两个逻辑函数是相等的，其条件是具有相同的逻辑变量，并且在变量的每种取值情况下，两函数的函数值也相等。

例 2-10 已知 $L = AB + \bar{A}\bar{B}$，$Z = (A + \bar{B})(\bar{A} + B)$。

求证：$L = Z$。

解：列出函数 L 和 Z 的真值表，如表 2-10 所示。

可见，函数 L 和 Z 的真值表相同，所以 $L = Z$。

表 2-10 函数 L 和 Z 的真值表

A	B	$L = AB + \bar{A}\bar{B}$	$Z = (A + \bar{B})(\bar{A} + B)$
0	0	1	1
0	1	0	0
1	0	0	0
1	1	1	1

2.4 逻辑函数的化简

2.4.1 逻辑代数中的基本公式和定律

1. 基本公式

（1）变量和常量的关系

1）0 1 律。

公式 1　　$A + 0 = A$　　　　公式 1′　　$A \cdot 1 = A$

公式 2　　$A + 1 = 1$　　　　公式 2′　　$A \cdot 0 = 0$

2）互补律。

公式 3　　$A + \bar{A} = 1$　　　公式 3′　　$A \cdot \bar{A} = 0$

（2）与普通代数相似的定律

1）交换律。

公式 4　　$A + B = B + A$　　　　　　公式 4′　　$A \cdot B = B \cdot A$

2）结合律。

公式 5　　$(A + B) + C = A + (B + C)$　　公式 5′　　$(A \cdot B) \cdot C = A \cdot (B \cdot C)$

3）分配律。

公式 6　　$A \cdot (B + C) = A \cdot B + A \cdot C$　　公式 6′　　$A + B \cdot C = (A + B) \cdot (A + C)$

上述公式中，除公式 6′以外，其他都和普通代数基本一样，它们的正确性均可用真值表加以证明。

（3）逻辑代数中的一些特殊定律

1）重叠律。

公式 7　　$A + A = A$　　　　　　　　公式 7′　　$A \cdot A = A$

2）反演律（摩根定律）（口诀：同一屋檐下，分开关系变）。

公式 8　　$\overline{A + B} = \bar{A} \cdot \bar{B}$　　　　　公式 8′　　$\overline{A \cdot B} = \bar{A} + \bar{B}$

3）非非律（否定律或还原律）。

公式 9　　$\bar{\bar{A}} = A$

以上公式也可以通过真值表证明。

2. 几个常见公式

除基本公式外。逻辑代数中还有一些常用公式，这些公式对于逻辑函数的化简是很有用的。

1）吸收律。

公式 10　　$A + AB = A$

证明：　　$A + AB = A(1 + B) = A \cdot 1 = A$

公式 11　　$A + \overline{A}B = A + B$

证明：　　$A + \overline{A}B = (A + \overline{A}) \cdot (A + B) = 1 \cdot (A + B) = A + B$

公式 12　　$A \cdot (\overline{A} + B) = A \cdot B$

证明：　　$A \cdot (\overline{A} + B) = A \cdot \overline{A} + A \cdot B = 0 + A \cdot B$

2）还原律。

公式 13　　$AB + A\overline{B} = A$

证明：　　$AB + A\overline{B} = A(B + \overline{B}) = A \cdot 1 = A$

公式 14　　$(A + B) \cdot (A + \overline{B}) = A$

证明：　　$(A + B) \cdot (A + \overline{B}) = A + A\overline{B} + AB + B\overline{B} = A(1 + \overline{B} + B) + 0 = A \cdot 1 = A$

3）冗余律。

公式 15　　$AB + \overline{A}C + BC = AB + \overline{A}C$

证明：　　$AB + \overline{A}C + BC = AB + \overline{A}C + (A + \overline{A})BC$
　　　　　　　　　　　　$= AB + \overline{A}C + ABC + \overline{A}BC$
　　　　　　　　　　　　$= AB(1 + C) + \overline{A}C(1 + B)$
　　　　　　　　　　　　$= AB \cdot 1 + \overline{A}C \cdot 1 = AB + \overline{A}C$

2.4.2　逻辑函数的化简与变换

1. 化简与变换的意义

（1）逻辑函数的 5 种表达式　一个逻辑函数可以有不同的表达式，除了与或表达式外还有或与表达式、与非—与非表达式、或非—或非表达式、与或非表达式等。

例如：$L = A\overline{B} + BC$　　　　　与或表达式

$\quad\quad = (A + B)(\overline{B} + C)$　　或与表达式

$\quad\quad = \overline{\overline{A\overline{B}} \cdot \overline{BC}}$　　　　　与非—与非表达式

$\quad\quad = \overline{\overline{A + B} + \overline{\overline{B} + C}}$　　或非—或非表达式

$\quad\quad = \overline{\overline{A}\overline{B} + B\overline{C}}$　　　　　与或非表达式

采用不同的表达式，可以用不同的逻辑门来实现。在实际工作中，除或门、与门外，还经常使用与非门、或非门、与或非门、异或门等复合门电路作为基本单元来组成各种逻辑电路，因此，可以根据实际情况，把一个已知逻辑函数的与或表达式，转换成其他表达式，这样，就可以用不同的逻辑门电路来实现了。

所谓复合门，就是把与门、或门和非门结合起来作为一个门电路来使用。第 1 章中介绍的与非门、或非门、异或门等电路都是复合门。常用的复合门电路如图 2-7 所示。

（2）逻辑函数式的转换　下面我们来分析如何进行逻辑函数式的转换。

以函数 $L = A\overline{B} + BC$ 为例说明：

将函数两次求反，再利用反演律得：

$\quad\quad L = A\overline{B} + BC = \overline{\overline{A\overline{B} + BC}} = \overline{\overline{A\overline{B}} \cdot \overline{BC}}$　　与非—与非表达式

根据函数已转换成的与非—与非表达式，再利用反演律得：

$\quad\quad L = \overline{\overline{A\overline{B}} \cdot \overline{BC}} = \overline{(\overline{A} + B) \cdot (\overline{B} + C)}$

$\quad\quad\quad = \overline{\overline{A}\overline{B} + \overline{A}C + B \cdot \overline{B} + B \cdot C}$

$\quad\quad\quad = \overline{\overline{A}\overline{B} + B\overline{C} + \overline{A}C}$　　与或非表达式

利用公式 15，可知：$\overline{A}\overline{B} + B\overline{C} + \overline{A}C = \overline{A}\overline{B} + B\overline{C}$

可得：$L = \overline{\overline{A}\overline{B} + B\overline{C}}$　　　简化的与或非表达式

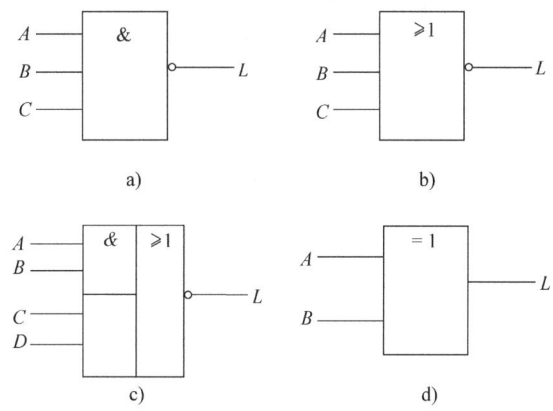

图 2-7 复合门电路

a) 与非门 $L=\overline{A \cdot B \cdot C}$ b) 或非门 $L=\overline{A+B+C}$
c) 与或非门 $L=\overline{A \cdot B + C \cdot D}$ d) 异或门 $L=\overline{A}B+A\overline{B}=A\oplus B$

根据函数的与或非表达式，利用反演律得

$$L = \overline{\overline{A\overline{B}+BC}} = \overline{\overline{A\overline{B}} \cdot \overline{BC}}$$

再利用反演律得

$$L = (A+B) \cdot (\overline{B}+C) \quad \text{或与表达式}$$

或与表达式两次求反，再利用反演律得

$$L = \overline{\overline{(A+B) \cdot (\overline{B}+C)}}$$
$$= \overline{\overline{\overline{A+B} + \overline{\overline{B}+C}}} \quad \text{或非—或非表达式}$$

根据函数的不同表达式，可得函数 L 的逻辑图如图 2-8 所示，可以看出，通过逻辑函数的转换，同一逻辑函数可以用不同的逻辑门来实现。

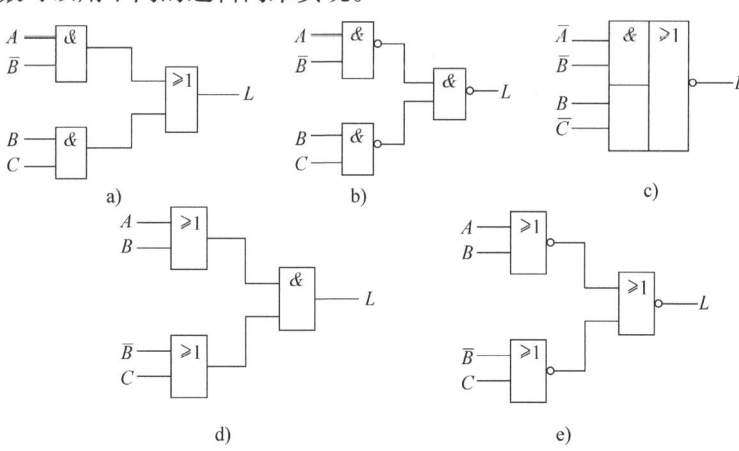

图 2-8 函数 $L=A\overline{B}+BC$ 的逻辑图

a) $L=A\overline{B}+BC$ b) $L=\overline{\overline{A\overline{B}} \cdot \overline{BC}}$ c) $L=\overline{\overline{A}\,\overline{B}+B\overline{C}}$ d) $L=(A+B) \cdot (\overline{B}+C)$ e) $L=\overline{\overline{A+B}+\overline{\overline{B}+C}}$

2. 化简的意义和最简的概念

（1）问题的提出

比较 1：$F_1 = A+AB$ \qquad $F_2 = A$

比较 2：分析图 2-9 所示电路的逻辑功能

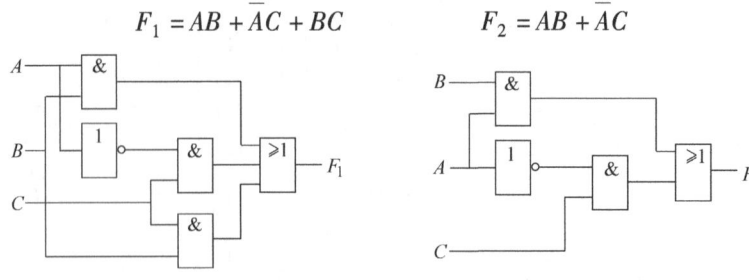

图 2-9　比较 F_1、F_2 电路示意图

比较上述逻辑式、逻辑图、电路图、接线、硬件成本又有何差别呢？

F_1 与 F_2 的逻辑关系相同，显然 F_2 函数的表达式是简化的。

（2）判断与或表达式是否最简的条件　①逻辑乘积项最少；②每个乘积项中变量最少。

同一个函数可以有不同的表达式，即使对于某一类表达式而言，其表达式也不是唯一的，有的较复杂，有的较简单，相应的逻辑电路也较复杂或较简单。

所以，为了使实现一个逻辑函数所使用的元器件最少，电路简单合理而且工作可靠，就有必要对逻辑函数进行化简。

在逻辑函数的几种表达式中，与或表达式最常用，也容易转换成其他的表达式，因此，最简的与或表达式的条件是：在不改变逻辑关系的情况下，首先乘积项的个数最少，在此前提下，其次是每一个乘积项中变量的个数最少。化简与或表达式的方法有两种：代数法和图解法。下面我们重点介绍代数法。

2.4.3　代数法化简

公式化简法的基本原理就是利用逻辑代数的基本公式和常用公式对逻辑代数式进行运算，消去式中多余的乘积项和每个乘积项中多余的因子，求出逻辑函数的最简形式。

1. 并项法

利用公式 $AB + A\bar{B} = A$ 将两个乘积项合并为一项，合并后消去一个互补的变量。

例如：$A\bar{B}C + A\bar{B}\bar{C} = A\bar{B}(C + \bar{C}) = A\bar{B}$

又如：$ABC + AB\bar{C} + A\bar{B} = AB(C + \bar{C}) + A\bar{B} = AB + A\bar{B} = A$

2. 吸收法

利用公式 $A + AB = A$ 吸收多余的乘积项。

例如：$\bar{A}B + \bar{A}BC = \bar{A}B$

又如：$A\bar{B} + A\bar{B}CD(E + F) = A\bar{B}$

3. 消去法

利用公式 $A + \bar{A}B = A + B$ 消去多余的因子。

例如：$\bar{A} + AC + B\bar{C}D = \bar{A} + C + B\bar{C}D = \bar{A} + C + BD$

4. 配项法

利用 $A = A(B + \bar{B})$ 可将某项拆成两项，然后再用上述方法进行化简。

例如：$L = A\bar{B} + B\bar{C} + \bar{B}C + \bar{A}B$

$= A\bar{B}(C + \bar{C}) + (A + \bar{A})B\bar{C} + \bar{B}C + \bar{A}B$

$= A\bar{B}C + A\bar{B}\bar{C} + AB\bar{C} + \bar{A}B\bar{C} + \bar{B}C + \bar{A}B$

$= (A + 1)\bar{B}C + A\bar{C}(\bar{B} + B) + \bar{A}B(\bar{C} + 1)$

$= \bar{B}C + A\bar{C} + \bar{A}B$

如果采用 $(A+\bar{A})$ 去乘 $\bar{B}C$，用 $(C+\bar{C})$ 去乘 $\bar{A}B$，然后化简，则得
$$L = A\bar{B} + B\bar{C} + \bar{A}C$$

可见，经代数法化简得到的最简与或表达式，有时不是唯一的，实际解题，往往遇到比较复杂的逻辑函数，因此必须综合运用基本公式和常用公式，才能得到最简的结果。

通过上面例子可以看到，用公式法化简逻辑函数时，化简的步骤和所用到的基本公式和常用公式都可能不同。因此，这种方法有很大的灵活性和技巧性，而且不受输入变量数目的限制。由于化简过程没有固定的规则可循，所以很难用这种方法编写出能在计算机上运行的自动化简程序。

公式法化简的原则：
① 一般先用并项法（提取公因式），看看有没有公共项。
② 再观察有没有可用消去法的消去项。
③ 最后试试配项法。

2.4.4 卡诺图法化简

卡诺图化简法的基本原理是通过在卡诺图上将具有相邻性的最小项合并的方法，求得逻辑函数的最简形式。

由于在画逻辑函数的卡诺图时保证了几何位置相邻的最小项在逻辑上也一定是相邻的（即两个最小项只有一个变量不同），所以从卡诺图上能直观地判断出哪些最小项能够合并。图2-10是两个最小项相邻的情况，图2-11中给出了4个和8个最小项相邻的情况。图中用线框把可以合并的最小项圈成一个"相邻组"。

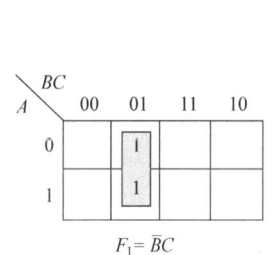
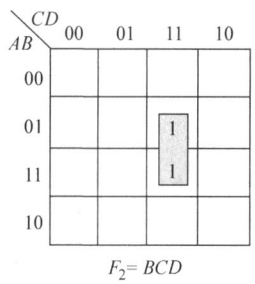
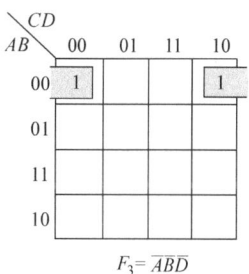

图 2-10 两个最小项相邻的情况

小结：
性质1：卡诺图中2个相邻1格的最小项可以合并成一个与项，并消去一个变量。
性质2：卡诺图中4个相邻1格的最小项可以合并成一个与项，并消去两个变量。
性质3：卡诺图中8个相邻1格的最小项可以合并成一个与项，并消去三个变量。

综上所述，在 n 个变量卡诺图中，若有 2^n（$n=0,1,2,\cdots,k$）个相邻1格的最小项，可以圈在一起加以合并，合并时可消去 k 个不同的变量，简化为一个具有 $(n-k)$ 个变量的与项。若 $k=n$，则合并时可消去全部变量，结果为1。

例 2-11　用卡诺图化简法求逻辑函数 $F(A,B,C) = \sum m(1,2,3,6,7)$ 的最简与或表达式。

解：①画出函数的卡诺图；②填写"1"项，即为"1"的最小项；③相邻偶数个"1"画在同一个圈内；④寻找公共保留项；如图2-12所示。

写出最简与或表达式

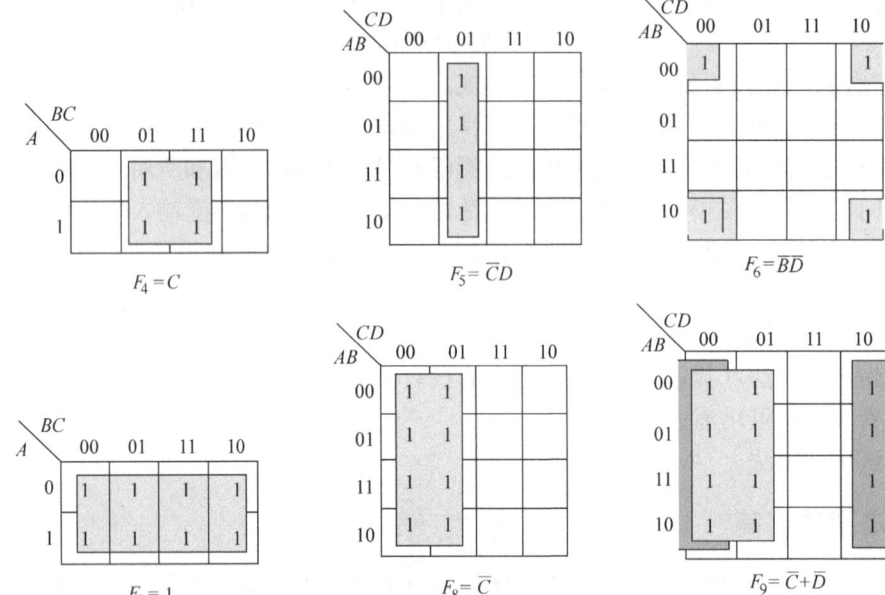

图 2-11 最小项相邻情况举例

$$F = \overline{A}C + B$$

例 2-12 用卡诺图化简函数 $F(A,B,C,D) = \overline{A}\,\overline{B}\,\overline{C} + \overline{A}C\overline{D} + A\,\overline{B}C\overline{D} + A\,\overline{B}\,\overline{C}$。

解：从表达式可以看出函数为四变量的逻辑函数，但是有的乘积项中缺少一个变量，不符合最小项的规定。因此，每个乘积项中都要将缺少的变量补上：

$$\overline{A}\,\overline{B}\,\overline{C} = \overline{A}\,\overline{B}\,\overline{C}(D+\overline{D}) = \overline{A}\,\overline{B}\,\overline{C}D + \overline{A}\,\overline{B}\,\overline{C}\,\overline{D}$$
$$\overline{A}C\overline{D} = \overline{A}C\overline{D}(B+\overline{B}) = \overline{A}BC\overline{D} + \overline{A}\,\overline{B}C\overline{D}$$
$$A\,\overline{B}\,\overline{C} = A\,\overline{B}\,\overline{C}(D+\overline{D}) = A\,\overline{B}\,\overline{C}D + A\,\overline{B}\,\overline{C}\,\overline{D}$$

则有

$$F(A,B,C,D) = \overline{A}\,\overline{B}\,\overline{C}D + \overline{A}\,\overline{B}\,\overline{C}\,\overline{D} + \overline{A}BC\overline{D} + \overline{A}\,\overline{B}C\overline{D} + A\,\overline{B}C\overline{D} + A\,\overline{B}\,\overline{C}D + A\,\overline{B}\,\overline{C}\,\overline{D}$$

$$F = m_0 + m_1 + m_2 + m_6 + m_8 + m_9 + m_{10}$$

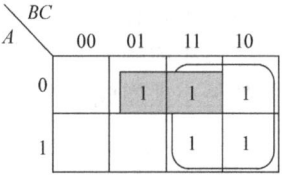

图 2-12 例 2-11 图

将这 7 个最小项填入四变量卡诺图内，如图 2-13 所示。

化简得：
$$F = \overline{B}\,\overline{C} + \overline{B}\,\overline{D} + \overline{A}C\overline{D}$$

卡诺图化简原则：

1）列出逻辑函数的最小项表达式，由最小项表达式确定变量的个数（如果最小项中缺少变量，应按例 2-12 的方法补齐）。

2）画出最小项表达式对应的卡诺图。

3）将卡诺图中的 1 格画圈，一个也不能漏圈，否则最后得到的表达式就会与所给函数不等；每 1 格允许被一个以上的圈所包围。

4）圈的个数应尽可能地少，即在保证 1 格一个也不漏圈的前提下，圈的个数越少越好。因为一个圈和一个与项相对应，圈数越

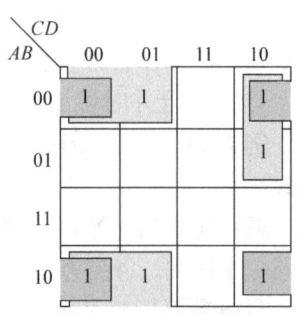

图 2-13 例 2-12 图

少，与或表达式的与项就越少。

5）按照 2^n 个方格来组合（即圈内的 1 格数必须为 1、2、4、8 等），圈的面积越大越好。因为圈越大，可消去的变量就越多，与项中的变量就越少。

6）每个圈应至少包含一个新的 1 格，否则这个圈是多余的。

7）用卡诺图化简所得到的最简与或式不是唯一的。

例 2-13 判断图 2-14a~h 中卡诺图化简正确与错误。

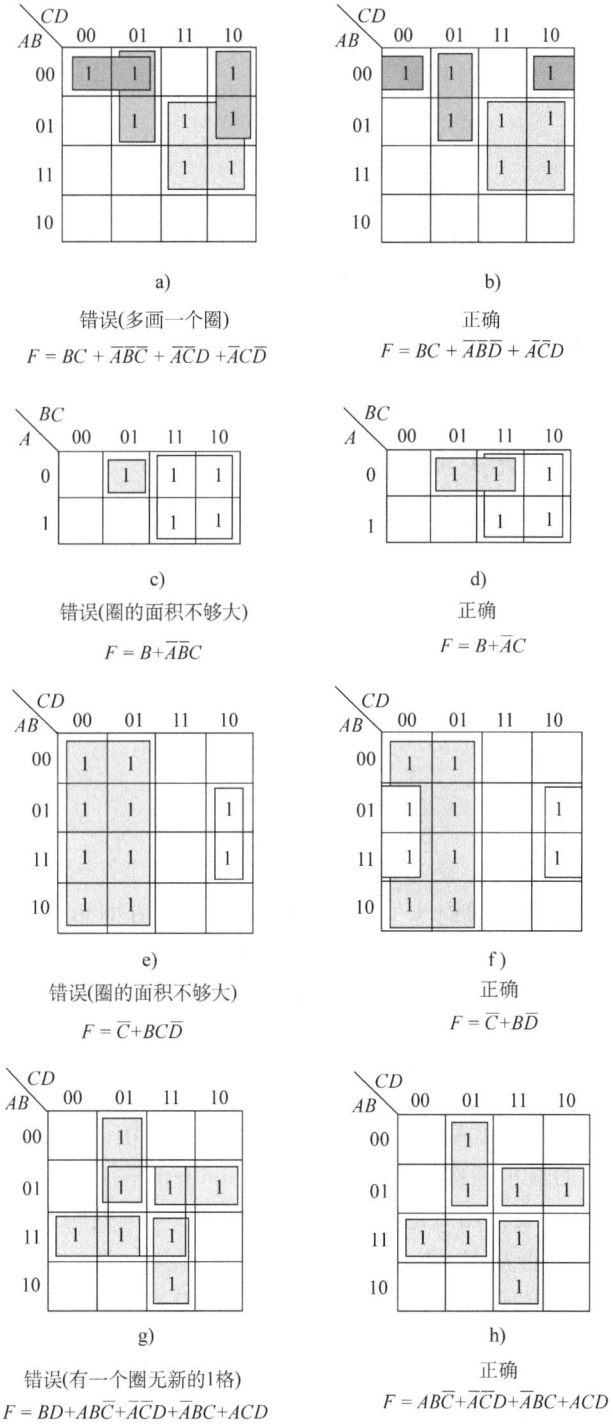

图 2-14 例 2-13 图

例 2-14 在有些情况下，不同圈法得到的与或表达式都是最简形式，如图 2-15 所示，即一个函数的最简与或表达式不是唯一的。

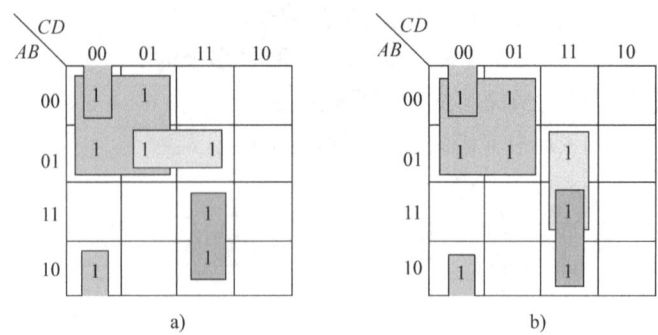

图 2-15 例 2-14 图

a) $F = \overline{A}\,\overline{C} + \overline{B}\,\overline{C}\,D + \overline{A}BD + ACD$ b) $F = \overline{A}\,\overline{C} + \overline{B}\,\overline{C}\,\overline{D} + BCD + ACD$

2.5 具有无关项逻辑函数的化简

2.5.1 任意项、约束项和无关项

在设计逻辑电路中，有时会遇到这样一种情况：就是在输入变量的某些取值下，输出是 1、是 0 均可，是任意的。在这些输入变量组合取值下为 1 的最小项叫作这个函数的任意项。

例如，在设计一个控制电动机运行状态的逻辑电路时，用 A、B、C 三个变量的 1 状态分别表示电动机正转、反转和停止的控制信号。因为正常工作时 A、B、C 中只有一个取值为 1，即正转时 $ABC = 100$，反转时 $ABC = 010$，停止时 $ABC = 001$，所以表示正转、反转和停止的逻辑函数可以写成

正转 $\qquad\qquad\qquad Y_1(A,B,C) = A\,\overline{B}\,\overline{C}$ \qquad\qquad (2.5)

反转 $\qquad\qquad\qquad Y_2(A,B,C) = \overline{A}B\,\overline{C}$ \qquad\qquad (2.6)

停止 $\qquad\qquad\qquad Y_3(A,B,C) = \overline{A}\,\overline{B}C$ \qquad\qquad (2.7)

如果 A、B、C 出现两个以上同时为 1 或 A、B、C 全部为 0 时电路能自动将电源切断，那么在这些输入变量取值下 Y_1 的输出是 1 还是 0 已无关紧要。也就是说，当 ABC 取值为 110、101、011、111 和 000 时，Y_1 等于 1 还是等于 0 都可以。因此，在这些输入变量取值下等于 1 的最小项 $AB\,\overline{C}$、$A\,\overline{B}C$、$\overline{A}BC$、ABC 和 $\overline{A}\,\overline{B}\,\overline{C}$ 是 Y_1 的任意项。

同理，Y_1 的任意项也是 Y_2 和 Y_3 任意项。

有时还会遇到另一种情况，就是输入变量的某些取值在工作过程中始终不会出现，我们把这些输入变量取值下等于 1 的最小项称作约束项（constraint term）。

例如，在表 2-11 的真值表给出的逻辑函数中，输入是 8421 编码表示的十进制数，要求当十进制为奇数时，输出 $Y = 1$，否则 $Y = 0$。由真值表可以写出函数式

$$Y(A,B,C,D) = \overline{A}\,\overline{B}\,\overline{C}D + \overline{A}\,\overline{B}CD + \overline{A}B\,\overline{C}D + \overline{A}BCD + A\overline{B}\,\overline{C}D$$
$$= \sum m(1,3,5,7,9) \qquad\qquad (2.8)$$

由于 BCD 代码中只用了 $ABCD$ 的 0000 ~ 1001 这十个状态，不会出现 1010 ~ 1111 这六种状态，所以 $A\overline{B}C\overline{D}$、$A\overline{B}CD$、$AB\,\overline{C}\,\overline{D}$、$AB\,\overline{C}D$、$ABC\,\overline{D}$ 和 $ABCD$ 这 6 个最小项始终等于 0，它们是式

（2.8）给出函数 Y 的约束项，并可写作

$$A\,\bar{B}C\,\bar{D} + A\,\bar{B}CD + AB\,\bar{C}\,\bar{D} + AB\,\bar{C}D + ABC\,\bar{D} + ABCD = 0 \quad (2.9)$$

或 $\quad m_{10} + m_{11} + m_{12} + m_{13} + m_{14} + m_{15} = 0 \quad (2.10)$

我们把式（2.9）或式（2.10）叫作函数 Y 的约束条件。

既然约束项恒等于 0，那么将约束项加到函数式中或者从函数式中去掉，对函数没有影响。

我们把任意项和约束项统称为逻辑函数式中的无关最小项，简称无关项（don't care term）。这里"无关"的意思是说明是否将它们加到函数式中无关紧要。将来在化简逻辑函数时，可视需要决定取舍。

为了在逻辑函数式中表示式（2.8）中的 Y 是具有无关项的函数，有时也写成

$$Y(A,B,C,D) = \sum m(1,3,5,7,9) + \sum d(10,11,12,13,14,15) \quad (2.11)$$

式中，后一项 d 括号内编号的最小项是无关项。

也可用逻辑表达式表示函数中的约束项，如 $d = \bar{A}B + AC = 0$，说明 $\bar{A}B + AC$ 所包含的最小项为约束项。

表 2-11 输出 $Y=1$ 时的真值表

十进制数	输入变量				输出变量
	A	B	C	D	Y
0	0	0	0	0	0
1	0	0	0	1	1
2	0	0	1	0	0
3	0	0	1	1	1
4	0	1	0	0	0
5	0	1	0	1	1
6	0	1	1	0	0
7	0	1	1	1	1
8	1	0	0	0	0
9	1	0	0	1	1
↑不会出现↓	1	0	1	0	×
	1	0	1	1	×
	1	1	0	0	×
	1	1	0	1	×
	1	1	1	0	×
	1	1	1	1	×

2.5.2 无关项的化简

在化简具有无关项的逻辑函数时，如果合理地利用无关项，多数情况下能得到更简单的化简结果。是否将无关项写入函数式，要看写入以后是否能使更多的最小项具有相邻性，并使化简结果变得更加简单。这一点在用卡诺图化简逻辑函数时能够很直观地做出判断。

例 2-15 化简式（2.11）给出的具有无关项的逻辑函数：

$$Y(A,B,C,D) = \sum m(1,3,5,7,9) + \sum d(10,11,12,13,14,15)$$

解：首先画出 Y 的卡诺图，如图 2-16 所示。因为无关项可以写入逻辑函数式中，也可以不写入，所以在卡诺图对应的位置上既可以填入 1，也可以填入 0，我们就用×表示 1 和 0 皆可。

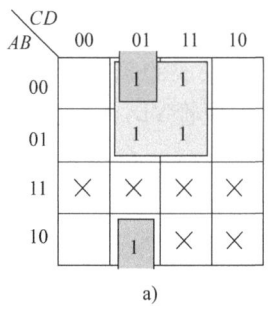 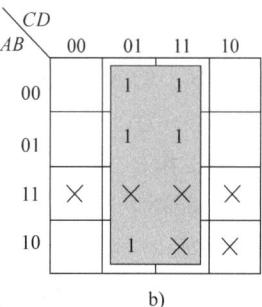

图 2-16 例 2-15 图
a) 不利用无关项化简 b) 利用无关项化简

从图 2-16a 上可以看出，化简时如果不利用无关项，即认为这些无关项都不包含在函数 Y 当中，认为图中的 × 等于 0，则得到的化简结果为

$$Y(A,B,C,D) = \overline{A}D + \overline{B}\,CD \tag{2.12}$$

如果认为这些无关项都包含在函数式中，即认为图 2-18b 中的 × 为 1，则得到的化简结果为

$$Y(A,B,C,D) = D \tag{2.13}$$

显然，式（2.13）比式（2.12）更简单。

例 2-16 用卡诺图化简具有约束条件的逻辑函数：

$$Y(A,B,C,D) = \overline{A}\,\overline{B}\,\overline{C}\,\overline{D} + \overline{A}B\,\overline{C}D + A\,\overline{B}C\,\overline{D}$$

约束条件： $AB + CD = 0$

解： 画出卡诺图如图 2-17 所示。

$$Y(A,B,C,D) = \sum m(0,5,10) + \sum d(3,7,11,12,13,14,15)$$

如果将图中 m_7、m_{11}、m_{13}、m_{14}、m_{15} 对应位置上的 × 视为 1，认为这五个无关项包含在函数式中；而视 m_3、m_{12} 位置上的 × 视为 0，认为这两个无关项不包含在函数式中，就可以得到图中所示的合并最小项结果

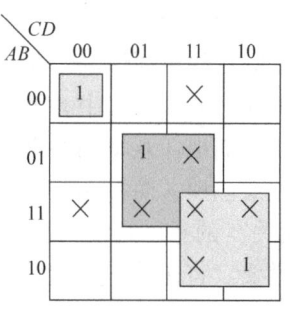

图 2-17 例 2-16 图

$$Y(A,B,C,D) = \overline{A}\,\overline{B}\,\overline{C}\,\overline{D} + BD + AC$$

2.6 应用电路介绍

应用一：图 2-18 是多路报警器电路，图中 74HC04、74HC00 分别是六反相器和四 2 输入与非门电路，通过逻辑电路分析可知输出 $Y = \overline{\overline{A}\,\overline{B} + \overline{C}\,\overline{D}} = A + B + C + D$。

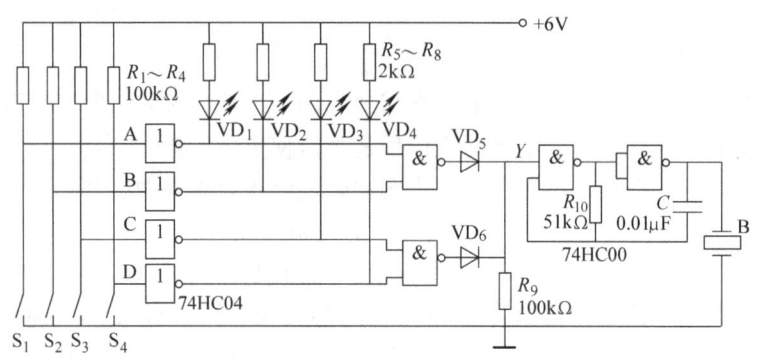

图 2-18 多路报警器电路

利用非门和与非门，当有小偷入室时碰到用细铜丝做成的暗藏开关 $S_1 \sim S_4$ 的其中之一，造成开路，A、B、C、D 其中之一为 "1"，对应的发光二极管 $VD_1 \sim VD_4$ 会点亮，Y 为 "1"，与非门 G_1 和 G_2 组成的振荡电路工作，压电片 B 发出报警声。

应用二：图 2-19 是一个能精确降低输入频率的电路（分频电路），图中 CD4017 是十进制计数器/脉冲分配器。它可以完成 n（$n = 2 \sim 10$）次分频，只需要将输出端 Y_n 接至 R（清零）端，则在 Y_{n-1} 端便可输出 f_i/n 信号。若将 R 端接地，则从 CO 端输出 $f_i/10$ 信号。

按上述级联方法可以实现多级十进制分频，如图 2-20 所示。三块 CD4017 级联可输出 $f_i/10$、$f_i/100$、$f_i/1000$ 信号。如果在各组 CD4017 的 $Y_0 \sim Y_9$ 输出端均接上发光二极管 LED，则可以很直观地看到输入时钟脉冲的个数。

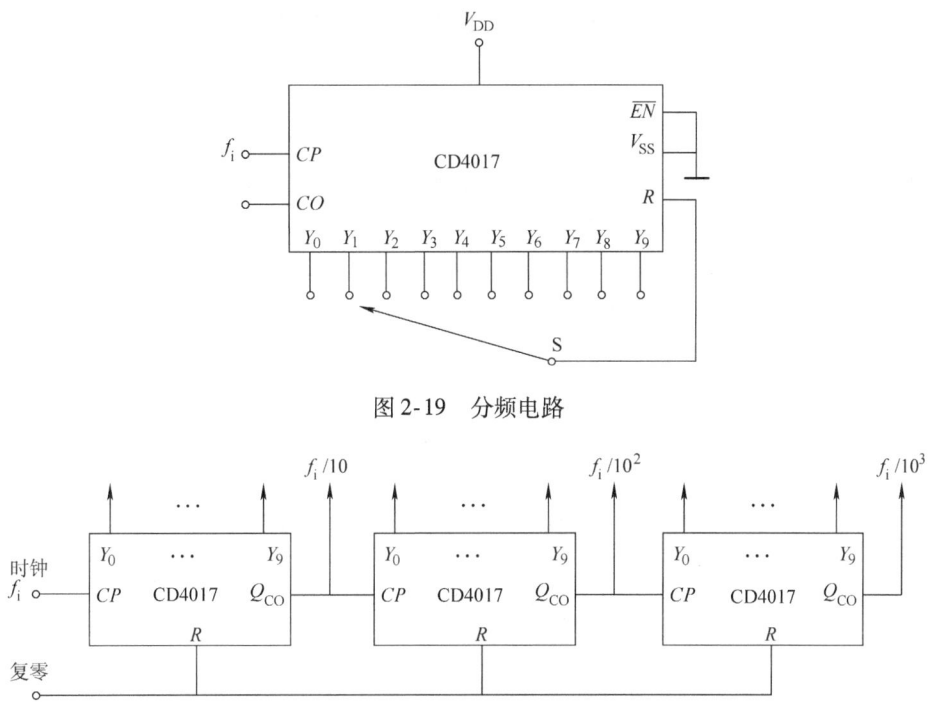

图 2-19 分频电路

图 2-20 多级十进制除法电路

本 章 小 结

本章包括两个方面的内容：数的进制和编码以及逻辑代数。

1. 数的进制和编码

主要介绍了十进制数、二进制数和十六进制数的表示方法以及不同进制数的相互转换，并介绍了二 – 十进制编码。

日常生活中常用十进制数，在数字电路中基本上使用二进制数，在计算机中也常使用二进制数，有时也使用十六进制数。

将任意进制数转换成十进制数，只要求出其各位加权系数之和，即可求得对应的十进制数。

将十进制正整数转换成其他进制数的方法是除 R 倒取余法，其中 R 为其他进制数的基数。要转换为二进制数，这里 R 就是 2，即除 2 倒取余法。

将二进制数转换为十六进制数的方法，是把二进制数从低位开始，每 4 位分成一组，每组分别转换成相应的十六进制数。

将十六进制数转换为二进制数的方法是把十六进制数的每一位分别转换成相应的 4 位二进制数。

用 4 位二进制数码来表示一位十进制数码的方法，称为二 – 十进制编码，简称 BCD 码。BCD 码与十进制数的转换是根据所采用的编码方式（如常见的 8421、2421 等 BCD 码）按个位、十位、百位……即按位进行转换。二 – 十进制编码分为有权码和无权码。

2. 逻辑代数

逻辑代数是分析和设计逻辑电路的有力工具。逻辑代数是用以描述逻辑关系，反映逻辑变量运算规律的数学。逻辑变量是用来表示逻辑关系的二值量，它只有逻辑 0 和逻辑 1 两种取值，简称 0 和 1，但它代表的是两种对立的逻辑状态，而不是具体的数值。

基本的逻辑关系有与、或、非三种。若干个逻辑变量由与、或、非三种基本逻辑运算组成复杂的运算形式，这就是逻辑函数。

一个逻辑问题可用逻辑函数来描述。逻辑函数可采用 5 种表达方式，即真值表、逻辑函数表达式、逻辑图、波形图和卡诺图，它们之间可以相互转换。

逻辑代数中有许多基本定律和公式，它们与普通代数有相同之处，又有不同之处，必须在学习中加以区别。

无关项是逻辑函数中的一个重要概念。约束项和任意项统称为逻辑函数式的无关项。在化简具有无关项的逻辑函数时，即可以把无关项写进逻辑函数式中，也可以不写入。合理地利用这些无关项，通常可以得到更简单的化简结果。

在用电子元器件组成逻辑电路时，为了适应不同类型元器件逻辑功能的特点，有时还需要将逻辑函数式的形式变换为合适的形式，如变换为与非形式、与非 - 与非形式、与或非形式、或非 - 或非形式等。在与或形式中，还经常要求化成最小项之和的标准形式。

思考题与习题

2-1 将下列二进制数分别转换成十六进制数和十进制数（有小数位的要保留 2 位）：
（1） 100110　　　（2） 10000111001　　　（3） 111111011010

2-2 将下列十进制数转换为二进制数：
（1） 12　　（2） 105　　（3） 6.8421 $\left(\varepsilon < \dfrac{1}{2^4}\right)$

2-3 将下列十六进制数转换成等效的二进制数和十进制数：
（1） $(BCD)_H$　　（2） $(1001)_H$　　（3） $(A2.C8)_H$

2-4 写出下列十进制数的 8421BCD 码：
（1） 2018　　（2） 99　　（3） 48

2-5 写出图 2-27a 所示开关电路中 F 和 A、B、C 之间的逻辑关系的真值表、函数式和逻辑电路图。若已知变化波形如图 2-21b 所示，画出 F_1、F_2 的波形。

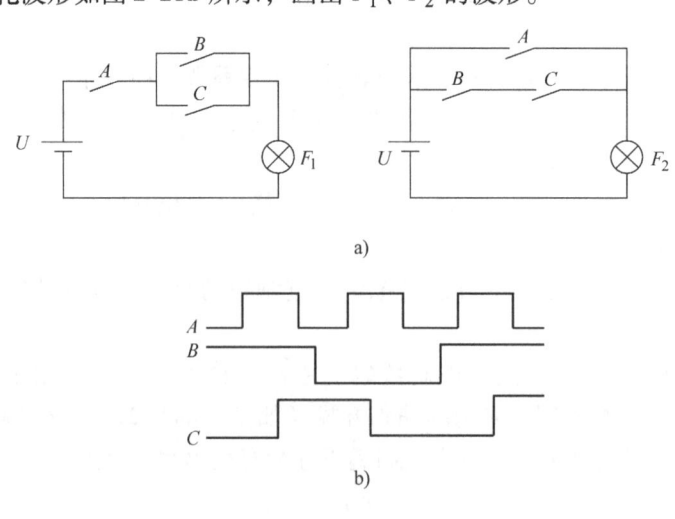

图 2-21　题 2-5 图
a）电路图　b）A、B、C 变化波形

2-6 用逻辑代数的基本公式和常用公式证明下列各等式：
（1） $A + BC = (A + B)(A + C)$
（2） $(AB + C)B = AB\overline{C} + \overline{A}BC + ABC$

2-7 试画出用与非门和反相器实现下列函数的逻辑图：
（1） $F = AB + BC + AC$
（2） $F = A\overline{BC} + \overline{(A\overline{B} + \overline{A}\overline{B} + BC)}$

2-8 用真值表验证下列等式：
（1） $A + BC = (A + B)(A + C)$
（2） $A \oplus \overline{B} = \overline{A \oplus B}$

2-9 将以下逻辑函数分别化成与非 – 与非式和或非 – 或非式表达式：
（1） $Y = AB\overline{C} + \overline{B}C + B\overline{D}$
（2） $Y = \overline{(AB\overline{C} + \overline{B}C)D + \overline{A}\overline{B}\overline{D}}$

2-10 用卡诺图表示以下逻辑函数并写成最小项之和的形式：
（1） $Y = \overline{A} + B\overline{C}$
（2） $Y = \overline{A}B\overline{C} + AB\overline{D} + \overline{B}\overline{C}D$

2-11 用公式化简法化简以下逻辑函数：
（1） $Y = M\overline{N}P + \overline{M} + N + \overline{P}$
（2） $Y = (A + B + C)(\overline{A} + B + \overline{C})$

2-12 用卡诺图化简法化简以下逻辑函数：
（1） $Y_1(A,B,C,D) = \sum m(1,3,4,5,6,7,9,11,12,13,14,15)$
（2） $Y_2(A,B,C,D) = \overline{A}BD + AB\overline{C} + A\overline{B}C + \overline{A}CD$
（3） $Y_3(A,B,C,D) = \sum m(1,6,7,9,12) + \sum d(8,11,15)$
（4） $Y_4(A,B,C,D) = \overline{A}\overline{B}\overline{D} + A\overline{C}D + A\overline{B}C\overline{D}$ 约束条件 $\overline{A}BD + A\overline{B}\overline{C}D = 0$

本 章 实 验

实验2.1 四相步进电动机转动

1. 实验目的

通过一个实际的数字控制项目，让学生初步认识数字电路，学会正确使用电子元器件和练习双踪示波器的操作。

2. 实验设备和元器件

电子电路实验箱，双踪示波器，PM20L – 20 – 05 四相步进电动机，74HC08、CD4013、9013 ×4、1kΩ ×4，元器件手册。

3. 实验内容

1) 按图2-22接线，在实验箱上组成四相步进电动机转动电路。（其中CD4013的4、6、7、8、10号引脚接地，14号引脚接 +6V电压；74HC08的7号引脚接地，14号引脚接 +6V电压。）

2) 正确接线后，合上电源开关，步进电动机就会转动，调节连续脉冲的频率越高，步进电动机转速就越快。

3) 记录CD4013（3引脚）和四相步进电动机A、B、C、D的脉冲波形。用万用表测量电路的步进电动机工作电流为多大？

4)每次步进电动机项目实验结束后都不要拆掉电路,要重新整理好接线,保持电路完好,为后续步进电动机项目实验做好准备。

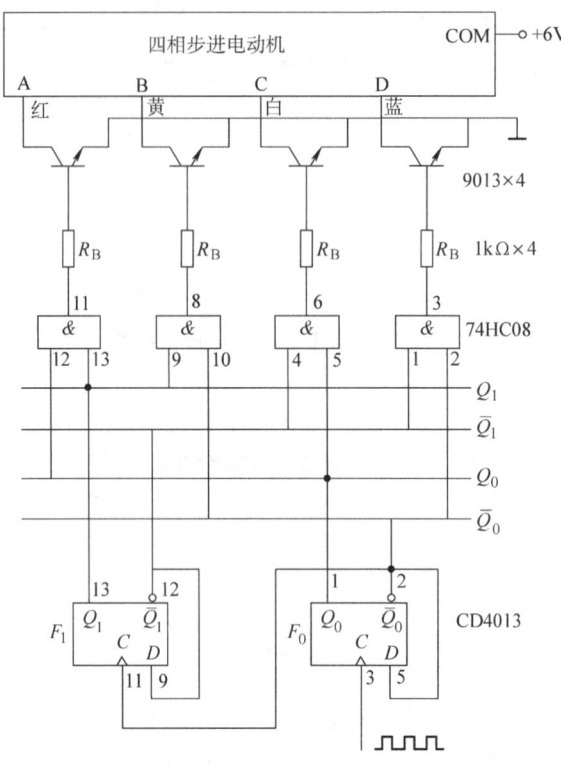

图 2-22 步进电动机转动

4. 实验报告内容要求

1)实验名称、日期、组别、指导教师。实验目的、仪器规格及编号、实验电路等。把实验得到的原始数据进行整理和分析,绘出曲线或波形等。对实验结果进行分析,并做出结论,写出自己的实验心得体会。

2)利用网络、教材、图书、杂志等工具,搜索有关"步进电动机"的有关资料,实验报告附加以下内容:

① 简述步进电动机的工作原理。

② 简述步进电动机的用途。

③ 简述步进电动机的品种和规格,本电动机的型号和参数。

5. 实验后作业

制作电动机底座和主轴连接杆(要能与槽型光电开关发生作用)。

实验 2.2 门电路的逻辑变换

1. 实验目的

1)熟悉布尔代数在逻辑函数方面的应用。

2)掌握门电路之间的转换。

2. 实验设备和元器件

电子实验箱,集成电路:74HC00、74HC02、74HC04、74HC11、74HC20、74HC27、74HC32、74HC86,元器件手册。

3. 实验内容和步骤

1）利用与非门构成其他门电路，自拟表格，测试其逻辑功能。
① 试用二输入端与非门构成与门。② 试用二输入端与非门构成或门。

③ 试用二输入端与非门构成或非门。④ 试用二输入端与非门构成非门。

2）用或非门构成其他门电路，自拟表格，测试其逻辑功能。
① 试用二输入端或非门构成与门。② 试用二输入端或非门构成或门。

③ 试用二输入端或非门构成与非门。④ 试用二输入端或非门构成非门。

3）用异或门和其他门电路构成同或门，自拟表格，测试其逻辑功能。

4）电路如图2-23所示。

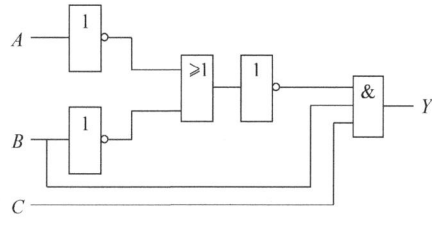

图2-23　组合逻辑电路

测试其逻辑功能，并列出真值表，如表2-12所示。

表 2-12　图 2-23 电路的真值表

输入			输出
A	B	C	Y
0	0	0	
0	0	1	
0	1	0	
0	1	1	
1	0	0	
1	0	1	
1	1	0	
1	1	1	

试用或非门实现该电路，画出电路图，并测试其输出状态。

4. 实验报告内容要求

实验名称、日期、组别、指导教师。实验目的、仪器规格及编号、实验电路等。把实验得到的原始数据进行整理和分析，绘出曲线或波形等。对实验结果进行分析，并做出结论，写出自己的实验心得体会。

实验 2.3　集成逻辑门电路的应用

1. 实验目的

1) 熟悉门电路在逻辑函数方面的应用。

2) 熟悉布尔代数在逻辑函数方面的应用。

2. 实验设备和元器件

电子实验箱，集成电路：74HC04、74HC11、74HC27，元器件手册。

3. 实验内容和步骤

1) 电路如图 2-24 所示，写出电路的逻辑函数表达式。

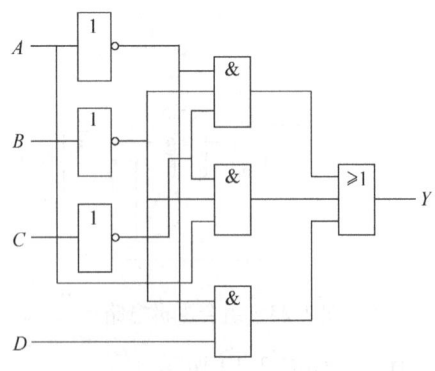

图 2-24　实验 2.3 的电路图

2) 填写表 2-13 的真值表。

表 2-13　图 2-24 电路的真值表

输入				输出
A	B	C	D	Y
0	0	0	0	
0	0	0	1	
0	0	1	0	
0	0	1	1	
0	1	0	0	
0	1	0	1	
0	1	1	0	
0	1	1	1	
1	0	0	0	
1	0	0	1	
1	0	1	0	
1	0	1	1	
1	1	0	0	
1	1	0	1	
1	1	1	0	
1	1	1	1	

化简函数：

画出化简后的逻辑图：

3）连接该电路，测试输出电平，并与化简之前的电路作比较。

4. 实验报告内容要求

实验名称、日期、组别、指导教师。实验目的、仪器规格及编号、实验电路等。把实验得到的原始数据进行整理和分析，绘出曲线或波形等。对实验结果进行分析，并做出结论，写出自己的实验心得体会。

第 3 章 组合逻辑电路

本章通过实例介绍组合逻辑电路（combinational logic circuit）的逻辑功能和电路结构的特点，以及采用中、小规模数字集成电路实现组合逻辑电路的分析方法和设计方法，并介绍几种常用的组合逻辑电路以及一些特殊的组合逻辑电路。另外，还简要介绍组合逻辑电路中的竞争与冒险现象以及消除冒险现象的常用方法。

3.1 组合逻辑电路概述

组合逻辑电路在逻辑上有如下特征：电路在任何时刻的输出状态只取决于该时刻的输入逻辑取值，输入逻辑取值一经改变，电路的输出状态也随之变化。组合逻辑电路的框图如图 3-1 所示。

电路有多输入、多输出，多输入、单输出等结构，输出和输入之间的函数关系式为

$$Y_1 = f_1(X_1, X_2, \cdots, X_n)$$
$$Y_2 = f_2(X_1, X_2, \cdots, X_n)$$
$$\vdots$$
$$Y_m = f_m(X_1, X_2, \cdots, X_n)$$

图 3-1 组合逻辑电路的框图

根据组合逻辑电路的上述特点，在电路结构上只能由逻辑门电路组成，没有记忆单元，而且只有从输入到输出的通路，没有从输出反馈到输入的回路。

分析中规模集成组合逻辑电路的重点放在它的逻辑功能和使用方法上。为了扩大电路的功能，一般中规模集成组合逻辑电路设有扩展端和使能端。

描述组合逻辑电路逻辑功能的方法主要有逻辑表达式、真值表、卡诺图和逻辑图等。

3.2 组合逻辑电路的分析

组合逻辑电路的分析主要是根据给定的逻辑图，找出输出信号与输入信号之间的关系，从而确定它的逻辑功能。完成这个任务的关键是写出输出对输入的逻辑表达式（一般转换成较简的与或表达式）和列出真值表。

3.2.1 基本分析方法

1. 根据给定的电路写输出逻辑函数式

一般从输入端向输出端逐级写出各个门输出对其输入的逻辑表达式，从而写出整个逻辑电路的输出对输入变量的逻辑函数式。必要时可进行化简，求出最简输出逻辑函数式。

2. 列出逻辑函数的真值表

将输入变量的状态以自然二进制数顺序的各种取值组合代入输出逻辑函数式，求出相应的输出状态，并填入表中，即得真值表。

3. 分析逻辑功能

通常通过分析真值表的特点来说明电路的逻辑功能。

3.2.2 分析举例

例 3-1 分析图 3-2 所示逻辑电路的功能。

解：分析步骤

1）写出输出逻辑函数表达式。

$$Y_1 = A \oplus B$$
$$Y = Y_1 \oplus C = A \oplus B \oplus C = \overline{A}\,\overline{B}C + \overline{A}B\,\overline{C} + A\,\overline{B}\,\overline{C} + ABC$$

2）列出逻辑函数的真值表。将输入 A、B、C 各种取值组合代入上式 Y 中，求出输出 Y 的值。由此可列出真值表，如表 3-1 所示。

3）分析逻辑功能。由表 3-1 可看出，在输入 A、B、C 三个变量中，有奇数个 1 时，输出 Y 为 1，否则 Y 为 0。因此，图 3-2 所示电路为 3 位判奇电路，又称为奇校验器。

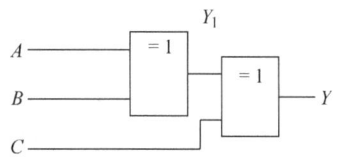

图 3-2 例 3-1 的逻辑图

表 3-1 例 3-1 的真值表

输入			输出	
A	B	C	Y_1	Y
0	0	0	0	0
0	0	1	0	1
0	1	0	1	1
0	1	1	1	0
1	0	0	1	1
1	0	1	1	0
1	1	0	0	0
1	1	1	0	1

例 3-2 分析图 3-3 所示逻辑电路的功能，并指出该电路设计是否合理。

解：分析步骤

1）写出输出逻辑函数表达式。

$$Y = C(A\overline{B} + \overline{A}B) + AB\overline{C} + \overline{A}\,\overline{B}\,\overline{C} = A\,\overline{B}C + \overline{A}BC + AB\overline{C} + \overline{A}\,\overline{B}\,\overline{C}$$

2）列出逻辑函数的真值表。将输入 A、B、C 各种取值组合代入上式 Y 中，求出输出 Y 的值。由此可列出真值表，如表 3-2 所示。

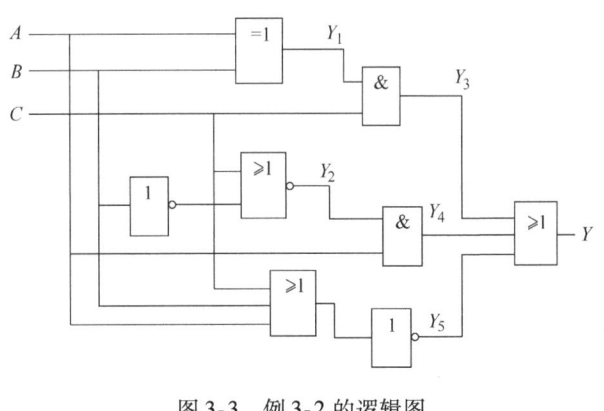

图 3-3 例 3-2 的逻辑图

表 3-2 例 3-2 的真值表

输入			输出
A	B	C	Y
0	0	0	1
0	0	1	0
0	1	0	0
0	1	1	1
1	0	0	0
1	0	1	1
1	1	0	1
1	1	1	0

3）分析逻辑功能。由表 3-2 可看出，图 3-3 所示电路中的 A、B、C 三个输入中有偶数个 1 时，输出 Y 为 1，否则 Y 为 0。因此，图 3-3 所示电路为 3 位判偶电路，又称为偶校验电路。这个电路使用门的数量太多，设计并不合理，可用较少的门电路来实现。

对上述公式进行变换，可得到

$$Y = A\overline{B}C + \overline{A}BC + AB\overline{C} + \overline{A}\ \overline{B}\ \overline{C} = C(A\overline{B} + \overline{A}B) + (AB + \overline{A}\ \overline{B})\overline{C}$$
$$= (A \oplus B)C + \overline{(A \oplus B)}\ \overline{C}$$
$$= \overline{(A \oplus B) \oplus C}$$

由上式可看出，图 3-3 可用异或门和同或门实现，电路如图 3-4 所示。

需要指出的是，有时逻辑功能难以用几句话概括出来，在这种情况下，列出真值表即可。

对于多个输出变量的组合逻辑电路，分析方法完全相同。

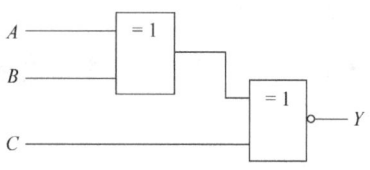

图 3-4　用异或门和同或门实现的偶校验电路

3.3　组合逻辑电路的设计

3.3.1　基本设计方法

组合逻辑电路的设计，就是根据逻辑功能的要求，设计出具体的组合电路。一般设计方法分 4 个步骤进行：

1）首先对命题要求的逻辑功能进行分析，确定哪些是输入变量，哪些是输出变量以及它们之间的相互关系；然后对它们进行逻辑赋值，即确定什么情况下为逻辑 1，什么情况下为逻辑 0。这一步骤是设计组合逻辑电路的关键。

2）根据逻辑功能列出真值表。如果状态赋值不同，得到的真值表也不一样。

3）根据真值表写出相应的逻辑表达式并进行化简，然后转换成命题所要求的逻辑函数表达式。

4）根据逻辑函数表达式，画出相应的逻辑电路图。

3.3.2　设计举例

1. 单输出组合逻辑电路的设计

例 3-3　设计一火灾报警系统，设有烟感、温感和紫外光感三种类型的火灾探测器。为了防止误报警，只有当其中有两种或两种以上类型的探测器发出火灾检测信号时，报警系统才产生报警控制信号。用与非门设计一个产生报警控制信号的电路。

解：设计步骤

1）分析设计要求，设输入输出变量并逻辑赋值；

输入变量：烟感 A、温感 B、紫外线光感 C；输出变量：报警控制信号 Y。

逻辑赋值：用 1 表示肯定，用 0 表示否定。

2）列真值表。把逻辑关系转换成数字表示形式，如表 3-3 所示。

3）由真值表写逻辑表达式，并化简得到

$$Y = \overline{A}BC + A\overline{B}C + AB\overline{C} + ABC = AB + AC + BC = \overline{\overline{AB} \cdot \overline{AC} \cdot \overline{BC}}$$

4）根据输出逻辑函数画出逻辑图，如图 3-5 所示。

表 3-3 例 3-3 的真值表

输入 A B C	输出 Y
0 0 0	0
0 0 1	0
0 1 0	0
0 1 1	1
1 0 0	0
1 0 1	1
1 1 0	1
1 1 1	1

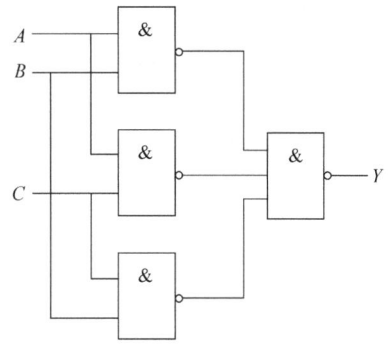

图 3-5 例 3-3 的逻辑电路

2. 多输出组合逻辑电路的设计

例 3-4 设计一个将余 3 码变换为 8421BCD 码的组合逻辑电路。

解：设计步骤

1）分析设计要求，列出真值表。由于要求将余 3 码转换为 8421BCD 码，故输入为余 3 码，用 A_3、A_2、A_1 和 A_0 表示，输出为 8421BCD 码，用 Y_3、Y_2、Y_1 和 Y_0 表示。由此可写出余 3 码至 8421BCD 码的转换真值表，如表 3-4 所示。由表 3-4 可以看出，余 3 码有 6 个状态不用，也就是说，这 6 个状态在余 3 码中不会出现。因此，它们可作任意项处理，这对获得最简输出逻辑函数是有利的。

表 3-4 余 3 码至 8421BCD 码的转换真值表

顺序	输入				输出			
	A_3	A_2	A_1	A_0	Y_3	Y_2	Y_1	Y_0
0	0	0	1	1	0	0	0	0
1	0	1	0	0	0	0	0	1
2	0	1	0	1	0	0	1	0
3	0	1	1	0	0	0	1	1
4	0	1	1	1	0	1	0	0
5	1	0	0	0	0	1	0	1
6	1	0	0	1	0	1	1	0
7	1	0	1	0	0	1	1	1
8	1	0	1	1	1	0	0	0
9	1	1	0	0	1	0	0	1
伪码	0	0	0	0	不使用码			
	0	0	0	1				
	0	0	1	0				
	1	1	0	1				
	1	1	1	0				
	1	1	1	1				

2）根据真值表填卡诺图，求出最简输出逻辑函数。由于输出的 8421BCD 码为 4 位，因此，应画出 4 张卡诺图分别求出 Y_3、Y_2、Y_1 和 Y_0 的最简输出逻辑函数。含有最小项的方格填 1，没有最小项的方格填 0，任意项的方格填 ×，由此可画出图 3-6 所示的卡诺图。

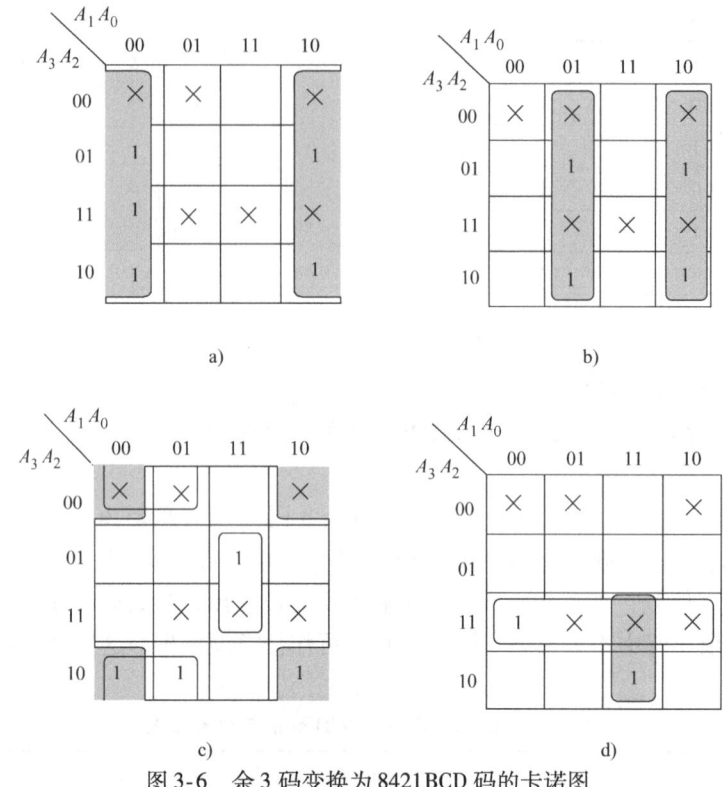

图 3-6　余 3 码变换为 8421BCD 码的卡诺图
a）Y_0 的卡诺图　b）Y_1 的卡诺图　c）Y_2 的卡诺图　d）Y_3 的卡诺图

由图 3-6 可写出 Y_0、Y_1、Y_2 和 Y_3 的最简逻辑函数为

$Y_0 = \overline{A_0}$

$Y_1 = A_1 \overline{A_0} + \overline{A_1} A_0 = A_1 \oplus A_0$

$Y_2 = \overline{A_2}\,\overline{A_0} + A_2 A_1 A_0 + \overline{A_2}\,\overline{A_1} = \overline{\overline{\overline{A_2}\,\overline{A_0}} \cdot \overline{A_2 A_1 A_0} \cdot \overline{\overline{A_2}\,\overline{A_1}}}$

$Y_3 = A_3 A_2 + A_3 A_1 A_0 = \overline{\overline{A_3 A_2} \cdot \overline{A_3 A_1 A_0}}$

3）根据输出逻辑函数画逻辑图。图 3-7 所示为余 3 码转换为 8421BCD 码的逻辑电路。

3.4　常用的组合电路

组合逻辑电路的品种有很多，常见的有编码器（encoder）、译码器（decoder）、数据选择器（multiplexer，简称 MUX）、数据分配器（demultiplexer）、数值比较器（digital comparator）、加法器（adder）等。由于这些电路应用很广泛，因此，有专用的中规模集成器件（MSI）。采用 MSI 实现逻辑函数不仅可以缩小体积，而且可以大大提高电路的可靠性，使设计更为简单。

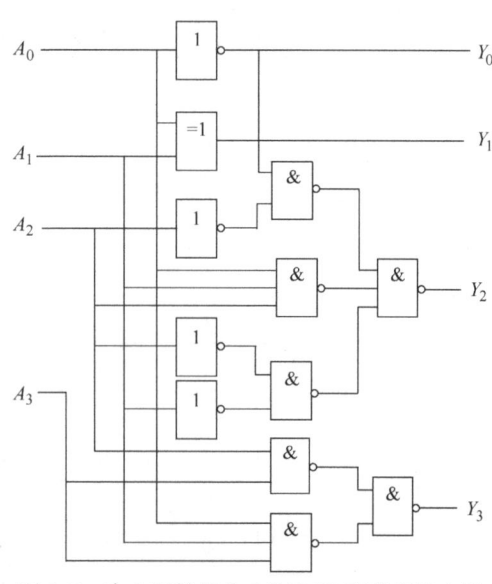

图 3-7　余 3 码转换为 8421BCD 码的逻辑电路

中规模功能器件一般有如下几个特点：

1. 通用性

电路既能用于数字计算机，又能用于控制系统、数字仪表等，其功能往往超过本身名称所表示的功能。

2. 能"自扩展"

器件通常设置有一些控制端（使能端）、功能端和级联端等，在不用或少用附加电路的情况下，就能将若干功能部件扩展成位数更多、功能更复杂的电路。

3. 电路内部一般设置有缓冲门

需用到的互补信号（输出 Y，$\overline{Y}$）均能在内部产生，这样就减少了外部辅助电路和封装引脚，使电路更简洁。

3.4.1 编码器

将具有特定意义的信息编成相应二进制代码的过程，称为编码。实现编码功能的电路，称为编码器。其输入是被编信号，输出为二进制代码。编码器有二进制编码器、二－十进制编码器和优先编码器等。

1. 二进制编码器

用 n 位二进制代码对 2^n 个信号进行编码的电路，称为二进制编码器。

图 3-8 所示为由非门和与非门组成的 3 位二进制编码器。$I_0 \sim I_7$ 为 8 个需要编码的输入信号，输出 Y_2、Y_1 和 Y_0 为 3 位二进制代码。

由图 3-8 可写出编码器的输出逻辑函数为

$$Y_0 = \overline{\overline{I_1} \cdot \overline{I_3} \cdot \overline{I_5} \cdot \overline{I_7}}$$
$$Y_1 = \overline{\overline{I_2} \cdot \overline{I_3} \cdot \overline{I_6} \cdot \overline{I_7}}$$
$$Y_2 = \overline{\overline{I_4} \cdot \overline{I_5} \cdot \overline{I_6} \cdot \overline{I_7}}$$

根据上述表达式可列出真值表，如表 3-5 所示。有该表可知，图 3-8 所示编码器在任何时刻只能对一个输入信号进行编码，不允许有两个或两个以上的输入信号同时请求编码，否则编码器输出会发生混乱。这就是说 I_0、I_1、$\cdots$、I_7 这 8 个编码信号是相互排斥

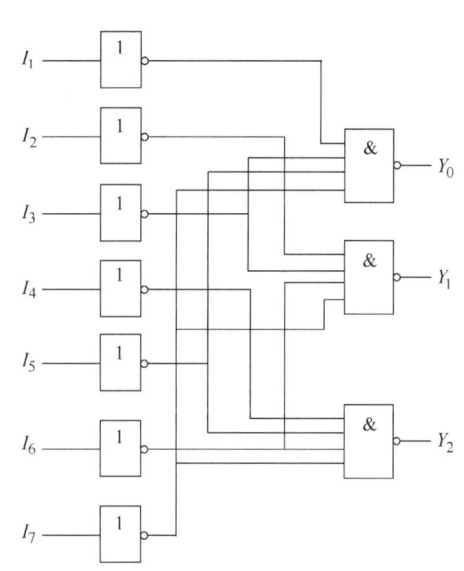

图 3-8　3 位二进制编码器

的。在输入 I_1、$\cdots$、I_7 为 0 时，输出就是 I_0 的编码，故 I_0 未画。由于该编码器有 8 个输入端，3 个输出端，故称 8 线 - 3 线编码器。

表 3-5　3 位二进制编码器的真值表

输　　入								输　　出		
I_0	I_1	I_2	I_3	I_4	I_5	I_6	I_7	Y_2	Y_1	Y_0
1	0	0	0	0	0	0	0	0	0	0
0	1	0	0	0	0	0	0	0	0	1
0	0	1	0	0	0	0	0	0	1	0
0	0	0	1	0	0	0	0	0	1	1
0	0	0	0	1	0	0	0	1	0	0
0	0	0	0	0	1	0	0	1	0	1
0	0	0	0	0	0	1	0	1	1	0
0	0	0	0	0	0	0	1	1	1	1

2. 二-十进制编码器

将 0~9 十个十进制数转换为二进制代码的电路，称为二-十进制编码器。

读者可以根据上述 8 线-3 线编码器的规律，自行列出相应的真值表，写出逻辑函数表达式、画出逻辑电路图。只是注意目前输入有 $I_0 \sim I_9$ 10 个信号，输出有 Y_3、Y_2、Y_1、Y_0 4 位二进制代码。

3. 优先编码器

在前面所讨论的编码器中，输入信号之间是相互排斥的，而优先编码器允许同时输入数个编码信号，而电路只对其中优先级别最高的信号进行编码，而不会对级别低的信号编码，这样的电路称作优先编码器。

在优先编码器中，优先级别高的编码信号排斥级别低的。至于优先权的顺序，完全可以根据实际需要来确定。

常见的中规模集成优先编码器有 8 线-3 线优先编码器和 10 线-4 线 BCD 码优先编码器两种。74HC148 是一种 8 线-3 线优先编码器，图 3-9 是 74HC148 的逻辑框图。

由图可见，除了编码输入和输出端以外，还附加了一个输入控制端 $\overline{S}_I$ 和两个输出端 $\overline{S}_O$、$\overline{E}_X$。表 3-6 是 74HC148 的功能表，它的输入和输出都是以低电平作为有效信号的，所以在框图的输入端和输出端上都画有小圆圈，并在框外的信号名称字母上加"—"以示区别。由表 3-6 可知，输入信号 $\overline{I}_0 \sim \overline{I}_7$ 中 $\overline{I}_7$ 的优先权最高，$\overline{I}_0$ 的优先权最低。

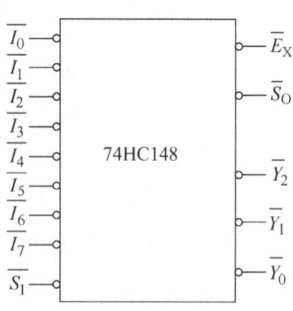

图 3-9　74HC148 的逻辑框图

表 3-6　74HC148 功能表

	输			入						输		出	
$\overline{S}_I$	$\overline{I}_7$	$\overline{I}_6$	$\overline{I}_5$	$\overline{I}_4$	$\overline{I}_3$	$\overline{I}_2$	$\overline{I}_1$	$\overline{I}_0$	$\overline{Y}_2$	$\overline{Y}_1$	$\overline{Y}_0$	$\overline{S}_O$	$\overline{E}_X$
1	×	×	×	×	×	×	×	×	1	1	1	1	1
0	1	1	1	1	1	1	1	1	1	1	1	0	1
0	0	×	×	×	×	×	×	×	0	0	0	1	0
0	1	0	×	×	×	×	×	×	0	0	1	1	0
0	1	1	0	×	×	×	×	×	0	1	0	1	0
0	1	1	1	0	×	×	×	×	0	1	1	1	0
0	1	1	1	1	0	×	×	×	1	0	0	1	0
0	1	1	1	1	1	0	×	×	1	0	1	1	0
0	1	1	1	1	1	1	0	×	1	1	0	1	0
0	1	1	1	1	1	1	1	0	1	1	1	1	0

$\overline{S}_I$ 是选通输入端。当 $\overline{S}_I = 1$ 时，无论有没有编码输入，都没有编码输出（$\overline{Y}_2$、$\overline{Y}_1$ 和 $\overline{Y}_0$ 始终处于高电平）。只有 $\overline{S}_I = 0$ 时，编码器才能正常工作。

$\overline{S}_O$ 是选通输出端。只有当 $\overline{S}_I = 0$ 且 $\overline{I}_0 \sim \overline{I}_7$ 全部为高电平（这时没有编码输入信号），$\overline{S}_O$ 才为 0。因此，$\overline{S}_O = 0$ 表示电路虽然处于工作状态，但没有编码输入信号。

$\overline{E}_X$ 称为扩展端。只有当 $\overline{I}_0 \sim \overline{I}_7$ 中有任何一个为低电平，且 $\overline{S}_I = 0$，则 $\overline{E}_X = 0$。因此，$\overline{E}_X = 0$ 表

示电路处于工作状态，而且有编码输入信号。

利用这三个附加的输入和输出端，我们可以将几片 74HC148 组合成更大规模的优先编码器。

例 3-5 试用两片 8 线 – 3 线优先编码器 74HC148 组成一个 16 线 – 4 线优先编码器，将输入的编码信号 $\overline{A}_0 \sim \overline{A}_{15}$ 编为 4 位二进制输出代码 $Z_3Z_2Z_1Z_0$ 的 0000 ~ 1111 状态。输入信号中 $\overline{A}_{15}$ 的优先权最高，$\overline{A}_0$ 的优先权最低。

解： 若将第 1 片 74HC148 的 $\overline{S}_O$ 接至第 2 片的 $\overline{S}_I$ 端，如图 3-10 所示，则只有当第 1 片没有编码输入信号时，第 2 片才能工作，这样就把两片 74HC148 进行了优先权排队——第 1 片的优先权高于第 2 片。由于每片 74HC148 本身已经对它的 8 个输入端按优先权高、低进行了排队，即 $\overline{I}_7$ 优先权最高，$\overline{I}_0$ 优先权最低，所以只要将 $\overline{A}_{15} \sim \overline{A}_8$ 接至第 1 片的 $\overline{I}_7 \sim \overline{I}_0$，将 $\overline{A}_7 \sim \overline{A}_0$ 接至第 2 片的 $\overline{I}_7 \sim \overline{I}_0$ 就可以了。

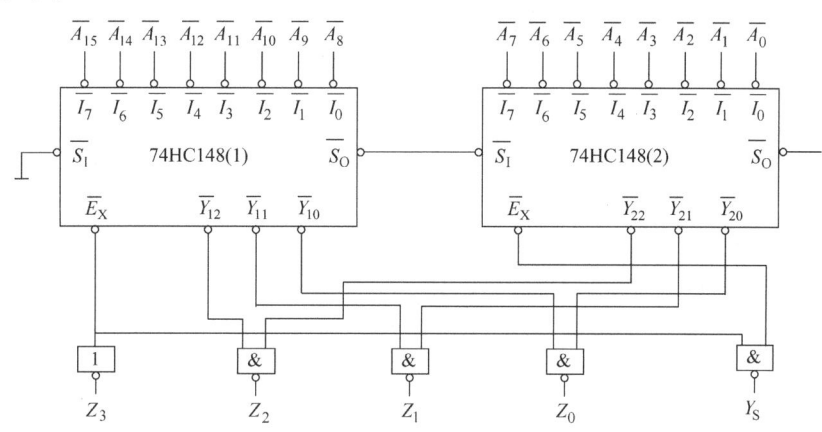

图 3-10 用两片 74HC148 接成的 16 线 – 4 线优先编码器

对于编码器而言，因为两片 74HC148 工作时输出编码的低 3 位是一样的，所以 Z_0、Z_1、Z_2 应为两片的输出 Y_0、Y_1、Y_2 的逻辑或，故取

$$Z_0 = Y_{10} + Y_{20} = \overline{\overline{Y}_{10} \cdot \overline{Y}_{20}}$$
$$Z_1 = Y_{11} + Y_{21} = \overline{\overline{Y}_{11} \cdot \overline{Y}_{21}}$$
$$Z_2 = Y_{12} + Y_{22} = \overline{\overline{Y}_{12} \cdot \overline{Y}_{22}}$$
$$Y_S = E_{X1} + E_{X2} = \overline{\overline{E}_{X1} \cdot \overline{E}_{X2}}$$

输出编码的最高位 Z_3 需要借助扩展端 $\overline{E}_X$ 产生。第 1 片有编码输入时，$\overline{E}_X = 0 (E_X = 1)$，而第 1 片没有编码输入时 $\overline{E}_X = 1 (E_X = 0)$，正好可以用 E_X 作为输出编码的最高位 Z_3。

此外，第 1 片优先权最高，应使之始终处于工作状态，因而应将它的 $\overline{S}_I$ 接到低电平上。这样我们就可以得到图 3-10 所示的电路。

最后，说明一下输出信号 Y_S 的作用。由图 3-10 可知，当 16 个输入端 $\overline{A}_0 \sim \overline{A}_{15}$ 都为 1，即没有编码输入时，输出 $Z_3Z_2Z_1Z_0 = 0000$，并且片 1 的 $\overline{E}_X = 1$，片 2 的 $\overline{E}_X = 1$，此时 $Y_S = 0$。当只有 $\overline{A}_0 = 0$ 时，输出的编码还是 $Z_3Z_2Z_1Z_0 = 0000$，片 1 的 $\overline{E}_X = 1$，但片 2 的 $\overline{E}_X = 0$，那么 $Y_S = 1$。所以当 $Z_3Z_2Z_1Z_0 = 0000$，可以用 Y_S 来判断有无编码输入。另外，只要有编码输入，片 1 和片 2 的扩展输出端 $\overline{E}_X$ 总有一个为 0，$Y_S = 1$。因此，Y_S 是有无编码输入的标志，如果 $Y_S = 0$，表示没有编码输入，$Y_S = 1$，则表示有编码输入。

在上面所讨论的几个编码电路中，都将输入的一组高（或低）电平信号编成了对应的一组二进制代码。在实际应用当中，有时需要把输出编成所需要的其他编码，如 BCD 码、循环码等。

例如，10 线 – 4 线 BCD 优先编码器 74LS147，就是用于把输入的 10 个低电平信号编为 10 个 BCD 代码。如果没有现成的编码器可用，就需要按照要求单独进行设计了。

3.4.2 译码器

译码器的功能是将二进制代码所代表的特定对象还原出来的组合逻辑电路，是编码的反过程。根据译码对象的不同，可以分成二进制译码器（变量译码器）和二 – 十进制译码器（码制变换译码器，显示译码器等）。

1. 二进制译码器

二进制译码器是将 n 位输入代码的 2^n 个状态分别译成 2^n 个输出端上的高（或低）电平信号。图 3-11 是两位二进制译码器（又称 2 线 – 4 线译码器）的框图和逻辑图。它将输入两位二进制数的 4 个代码分别译成 4 个输出端上的高电平信号。

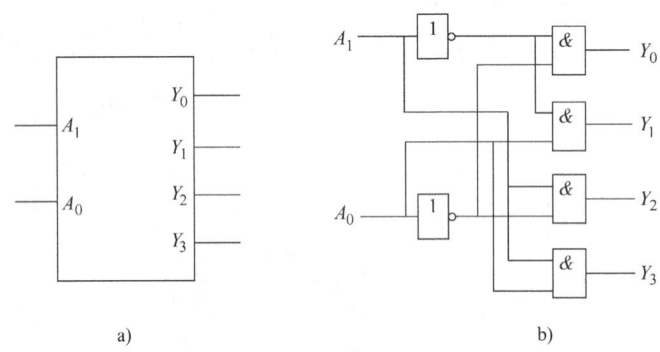

图 3-11 两位二进制译码器
a) 框图 b) 逻辑图

由图 3-11 可得到

$$Y_0 = \overline{A_1}\,\overline{A_0}$$
$$Y_1 = \overline{A_1} A_0$$
$$Y_2 = A_1 \overline{A_0}$$
$$Y_3 = A_1 A_0$$

上式表明，当 $A_1 = A_0 = 0$ 时，$Y_0 = 1$，当 $A_1 = 0$、$A_0 = 1$ 时，$Y_1 = 1$，当 $A_1 = 1$、$A_0 = 0$ 时，$Y_2 = 1$，当 $A_1 = A_0 = 1$ 时，$Y_3 = 1$。亦即 A_1、A_0 为 2^n 个取值的任何一种时，都有一个对应的输出端为高电平。

另外，如果我们把 A_1、A_0 视为两个输入逻辑变量，则 Y_0、Y_1、Y_2、Y_3 就是 A_1、A_0 这两个变量的全部最小项 m_0、m_1、m_2、m_3。因此，n 位输入的二进制译码器就可以产生 n 变量的全部 2^n 个最小项。这个结论对我们将用译码器设计组合逻辑电路非常有用。

为增加使用的灵活性和扩展功能，在实际使用的译码器电路上通常都附加有选通控制端。我们介绍一种集成 3 线 – 8 线译码器 74HC138，其逻辑框图和真值表分别如图 3-12 和表 3-7 所示。

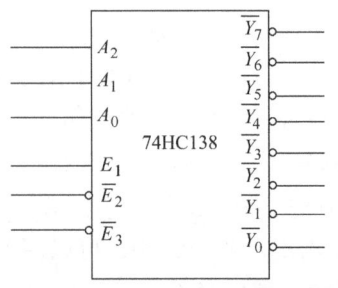

图 3-12 74HC138 逻辑框图

表 3-7 74HC138 真值表

输入						输出							
E_1	$\overline{E_2}$	$\overline{E_3}$	A_2	A_1	A_0	$\overline{Y_0}$	$\overline{Y_1}$	$\overline{Y_2}$	$\overline{Y_3}$	$\overline{Y_4}$	$\overline{Y_5}$	$\overline{Y_6}$	$\overline{Y_7}$
0	×	×	×	×	×	1	1	1	1	1	1	1	1
×	1	×	×	×	×	1	1	1	1	1	1	1	1
×	×	1	×	×	×	1	1	1	1	1	1	1	1
1	0	0	0	0	0	0	1	1	1	1	1	1	1
1	0	0	0	0	1	1	0	1	1	1	1	1	1
1	0	0	0	1	0	1	1	0	1	1	1	1	1
1	0	0	0	1	1	1	1	1	0	1	1	1	1
1	0	0	1	0	0	1	1	1	1	0	1	1	1
1	0	0	1	0	1	1	1	1	1	1	0	1	1
1	0	0	1	1	0	1	1	1	1	1	1	0	1
1	0	0	1	1	1	1	1	1	1	1	1	1	0

根据表 3-7 所示,可知 3 线 – 8 线译码器 74HC138 有如下功能:

1) 增设了 3 个使能输入端 E_1、$\overline{E_2}$、$\overline{E_3}$。只有当 E_1、$\overline{E_2}$、$\overline{E_3}$ 分别为 1、0、0 时,译码器才能正常译码,否则译码器不能译码,所有输出 $\overline{Y_7} \sim \overline{Y_0}$ 全为高电平。

2) 在正常(称为"使能")译码情况下,译码器工作,输出低电平有效。这时,译码输出 $\overline{Y_7} \sim \overline{Y_0}$ 由输入二进制代码决定。例如,$A_2A_1A_0 = 101$ 时,$\overline{Y_5} = 0$,其他输出端均为 1。

二进制译码器应用举例:

(1) 功能扩展(利用使能端实现) 利用 74HC138 的使能端 E_1、$\overline{E_2}$、$\overline{E_3}$,可以扩展译码器输入的变量数。图 3-13 所示电路是由两片 74HC138 构成的 4 线 – 16 线译码器。另外 74HC138 还可以构成其他功能的组合逻辑电路。

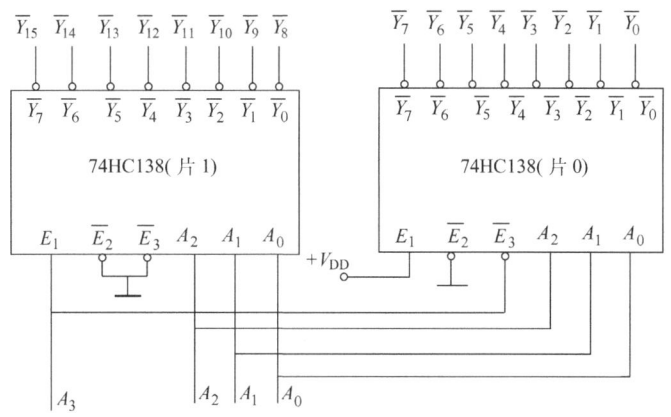

图 3-13 两片 74HC138 构成的 4 线 – 16 线译码器

74HC138(片 1)为高位,74HC138(片 0)为低位,并将高位片的 E_1 和低位片的 $\overline{E_3}$ 相连作 A_3,同时将低位片的 $\overline{E_2}$ 和高位片 $\overline{E_2}$、$\overline{E_3}$ 接地,便构成了 4 线 – 16 线译码器。工作情况如下。

1) 当 $A_3 = 0$ 时,低位片 74HC138 工作,这时,$\overline{Y_7} \sim \overline{Y_0}$ 的低电平输出由输入二进制代码 $A_2A_1A_0$ 决定。由于高位片 74HC138 的 $E_1 = A_3 = 0$ 而不能工作,输出 $\overline{Y_{15}} \sim \overline{Y_8}$ 都为高电平。

2) 当 $A_3 = 1$ 时,低位片 74HC138 的 $\overline{E_3} = A_3 = 1$ 不工作,输出 $\overline{Y_7} \sim \overline{Y_0}$ 都为高电平。高位片

74HC138 的 $E_1 = A_3 = 1$，$\overline{E}_2 = \overline{E}_3 = 0$，处于工作状态，$\overline{Y}_{15} \sim \overline{Y}_8$ 的低电平输出由输入二进制代码 $A_2 A_1 A_0$ 决定。

（2）实现组合逻辑函数 $F(A、B、C)$

$$F(A、B、C) = \sum m_i (i \in 0 \sim 7) \qquad \overline{Y}_i = \overline{S \cdot m_i} = \overline{m}_i (S = 1, i = 0, 1, 2, \cdots, 7)$$

比较以上两式可知，把 3 线 - 8 线译码器 74HC138 地址输入端（$A_2 A_1 A_0$）作为逻辑函数的输入变量（ABC），译码器的每个输出端 $\overline{Y}_i$ 都与某一个最小项 m_i 相对应，加上适当的门电路，就可以利用译码器实现组合逻辑函数。

例 3-6 试用 74HC138 译码器实现逻辑函数 $F(A、B、C) = \sum m(1, 3, 5, 6, 7)$。

解：因为 $\overline{Y}_i = \overline{m}_i (i = 0, 1, 2, \cdots 7)$

则
$$F(A、B、C) = \sum m(1, 3, 5, 6, 7) = m_1 + m_3 + m_5 + m_6 + m_7$$
$$= \overline{\overline{m}_1 \cdot \overline{m}_3 \cdot \overline{m}_5 \cdot \overline{m}_6 \cdot \overline{m}_7} = \overline{\overline{Y}_1 \cdot \overline{Y}_3 \cdot \overline{Y}_5 \cdot \overline{Y}_6 \cdot \overline{Y}_7}$$

因此，正确连接控制输入端使译码器处于工作状态，将 $\overline{Y}_1、\overline{Y}_3、\overline{Y}_5、\overline{Y}_6、\overline{Y}_7$ 经一个与非门输出，$A_2、A_1、A_0$ 分别作为输入变量 $A、B、C$，就可实现组合逻辑函数。电路如图 3-14 所示。

2. 二 - 十进制译码器

二 - 十进制译码器的逻辑功能是将输入的 10 个 BCD 代码分别译成 10 个输出端上的高（或低）电平信号，也称 4 线 - 10 线译码器，即把代表 4 位二 - 十进制代码的 4 个输入信号变换成对应十进制数的 10 个输出信号中的某一个作为有效输出信号。

74HC42 是一种 4 线 - 10 线译码器，其逻辑框图如图 3-15 所示，真值表如表 3-8 所示。

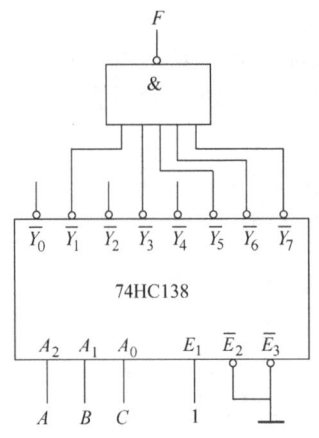

图 3-14 例 3-6 电路图

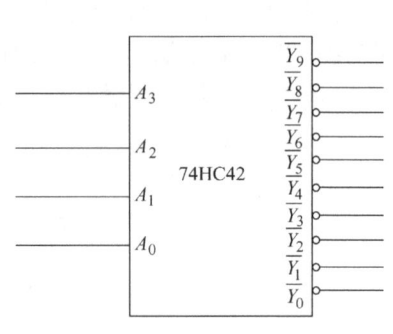

图 3-15 74HC42 逻辑框图

表 3-8 74HC42 真值表

十进制数	输入				输出									
	A_3	A_2	A_1	A_0	$\overline{Y}_0$	$\overline{Y}_1$	$\overline{Y}_2$	$\overline{Y}_3$	$\overline{Y}_4$	$\overline{Y}_5$	$\overline{Y}_6$	$\overline{Y}_7$	$\overline{Y}_8$	$\overline{Y}_9$
0	0	0	0	0	0	1	1	1	1	1	1	1	1	1
1	0	0	0	1	1	0	1	1	1	1	1	1	1	1
2	0	0	1	0	1	1	0	1	1	1	1	1	1	1
3	0	0	1	1	1	1	1	0	1	1	1	1	1	1
4	0	1	0	0	1	1	1	1	0	1	1	1	1	1
5	0	1	0	1	1	1	1	1	1	0	1	1	1	1
6	0	1	1	0	1	1	1	1	1	1	0	1	1	1

(续)

十进制数	输入				输出									
	A_3	A_2	A_1	A_0	$\overline{Y_0}$	$\overline{Y_1}$	$\overline{Y_2}$	$\overline{Y_3}$	$\overline{Y_4}$	$\overline{Y_5}$	$\overline{Y_6}$	$\overline{Y_7}$	$\overline{Y_8}$	$\overline{Y_9}$
7	0	1	1	1	1	1	1	1	1	1	1	0	1	1
8	1	0	0	0	1	1	1	1	1	1	1	1	0	1
9	1	0	0	1	1	1	1	1	1	1	1	1	1	0
无效输入	1	0	1	0	1	1	1	1	1	1	1	1	1	1
	1	0	1	1	1	1	1	1	1	1	1	1	1	1
	1	1	0	0	1	1	1	1	1	1	1	1	1	1
	1	1	0	1	1	1	1	1	1	1	1	1	1	1
	1	1	1	0	1	1	1	1	1	1	1	1	1	1
	1	1	1	1	1	1	1	1	1	1	1	1	1	1

74HC42 未使用约束项，故能自动拒绝伪码输入。当输入为 1010～1111 时，输出端 $\overline{Y_0}$～$\overline{Y_9}$ 均为 1，另外，74HC42 无使能端。

七段显示译码器：

七段显示译码器的功能是将 BCD 代码译成七段字符显示器驱动电路所需要的 7 位输入代码。在有的字符显示器中还增加了一个小数点（DP）段。

（1）发光二极管数码显示器　常见的发光二极管（Light Emitting Diode，LED）数码管内部有两种接法，即共阳极接法和共阴极接法。例如，BS201 就是一种七段共阴极发光二极管数码管（并带有小数点），其管脚排列图和内部接线图如图 3-16 所示；BS204 内部是共阳极接法，其管脚排列图和内部接线图如图 3-17 所示，其外管脚排列图与图 3-16 基本相同。

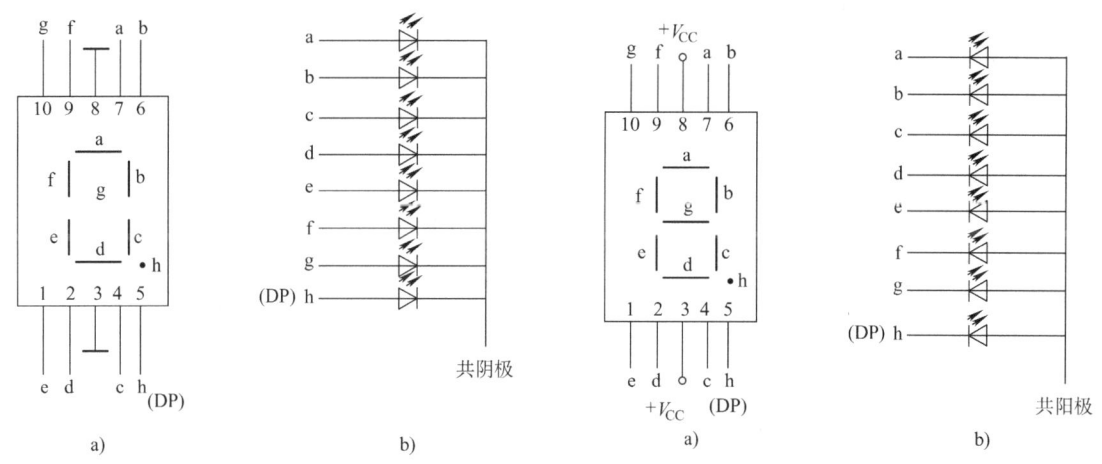

图 3-16　共阴极半导体七段数码管 BS201　　　图 3-17　共阳极半导体七段数码管 BS204
a）管脚排列图　b）内部接线图　　　　　　　　a）管脚排列图　b）内部接线图

七段字符显示器由七段独立的线段按图 3-18 的形式排列而成。取不同的线段组合并将它们点亮，可以显示 0～9 这 10 个不同字形。

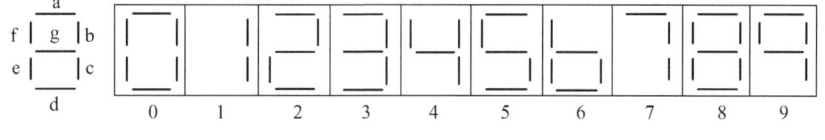

图 3-18　七段显示的数字

半导体数码显示器的优点是工作电压较低（1.7～1.9V）、体积小、寿命长（大于 1×

10^4h)、工作可靠性高、响应速度快（小于 10ns）、亮度高、颜色丰富等。它的主要缺点是工作电流大，每个字段的工作电流约为 10mA。

(2) 液晶显示器 液晶是液态晶体的简称。它是既具有液体的流动性，又具有某些光学特性的有机化合物，其透明度和颜色受外加电场的控制，利用这一特点，可做成电场控制的七段液晶数码显示器，其字形和七段半导体显示器相近。

这种显示器在没有外加电场时，液晶分子排列整齐，入射的光线绝大部分被反射回来，液晶呈现透明状态，不显示数字。当在相应字段的电极加上电压时，液晶中的导电正离子作定向运动，在运动过程中不断撞击液晶分子，从而破坏了液晶分子的整齐排列，使入射光产生了散射而变得混浊，使原来透明的液晶变成了暗灰色，从而显示出相应的数字。当外加电压断开时，液晶分子又恢复到整齐排列的状态，显示的数字也随之消失。

液晶显示器（Liquid Crystal Display，LCD）的主要优点是功耗极小，工作电压低，电流小（1μA 左右）。它的主要缺点是被动发光，显示不够清晰，响应速度慢，不耐振动，不耐高温和严寒。

(3) 中规模七段显示译码器 如上所述，分段式数码管（如 LED、LCD 等）是利用不同发光段的组合来显示不同的数字，因此，为了使数码管能将数码所代表的数显示出来，必须首先将数码译出，然后经驱动电路"点亮"对应的显示段。例如，对于 8421BCD 码的 0101 状态，对应的十进制数为 5，译码驱动器应使分段式数码管的 a、c、d、f、g 各段为高电平，而 b、e 两段为低电平。即对应某一数码，译码器应有确定的几个输出端有规定信号输出，这就是分段式数码管显示译码器电路的特点。

下面，以 74HC48 BCD 共阴七段译码/驱动器为例说明集成译码器的使用方法。

74HC48 的逻辑框图和真值表如图 3-19 和表 3-9 所示。

从 74HC48 的真值表可以看出，74HC48 应用于高电平驱动的共阴极显示器。当输入信号 $A_3A_2A_1A_0$ 为 0000~1001 时，分别显示 0~9 数字信号；而当输入 1010~1110 时，显示稳定的非数字信号；当输入为 1111 时，七个显示段全暗。可以从显示段出现非 0~9 数字符号或各段全暗，可以推出输入已出错，即可检查输入情况。

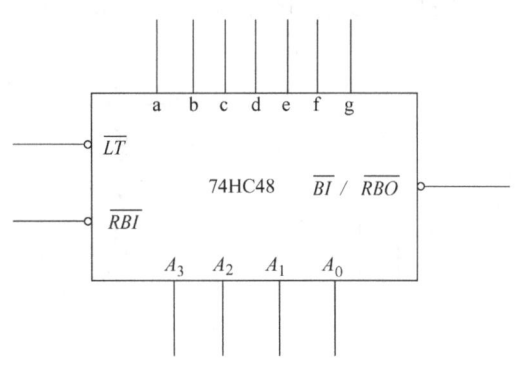

图 3-19 74HC48 BCD 共阴七段译码/驱动器

74HC48 除基本输入端和基本输出端外，还有几个辅助输入、输出端：试灯输入端 $\overline{LT}$，灭零输入端 $\overline{RBI}$，灭灯输入/灭零输出端 $\overline{BI}/\overline{RBO}$。其中 $\overline{BI}/\overline{RBO}$ 比较特殊，它既可以作输入用，也可作输出用。现根据其真值表，将它们的功能说明如下：

1) 灭灯功能：只要将 $\overline{BI}/\overline{RBO}$ 端作输入用，并输入 0，即 $\overline{BI}=0$ 时，无论 $\overline{LT}$、$\overline{RBI}$ 及 A_3、A_2、A_1、A_0 状态如何，a~g 均为 0，显示管熄灭。因此，灭灯输入端 $\overline{BI}$ 可用作显示控制。例如，用一个间歇的脉冲信号来控制灭灯（消隐）输入端时，则要显示的数字将在数码管上间歇地闪亮。

2) 试灯功能：在 $\overline{BI}/\overline{RBO}$ 作为输出端（不加输入信号）的前提下，当 $\overline{LT}=0$ 时，不论 $\overline{RBI}$、A_3、A_2、A_1、A_0 输入为什么状态，$\overline{BI}/\overline{RBO}$ 为 1（此时 $\overline{BI}/\overline{RBO}$ 作输出用），a~g 全为 1，所有段全亮。可以利用试灯输入信号来测试数码管的好坏。

表 3-9 74HC48 真值表

显示数字	$\overline{LT}$	$\overline{RBI}$	A_3	A_2	A_1	A_0	$\overline{BI}/\overline{RBO}$	a	b	c	d	e	f	g	字形
0	1	1	0	0	0	0	1	1	1	1	1	1	1	0	0
1	1	×	0	0	0	1	1	0	1	1	0	0	0	0	1
2	1	×	0	0	1	0	1	1	1	0	1	1	0	1	2
3	1	×	0	0	1	1	1	1	1	1	1	0	0	1	3
4	1	×	0	1	0	0	1	0	1	1	0	0	1	1	4
5	1	×	0	1	0	1	1	1	0	1	1	0	1	1	5
6	1	×	0	1	1	0	1	0	0	1	1	1	1	1	6
7	1	×	0	1	1	1	1	1	1	1	0	0	0	0	7
8	1	×	1	0	0	0	1	1	1	1	1	1	1	1	8
9	1	×	1	0	0	1	1	1	1	1	0	0	1	1	9
10	1	×	1	0	1	0	1	0	0	0	1	1	0	1	c
11	1	×	1	0	1	1	1	0	0	1	1	0	0	1	⊃
12	1	×	1	1	0	0	1	0	1	0	0	0	1	1	u
13	1	×	1	1	0	1	1	1	0	0	1	0	1	1	c
14	1	×	1	1	1	0	1	0	0	0	1	1	1	1	t
15	1	×	1	1	1	1	1	0	0	0	0	0	0	0	暗
$\overline{BI}$	×	×	×	×	×	×	0	0	0	0	0	0	0	0	暗
$\overline{RBI}$	1	0	0	0	0	0	0	0	0	0	0	0	0	0	暗
$\overline{LT}$	0	×	×	×	×	×	1	1	1	1	1	1	1	1	8

3）灭零功能：在 $\overline{BI}/\overline{RBO}$ 作为输出端（不加输入信号）的前提下，当 $\overline{LT}=1$、$\overline{RBI}=0$ 时，若 $A_3A_2A_1A_0$ 为 0000 时，a～g 均为 0，实现灭零功能。与此同时，$\overline{BI}/\overline{RBO}$ 输出低电平（此时 $\overline{BI}/\overline{RBO}$ 作输出用），表示译码器处于灭零状态。而对非 0000 数码输入，则照常显示，$\overline{BI}/\overline{RBO}$ 输出高电平。因此灭零输入用于输入数字零而又不需要显示零的场合。

$\overline{RBO}$ 与 $\overline{RBI}$ 配合使用，可消去混合小数的前零和无用的尾零。例如，一个 7 位数显示器，如要将 006.0400 显示成 6.04，可按图 3-20 连接，这样既符合人们的阅读习惯，又能减少电能的消耗。图中各片电路 $\overline{LT}=1$，第一片电路 $\overline{RBI}=0$，第一片的 $\overline{RBO}$ 接第二片的 $\overline{RBI}$，当第一片的输入 $A_3A_2A_1A_0=0000$ 时，灭零且 $\overline{RBO}=0$，使第二片也有了灭零条件，只要片 2 输入零，数码管也可熄灭。片 6、片 7 的原理与此相同。片 3、片 4 的 $\overline{RBI}=1$，不处在灭零状态，因此 6 与 4 中间的 0 能得以显示。

由于 74HC48 内部已设 2kΩ 左右的限流电阻，所以图 3-20 中的共阴极数码管的共阴极端可以直接接地。如果还要减小 LED 的电流，则可在 74HC48 的各输出端均串联一个限流电阻，有时也可以在数码管的共阴极端对地串联一个总电阻，但这样做会造成各段亮度不均匀。

对于共阴极接法的数码管，还可以采用 CD4511 等七段锁存译码驱动器。对于液晶显示器，可采用 CD4055 等专用集成电路。

在为半导体数码管选择译码驱动电路时，还需要注意根据半导体数码管工作电流的要求来选择适当的限流电阻。现以 CD4511 为例来说明限流电阻的计算方法。如图 3-21 所示，若 CD4511 的电源电压 $V_{DD}=5V$，希望流过 LED 某一有效段的工作电流为 10mA，管压降 $U_D=1.7V$。这时

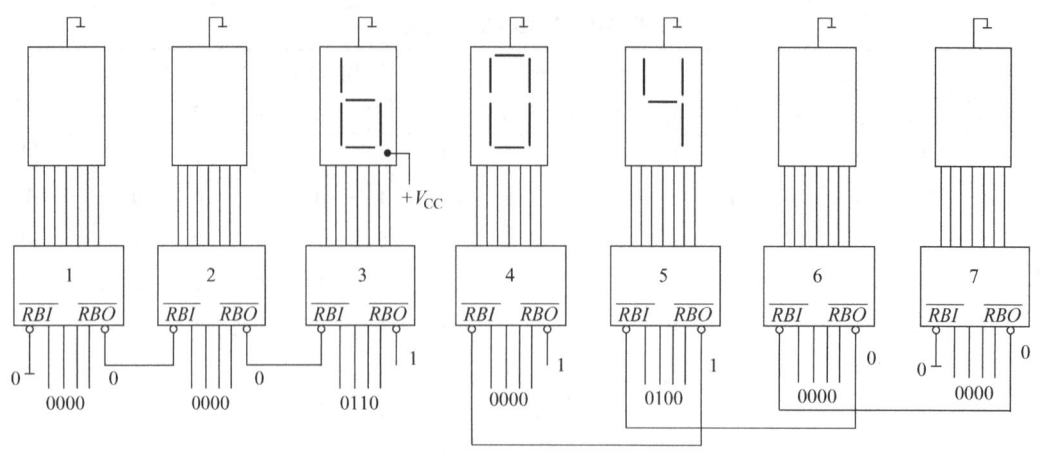

图 3-20 具有灭零控制的 7 位数码显示系统

与该段对应的输出电压在有拉电流负载的情况下，约为 4V，则限流电阻

$$R_a = \frac{U_O - U_D}{I_D} = \frac{4 - 1.7}{10}\text{k}\Omega = 0.23\text{k}\Omega\ （取\ 220\Omega）$$

3.4.3 数据选择器

在多路数据传送过程中，能够根据需要选择其中任意一路作为输出的电路，叫作数据选择器，也称为多路选择器，其作用相当于多路开关。常见的数据选择器有四选一、八选一、十六选一电路。

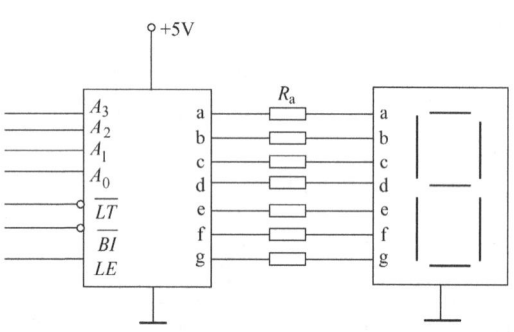

图 3-21 CD4511 译码驱动电路

1. 数据选择器的功能及工作原理

数据选择器的基本功能相当于一个单刀多掷的选择开关，如图 3-22 所示。通过开关的转换（由选择输入信号 A_1、A_0 控制），选择输入信号 D_0、D_1、D_2、D_3 中的一个信号传送到输出端。

选择输入信号 A_1、A_0 又称地址控制信号或地址输入信号。如果有 2 个地址输入信号和 4 个数据输入信号，就称为四选一数据传送器，其输出信号为

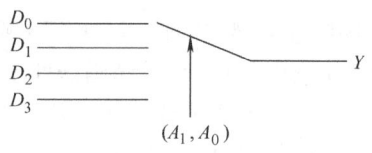

图 3-22 数据选择器原理框图

$$Y = (\overline{A_1}\,\overline{A_0})D_0 + (\overline{A_1}A_0)D_1 + (A_1\overline{A_0})D_2 + (A_1 A_0)D_3$$

由上式可知，对于 $A_1 A_0$ 的不同取值，Y 只能等于 $D_0 \sim D_3$ 中唯一的一个。例如，$A_1 A_0$ 为 00，则 D_0 信号被选通到 Y 端，$A_1 A_0$ 为 11 时，D_3 被选通。

如果有 3 个地址输入信号，可以有 8 个数据输入信号，就称为八选一数据选择器，或者八路数据选择器。

要注意的是数据选择器和 CMOS 传输门（模拟开关）的本质区别在于前者只能传输数字信号，而后者还可以传输单极性或双极性的模拟信号。

2. 八选一数据选择器

74HC151 是一种有互补输出的 8 路数据选择器，其逻辑框图和真值表如图 3-23 和表 3-10 所示。

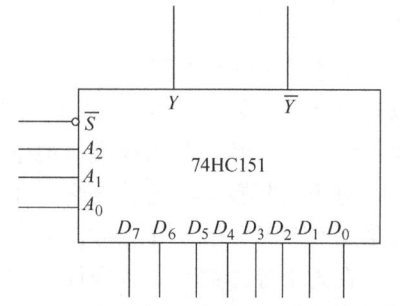

图 3-23 8 路数据选择器 74HC151 逻辑框图

其有 3 个地址输入端 A_2、A_1、A_0，8 个数据输入端 $D_0 \sim D_7$，2 个互补输出的数据输出端 Y 和 $\overline{Y}$，1 个控制输入端 $\overline{S}$。

表 3-10   74HC151 真值表

使能	输		入	输	出
$\overline{S}$	A_2	A_1	A_0	Y	$\overline{Y}$
1	×	×	×	0	1
0	0	0	0	D_0	$\overline{D_0}$
0	0	0	1	D_1	$\overline{D_1}$
0	0	1	0	D_2	$\overline{D_2}$
0	0	1	1	D_3	$\overline{D_3}$
0	1	0	0	D_4	$\overline{D_4}$
0	1	0	1	D_5	$\overline{D_5}$
0	1	1	0	D_6	$\overline{D_6}$
0	1	1	1	D_7	$\overline{D_7}$

当 $\overline{S}=1$ 时，选择器不工作，$Y=0$，$\overline{Y}=1$。

当 $\overline{S}=0$ 时，选择器正常工作，其输出逻辑表达式为

$$Y = (\overline{A_2}\,\overline{A_1}\,\overline{A_0})D_0 + (\overline{A_2}\,\overline{A_1}A_0)D_1 + (\overline{A_2}A_1\overline{A_0})D_2 + (\overline{A_2}A_1A_0)D_3 + \\ (A_2\overline{A_1}\,\overline{A_0})D_4 + (A_2\overline{A_1}A_0)D_5 + (A_2A_1\overline{A_0})D_6 + (A_2A_1A_0)D_7$$

对于地址输入信号的任何一种状态组合，都有一个输入数据被送到输出端。例如，当 $A_2A_1A_0 = 000$ 时，$Y = D_0$；当 $A_2A_1A_0 = 101$ 时，$Y = D_5$ 等。

3. 数据选择器的应用

（1）功能扩展　用两片八选一数据选择器 74HC151，可以构成十六选一数据选择器。电路如图 3-24 所示。

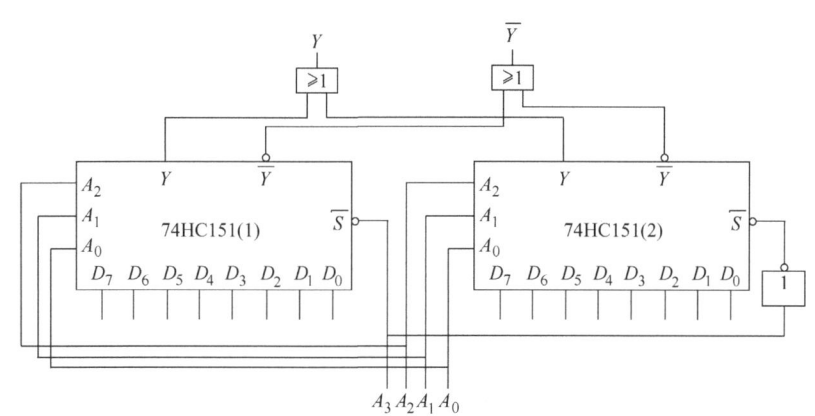

图 3-24   两片 74HC151 构成的十六选一数据选择器

试回忆用两片 3 线 -8 线译码器 74HC138 实现 4 线 -16 线译码器的方法。利用使能端（控制端）。

扩展位 A_3 接控制端 $\overline{S}$，当 $A_3=1$ 时，片 1 禁止，片 2 工作；当 $A_3=0$ 时，片 1 工作，片 2 禁止；输出需适当处理（该例接或门）。

（2）实现组合逻辑函数

组合逻辑函数 $F(A,B,C) = m_i (i \in 0 \sim 7)$

八选一 $Y(A_2,A_1,A_0) = \sum\limits_{i=0}^{7} m_i D_i$　　　四选一 $Y(A_1,A_0) = \sum\limits_{i=0}^{3} m_i D_i$

比较可知，表达式中都有最小项 m_i，利用数据选择器可以实现各种组合逻辑函数。

例 3-7　试用八选一电路实现 $F = \overline{A}\,\overline{B}\,\overline{C} + \overline{A}BC + A\overline{B}\,\overline{C} + ABC$。

解：将 A、B、C 分别从 A_2、A_1、A_0 输入，作为输入变量，把 Y 端作为输出 F。因为逻辑表达式中的各乘积项均为最小项，所以可以改写为 $F(A,B,C) = m_0 + m_3 + m_5 + m_7$。

根据八选一数据选择器的功能，令

$D_0 = D_3 = D_5 = D_7 = 1$，

$D_1 = D_2 = D_4 = D_6 = 0$，$\overline{S} = 0$

具体电路如图 3-25 所示。

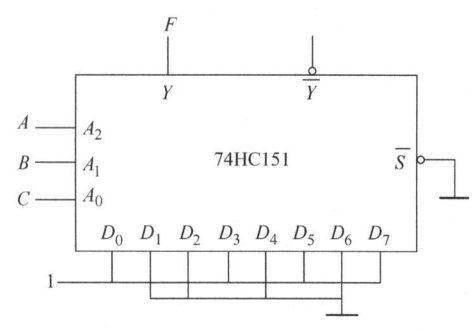

图 3-25　例 3-7 电路图

3.4.4　数据分配器

数据分配器能根据地址信号将一路输入数据按需要分配给某一个对应的输出端，它的操作过程是数据选择器的逆过程。它有一个数据输入端，多个数据输出端和相应的地址控制端（或称地址输入端），其功能相当于一个波段开关，如图 3-26 所示。

应当注意的是，厂家并不生产专门的数据分配器电路，数据分配器可以是译码器（分段显示译码器除外）的一种特殊应用。作为数据分配器使用的译码器必须具有"使能"端，其"使能"端作为数据输入端使用，译码器的输入端作为地址输入端，其输出端则作为数据分配器的输出端。图 3-27 是由译码器 74HC138 所构成的 8 路数据分配器的逻辑框图。

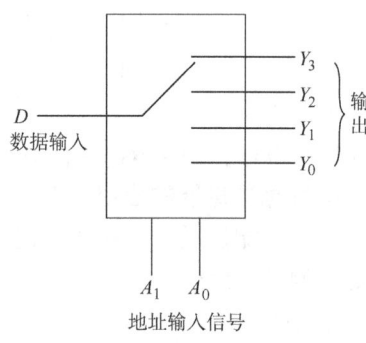

图 3-26　数据分配器原理框图

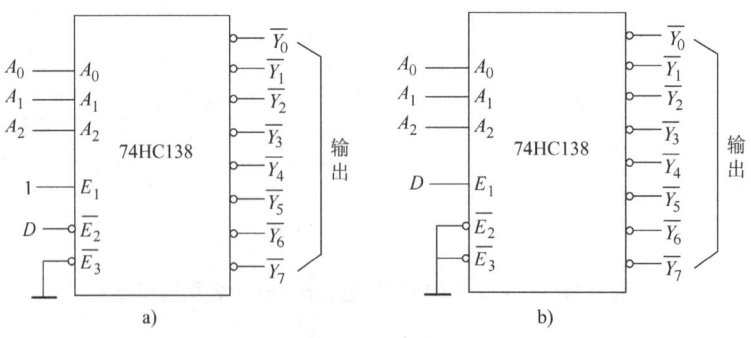

图 3-27　74HC138 所构成的 8 路数据分配器的逻辑框图
a）输出原码的接法　b）输出反码的接法

3.4.5 数值比较器

用来比较两组数字的电路称为数值比较器。只比较两组数字是否相等的数字比较器称为同比较器。不但比较两组数是否相等,而且还比较两组数大小的数字比较器称为大小比较器或称数值比较器。

1. 1 位二进制数值比较器

比较 2 个 1 位二进制数很容易,其真值表如表 3-11 所示,输入变量是 2 个比较数 A 和 B,输出变量 $Q_{A>B}$、$Q_{A<B}$、$Q_{A=B}$ 分别表示 $A>B$、$A<B$、$A=B$ 3 种比较结果。

表 3-11 1 位二进制数值比较器的真值表

输入		输出		
A	B	$Q_{A>B}$	$Q_{A=B}$	$Q_{A<B}$
0	0	0	1	0
0	1	0	0	1
1	0	1	0	0
1	1	0	1	0

从真值表可得:

1) $A>B$,即 $A=1$,$B=0$,这时,输出 $Q_{A>B}=A\bar{B}$。
2) $A<B$,即 $A=0$,$B=1$,这时,输出 $Q_{A<B}=\bar{A}B$。
3) $A=B$,即 $A=B=0$ 和 $A=B=1$,这时,输出 $Q_{A=B}=AB+\bar{A}\bar{B}=A\odot B$。

可以用逻辑门电路来实现,如图 3-28 所示。

2. 多位数值比较器

对于多位数值的比较,应先比较最高位。如果 A 数最高位大于 B 数最高位,则不论其他各位情况如何,定有 $A>B$;如果 A 数最高位小于 B 数最高位,则 $A<B$;如果 A 数最高位等于 B 数最高位,再比较次高位,依次类推。

多位数值比较器的种类很多,下面介绍 4 位数值比较器 74HC85。

74HC85 的逻辑框图和真值表如图 3-29 和表 3-12 所示。

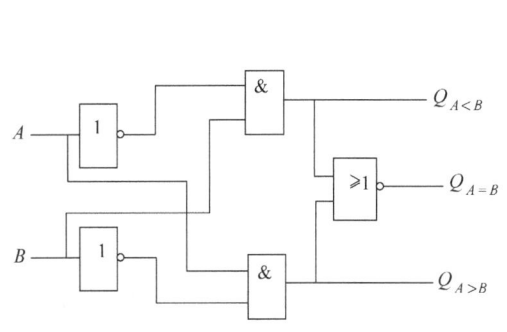

图 3-28 1 位二进制数值比较器逻辑图

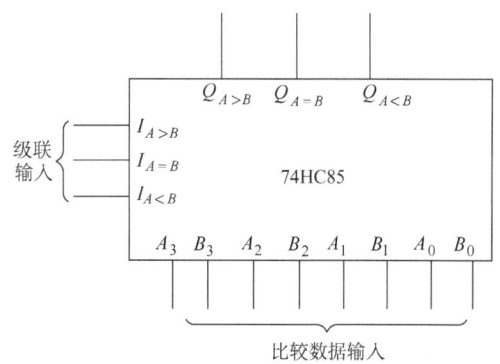

图 3-29 74HC85 逻辑框图

表 3-12 74HC85 真值表

输入							输出		
A_3B_3	A_2B_2	A_1B_1	A_0B_0	$I_{A>B}$	$I_{A<B}$	$I_{A=B}$	$Q_{A>B}$	$Q_{A<B}$	$Q_{A=B}$
$A_3>B_3$	×	×	×	×	×	×	1	0	0
$A_3<B_3$	×	×	×	×	×	×	0	1	0
$A_3=B_3$	$A_2>B_2$	×	×	×	×	×	1	0	0
$A_3=B_3$	$A_2<B_2$	×	×	×	×	×	0	1	0
$A_3=B_3$	$A_2=B_2$	$A_1>B_1$	×	×	×	×	1	0	0
$A_3=B_3$	$A_2=B_2$	$A_1<B_1$	×	×	×	×	0	1	0
$A_3=B_3$	$A_2=B_2$	$A_1=B_1$	$A_0>B_0$	×	×	×	1	0	0
$A_3=B_3$	$A_2=B_2$	$A_1=B_1$	$A_0<B_0$	×	×	×	0	1	0
$A_3=B_3$	$A_2=B_2$	$A_1=B_1$	$A_0=B_0$	1	0	0	1	0	0
$A_3=B_3$	$A_2=B_2$	$A_1=B_1$	$A_0=B_0$	0	1	0	0	1	0
$A_3=B_3$	$A_2=B_2$	$A_1=B_1$	$A_0=B_0$	0	0	1	0	0	1

74HC85 有 8 个数码输入端 $A_3A_2A_1A_0$ 和 $B_3B_2B_1B_0$，3 个级联输入端（也称控制端，是用于增加比较的位数的）$I_{A>B}$、$I_{A=B}$、$I_{A<B}$，以及 3 个输出端 $Q_{A>B}$、$Q_{A=B}$、$Q_{A<B}$。

从表 3-12 可知，当 $A_3A_2A_1A_0 = B_3B_2B_1B_0$ 时，必须考虑级联输入端的状态。

3. 数值比较器的典型应用

1）利用 4 位数值比较器组成 4 位并行比较器，如图 3-30 所示。只要把级联输入端 $I_{A>B}$、$I_{A<B}$ 接 0，$I_{A=B}$ 接 1 即可。

2）数值比较器的级联输入端是供各片之间级联使用的。当需要扩大数码比较的位数时，可将低位比较器片的输出端 $Q_{A>B}$、$Q_{A<B}$、$Q_{A=B}$ 分别接到高位比较器片的级联输入端上。如图 3-31 所示电路是由 2 片 74HC85 构成的 8 位数值比较器。当高 4 位的 A 和 B 均相等时，3 个 Q 端的状态就改由 3 个级联输入端来决定。而 3 个级联输入端是与低 4 位的 3 个 Q 端相连的，它们的状态又由低 4 位的 A 和 B 的大小来决定。

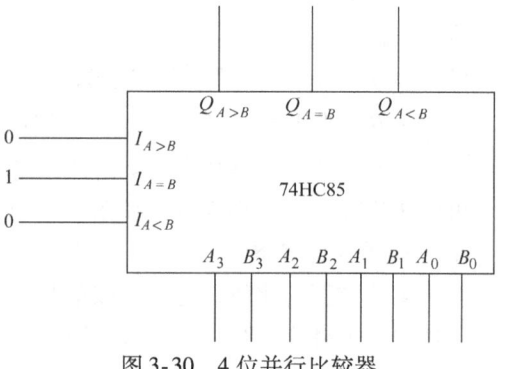

图 3-30 4 位并行比较器

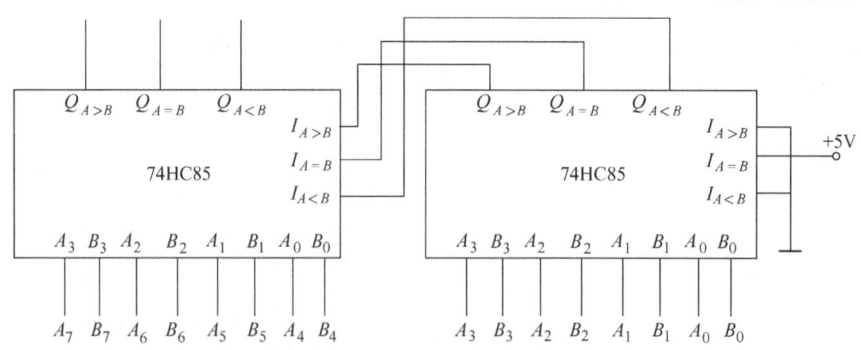

图 3-31 用 2 片 74HC85 构成的 8 位数值比较器

图 3-32 所示电路是一个由 74HC85 构成的报警电路，其功能是将输入的 BCD 码与设定的 BCD 码进行比较，当输入值大于设定值时报警。

例如，当 S_0、S_1、S_2 闭合、S_3 断开时，$B_3B_2B_1B_0 = 0111$。若输入值 $A_3A_2A_1A_0 = 0110$ 时，$Q_{A<B} = 1$，其余 2 输出端为 0，晶体管 V 截止，蜂鸣器不报警。若输入值 $A_3A_2A_1A_0 = 0111$ 时，$Q_{A=B} = 1$，其余 2 输出端为 0，蜂鸣器也不报警。若输入值 $A_3A_2A_1A_0 = 1000$ 时，则 $Q_{A>B} = 1$，其

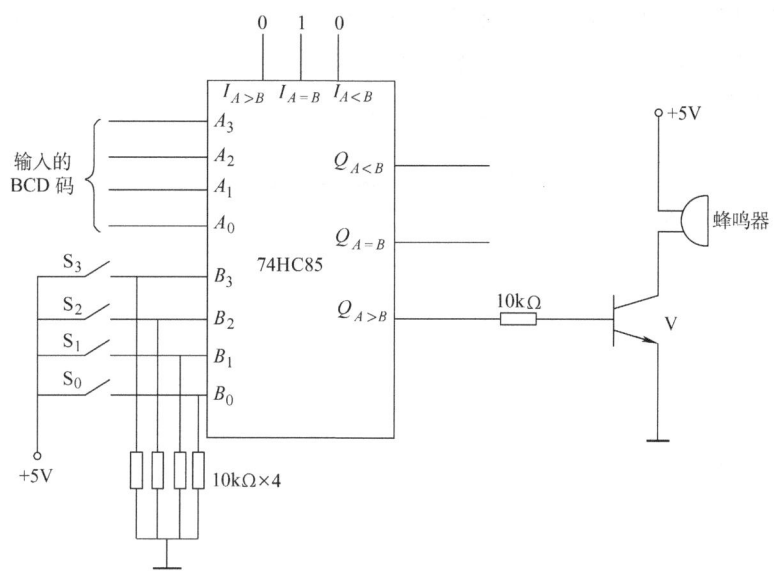

图 3-32 74HC85 构成的报警电路

余 2 输出端为 0,此时晶体管 V 导通,蜂鸣器发出报警声。

改变 $S_0 \sim S_3$ 的状态,可以改变报警器的下限值。

3.4.6 加法器

算术运算是数字系统的基本功能,更是计算机中不可缺少的组成单元。本节介绍实现加法运算的逻辑电路。

1. 半加器和全加器

(1) 半加器 只考虑 2 个 1 位二进制数的相加,而不考虑来自低位进位数的运算电路,称为半加器。

根据 2 个 1 位二进制数 A 和 B 相加的运算规律可得半加器真值表,如表 3-13 所示。表中,A 和 B 分别表示加数和被加数,S 表示半加和,C 表示进位。

由真值表可得半加和 S 及进位 C 表达式为

$$S = A\bar{B} + \bar{A}B = A \oplus B$$
$$C = AB$$

可见,半加器由一个异或门和一个与门组成,图 3-33 是半加器的逻辑图和逻辑符号。

表 3-13 半加器真值表

输	入	输	出
A	B	S	C
0	0	0	0
0	1	1	0
1	0	1	0
1	1	0	1

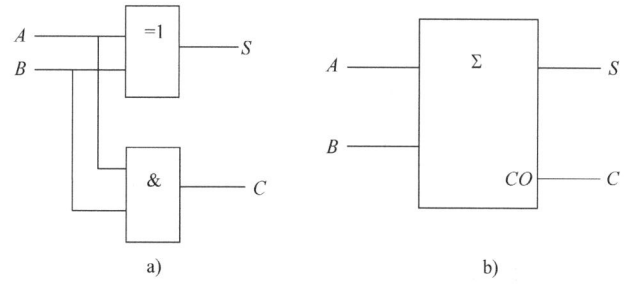

图 3-33 半加器的逻辑图和逻辑符号
a) 逻辑图 b) 逻辑符号

（2）全加器　所谓全加，是指 2 个多位二进制数相加时，第 i 位的被加数 A_i 和加数 B_i 以及来自相邻低位的进位数 C_{i-1} 三者相加，其结果得到本位和 S_i 及向相邻高位的进位数 C_i。这种实现全加运算的电路叫全加器。表 3-14 是全加器的真值表。

表 3-14　全加器的真值表

输入			输出	
A_i	B_i	C_{i-1}	S_i	C_i
0	0	0	0	0
0	0	1	1	0
0	1	0	1	0
0	1	1	0	1
1	0	0	1	0
1	0	1	0	1
1	1	0	0	1
1	1	1	1	1

由真值表可得本位和 S_i 及进位数 C_i 的表达式为

$$S_i = \overline{A}_i\overline{B}_iC_{i-1} + \overline{A}_iB_i\overline{C}_{i-1} + A_i\overline{B}_i\overline{C}_{i-1} + A_iB_iC_{i-1}$$
$$= (\overline{A}_iB_i + A_i\overline{B}_i)\overline{C}_{i-1} + (\overline{A}_i\overline{B}_i + A_iB_i)C_{i-1}$$
$$= (A_i \oplus B_i)\overline{C}_{i-1} + \overline{(A_i \oplus B_i)}C_{i-1}$$
$$= A_i \oplus B_i \oplus C_{i-1}$$

$$C_i = \overline{A}_iB_iC_{i-1} + A_i\overline{B}_iC_{i-1} + A_iB_i\overline{C}_{i-1} + A_iB_iC_{i-1}$$
$$= (\overline{A}_iB_i + A_i\overline{B}_i)C_{i-1} + A_iB_i(\overline{C}_{i-1} + C_{i-1})$$
$$= (A_i \oplus B_i)C_{i-1} + A_iB_i$$

图 3-34 是全加器的逻辑图和逻辑符号。

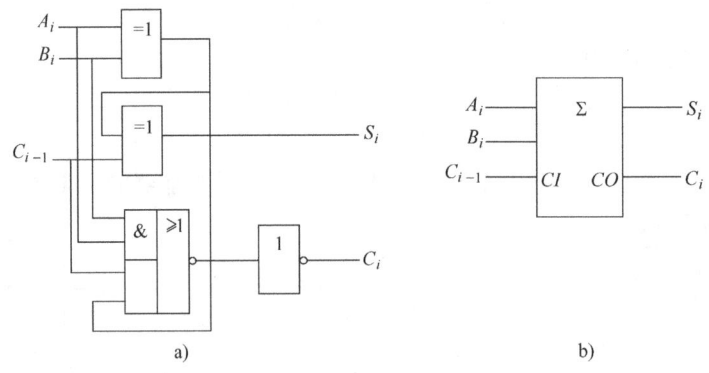

图 3-34　全加器的逻辑图和逻辑符号
a）逻辑图　b）逻辑符号

2. 多位二进制加法器

实现多位加法运算的电路，称为加法器。

图 3-35 所示为由 4 个全加器组成的 4 位串行进位的加法器。低位全加器输出的进位信号依次加到相邻高位全加器的进位输入端。最低位的进位输入端 C_{i-1} 接地。显然，每一位的相加

结果必须等到低一位的进位信号产生后才能建立起来。因此,串行加法器的运算速度比较慢,这是它的主要缺点,但它的电路比较简单。

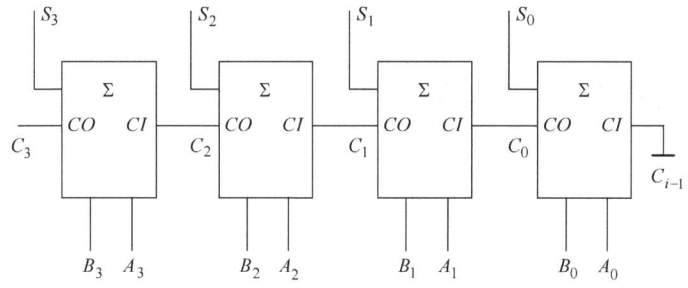

图 3-35　4 位串行进位的加法器

多位加法器除了可以实现加法运算功能之外,还可以实现组合逻辑电路。

例 3-8　将 8421BCD 码转换成余 3 码。

解：余 3 码 = 8421BCD 码 + 3（即 0011），输入 $A_3A_2A_1A_0 = DCBA$ 为 8421BCD 码,而 $B_3B_2B_1B_0 =$ 0011 为 8421BCD 码的 3,因此从输出端 $Y_3Y_2Y_1Y_0$ 即可得到余 3 码。图 3-36 为实现该功能的代码转换电路图。

为了提高运算速度,就必须设法减少进位信号逐级传递所占去的时间。于是便产生了超前进位加法器（或称并行进位加法器）。

图 3-37 是 4 位超前进位加法器的电路结构框图。在 2 个多位数相加时,任何一位的进位输入信号取决于 2 个加数中低于该位的各位数值。在给出 2 个多位数以后,可以通过进位生成电路直接判断出每一位的进位输入信号应该是 1 还是 0。因此,只要事先给出 2 个加数,就可以直接得出每一位的进位输入,而不必等待从低位逐级传送过来的进位信号,从而有效地提高了运算速度。这时进位生成电路的传输延迟时间将成为影响运算速度的主要因素。

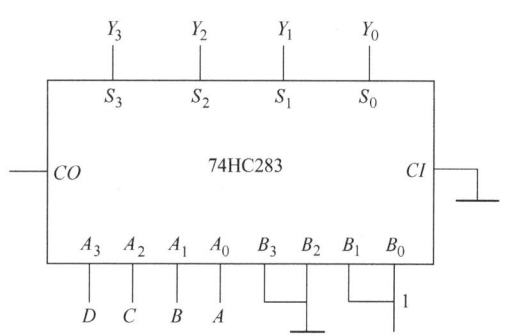

图 3-36　由 74HC283 构成的代码转换电路图

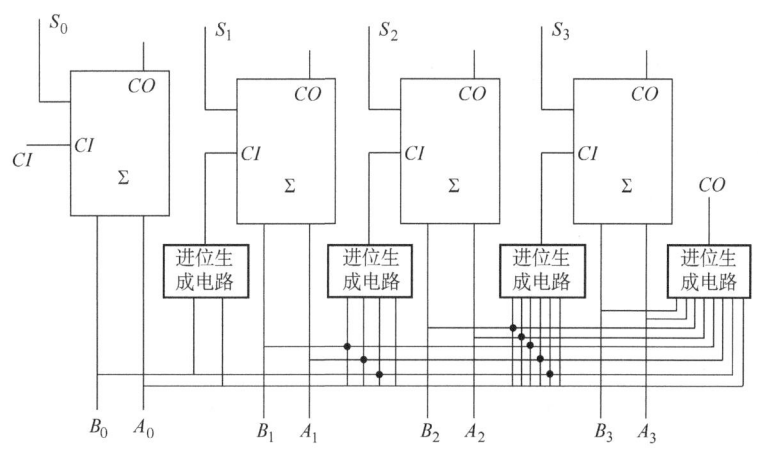

图 3-37　4 位超前进位加法器的电路结构框图

由于每一位全加器的进位输入信号已经由进位生成电路产生，所以每一个全加器中原有的进位电路就没用了。在实际使用的超前进位加法器电路（如 4 位超前进位加法器 74HC283）中，每一位加法器的电路结构只含有求和部分，而没有产生进位的那一部分。

3.5 组合逻辑电路中的竞争和冒险

3.5.1 竞争冒险现象产生及其产生的原因

前面所讨论的都是组合逻辑电路在稳态下的逻辑功能。为了确保电路的工作可靠性，还必须进一步分析它在动态过程中（即输入、输出的逻辑状态发生变化的瞬间）的工作情况。

首先让我们来看两个最简单的情况。在图 3-38a 的与门电路中，稳态下无论 $A=0$、$B=1$ 还是 $A=1$、$B=0$，Y 都等于 0。但当输入信号 A、B 同时向相反的逻辑电平变化时，结果可能不同了。因为存在"竞争"，由于 A 和 B 是不同来源的两个信号，所以状态变化的时间和变化的速度往往会有细微的差别。例如由图 3-38a 中可见，在 t_1 时刻附近 A 由低变为高、B 由高变为低的过程中，由于 A 的变化快于 B 的变化，在一个很短的瞬间里，A 和 B 将同时高于门电路输入低电平的最大值，使 $Y=1$，因而在门电路的输出会产生一个很窄的尖峰脉冲（也称为"毛刺"）。我们把这种现象就叫作竞争－冒险（race – hazard）现象。根据理想状态下的真值表所描述的 $Y_1 = AB$ 的分析，Y_1 应始终为 0，不应出现 $Y_1 = 1$ 的情况，因此这个尖峰的"1"脉冲就称为"1"型冒险，可见它是动态过程中产生的噪声。

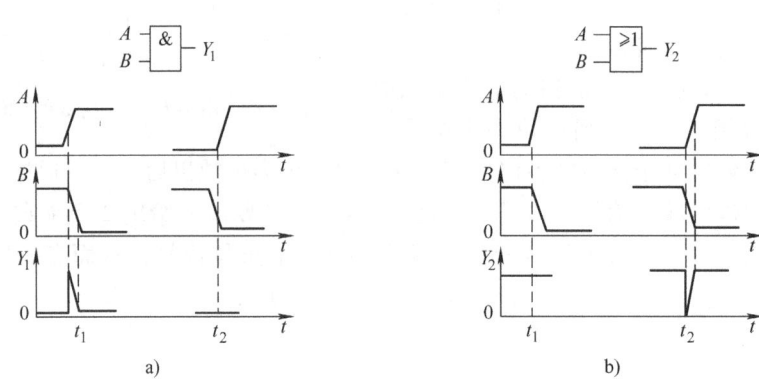

图 3-38 竞争－冒险现象的产生
a）与门电路的竞争－冒险现象　b）或门电路的竞争－冒险现象

另一种情况下，例如在 t_2 时刻附近，由于 B 的变化快于 A 的变化，所以不存在 A、B 同时高于门电路输入低电平的最大值的瞬间，因而 Y 始终为 0，不会在门电路的输出端产生尖峰脉冲。在一个具体的组合逻辑电路中，A、B 往往是经过不同的传输路径而来的，在设计时无法准确知道 A、B 哪一个变化更快。但我们可以肯定的是只要存在输入信号的竞争，就有产生尖峰脉冲噪声的危险。对于图 3-38b 的或门电路，当输入存在竞争时，输出同样也有产生尖峰脉冲噪声的危险。如果 A、B 变化过程中出现 A、B 同时低于门电路输入高电平最小值的瞬间，Y_2 会出现一个窄的"0"的脉冲信号，真值表所描述的 $Y_2 = A + B$ 的逻辑关系瞬间遭到破坏，这个窄脉冲信号就称为"0"型冒险。输出也会产生尖峰脉冲噪声。

不难想象，在包含多个输入逻辑变量和多级门电路的组合逻辑电路中，这种竞争－冒险现象是大量存在的。我们可以用计算机辅助分析的手段检查在输入变量的各种变化情况下，每一级门电路是否存在竞争－冒险现象。虽然竞争－冒险现象普遍存在，但不一定对电路的正常工作有影响。如果这种脉冲加到对它不敏感的电路上，如加到数码显示器上，不影响显示效果。反之，如果加到对脉冲信号敏感的电路上，如加到第 4 章要介绍的触发器电路上，则可能造成这类电路的误动作。在这种情况下，就必须采取措施消除竞争－冒险现象。

3.5.2 冒险现象的判断

在组合逻辑电路中，是否存在冒险现象，可通过逻辑函数来判断。如根据组合逻辑电路写出的输出逻辑函数在一定条件下可简化成下列两种形式时，则该组合逻辑电路存在冒险现象，即

$$Y = A \cdot \overline{A} \qquad Y = A + \overline{A}$$

这两个式子分别称为"1"型冒险判别式和"0"型冒险判别式。

例 3-9 试判断逻辑函数式 $Y = A\overline{B} + \overline{A}C + B\overline{C}$ 是否存在冒险现象。

解：分析逻辑函数式 $\qquad Y = A\overline{B} + \overline{A}C + B\overline{C}$

当取 $A = 1$、$C = 0$ 时，$Y = \overline{B} + B$，出现冒险现象。

当取 $B = 0$、$C = 1$ 时，$Y = A + \overline{A}$，出现冒险现象。

当取 $A = 0$、$B = 1$ 时，$Y = C + \overline{C}$，出现冒险现象。

由以上分析可知，存在"0"型冒险，逻辑函数表达式 $Y = A\overline{B} + \overline{A}C + B\overline{C}$ 存在冒险现象。

例 3-10 试判断图 3-39 所示组合逻辑电路是否存在冒险现象。

解：根据图 3-39 写出逻辑函数式为

$$Y = (A + B)(\overline{B} + C)$$

当取 $A = 0$、$C = 0$ 时，$Y = \overline{B} \cdot B$，存在"1"型冒险，因此，图 3-39 所示电路存在冒险现象。

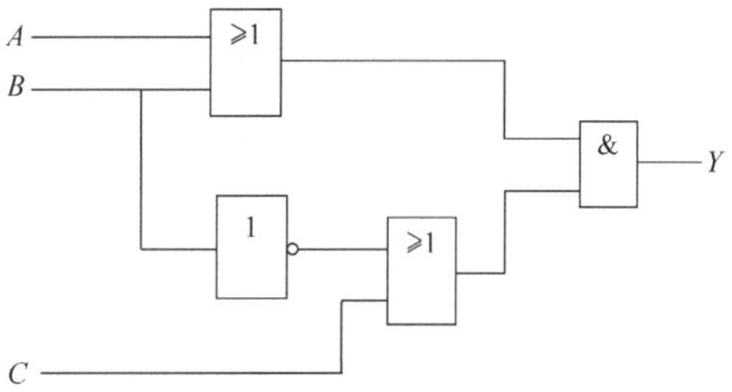

图 3-39 例 3-10 的逻辑电路

3.5.3 消除冒险现象的方法

1. 增加冗余项

当卡诺图中有两个包围圈相切时（即两个包围圈中有相邻的两个"1"格或"0"格，但两个包围圈又互不包含），可能会产生冒险。如果在相切处增加一个圈，就可以消除冒险现象，所增加的乘积项称为冗余项。

例如在图 3-40a 中，逻辑函数 $F = A\overline{B} + BC$ 有两个相切的"1"包围圈意味着逻辑表可能存在"0"型冒险，即存在 $(\overline{B} + B)$ 冒险，如果将 m_5、m_7 圈起来，如图 3-40b 中虚线框所示，所对应的函数 $F = A\overline{B} + BC + AC$，比原来的函数多了一个冗余项 AC。当 $AC = 11$ 时，$F = \overline{B} + B + 1$ 输出保存为 1，从而消除了可能产生的现象。此时函数表达式虽不是最简的，但为了消除竞争－冒险，还是必要的。

2. 加选通脉冲

在门电路的输入端增加选通控制信号。只要将选通信号的有效作用时间选定在输入信号变化结束以后，门电路的输出端就不会产生尖峰脉冲噪声。

在图 3-41a 中，选通脉冲 SEL 采样高电平有效的形式，加在输入级与非门的输入端。当输入信号 A、B、C、D 变化时，选通信号 SEL = 0，迫使电路的输出 F = 0。当输入信号稳定以后，选通信号 SEL = 1，电路输出正确的逻辑电平。

在图 3-41b 中，选通脉冲 SEL 采样高低平有效的形式，加在输出级或非门的输入端。当输入信号变化时，选通信号 SEL = 1，迫使电路的输出 F = 0。当输入信号稳定以后，选通信号 SEL =

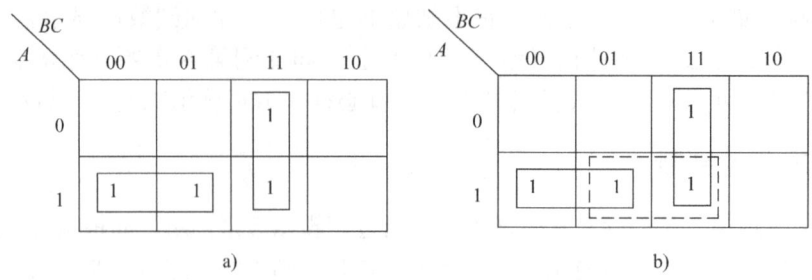

图 3-40 消除冒险现象的方法
a) 有冒险现象存在 b) 增加冗余项消除冒险现象

0，电路输出正确的逻辑电平。应当注意的是，加选通脉冲后的输出比原输出 F 的宽度要窄。

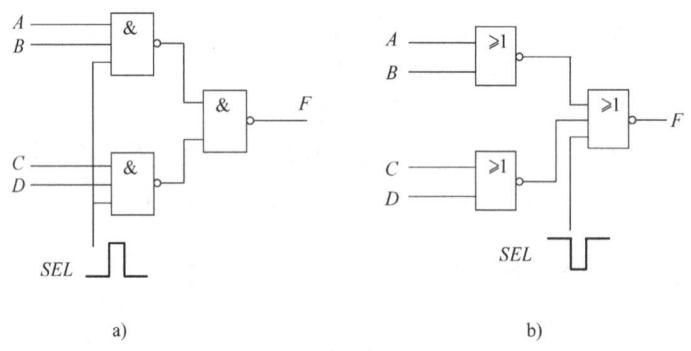

图 3-41 引入选通脉冲避免冒险
a) 选通脉冲 SEL 采样高电平有效 b) 选通脉冲 SEL 采样高低平有效

3.6 应用电路介绍

应用一：闪烁显示器

在 CD4511 所构成的数字显示器中加入一个由四 2 输入与非门 74HC00 或 CD4011 构成的多谐振荡器。当 E 为高电平时，振荡器输出 1Hz 左右的矩形脉冲，接在 CD4511 的 $\overline{BI}$ 端，当 $\overline{BI}=1$ 时，显示器正常显示，当 $\overline{BI}=0$ 时，显示器七段全灭，不显示，这样，显示器将以每秒一次的频率闪烁显示。若 E 为低电平时，振荡器停振，输出为低电平，$\overline{BI}=0$，显示器全暗。闪烁显示器如图 3-42 所示。

应用二：随机数字显示器

如图 3-43 所示电路为 CD4511 和共阴极显示数码管 BS201 及与非门构成的随机数字显示器。该电路可用作摇奖、抽签等。

振荡器产生 250Hz 的方波信号，经与非门反相后送到十进制（BCD）计数器计数，计数结果以 BCD 码方式送到 CD4511。CD4511 是一种 BCD 七段锁存译码/驱动器，具有较大的输出驱动电流能力，最大可达 25mA，可以直接驱动共阴极 LED 数码管。CD4511 作七段译码后，驱动共阴极数码管，显示计数器内容。

由于振荡器频率为 250Hz，数码管以每秒 250 次滚动显示与计数结果对应的数字，使观察者无法看清。当观察者随机合上"停止"开关时，CD4011 的输出被锁定为高电平，250Hz 的方波

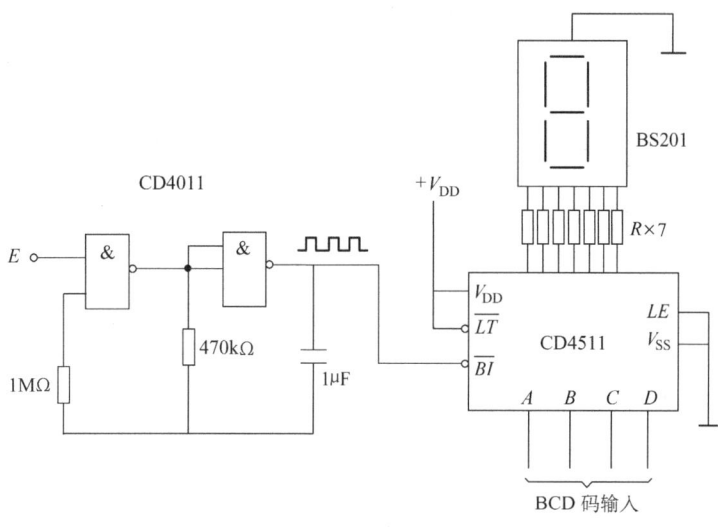

图 3-42 闪烁显示器

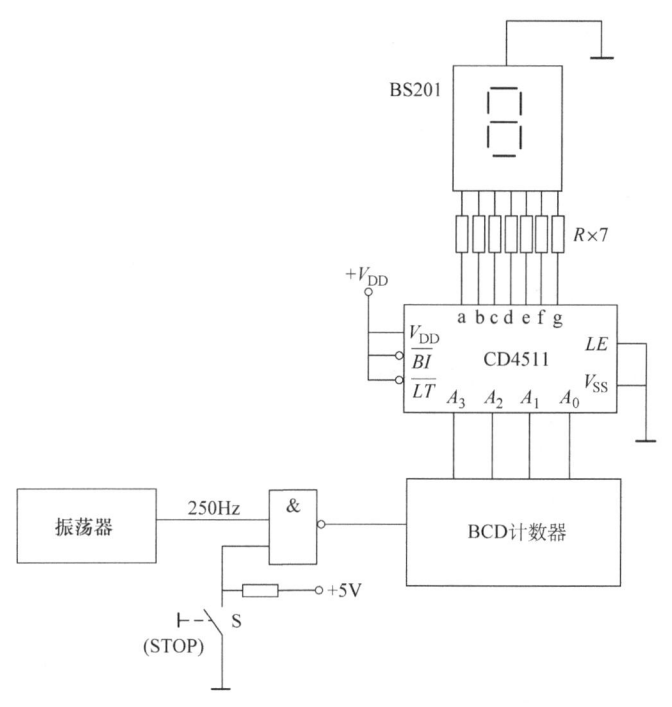

图 3-43 随机数字显示器

无法通过,计数器停止计数,数码管稳定地显示出计数器中的 BCD 值,其值为 0~9 的随机数。

为了限制 LED 数码管的工作电流,CD4511 和 BS201 之间应串接限流电阻。

应用三:可编程多路控制器

该电路主要用于自动控制设备中,可通过改变输入地址控制相应的电器开关。图 3-44 所示控制器是由 4 位锁存/4 线 – 16 线译码器 CD4514、晶体管以及继电器等构成的可编程多路控制器。

图中 CD4514 的输出被选中时为高电平,即当地址输入端 $A_3 \sim A_0$ 输入 0000~1111 二进制码时,相应的译码输出端为高电平,其他的输出均为低电平。例如输入地址码为 1010,则输出端 Q_{10} 将输出高电平,经限流电阻 R_{10} 使晶体管 V_{10} 导通,继电器 KA_{10} 吸合,其触点可接通第 10 路

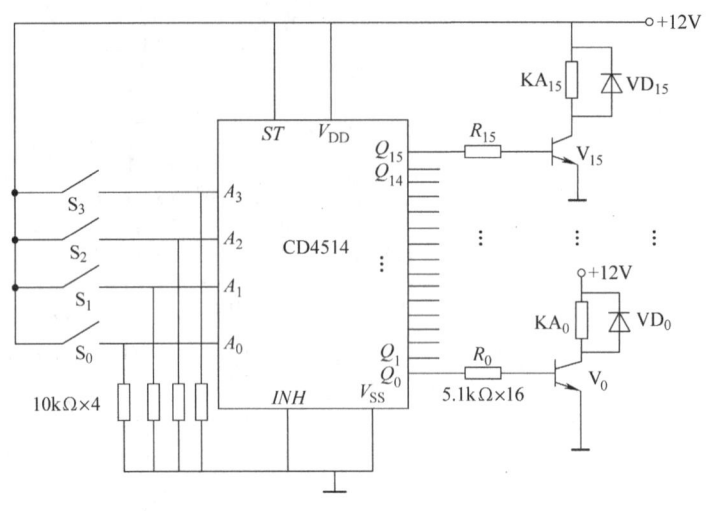

图 3-44 可编程多路控制器

被控的电器设备。

当改变 CD4514 的输入地址码时，便可在不同的输出端得到高电平控制信号。

本 章 小 结

学习本章的目的，在于通过对常用逻辑部件的研究，掌握组合逻辑电路的特点及分析和设计的基本方法。

本章系统地介绍了组合逻辑电路特点、分析方法、设计方法，以及几种常用的组合逻辑电路的逻辑功能及其应用。主要内容包括：

1) 组合逻辑电路在逻辑功能与电路结构上的特点。任何时刻输出仅仅取决于当时的输入，而与电路的原状态无关。这就是组合逻辑电路在逻辑功能上的共同特点，组合逻辑电路在电路结构上的特点则是其内部不包含存储结构。

2) 有些组合逻辑电路的模块（编码器、译码器、数据选择器、加法器、数值比较器等）在各种应用场合经常出现，所以把它们制成了标准化的集成电路器件和设计软件，供直接选用。此外，我们还可以灵活地使用数据选择器、译码器等设计其他逻辑功能的组合逻辑电路。

3) 在组合逻辑电路的设计方法中，除了重点介绍使用小规模集成门电路和中规模集成的常用组合逻辑电路设计简单电路的一般方法以外，还简单介绍了设计复杂电路的层次化结构设计方法的基本概念。组合逻辑电路的设计方法是本章的重点内容。

4) 当门电路的两个不同电平输入信号同时向相反方向转换时，我们称这种现象为竞争。由于竞争而可能在输出端产生尖峰脉冲的现象，称为竞争－冒险现象。如果由于竞争－冒险产生尖峰脉冲可能导致负载电路误动作，就需要采取合适的方法加以消除。

思考题与习题

3-1 填空题

（1）若要实现逻辑函数 $F = AB + BC$，可以用一个_____门；或者用_____个与非门；或者用_____个或非门。

（2）半加器有_____个输入端，_____个输出端；全加器有_____个输入端，_____个输出端。

(3) 对于共阳极接法的发光二极管数码显示器,应采用_____电平驱动的七段显示译码器。

3-2 单项选择题

(1) 组合逻辑电路的输出取决于 ( )。

A. 输入信号的现态　　　　　　　　B. 输出信号的现态

C. 输入信号的现态和输出信号变化前的状态

(2) 编码器、译码器电路中,( ) 电路的输出是二进制代码。

A. 编码　　　B. 译码　　　C. 编码和译码

(3) 全加器是指实现 ( ) 运算的电路。

A. 两个同位的二进制数相加

B. 不带进位的两个同位的二进制数相加

C. 两个同位的二进制数及来自低位的进位三者相加

(4) 二-十进制的编码器是指 ( )。

A. 将二进制代码转换成 0~9 十个数字

B. 将 0~9 十个数字转换成二进制代码的电路

C. 二进制和十进制电路

(5) 二进制译码器是指 ( )。

A. 将二进制代码转换成某个特定的控制信息

B. 将某个特定的控制信息转换成二进制数

C. 具有以上两种功能

(6) 组合电路的竞争-冒险是指 ( )。

A. 输入信号有干扰时,在输出端产生了干扰脉冲

B. 输入信号改变状态时,输出端可能出现的虚假信号

C. 输入信号不变时,输出端可能出现的虚假信号

3-3 组合电路如图 3-45 所示,分析该电路的逻辑功能。

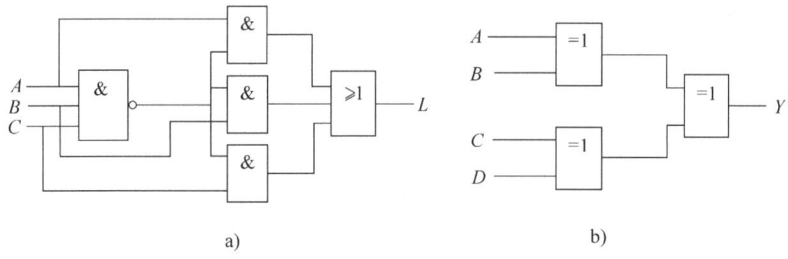

图 3-45 题 3-3 图

3-4 已知输入信号 a、b、c、d 的波形如图 3-46 所示,选择集成逻辑门设计实现产生输出 F 波形的组合逻辑电路。

3-5 试设计一个四输入、四输出的组合逻辑电路。当控制信号 $C=0$ 时,输出状态与输入状态相反;$C=1$ 时,输出状态与输入状态相同。

3-6 利用两片 8 线-3 线优先编码器 74HC148 集成电路构成的逻辑图如图 3-47 所示。

(1) 试分析电路所实现的逻辑功能。

(2) 指出当输入端处于下述几种情况时,电路的输出代码 D_0、D_1、D_2、D_3。

1) 当输入端 $\overline{I_4}$ 为 0,其余各端均为 1 时;

2)当输入端 $\bar{I}_{10}$ 为 0，其余各端均为 1 时；

3)当输入端 $\bar{I}_0$ 和 $\bar{I}_8$ 为 0，其余各端均为 1 时。

(3) 试说明当输入端 $\bar{I}_0 \sim \bar{I}_{15}$ 全为高电平 1 时和当 $\bar{I}_0 = 0$ 而其余各端为高电平 1 时，电路输出状态的区别。

3-7 试写出图 3-48 所示电路输出 F_0、F_1、F_2 的逻辑函数式。

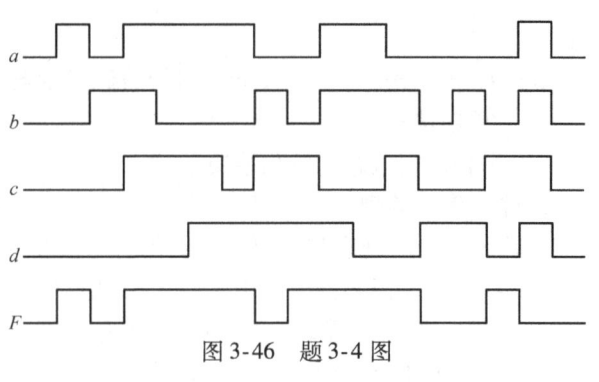

图 3-46 题 3-4 图

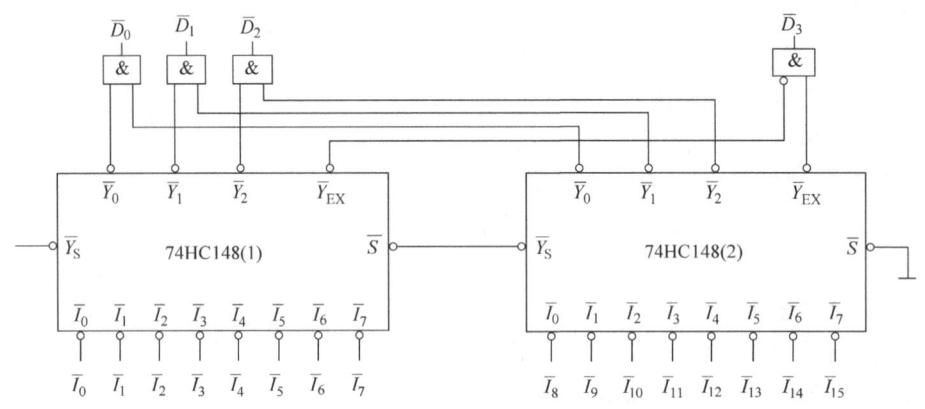

图 3-47 题 3-6 图

3-8 电路如图 3-49 所示，问图中哪个发光二极管发光？

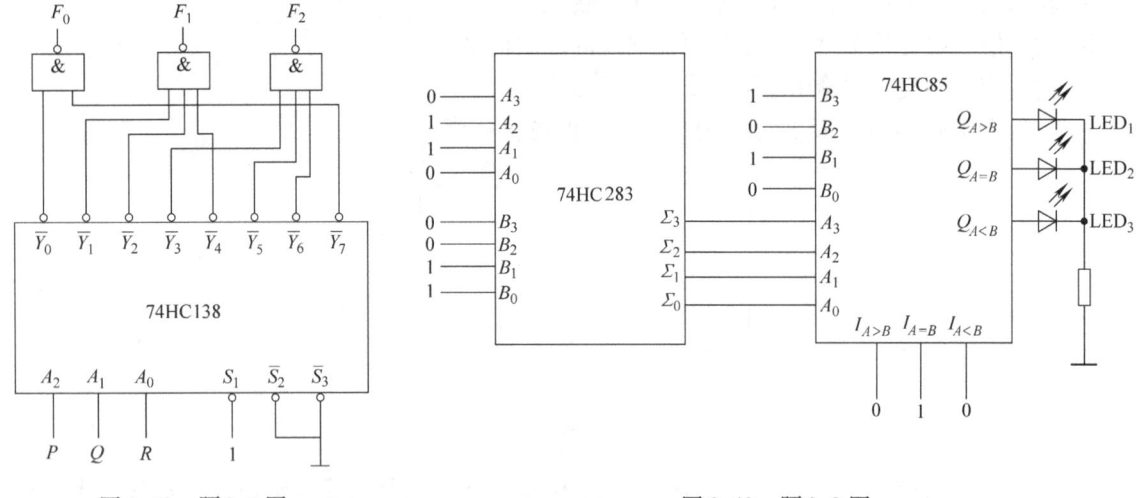

图 3-48 题 3-7 图　　　　　　图 3-49 题 3-8 图

3-9 某雷达站有三部雷达 A、B、C，其中 A 和 B 功率消耗相等，C 的功率是 A 的 2 倍。这些雷达由两台发电机 X 和 Y 供电，发电机 X 的最大输出功率等于雷达 A 的功率消耗，发电机 Y 的最大输出功率是 X 的 3 倍。要求设计一个逻辑电路，能够根据各雷达的起动和关闭信号，以最节约电能的方式起动、停止发电机。

3-10 设计一个如图 3-50 所示五段 LED 数码管显示电路。输入为 A、B，要求能显示英文 Error 中的三个字母 E、r、o（并要求 AB = 1 时全暗），列出真值表，用与非门画出逻辑图。

3-11 试用74HC151组成八选一数据选择器产生10110011序列信号。

3-12 试用74HC138实现分配器功能：

（1）数据分配器。（要将输入信号序列00100100分配到Y_4通道输出）

（2）连续的时钟脉冲分配器。（连续的时钟脉冲 ⊓⊔⊓⊔⊓⊔⊓⊔）

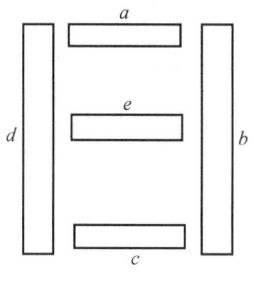

图3-50 题3-10图

3-13 试用3线-8线译码器74HC138和与非门实现如下多输出逻辑函数：

$$\begin{cases} Z_1 = A\,\overline{B} + C \\ Z_2 = \overline{A}\,\overline{B} + \overline{A}C + AB\,\overline{C} \end{cases}$$

3-14 试用八选一数据选择器74HC151分别实现下列逻辑函数：

（1）$Z = F(A,B,C) = \sum m(0,1,5,6)$

（2）$Z = A\,\overline{B}C + \overline{A}(\overline{B} + C)$

3-15 试设计一个通过设置控制信号能实现一个1位二进制全加运算和全减运算的组合逻辑电路。要求用以下器件分别构成电路。

（1）用适当的门电路；

（2）用3线-8线译码器74HC138及必要的门电路；

（3）试用电子实验箱和集成电路进行电路测试。

3-16 判断图3-51所示电路是否存在险象。如果存在险象，如何清除？

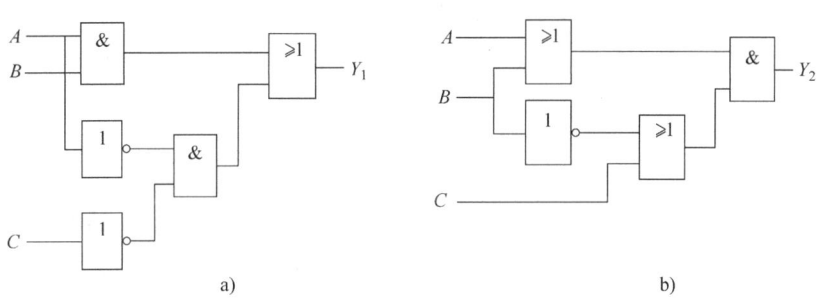

图3-51 题3-16图

本 章 实 验

实验3.1 组合逻辑电路的设计

1. 实验目的

1）熟悉卡诺图的化简方法。

2）掌握组合逻辑电路的设计方法。

3）学会简单故障的检测方法。

4）通过自己设计电路，更牢固地掌握组合逻辑电路及中规模集成电路，并提高对电子技术的兴趣。

2. 实验设备和元器件

电子实验箱，双踪示波器，集成电路：74HC00、74HC04、74HC08、74HC11、74HC27，元

器件手册。

3. 实验内容和步骤

1）设计一个三人无弃权的多数表决器，要求用 74HC00、74HC11 实现。

2）用 74HC04、74HC08、74HC27 实现一个三变量不一致电路（当输入变量不一致时输出为"1"）。

3）某车间有三台机器，用红、黄两个故障指示灯表示机器的工作情况。当只有一台机器有故障时，黄灯亮；若有两台机器同时发生故障时，红灯亮；只有当三台机器都发生故障时，才会使红、黄灯都亮。设计一个控制灯亮的逻辑电路。

4. 实验报告内容要求

实验名称、日期、组别、指导教师。实验目的、仪器规格及编号、实验电路等。把实验得到的原始数据进行整理和分析，绘出曲线或波形等。对实验结果进行分析，并做出结论，写出自己的实验心得体会。

实验 3.2 步进电动机正反转控制

1. 实验目的

应用逻辑代数和组合电路设计方法，在四相步进电动机转动电路上增加正反转和起动/停止控制功能。通过实际电路设计和调试。

2. 实验设备和元器件

电子电路实验箱，四相步进电动机，电子元器件，元器件手册。

3. 实验内容和步骤

在实验 2.1 的基础上，试用与非门设计一个"最简"的组合逻辑电路来控制四相步进电动机正反转。在电子实验箱上用集成电路实现四相步进电动机的正反转功能。用双踪示波器分别观察和记录正反转时四相（A、B、C、D）的脉冲电压波形。（提示：用控制信号 $A=0$ 时，使触发器 F_1 的 C 端 $CP_1 = \overline{Q_0}$；$A=1$ 时，使 $CP_1 = Q_0$，即可控制步进电动机的正反转，可参阅习题 3-6。）

4. 实验报告内容要求

实验名称、日期、组别、指导教师。实验目的、仪器规格及编号、实验电路等。把实验得到的原始数据进行整理和分析，绘出曲线或波形等。对实验结果进行分析，并做出结论，写出自己的实验心得体会。

（思考题：请根据图 2-28 四相步进电动机转动实验电路图，列出步进电动机 A、B、C、D 相的真值表，并写出输出 A、B、C、D 的逻辑函数表达式。）

实验 3.3 集成组合逻辑电路（一）

1. 实验目的

1）熟悉掌握编码器的逻辑功能及应用。

2）熟悉掌握译码器的逻辑功能。

3）学会译码器的基本应用。

2. 实验设备和元器件

电子实验箱，集成电路：74HC148×2、74HC138×2 等，元器件手册。

3. 实验内容和步骤

1）测试 74HC148 的逻辑功能。电路如图 3-52 所示，请在实验箱上构成该电路，拨动数据电平开关 A~H，74HC148 输入状态如表 3-15 所示，使用逻辑电平显示观察各输出结果，并填入表 3-15 中。

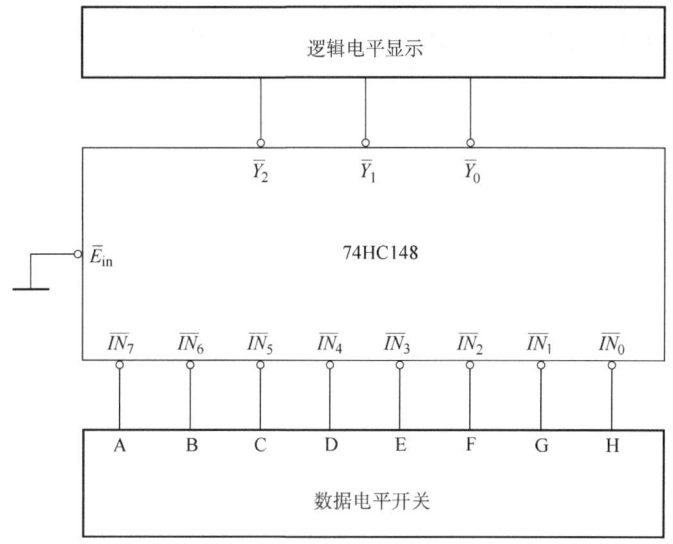

图 3-52 逻辑电平显示电路

表 3-15 74HC148 的逻辑功能表

输入								输出		
$\overline{IN}_0$	$\overline{IN}_1$	$\overline{IN}_2$	$\overline{IN}_3$	$\overline{IN}_4$	$\overline{IN}_5$	$\overline{IN}_6$	$\overline{IN}_7$	$\overline{Y}_2$	$\overline{Y}_1$	$\overline{Y}_0$
×	×	×	×	×	×	×	0			
×	×	×	×	×	×	0	1			
×	×	×	×	×	0	1	1			
×	×	×	×	0	1	1	1			
×	×	×	0	1	1	1	1			
×	×	0	1	1	1	1	1			
×	0	1	1	1	1	1	1			
0	1	1	1	1	1	1	1			

2) 用两块 74HC148 构成 16 位优先编码器,要求画出电路图,并测试其结果。

3) 测试 74HC138 的逻辑功能,并将测试结果填入表 3-16 中。

表 3-16 74HC138 的逻辑功能表

输入						输出							
ST_A	$\overline{ST}_B$	$\overline{ST}_C$	A_2	A_1	A_0	$\overline{Y}_0$	$\overline{Y}_1$	$\overline{Y}_2$	$\overline{Y}_3$	$\overline{Y}_4$	$\overline{Y}_5$	$\overline{Y}_6$	$\overline{Y}_7$

4）用 74HC138 实现函数 $Y = AC + BC + AB\overline{C}$，要求画出电路图，并测试结果。

5）试用两块 74HC138 构成一个 4 线 - 16 线的译码器。要求画出电路，并观察测试结果。

4. 实验报告内容要求

实验名称、日期、组别、指导教师。实验目的、仪器规格及编号、实验电路等。把实验得到的原始数据进行整理和分析，绘出曲线或波形等。对实验结果进行分析，并做出结论，写出自己的实验心得体会。

实验 3.4　集成组合逻辑电路（二）

1. 实验目的

1）掌握数据选择器的测试。

2）熟悉集成数据选择器的应用。

2. 实验设备和元器件

电子实验箱，双踪示波器，集成电路：74HC151、74HC138、CD4518，元器件手册。

3. 实验内容和步骤

1）测试 74HC151 的逻辑功能，并将结果填入表 3-17 中。

表 3-17　74HC151 的逻辑功能表

输入				输出	
$\overline{ST}$	A_2	A_1	A_0	Y	$\overline{W}$
1	×	×	×		
0	0	0	0		
0	0	0	1		
0	0	1	0		
0	0	1	1		
0	1	0	0		
0	1	0	1		
0	1	1	0		
0	1	1	1		

2) 电路如图 3-53 所示，CD4518 是一个十进制计数器，当 CP 输入连续脉冲时，计数器计数脉冲个数，$Q_3Q_2Q_1Q_0$ 计数输出顺序为 0000～1001。当 A_1A_0 分别为 00、01、10 和 11 时，用双踪示波器观察和记录输入 CP 和输出 Y 的波形，画在图 3-54 上。

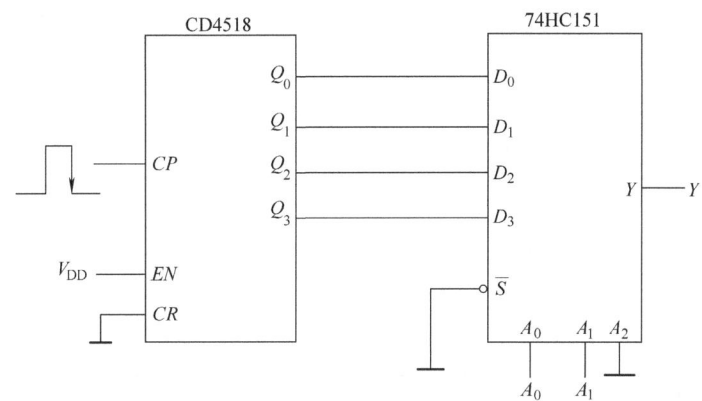

图 3-53　计数器与数据选择器的电路

Y

Y

Y

Y

图 3-54　输入 CP 和输出 Y 的波形

3) 试用 74HC151 实现函数 $Y = \overline{A}B + B\overline{C} + AC$。

4) 如图 3-55 所示为一由 74HC138 构成的数据分配器。试测试该电路，并将输出结果填入表 3-18 中。

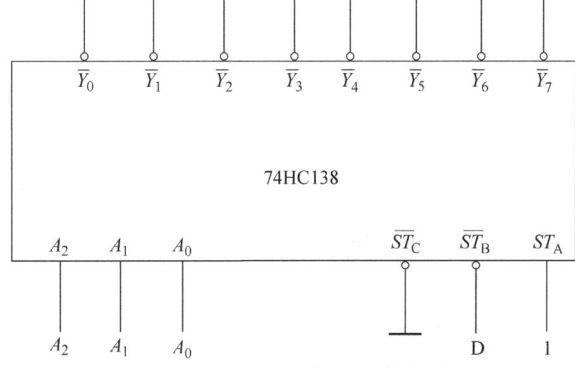

图 3-55　由 74HC138 构成的数据分配器

表 3-18　数据分配器的测试表

A_2	A_1	A_0	D	$\overline{Y}_0$	$\overline{Y}_1$	$\overline{Y}_2$	$\overline{Y}_3$	$\overline{Y}_4$	$\overline{Y}_5$	$\overline{Y}_6$	$\overline{Y}_7$
0	0	0	0								
0	0	0	1								
0	0	1	0								
0	0	1	1								
0	1	0	0								
0	1	0	1								
0	1	1	0								
0	1	1	1								
1	0	0	0								
1	0	0	1								
1	0	1	0								
1	0	1	1								
1	1	0	0								
1	1	0	1								
1	1	1	0								
1	1	1	1								

4. 实验报告内容要求

实验名称、日期、组别、指导教师。实验目的、仪器规格及编号、实验电路等。把实验得到的原始数据进行整理和分析，绘出曲线或波形等。对实验结果进行分析，并做出结论，写出自己的实验心得体会。

实验 3.5　步进电动机转动数字显示

1. 实验目的

应用 8421BCD 码的七段译码、显示驱动电路，在四相步进电动机转动电路上增加光电转换检测和转动圈数数字显示功能。

2. 实验设备和元器件

电子电路实验箱，四相步进电动机，光电遮断型开关，电子元器件，元器件手册。

3. 实验内容和步骤

设计由 74HC192、CD4511、七段数码管和电阻组成加计数译码显示电路（1 位显示），利用光电遮断型开关和门电路组成步进电动机转数检测电路。在电子实验箱上实现步进电动机转动数字显示电路功能。学习 74HC192 集成电路加计数的使用，请参阅实验 1.1 和元器件手册中的功能表。

4. 实验报告内容要求

实验名称、日期、组别、指导教师。实验目的、仪器规格及编号、实验电路等。把实验得到的原始数据进行整理和分析，绘出曲线或波形等。对实验结果进行分析，并做出结论，写出自己的实验心得体会。

（思考题：①举出检测转数电路的其他办法。②试一试使电动机停止转动的办法。）

实验 3.6　数字动态显示控制

1. 实验目的

学习实现多数码管动态显示控制方法。

2. 实验设备和元器件

电子实验箱，集成电路：74HC138、CD4511。

3. 实验技术和知识

实验电路中如果采用一个译码器 CD4511 控制一个数码管，这种电路结构属于静态显示控制方式。其缺点是要占用较多的电路资源和器件的端口资源，所以在需要多位数码管显示时，一般推荐采用动态显示方式。

在图 3-56 的 8 位七段 LED 数码管显示电路中，将所有数码管的段选线都并联在一起，由 74HC138 译码器的 8 个输出端来控制 8 个数码管显示器的共阴极，利用人视觉延迟的特点，只要位选信号 $S_2S_1S_0$ 从 000 ~ 111 变化时，74HC138 的 8 个输出端依次为低电平，8 个数码管显示器轮流点亮，只要保证低电平出现有一定的扫描频率，就可以得到较高的显示质量。采用这种扫描的方式来驱动多位数码器的方法，可以简化驱动电路，降低功耗。

4. 实验内容

画出用 74HC138 和 CD4511 实现 2 位十进制数动态扫描显示的电路图，并且在实验箱上实现该电路的功能。

5. 实验报告内容要求

实验名称、日期、组别、指导教师。实验目的、仪器规格及编号、实验电路等。把实验得到的原始数据进行整理和分析，绘出曲线或波形等。对实验结果进行分析，并做出结论，写出自己的实验心得体会。

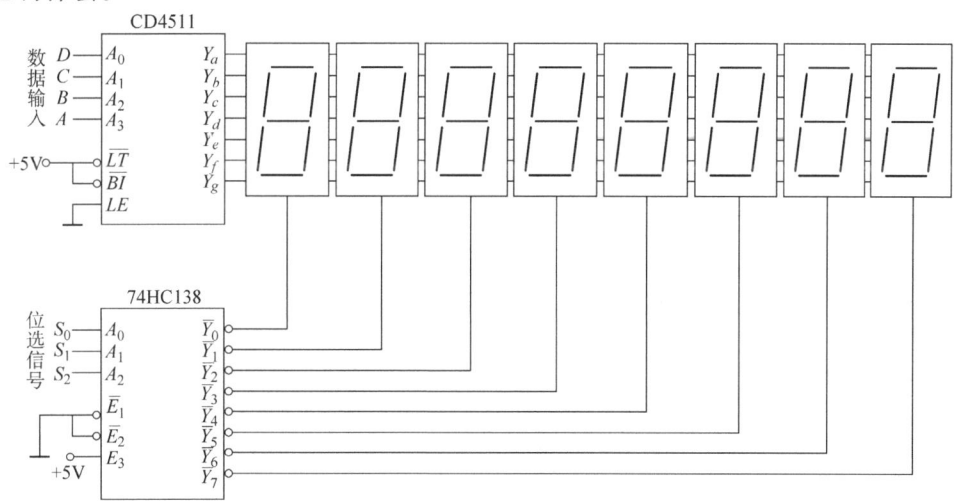

图 3-56　8 位七段 LED 数码管显示电路

第 4 章 触 发 器

数字系统中除了组合逻辑电路以外,还需要有具备存储功能的电路。触发器(Flip – Flop, FF)就是实现存储功能的一种基本单元电路。触发器和组合逻辑电路结合可以构成寄存器、计数器等时序逻辑电路。本章将运用前面所学的知识,详细介绍 RS 触发器和边沿触发器的电路结构、逻辑功能、基本特点及其应用,以及各种触发器之间的转换。

4.1 触发器的基本电路

4.1.1 基本 RS 触发器

基本 RS 触发器又称置 0、置 1 触发器,它是构成各种功能触发器的最基本的单元,也称基本触发器。它可以有两种实现方法:

1) 由两个与非门 G_1、G_2 的输入和输出交叉反馈连接成的低电平输入有效性 RS 触发器,如图 4-1a 所示。

2) 由两个或非门 G_1、G_2 的输入和输出交叉反馈连接成的高电平输入有效性 RS 触发器,如图 4-1b 所示。

RS 触发器的交叉连接产生正反馈,也是所有触发器电路的基本特征。

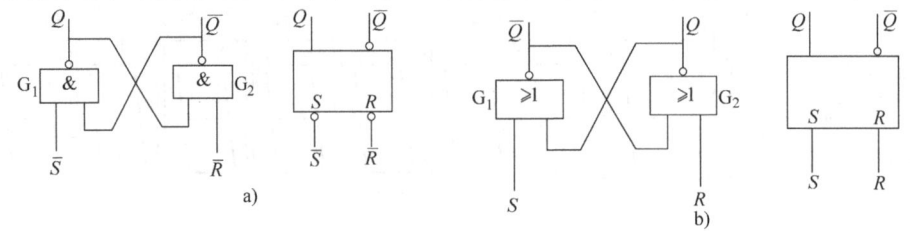

图 4-1 基本 RS 触发器
a) 与非门组成的基本 RS 触发器 b) 或非门组成的基本 RS 触发器

在图 4-1 中,Q 和 $\overline{Q}$ 是两个互补的输出端,定义 $Q=0$,$\overline{Q}=1$ 为触发器的 0 状态或复位(reset)状态,$Q=1$,$\overline{Q}=0$ 为触发器的 1 状态或置位(set)状态。以与非门组成的基本 RS 触发器为例,根据输入信号 $\overline{R}$、$\overline{S}$ 的不同取值,触发器的输出与输入之间的关系有以下 4 种情况,具体分析如下:

1) 当 $\overline{R}=\overline{S}=1$ 时,电路可有两个稳定状态 $Q=1$、$\overline{Q}=0$ 或 $Q=0$、$\overline{Q}=1$,由电路不难看出这两种状态依靠正反馈将稳定地保持下去。例如,$Q=1$、$\overline{Q}=0$ 时,$\overline{Q}$ 反馈到 G_1 输入端,将 G_1 封锁,使 Q 恒为高电平 1,Q 反馈到 G_2,由于这时 $\overline{R}=1$,G_2 打开,使 $\overline{Q}$ 恒为低电平 0。因此,我们又把触发器称为双稳态电路。

2) 当 $\overline{R}=1$、$\overline{S}=0$(即在 $\overline{S}$ 端加有低电平触发信号)时,G_1 被封锁(lockout),$Q=1$,G_2 输入全为 1,$\overline{Q}=0$,即触发器被置成 1 状态。因此我们把 $\overline{S}$ 端称为置 1 输入端,又称置位端。这时,即使 $\overline{S}$ 端恢复到高电平,$Q=1$,$\overline{Q}=0$ 的状态仍将保持下去,这就是所谓的记忆功能。

3) 当 $\overline{R}=0$、$\overline{S}=1$(即在 $\overline{R}$ 端加有低电平触发信号)时,G_2 被封锁,$\overline{Q}=1$,G_1 输入全为

1，$Q=0$，即触发器被置成 0 状态。因此我们把 $\bar{R}$ 端称为置 0 输入端，又称复位端。这时，即使 $\bar{R}$ 端恢复到高电平，$Q=0$，$\bar{Q}=1$ 的状态亦能得到保持。

4）当 $\bar{R}=0$、$\bar{S}=0$（即在 $\bar{R}$、$\bar{S}$ 端同时加有低电平触发信号）时，G_1 和 G_2 都处于封锁状态，有 $Q=\bar{Q}=1$，这是一种未定义的状态，在 RS 触发器中属于不正常状态。这是因为在这种情况下，当 $\bar{R}=\bar{S}=0$ 的信号同时消失变为高电平后，由于无法预知 G_1、G_2 动态传输特性的差异，故触发器转换到什么状态将不能确定，可能为 1 态，也可能为 0 态。因此，对于这种随机性的不定输出，在使用中是不允许出现的，应予以避免。

由上述可知，在正常工作条件下，当触发信号到来时（低电平有效），触发器翻转成相应的状态，当触发信号过后（恢复到高电平），触发器维持状态不变，因此基本 RS 触发器具有记忆功能。

在描述触发器的逻辑功能时，为了分析上方便，我们把触发器在接收触发信号之前的原稳定状态称为初态（present），用 Q^n 表示；触发器在接收触发信号之后建立的新稳定状态叫作次态（next state），用 Q^{n+1} 表示。由上述可知触发器的次态 Q^{n+1} 是由触发信号和初态 Q^n 的取值情况所决定的。例如，在 $Q^n=1$、$\bar{Q}^n=0$ 时，若 $\bar{S}=0$、$\bar{R}=1$，则 $Q^{n+1}=1$ 将维持不变；若 $\bar{S}=1$、$\bar{R}=0$，则 $Q^{n+1}=0$，即触发器由 1 状态翻转到 0 状态。

在数字电路中，可采用下述两种方法来描述触发器的逻辑功能：

1）状态转换特性表：由第 1 章内容可知，描述逻辑电路输出与输入之间逻辑关系的表格称为真值表。由于触发器次态 Q^{n+1} 不仅与输入的触发信号有关，而且还与触发器原来所处的状态 Q^n 有关，所以应把 Q^n 也作为一个逻辑变量（也称状态变量）列入真值表中，并把这种含有逻辑变量的真值表叫作触发器的特性表。基本 RS 触发器的状态转换特性表（与非门）如表 4-1 所示。表中的 Q^{n+1} 与 Q^n、$\bar{R}$、$\bar{S}$ 之间一一对应的关系，直观地表示了 RS 触发器的逻辑功能，其中 "Φ" 表示触发器的次态不能确定。表 4-2 为简化的 RS 触发器特性表。

表 4-1 基本 RS 触发器的状态转换特性表（与非门）

$\bar{R}$	$\bar{S}$	Q^n	Q^{n+1}
1	1	0	0
1	1	1	1
1	0	0	1
1	0	1	1
0	1	0	0
0	1	1	0
0	0	0	Φ
0	0	1	Φ

表 4-2 简化的 RS 触发器特性表

$\bar{R}$	$\bar{S}$	Q^{n+1}
1	1	Q^n
1	0	1
0	1	0
0	0	不定

从特性表中可以看出，该触发器的输入端为低电平有效。以表达式的形式反映触发器在输入信号作用下，次态与输入信号初态之间的逻辑关系，它可由真值表推得。在有约束条件下，由该触发器的特性表可以得到该触发器的输入和输出的关系表达式，我们称之为特性方程。

$$Q^{n+1} = S + \bar{R}Q^n$$

$$\bar{S} + \bar{R} = 1 \quad (\text{约束条件，表示不能有 } \bar{S} \text{ 和 } \bar{R} \text{ 同时为 0 的输入})$$

而对于图 4-1b 中的 RS 触发器来说，由或非门构成的触发器是以高电平作为输入有效信号的。例如，当 $R=1$、$S=0$ 时，G_2 输出低电平，G_1 输入全为 0 而使输出 $\bar{Q}=1$，即触发器被置成 0 态。其触发器特性表如表 4-3 所示。

表 4-3 简化的或非门构成的 RS 触发器特性表

R	S	Q^{n+1}
0	0	Q^n
0	1	1
1	0	0
1	1	不定

由或非门构成的触发器的特性方程为

$$Q^{n+1} = S + \overline{R}Q^n$$

$$RS = 0 \quad （约束条件，表示不能有 S = R = 1 的输入）$$

2) 时序图（sequential diagram）又称波形图，是以输出状态随时间变化的波形图的方式来描述触发器的逻辑功能。

例 4-1 在图 4-1a 所示电路中，假设触发器的初始状态为 $Q = 0$、$\overline{Q} = 1$，触发信号 $\overline{R}$、$\overline{S}$ 的波形已知，则根据上述逻辑关系画出 Q 和 $\overline{Q}$ 的波形。

解：如图 4-2a 所示。同样在图 4-1b 所示电路中，假设触发器的初始状态为 $Q = 0$、$\overline{Q} = 1$，触发信号 R、S 的波形已知，则根据上述逻辑关系画出 Q 和 $\overline{Q}$ 的波形，如图 4-2b 所示。

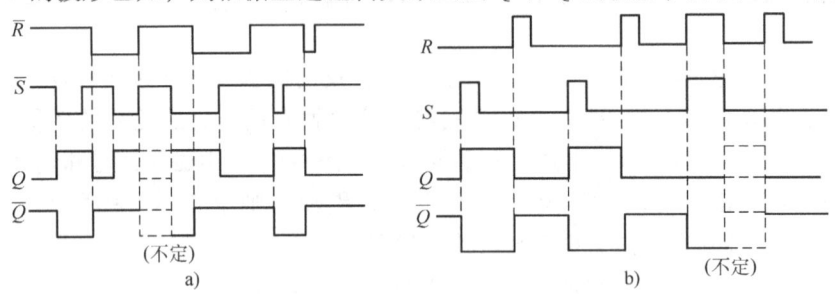

图 4-2 RS 触发器时序波形图
a) 与非门构成的 RS 触发器时序波形图　b) 或非门构成的 RS 触发器时序波形图

综上所述，基本 RS 触发器具有复位（$Q = 0$）、置位（$Q = 1$）、保持原状态三种功能，R 为复位输入端，S 为置位输入端，可以是低电平有效，也可以是高电平有效，取决于触发器的结构。

4.1.2 钟控 RS 触发器

为了克服基本 RS 触发器直接控制的特点，在基本 RS 触发器的基础上增加两个控制门和一个钟控脉冲信号。触发器采用同步控制，同步的意思就是只有在时钟脉冲（Clock Pulse，简称时钟，用 CP 表示）信号到来时输出才会改变。也就是说，触发器输出的改变与时钟是同步的。这种受时钟信号控制的 RS 触发器称为钟控 RS 触发器。

钟控 RS 触发器由基本 RS 触发器构成，如图 4-3 所示。图中 G_1 和 G_2 组成基本 RS 触发器，G_3 和 G_4 组成输入控制门电路。CP 是时钟脉冲的输入控制信号，Q 和 $\overline{Q}$ 是互补输出端。电路功能分析如下：

1) 当 $CP = 0$ 时，G_3、G_4 被封锁，$Q_3 = Q_4 = 1$，输入信号 R、S 不会影响输出端的状态，故触发器保持原状态不变。

2) 当 $CP = 1$ 时（称为电平触发），G_3、G_4 解除封锁状态（启动），R、S 信号通过 G_3、G_4 反相后加到由 G_1 和 G_2 组成的基本 RS 触发器上，即 $Q_3 = \overline{S}$，$Q_4 = \overline{R}$，触发器将按基本 RS 触发器的规律发生变化。此时，同步 RS 触发器的状态转换特性表与表 4-3 相同，这里不再赘述。由此可以看出，同步 RS 触发器的状态转换分别由 R、S 和 CP 控制，其中，R、S 控制状态转换的方向，即转换为何种次态；CP 控制状态转换的时刻，即何时发生转换。

在实际应用中，有时必须在时钟脉冲 CP 到来之前，预先将触发器置成某一初始状态。为此，在同步 RS 触发器电路中设置了专门的直接置位（direct set）端 $\overline{S}_d$ 和直接复位（direct reset）端 $\overline{R}_d$（均为低电平有效），通过在 $\overline{S}_d$ 或 $\overline{R}_d$ 端加低电平直接作用于基本 RS 触发器，使其完成置 1 或置 0 功能，而不受 CP 脉冲限制，故也将 $\overline{S}_d$ 和 $\overline{R}_d$ 称为异步置位端和异步复位端。初始状态

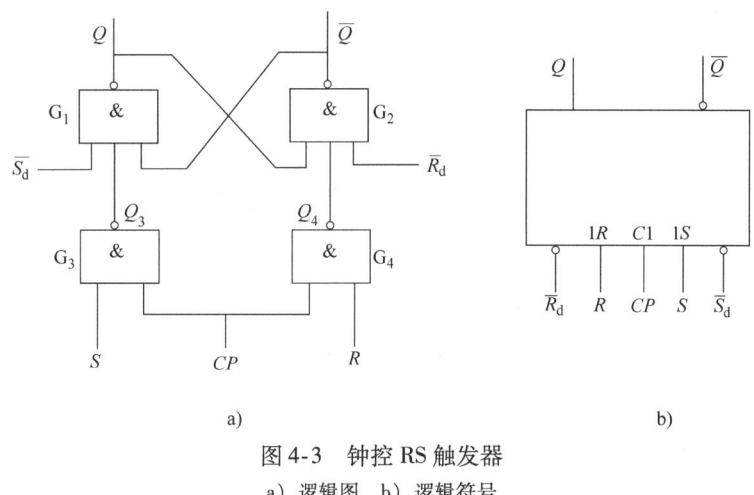

图 4-3 钟控 RS 触发器
a) 逻辑图 b) 逻辑符号

预置完毕后，$\overline{S}_d$ 和 $\overline{R}_d$ 应处于高电平，触发器才能进入正常工作状态。同步 RS 触发器特性表（$CP=1$ 时）如表 4-4 所示。

表 4-4 同步 RS 触发器特性表（$CP=1$ 时）

R	S	Q^{n+1}
0	0	Q^n
0	1	1
1	0	0
1	1	不定

例 4-2 在图 4-4 中，假设同步 RS 触发器的初始状态为 $Q=0$、$\overline{Q}=1$，触发信号 $\overline{R}_d$、$\overline{S}_d$、CP 的波形已知，则根据逻辑关系画出 Q 和 $\overline{Q}$ 的波形。

解：

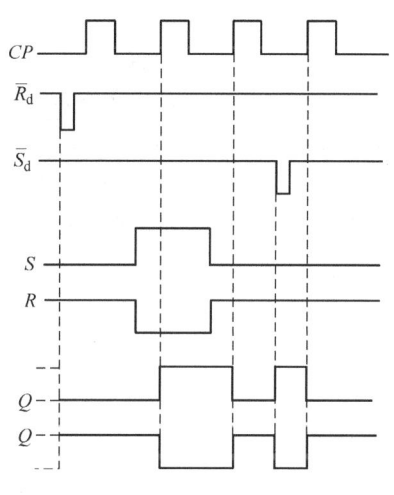

图 4-4 例 4-2 同步 RS 触发器时序波形图

除同步 RS 触发器外，还有一种同步 D 触发器（也叫 D 锁存器），CP 有效时，触发器的状态就等于输入端 D 的状态，CP 无效时，触发器的状态保持不变，又称为透明锁存器。如八 D 锁存器 74HC373。

从以上的分析来看，同步 RS 触发器无疑克服了基本 RS 触发器的不足。它可以利用 CP 脉冲来选通控制，实现 $CP=0$ 时触发器被禁止，$CP=1$ 的全部期间会接收输入。但是，在 $CP=1$ 期间仍是直接控制，如果在此期间输入信号发生多次变化，触发器状态也可以随输入的变化而多次变化，此现象称为空翻，如图 4-5 所示。

这种电平触发的触发器状态不能严格按时钟节拍变化，从而失去同步的意义。因为空翻是一种有害的现象，它使得时序电路不能按时钟节拍工作，造成系统的误动作。造成空翻现象的原因是同步触发器结构的不完善，下面将讨论几种无空翻的触发器，都是从结构上采取措施，从而克服了空翻现象。因此这种利用电平触发的触发器在应用中受到一定的限制，现已被

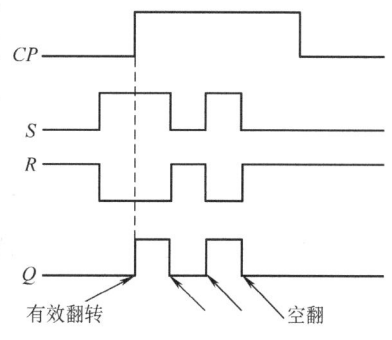

图 4-5 同步 RS 触发器的空翻波形

边沿触发器所代替。

4.2 边沿触发器

广泛应用的边沿触发器（edge flip – flop）是一种能控制在某一时刻（CP 的上升沿或下降沿）进行翻转的触发器，与同步 RS 触发器相比，其抗干扰（interference）能力和工作可靠性得到较大提高。

边沿 D 触发器的逻辑图和逻辑符号如图 4-6 所示，触发器的逻辑符号的 CP 输入端处的"∧"表示为边沿触发器。按触发器翻转所对应的 CP 时刻不同，可把边沿触发器分为 CP 上升沿（rising edge）触发和 CP 下降沿（falling edge）触发，也分别称为 CP 正边沿触发或 CP 负边沿触发。按实现的逻辑功能不同，可把边沿触发器分为边沿 D 触发器和边沿 JK 触发器，下面分别予以介绍。

4.2.1 边沿 D 触发器

1. 电路组成

由图 4-6 的逻辑图可知，此电路由 6 个与非门组成，G_1、G_2 组成基本 RS 触发器，$G_3 \sim G_6$ 组成控制导引门。为了防止触发器的空翻，电路中引入了置 1 维持线①、置 0 维持线②、置 0 阻塞线③及置 1 阻塞线④。$\bar{R}_d$ 为异步直接复位端，$\bar{S}_d$ 为异步直接置位端，D 为数据（信号）输入端。符号图中 R、S 端的小圆圈表示低电平有效，"∧"表示时钟 CP 为边沿型的触发器，用于区分电平触发器，若 C1 端无小圆圈表示触发器在 CP 上升沿触发（若有小圆圈表示触发器在 CP 下降沿触发）。由于 D 为信号输入端，故称 D 触发器。

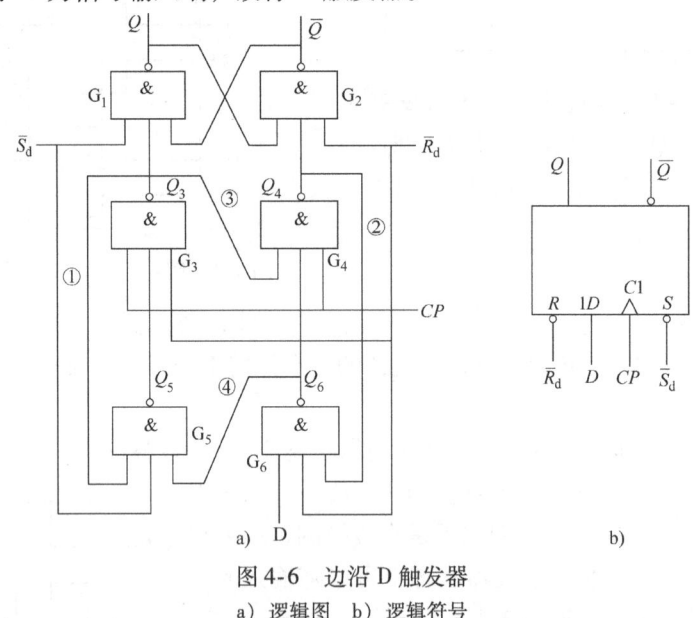

图 4-6 边沿 D 触发器
a) 逻辑图　b) 逻辑符号

2. 工作原理

当 $CP = 0$ 时，G_3、G_4 被封锁，输出均为高电平，触发器的状态保持不变；G_5 和 G_6 门的输出由输入信号 D 决定。这时触发器处于等待状态，一旦 CP 的上升沿到来，触发器就按 G_5、G_6 的输出状态翻转。

若 $D = 1$，则 $Q_6 = 0$，$Q_5 = 1$，当 CP 上升沿到来后，G_3 被打开，输出低电平，G_4 仍被封锁，输出高电平，经 G_1、G_2 将触发器置成 1 状态，即 $Q^{n+1} = 1$；同时由于 $Q_3 = 0$，一方面通过置 1

维持线①将 G_5 封锁,用于保持 $Q_5=1$, $Q_3=0$,从而维持了触发器置成的1状态;另一方面,为了保证在 $CP=1$ 期间 D 端信号的变化不影响触发器的状态,又通过置0阻塞线③将 $Q_3=0$ 的状态引回到 G_4 的输入端,将 G_4 封锁,以阻止 G_4 因输入信号 D 变为0而出现0状态,亦即阻止触发器置0。

若 $D=0$,则 $Q_6=1$, $Q_5=0$,当 CP 上升沿到来后,G_4 被打开,输出低电平,经 G_1、G_2 将触发器置成0状态,即 $Q^{n+1}=0$;同时,$Q_4=0$ 又通过置0维持线②将 G_6 封锁,$Q_6=1$ 又通过置1阻塞线④使 G_5 输入全为1而输出为0,封锁 G_3。这样,即使输入信号 D 发生变化,也不会影响 G_5 和 G_6 的状态,从而保证了在 $CP=1$ 期间触发器能可靠置0。

综上所述,此种触发器只有在 CP 的上升沿到来时刻才按照输入信号的状态进行翻转,除此之外,在 CP 的其他任何时刻,触发器都将保持状态不变,故把这种类型的触发器称为边沿触发器。

由于这种触发器是利用反馈脉冲的维持阻塞作用来防止产生空翻现象,故此种触发器又称维持阻塞触发器。

另外,除上述正边沿触发的 D 触发器之外,还有在时钟脉冲下降沿触发的负边沿 D 触发器,与正边沿 D 触发器相比较,只是触发器翻转所对应的时钟脉冲 CP 时刻不同,其所实现的逻辑功能均相同,在此不再赘述。

3. 逻辑功能描述

根据以上分析,可以归纳出边沿 D 触发器在 CP 上升沿到来时的状态转换特性表如表4-5所示,表4-6是简化特性表。

表4-5 D 触发器状态转换特性表

CP	D	Q^n	Q^{n+1}
↑	0	0	0
↑	0	1	0
↑	1	0	1
↑	1	1	1

表4-6 D 触发器简化特性表

CP	D	Q^{n+1}
↑	0	0
↑	1	1

故边沿 D 触发器的特性方程为

$$Q^{n+1}=D$$

例4-3 在图4-7中,假设上述正边沿触发的 D 触发器初始状态为 $Q=0$、CP 和 D 信号波形已知,则根据逻辑关系画出 Q 的波形。

解:

常用通用集成电路边沿 D 触发器的型号有74HC74、CD4013 等,其内部包括有两个相同的上升沿 D 触发器,触发器的置位端、复位端和时钟输入端各自独立。

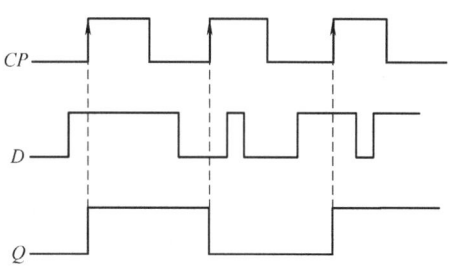

图4-7 边沿 D 触发器时序图

4.2.2 边沿 JK 触发器

边沿 JK 触发器是在 D 触发器的 D 端增加逻辑控制门形成的,与 D 触发器相比,它具有两个触发信号输入端,应用起来更加方便。由于 JK 触发器的内部逻辑电路较复杂,在此不再画出,我们只着重介绍其逻辑功能。图4-8为边沿 JK 触发器的逻辑符号,其中图4-8a 为 CP 上升沿触发,图4-8b 为 CP 下降沿触发,除此之外,二者的逻辑功能完全相同。图中 J、K 为触发信号输入端,$\overline{R}_d$、

$\overline{S}_\mathrm{d}$ 为异步直接复位端和异步直接置位端,二者均为低电平有效,Q 和 $\overline{Q}$ 为互补输出端。

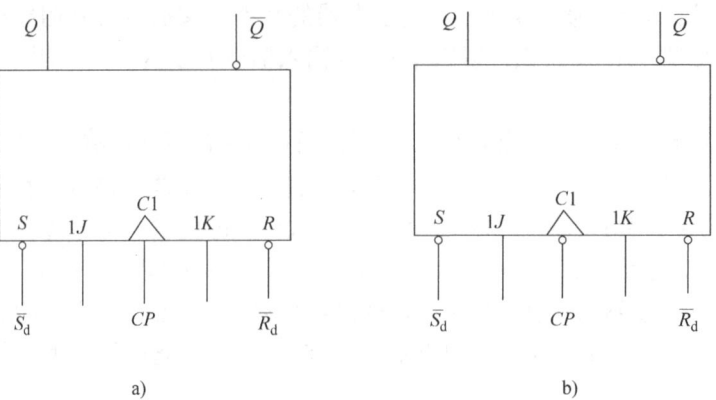

图 4-8 边沿 JK 触发器
a) CP 上升沿触发型 b) CP 下降沿触发型

边沿 JK 触发器在 CP 信号的边沿到来时产生翻转。边沿 JK 触发器具有以下特点:

1) 边沿 JK 触发器在 CP 信号的边沿到来时产生翻转,在 CP 有效边沿前瞬间的 J、K 输入信号为有效信号。

2) 边沿 JK 触发器大大减少了干扰信号可能作用的时间,从而增强了抗干扰能力。

3) 无"空翻"问题。

边沿 JK 触发器简化特性表(CP 上升沿或下降沿时)如表 4-7 所示。

根据表 4-7 可写出 JK 触发器的特性方程为

$$Q^{n+1} = J\overline{Q}^n + \overline{K}Q^n$$

例 4-4 在图 4-9 中,假设 CP 下降沿触发边沿 JK 触发器的初始状态为 $Q=0$、$\overline{Q}=1$,CP 和 J、K 信号波形已知,则根据逻辑关系画出 Q 和 $\overline{Q}$ 的波形。

解:

常用的通用集成电路中,CP 下降沿触发的 JK 触发器有 74HC112、74HC113、74HC114 和上升沿触发的 CD4027 等,这些集成器件的每个芯片中含有两个 JK 触发器。触发器的置位端、复位端和时钟输入端各自独立。

表 4-7 边沿 JK 触发器简化特性表
(CP 上升沿或 CP 下降沿时)

J	K	Q^{n+1}
0	0	Q^n
0	1	0
1	0	1
1	1	$\overline{Q}^n$

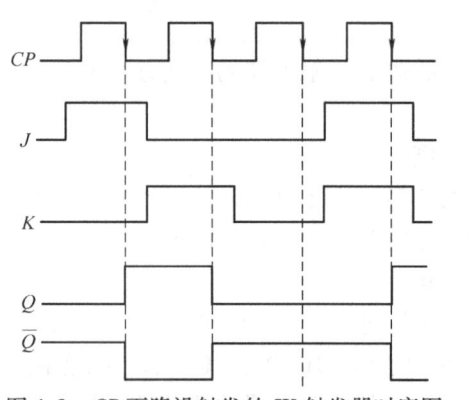

图 4-9 CP 下降沿触发的 JK 触发器时序图

4.3 触发器功能的转换

不同类型触发器的结构与特性虽然不同,但由时钟控制具有存储数据的时序特性本质是相同的,因此触发器之间通常是可以互为转换的,这也给实际应用带来了便利。互为转换是根据已有触发器和待求触发器的特性方程相等的原则,求出已有触发器的输入信号与待求触发器之间的转换逻辑关系。在数字电路中,常用的触发器除 JK 触发器、D 触发器之外,还有 T、T′触发器。

4.3.1 D 触发器转换为 JK、T 和 T'触发器

在触发器中，D 触发器和 JK 触发器具有完善的功能，最常用的集成触发器大多数也是 D 触发器或 JK 触发器，这里重点介绍 D 触发器向其他触发器转换的实例，而且它们之间可以相互转换。

1. D 触发器转换为 JK 触发器

首先分别写出 D 触发器和 JK 触发器的特性方程：

$$Q^{n+1} = D$$
$$Q^{n+1} = J\overline{Q}^n + \overline{K}Q^n$$

然后联立两式，得：

$$D = J\overline{Q}^n + \overline{K}Q^n$$

再画出用 D 触发器转换成 JK 触发器的逻辑图如图 4-10a 所示。

2. D 触发器转换为 T 触发器

首先分别写出 D 触发器和 T 触发器的特性方程：

$$Q^{n+1} = D$$
$$Q^{n+1} = T\overline{Q}^n + \overline{T}Q^n$$

然后联立式两式，得：

$$D = T\overline{Q}^n + \overline{T}Q^n = T \oplus Q^n$$

再画出用 D 触发器转换成 T 触发器的逻辑图如图 4-10b 所示。

3. D 触发器转换为 T'触发器

首先分别写出 D 触发器和 T'触发器的特性方程：

$$Q^{n+1} = D$$
$$Q^{n+1} = \overline{Q}^n$$

然后联立式两式，得：

$$D = \overline{Q}^n$$

再画出用 D 触发器转换成 T'触发器的逻辑图如图 4-10c 所示。

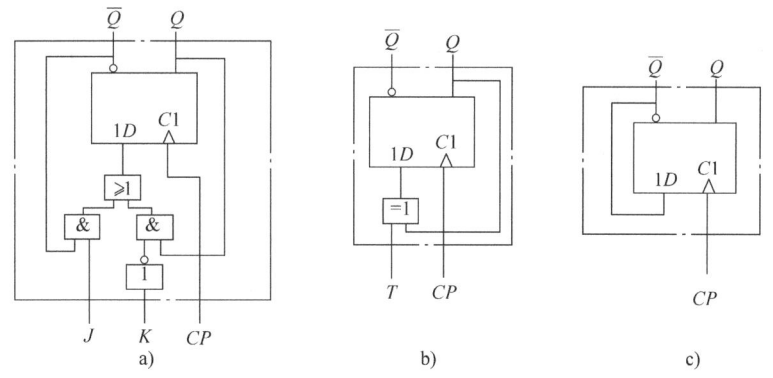

图 4-10 用 D 触发器构成的 JK、T 和 T'触发器
a) D 转换为 JK b) D 转换为 T c) D 转换为 T'

4.3.2 JK 触发器转换为 D、T 和 T'触发器

1. JK 触发器转换为 D 触发器

首先写出 JK 触发器的特性方程：

$$Q^{n+1} = J\overline{Q}^n + \overline{K}Q^n$$

然后写出 D 触发器的特性方程并变换为

$$Q^{n+1} = D = D(\overline{Q^n} + Q^n) = D\overline{Q^n} + DQ^n$$

再比较以上两式得：

$$J = D, \quad K = \overline{D}$$

最后画出用 JK 触发器转换成 D 触发器的逻辑图如图 4-11a 所示。

2. JK 触发器转换为 T 触发器

首先写出 T 触发器的特性方程：

$$Q^{n+1} = T\overline{Q^n} + \overline{T}Q^n$$

与 JK 触发器的特性方程比较得：

$$J = T, \quad K = T$$

画出用 JK 触发器转换成 T 触发器的逻辑图如图 4-11b 所示。

令 $T = 1$，即可得 T′触发器，如图 4-11c 所示。

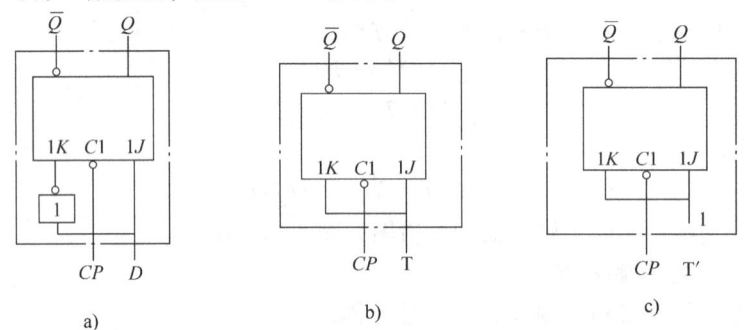

图 4-11 用 JK 触发器构成的 D、T 和 T′触发器
a) JK 转换为 D b) JK 转换为 T c) JK 转换为 T′

4.4 应用电路介绍

应用一：D 触发器构成的定时器

图 4-12 所示电路是由双 D 触发器、晶体管、继电器等组成的一种实用性很强的定时器，定时范围可以从几秒到十几分钟。

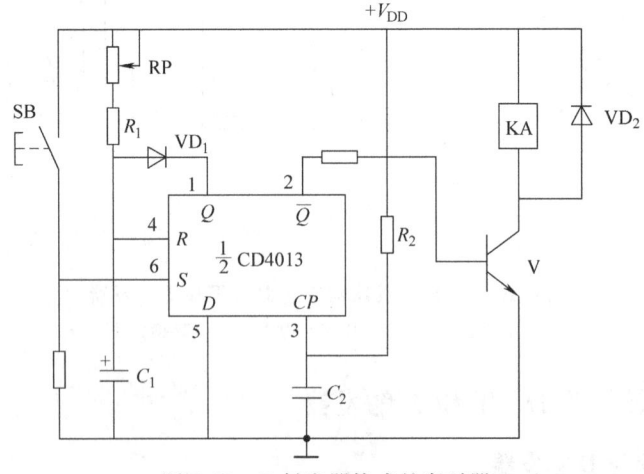

图 4-12 D 触发器构成的定时器

电路工作原理如下：按下启动按钮 SB，S 为高电平 1，触发器被置 1，即 Q 端为高电平，$\overline{Q}$ 为

低电平，晶体管 V 截止，继电器 KA 为释放状态，定时开始。此时二极管 VD_1 由于反偏而截止，C_1 通过电位器 RP 和电阻 R_1 开始充电，使 R 端的电位按指数规律不断上升，当上升到 R 端的复位阈值电平时，触发器翻转，Q 端变为低电平，$\overline{Q}$ 为高电平，V 导通，继电器 KA 吸合，定时结束，与此同时，C_1 经导通的二极管 VD_1 及 Q 端迅速放电，为下次定时做好准备。改变（$R_{RP} + R_1$）和 C_1 的乘积可以改变定时时间的长短，利用继电器 KA 的触点即可控制设备的通断。R_2 和 C_2 构成积分电路，在接通电源后，用于在 CP 端产生一个上升沿脉冲，使 D 触发器复位。

应用二：触摸转换开关

图 4-13 所示是利用双 D 触发器 CD4013 组成的触摸转换开关，该电路可用一个触摸开关完成 "开" 或 "关" 的功能，适用于自动控制设备中的电源开关或转换开关。

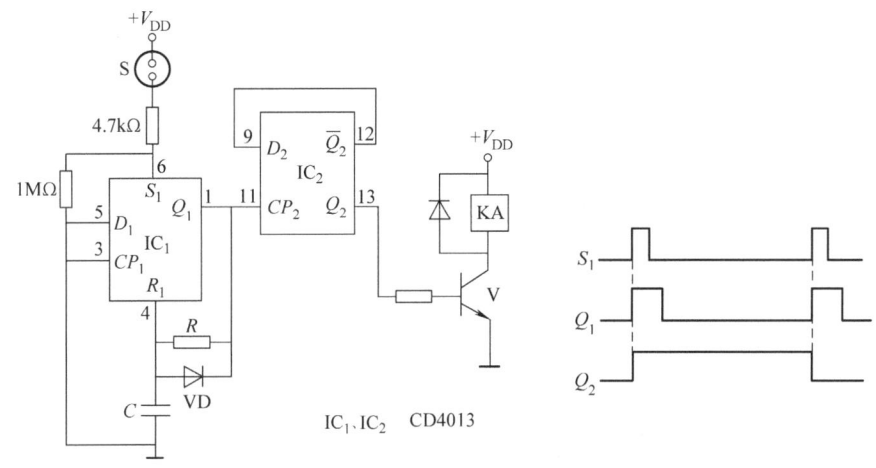

图 4-13 触摸转换开关

电路中的 IC_1 连成单稳态形式，IC_2 连成 T' 触发器形式。

假设 IC_1、IC_2 的初始状态均为 0，当用手指触摸 S 时，V_{DD} 通过人体电阻在 S_1 端产生一置位的正脉冲，使 IC_1 发生翻转，Q_1 由 0 变为 1。Q_1 的上升沿使 IC_2 的状态也发生翻转，Q_2 由 0 变为 1。同时，Q_1 通过电阻 R 对 C 充电，当电容上的电压上升到 R_1 端的复位电平时，IC_1 又被复位到 0 态，Q_1 的下降沿不会使 IC_2 翻转，故 IC_2 的状态保持不变。这时，电容 C 经二极管 VD 及 Q_1 端迅速放电，使 IC_1 恢复到稳态。当第二次触摸 S 时，同理，IC_2 再次发生翻转，Q_2 由 1 变为 0。Q_2 状态的改变经晶体管 V 驱动继电器 KA，使继电器吸合或释放，利用其触点的变换去控制被控电器。

应用三：8 路智力竞赛抢答器

图 4-14 所示电路是利用 10 线 - 4 线优先编码器 CD40147、四锁型 D 触发器 CD4042、BCD 码 4 线 -7 线译码/驱动器 CD4511、四 2 输入或非门 CD4001 以及 LED 数码管等构成的 8 路智力竞赛抢答器。该电路能鉴别出 8 个输入信号中的第一个到来者，而对随后到来的其他输入信号不再传输和做出响应，至于哪一路输入信号最先到来，则可从 LED 数码管上看到。电路工作时，CD4042 的极性控制端 POL 为高电平，CP 端电平由 CD4001 所构成的 RS 触发器的输出端决定。当主持人按下按钮 SB_0 时，RS 触发器置 1，D 触发器 CD4042 处于接收状态。若此时某一选手先按下按钮，比如 SB_3 按下，编码器的输出为 0011，D 触发器的输出也为 0011，同时，编码器的输出 0011 通过 4 个二极管 $VD_1 \sim VD_4$ 所组成的或门输出高电平，使 RS 触发器置 0，D 触发器的 CP 端为 0，D 触发器的状态被锁存为 0011，经 CD4511 译码后，LED 数码管显示数字 3。此时若其他选手按下按钮，由于 D 触发器处于锁存状态，不再接收信号，数码管所显示的数字不再变化。若要进行下一轮抢答，主持人按下按钮 SB_0 后，D 触发器的

CP 端重新为 1，D 触发器又处于接收状态，可以再次进行抢答。

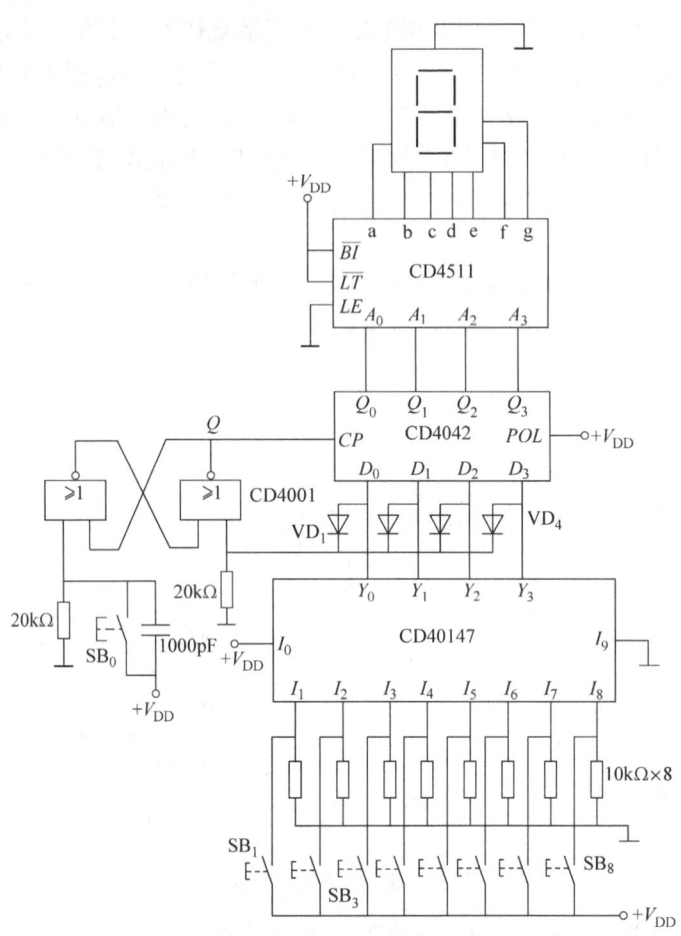

图 4-14 8 路智力竞赛抢答器

本 章 小 结

1）集成触发器是数字系统中极为重要的基本单元，它有两种稳定状态，在一定的外加信号作用下，可以从一种稳定状态转换到另一种稳定状态。当外加信号消失后，触发器仍维持其状态不变。因此，触发器具有记忆功能。

2）最简单的触发器是由两个逻辑门交叉反馈组成的基本 RS 触发器，它具有置 1、置 0 和维持作用。在基本 RS 触发器前加一级控制门，便构成了同步 RS 触发器，其输出状态决定于 R、S 端的触发输入信号，而翻转时刻由 CP 脉冲控制。同步 RS 触发器因存在空翻及抗干扰能力低等缺点，在实际工作中很少采用，为此，可采用边沿触发器。边沿 JK 触发器的逻辑功能最完善，而边沿 D 触发器对于单端信号输入时使用最方便，现在开发新产品几乎都采用边沿触发器。

除了上述所介绍的触发器外，还有一种主从结构的触发器，由于其抗干扰能力较差，在实际工作中很少采用，故本书未予以介绍。

3）集成触发器按基本逻辑功能的不同可分为 RS、D、JK、T 4 种，为了便于掌握和比较上述 4 种触发器的逻辑功能，现将其逻辑符号、特性表分列入表 4-8 中。

表 4-8 4 种触发器逻辑功能比较

同步 RS 触发器			边沿 D 触发器		边沿 JK 触发器			T 触发器	
逻辑符号									
特性表	S R	Q^{n+1}	D	Q^{n+1}	J K		Q^{n+1}	T	Q^{n+1}
	0 1	0	0	0	0 1		0	0	Q^n
	1 0	1	1	1	1 0		1	1	$\overline{Q^n}$
	0 0	Q^n			0 0		Q^n		
	1 1	Φ			1 1		$\overline{Q^n}$		
触发方式	CP 正向脉冲		CP 上升沿		CP 下降沿			CP 下降沿	

思考题与习题

4-1 判断题

(1) 由两个 TTL 或非门构成的基本 RS 触发器，当 $R = S = 0$ 时，触发器的状态为不定。
( )

(2) RS 触发器的约束条件 $RS = 0$ 表示不允许出现 $R = S = 1$ 的输入。( )

(3) 对边沿 JK 触发器，在 CP 为高电平期间，当 $J = K = 1$ 时，状态会翻转一次。( )

(4) 同步触发器存在空翻现象，而边沿触发器和主从触发器克服了空翻。( )

(5) D 触发器的特性方程为 $Q^{n+1} = D$，与 Q^n 无关，所以它没有记忆功能。( )

4-2 单项选择题

(1) 为实现将 JK 触发器转换为 D 触发器，应使（   ）。
A. $J = D$，$K = \overline{D}$ B. $K = D$，$J = \overline{D}$ C. $J = K = D$ D. $J = K = \overline{D}$

(2) 对于 JK 触发器，若 $J = K$，则可完成（   ）触发器的逻辑功能。
A. RS   B. D   C. T   D. T′

(3) 欲使 D 触发器按 $Q^{n+1} = \overline{Q^n}$ 工作，应使输入 $D = $（   ）。
A. 0   B. 1   C. Q D. $\overline{Q}$

(4) 对于 D 触发器，欲使 $Q^{n+1} = Q^n$，应使输入 $D = $（   ）。
A. 0   B. 1   C. Q D. $\overline{Q}$

4-3 画出图 4-15 所示由与非门组成的基本 RS 触发器输出端 Q、$\overline{Q}$ 的电压波形，输入端 $\overline{S}$、$\overline{R}$ 的电压波形如图中所示。

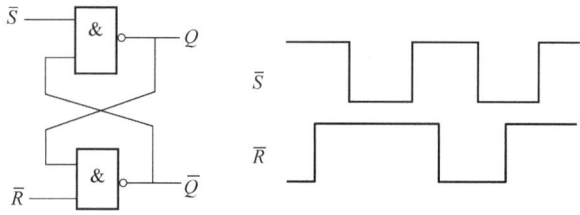

图 4-15 题 4-3 图

4-4 画出图 4-16 由或非门组成的基本 RS 触发器输出端 Q、$\overline{Q}$ 的电压波形，输入端 S，R 的电压波形如图中所示。

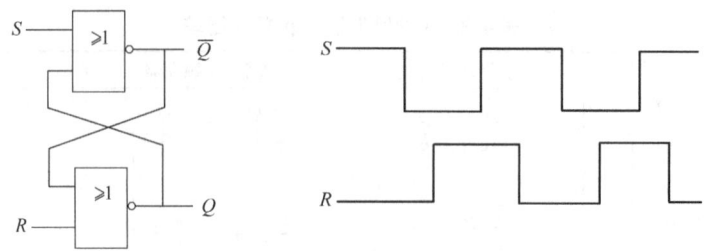

图 4-16 题 4-4 图

4-5 图 4-17 所示为一个防抖动输出的开关电路。当拨动开关 S 时，由于开关触点接触瞬间会发生震颤，$\bar{S}$ 和 $\bar{R}$ 的电压波形如图中所示，试画出 Q、$\bar{Q}$ 端对应的电压波形。

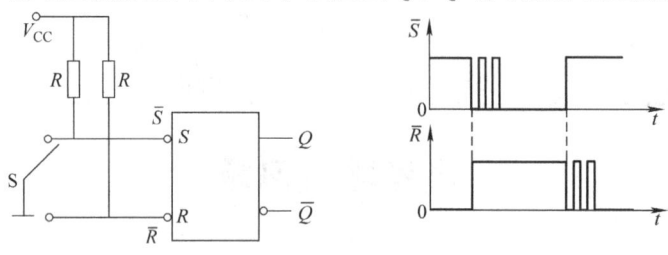

图 4-17 题 4-5 图

4-6 图 4-3 由 TTL 与非门构成的同步 RS 触发器，已知输入 R、S 波形如图 4-18 所示，画出输出 Q 端的波形。设触发器的初始状态为零。

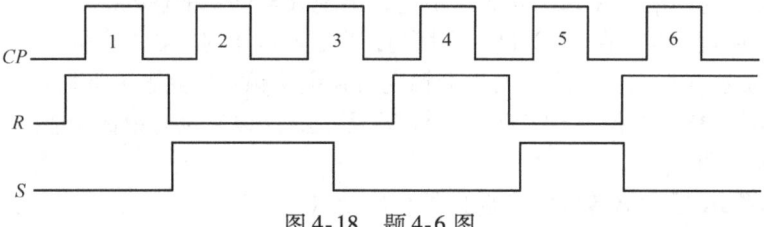

图 4-18 题 4-6 图

4-7 由两个边沿 JK 触发器组成如图 4-19a 所示的电路，若 CP、A 的波形如图 4-19b 所示，试画出 Q_1、Q_2 的波形。设触发器的初始状态均为零。

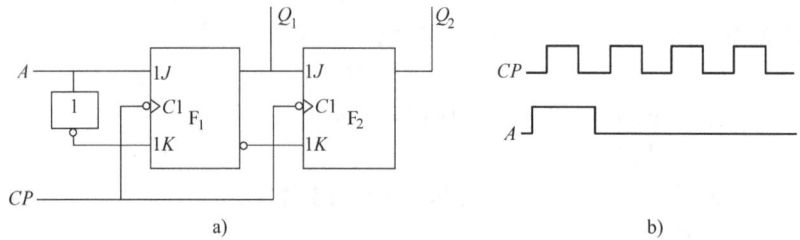

图 4-19 题 4-7 图

4-8 图 4-20 所示电路是由 D 触发器和与门组成的移相电路，在时钟脉冲作用下，其输出端 A、B 输出两个频率相同的脉冲信号。试画出 Q、$\bar{Q}$、A、B 端的时序图。

4-9 电路如图 4-21 所示，设触发器初始状态均为零，试画出在 CP 作用下 Q_1 和 Q_2 的波形。

4-10 已知 CMOS 边沿触发结构 JK 触发器各输入端的电压波形如图 4-22 所示，试画出 Q、$\bar{Q}$ 端对应的电压波形。

4-11 所示各触发器的 CP 波形如图 4-23 所示，试画出各触发器输出端 Q 的波形。设各触发器的初态为 0。

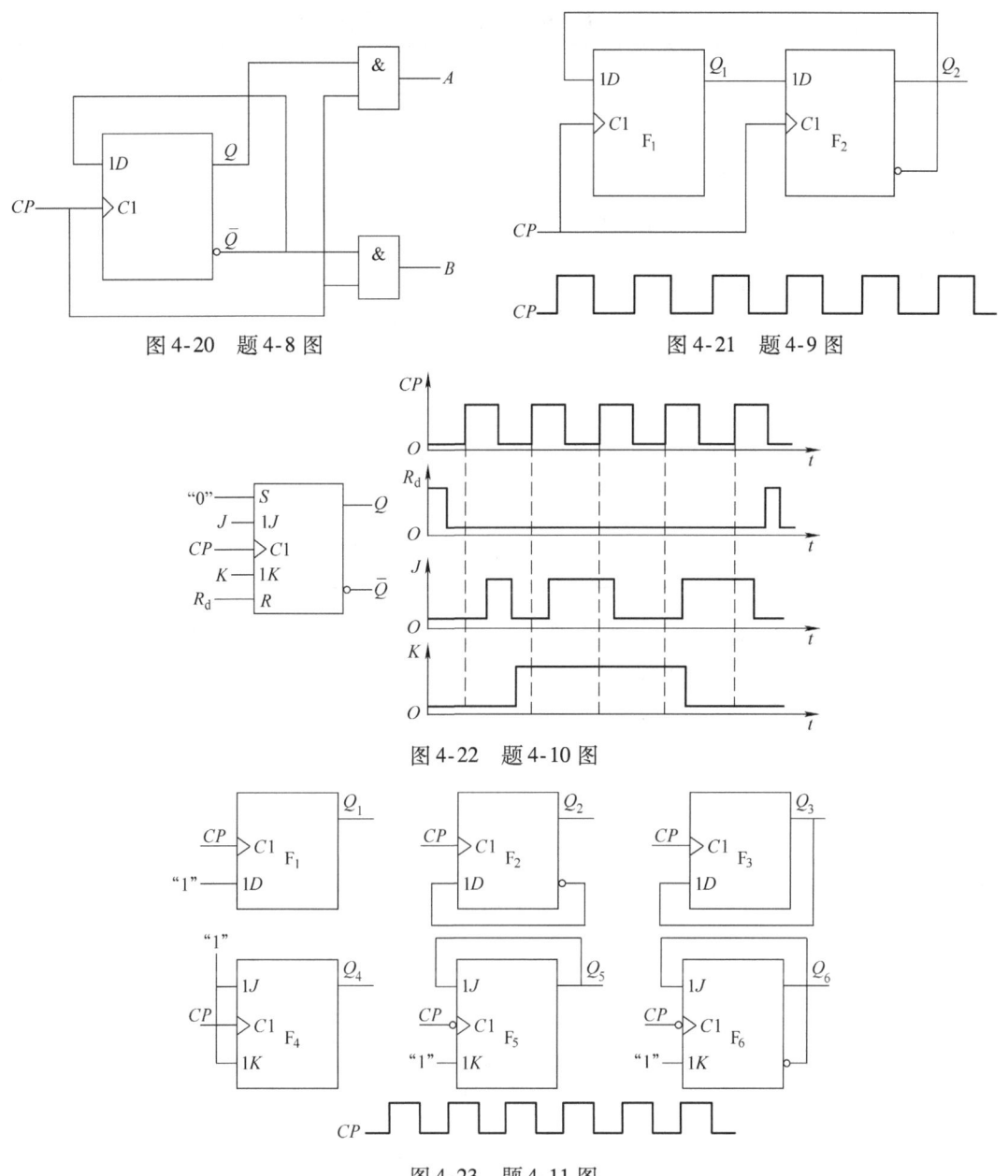

图 4-20 题 4-8 图

图 4-21 题 4-9 图

图 4-22 题 4-10 图

图 4-23 题 4-11 图

本章实验

实验 4.1 触发器逻辑功能的测试

1. 实验目的

掌握触发器的逻辑功能。

2. 实验设备和元器件

电子实验箱，双踪示波器，集成电路：CD4013、CD4027，元器件手册。

3. 实验内容和步骤

1) 试测试 CD4013 的逻辑功能，并记入表 4-9 中。

表 4-9　CD4013 的逻辑功能测试表

输入				输出	
CP	D	R_d	S_d	Q	$\bar{Q}$
×	×	1	0		
×	×	0	1		
↑	0	0	0		
↑	1	0	0		

2) 试测试 CD4027 的逻辑功能，并记入表 4-10 中。

表 4-10　CD4027 的逻辑功能测试表

输入					输出	
CP	S_d	R_d	J	K	Q	$\bar{Q}$
×	1	0	×	×		
×	0	1	×	×		
↑	L	L	H	L		
↑	L	L	H	H		
↑	L	L	L	H		
↑	L	L	L	L		

3) 在数字实验箱中，用 CD4013 组构如图 4-24 所示电路，其他输入端要根据需要接入合适的电平。用示波器观察输入和输出波形，并在图 4-25 上画出 Q 端波形。

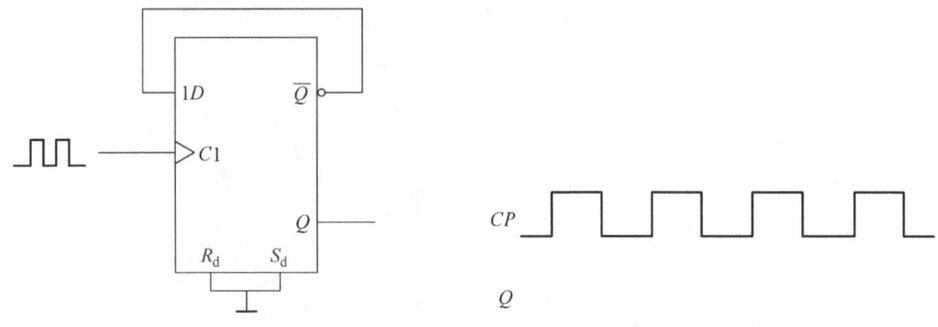

图 4-24　D 触发器　　　　　图 4-25　CP 与 Q 端波形

4) 在数字实验箱中，用 CD4027 组构如图 4-26 所示电路，其他输入端要根据需要接入合适的电平。用示波器观察输入和输出波形，并在图 4-27 上画出 Q 端波形。

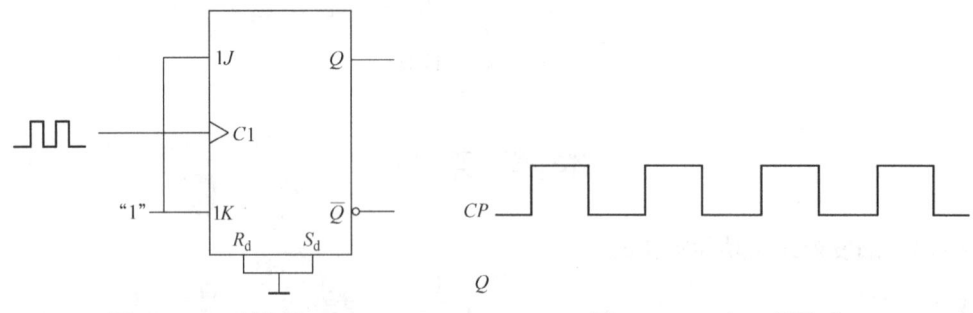

图 4-26　JK 触发器　　　　　图 4-27　CP 与 Q 端波形

4. 实验报告内容要求

实验名称、日期、组别、指导教师。实验目的、仪器规格及编号、实验电路等。把实验得到的原始数据进行整理和分析，绘出曲线或波形等。对实验结果进行分析，并做出结论，写出自己的实验心得体会。

第 5 章 时序逻辑电路

时序逻辑电路（sequential logic circuit）简称时序电路，与组合逻辑电路并驾齐驱，是数字电路两大重要分支之一。本章首先介绍时序逻辑电路的基本概念、特点及时序逻辑电路的一般分析方法。然后重点讨论典型时序逻辑部件计数器和寄存器的工作原理、逻辑功能以及中规模集成（Medium – Seale Integration，MSI）时序逻辑电路及其典型应用方法。

5.1 时序逻辑电路的基本概念

5.1.1 时序逻辑电路的结构及特点

组合逻辑电路基本单元是门电路，没有记忆功能；时序电路中含有具有记忆能力的存储器件，时序逻辑电路是电路任何一个时刻的输出状态不仅取决于当时的输入信号，还与电路的原状态有关。存储器件的种类很多，如触发器、延迟线、磁性器件等，但最常用的是触发器。

由触发器作存储器件的时序逻辑电路的基本结构框图如图 5-1 所示，一般来说，它由组合电路和触发器两部分组成。

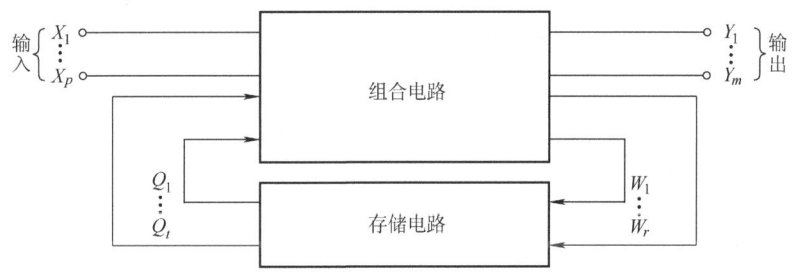

图 5-1 时序逻辑电路的基本结构框图

在图中 $X(X_1, X_2, \cdots, X_p)$ 是时序电路的输入信号，$Y(Y_1, Y_2, \cdots, Y_m)$ 是时序电路的输出，存储电路的输出状态 $Q(Q_1, Q_2, \cdots, Q_t)$ 由其原来状态和组合逻辑电路的输出 $W(W_1, W_2, \cdots, W_r)$ 决定，其输出状态又反馈到组合逻辑电路的输入，与输入信号 $X(X_1, X_2, \cdots, X_p)$ 共同决定 $W(W_1, W_2, \cdots, W_r)$ 和 $Y(Y_1, Y_2, \cdots, Y_m)$ 的新状态。

上述只是时序电路的一般结构，在以后分析某些时序电路时会和该电路有一定的差别，如有些时序电路没有输入，有些则没有组合逻辑电路，但无论怎么变，时序电路中必须包含触发器。

从时序逻辑电路的一般结构可以看出，时序逻辑电路有以下特点：
1）时序逻辑电路由组合电路和存储电路共同组成，具有记忆过去状态的功能。
2）时序逻辑电路中存在反馈回路。
3）时序逻辑电路输出由电路当时的输入和电路原来的状态共同决定。

5.1.2 时序逻辑电路的分类

通常可按电路的工作方式和电路输出对输入的依赖关系来对时序电路进行分类。

1. 根据时钟分类

同步时序电路中，各个触发器的时钟脉冲相同，即电路中有一个统一的时钟脉冲，每来一个时钟脉冲，电路的状态转换是同步改变的。

异步时序电路中，各个触发器的时钟信号不同，即电路中没有用统一的时钟脉冲来控制电路状态的变化，电路状态改变时，电路中要更新状态的触发器的翻转有先有后，是异步进行的。

2. 根据输出分类

米利型（Mealy）时序电路的输出不仅与现态有关，而且还决定于电路当前的输入。

莫尔型（Moore）时序电路的输出仅决定于电路的现态，与电路当前的输入无关；或者根本就不存在独立设置的输出，而以电路的状态直接作为输出。

5.1.3 时序逻辑电路的逻辑功能的表示方法

时序电路的逻辑功能可用逻辑表达式、状态表、卡诺图、状态图、时序图和逻辑图 6 种方式表示，这些表示方法在本质上是相同的，可以互相转换。

$$\begin{cases} Y_i = F_i(X_1, X_2, \cdots, X_p; Q_1^n, Q_2^n, \cdots, Q_t^n) & i = 1, 2, \cdots, m \text{——输出方程} \\ W_j = G_j(X_1, X_2, \cdots, X_p; Q_1^n, Q_2^n, \cdots, Q_t^n) & j = 1, 2, \cdots, r \text{——驱动方程} \\ Q_k^{n+1} = H_k(W_1, W_2, \cdots, W_r; Q_1^n, Q_2^n, \cdots, Q_t^n) & k = 1, 2, \cdots, t \text{——状态方程} \end{cases}$$

5.2 时序逻辑电路的分析

时序逻辑电路分析是指对给定的时序逻辑电路，分析其在一系列输入信号的作用下，将会产生怎样的输出，进而说明该电路逻辑功能的过程，分析步骤见图 5-2。

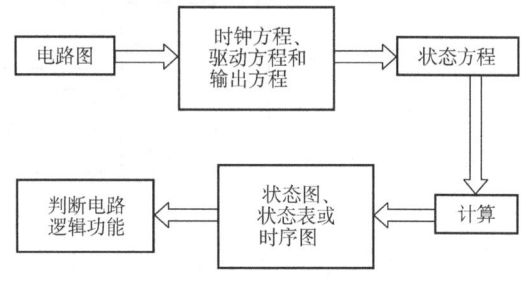

图 5-2 时序逻辑电路的分析步骤

时序逻辑电路的分析步骤：

1）根据给定的时序电路图写出下列各逻辑方程式：

① 各触发器的时钟方程。

② 时序电路的输出方程。

③ 各触发器的驱动方程。

2）将驱动方程代入相应触发器的特性方程，求得各触发器的次态方程，也就是时序逻辑电路的状态方程。

3）根据状态方程和输出方程，列出该时序电路的状态表，画出状态图或时序图。

4）根据电路的状态表或状态图说明给定时序逻辑电路的逻辑功能。

下面举例说明时序逻辑电路的具体分析方法。

例 5-1 分析图 5-3 电路的功能。

解：由于图 5-3 为同步时序逻辑电路，图中的三个触发器都接至同一个时钟脉冲源 CP。

（1）时钟方程　$CP_2 = CP_1 = CP_0 = CP$

输出方程：$Y = \overline{Q_1^n} Q_2^n$

驱动方程：$\begin{cases} J_2 = Q_1^n & K_2 = \overline{Q_1^n} \\ J_1 = Q_0^n & K_1 = \overline{Q_0^n} \\ J_0 = \overline{Q_2^n} & K_0 = Q_2^n \end{cases}$

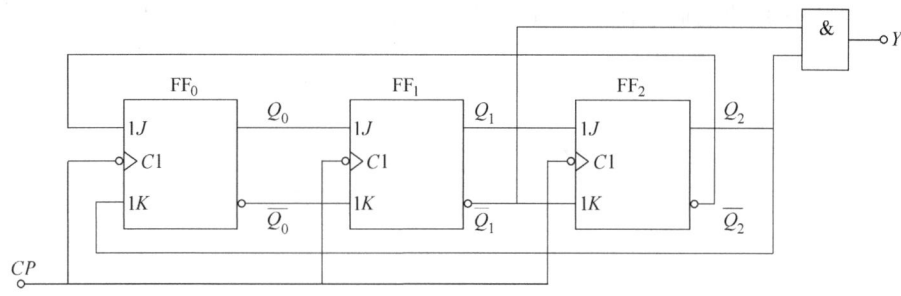

图 5-3 例 5-1 的逻辑电路图

(2) 求状态方程　JK 触发器的特性方程：
$$Q^{n+1} = J\overline{Q}^n + \overline{K}Q^n$$

将各触发器的驱动方程代入，即得电路的状态方程：
$$\begin{cases} Q_2^{n+1} = J_2\overline{Q}_2^n + \overline{K}_2 Q_2^n = Q_1^n \overline{Q}_2^n + Q_1^n Q_2^n = Q_1^n \\ Q_1^{n+1} = J_1\overline{Q}_1^n + \overline{K}_1 Q_1^n = Q_0^n \overline{Q}_1^n + Q_0^n Q_1^n = Q_0^n \\ Q_0^{n+1} = J_0\overline{Q}_0^n + \overline{K}_0 Q_0^n = \overline{Q}_2^n \overline{Q}_0^n + \overline{Q}_2^n Q_0^n = \overline{Q}_2^n \end{cases}$$

(3) 计算、列状态表　状态转换表见表 5-1。

表 5-1　状态转换表

现态			次态			输出
Q_2^n	Q_1^n	Q_0^n	Q_2^{n+1}	Q_1^{n+1}	Q_0^{n+1}	Y
0	0	0	0	0	1	0
0	0	1	0	1	1	0
0	1	0	1	0	1	0
0	1	1	1	1	1	0
1	0	0	0	0	0	1
1	0	1	0	1	0	1
1	1	0	1	0	0	0
1	1	1	1	1	0	0

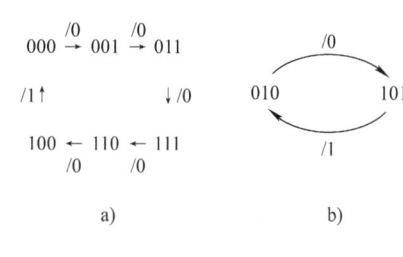

图 5-4　状态图
a) 有效循环　b) 无效循环

$$\begin{cases} Q_2^{n+1} = Q_1^n \\ Q_1^{n+1} = Q_0^n \\ Q_0^{n+1} = \overline{Q}_2^n \end{cases}$$
$$Y = \overline{Q}_1^n Q_2^n$$

(4) 画状态图及时序图（见图 5-4、图 5-5）

(5) 有效态和无效态

有效态：被利用的状态；

有效循环：有效态形成的循环（见图 5-4a）；

无效态：未被利用的状态；

无效循环：无效态形成的循环（见图 5-4b）；

能自启动：虽存在无效态，但它们未形成循环，能够回到有效状态；

不能自启动：无效态之间形成无效循环，无法回到有效状态。

本电路存在无效循环，电路不能自启动。

(6) 逻辑功能　有效循环的 6 个状态分别是 0~5 这 6 个十进制数字的格雷码，并且在时钟脉冲 CP 的作用下，这 6 个状态是按递增规律变化的，即 000→001→011→111→110→100→

000→…所以这是一个用格雷码表示的六进制同步计数器。当对第 6 个脉冲计数时,计数器又重新从 000 开始计数,并产生输出 $Y=1$。

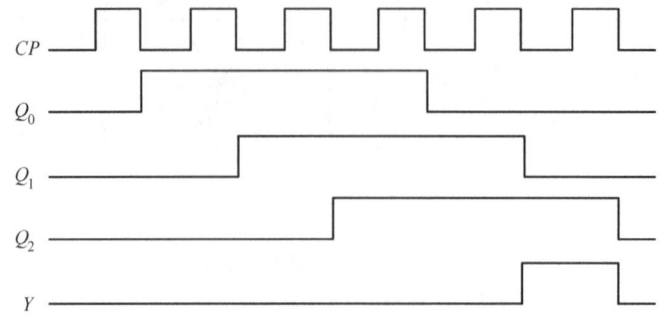

图 5-5　时序图

例 5-2　试分析图 5-6 所示的时序逻辑电路。

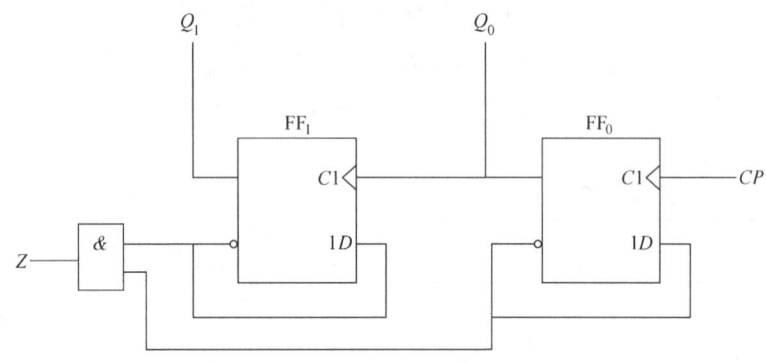

图 5-6　例 5-2 的逻辑电路图

解:由于在异步时序逻辑电路中,没有统一的时钟脉冲,因此,分析时必须写出时钟方程。

(1) 时钟方程　$CP_0 = CP$(时钟脉冲的上升沿触发。)$CP_1 = Q_0$(当 FF_0 的 Q_0 由 0→1 时,Q_1 才可能改变状态,否则 Q_1 将保持原状态不变。)

输出方程:$Z = \overline{Q_1^n} \, \overline{Q_0^n}$

驱动方程:$D_0 = \overline{Q_0^n}$　　$D_1 = \overline{Q_1^n}$

(2) 将各驱动方程代入 D 触发器的特性方程,得各触发器的次态方程

$$Q_0^{n+1} = D_0 = \overline{Q_0^n} \quad (CP\ 由\ 0→1\ 时此式有效)$$

$$Q_1^{n+1} = D_1 = \overline{Q_1^n} \quad (Q_0\ 由\ 0→1\ 时此式有效)$$

(3) 作状态转换表、状态图、时序图　根据状态转换表(见表 5-2)可得状态转换图如图 5-7 所示,时序图如图 5-8 所示。

表 5-2　状态转换表

现态		次态		输出	时钟脉冲	
Q_1^n	Q_0^n	Q_1^{n+1}	Q_0^{n+1}	Z	CP_1	CP_0
0	0	1	1	1	↑	↑
1	1	1	0	0	1→0	↑
1	0	0	1	0	↑	↑
0	1	0	0	0	1→0	↑

(4) 逻辑功能分析　由状态图可知,该电路一共有 4 个状态 00、01、10、11,在时钟脉冲作用下,按照减 1 规律循环变化,所以是一个 4 进制减法计数器,Z 是借位信号。

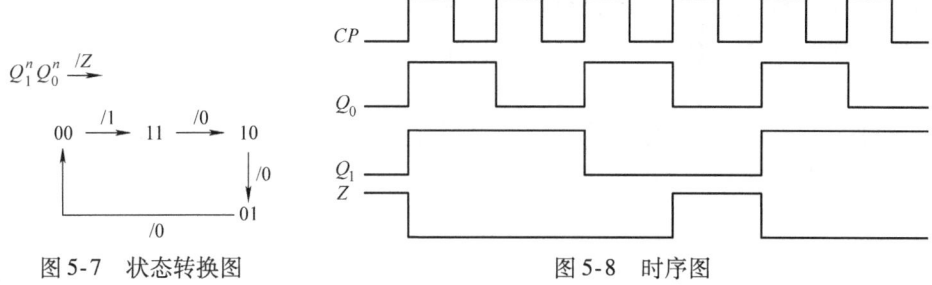

图 5-7 状态转换图　　　　　　图 5-8 时序图

5.3 常用集成时序逻辑器件

和组合逻辑电路类似，在时序逻辑电路中也有一些模块电路在各种应用场合经常出现。这些模块电路同样被做成了标准化的中规模集成电路，并作为 EDA 软件中的标准模块存储在元器件库中，这些模块电路主要是寄存器和计数器两大类。

5.3.1 寄存器

1. 数码寄存器

数码寄存器——存储二进制数码的时序电路组件，具有接收和寄存二进制数码的逻辑功能。前面介绍的各种集成触发器，就是一种可以存储一位二进制数的寄存器，用 n 个触发器就可以存储 n 位二进制数。

图 5-9a 所示是由 D 触发器组成的 4 位集成寄存器 74HC175 的逻辑电路图，其引脚图如

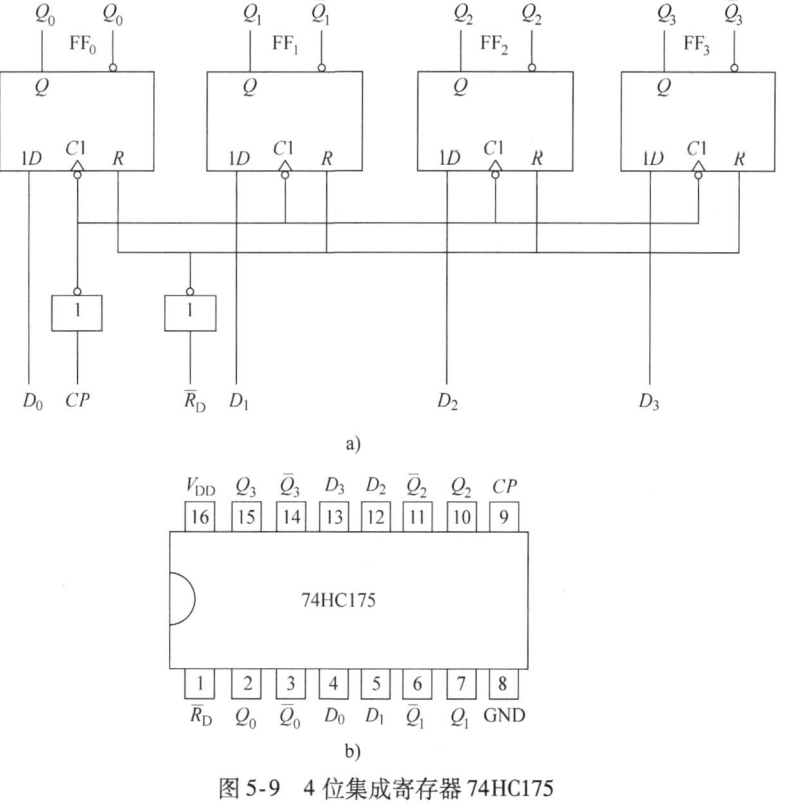

图 5-9　4 位集成寄存器 74HC175
a) 逻辑图　b) 引脚排列

图 5-9b 所示。其中，$\overline{R}_D$ 是异步清零控制端。$D_0 \sim D_3$ 是并行数据输入端，CP 为时钟脉冲端，$Q_0 \sim Q_3$ 是并行数据输出端，$\overline{Q}_0 \sim \overline{Q}_3$ 是反码数据输出端。

该电路的数码接收过程为：将需要存储的 4 位二进制数码送到数据输入端 $D_0 \sim D_3$，在 CP 端送一个时钟脉冲，脉冲上升沿作用后，4 位数码并行地出现在 4 个触发器 Q 端。

74HC175 的功能如表 5-3 所示。

表 5-3　74HC175 的功能表

清零	时钟	输入				输出				工作模式
$\overline{R}_D$	CP	D_0	D_1	D_2	D_3	Q_0	Q_1	Q_2	Q_3	
0	×	×	×	×	×	0	0	0	0	异步清零
1	↑	D_0	D_1	D_2	D_3	D_0	D_1	D_2	D_3	数码寄存
1	1	×	×	×	×	保　持				数据保持
1	0	×	×	×	×	保　持				数据保持

2. 移位寄存器

移位寄存器不但可以寄存数码，而且在移位脉冲作用下，寄存器中的数码可根据需要向左或向右移动 1 位。移位寄存器也是数字系统和计算机中应用很广泛的基本逻辑器件。

（1）单向 4 位右移移位寄存器　D 触发器组成的 4 位右移（上移，数据低位→高位）寄存器如图 5-10 所示，设移位寄存器的初始状态为 0000，串行输入数码 $D_I = 1101$，从数据的高位到低位依次输入。在 4 个移位脉冲作用后，输入的 4 位串行数码 1101 全部存入了寄存器中。右移寄存器的状态表如表 5-4 所示，时序图如图 5-11 所示。

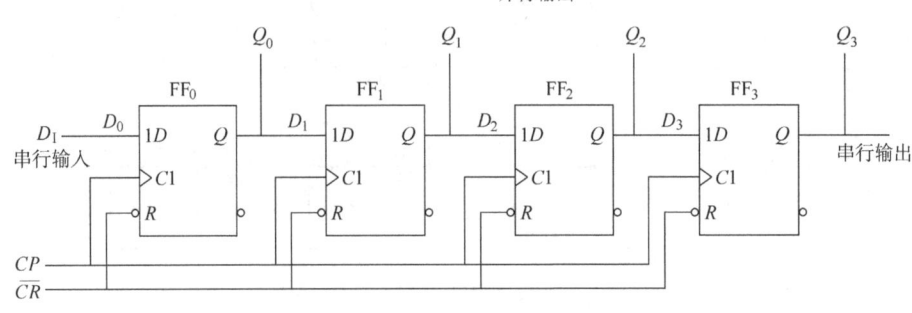

图 5-10　D 触发器组成的 4 位右移寄存器

表 5-4　右移寄存器的状态表

移位脉冲	输入数码	输出			
CP	D_I	Q_0	Q_1	Q_2	Q_3
0		0	0	0	0
1	1	1	0	0	0
2	1	1	1	0	0
3	0	0	1	1	0
4	1	1	0	1	1

移位寄存器中的数码可由 Q_3、Q_2、Q_1 和 Q_0 并行输出，也可从 Q_3 串行输出。串行输出时，要继续输入 4 个移位脉冲，才能将寄存器中存放的 4 位数码 1101 依次输出。图 5-11 中第 5 到第 8 个 CP 脉冲及所对应的 Q_3、Q_2、Q_1 和 Q_0 波形，就是将 4 位数码 1101 串行输出的过程。所以，

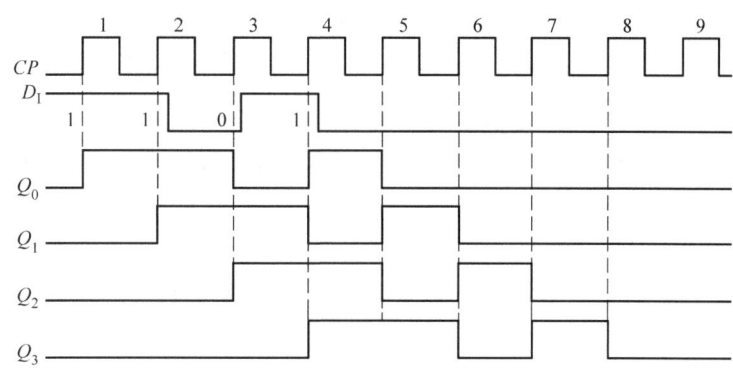

图 5-11 图 5-10 电路的时序图

移位寄存器具有串行输入—并行输出和串行输入—串行输出两种工作方式。

（2）单向 4 位左移移位寄存器（见图 5-12） 单向移位寄存器具有以下主要特点：

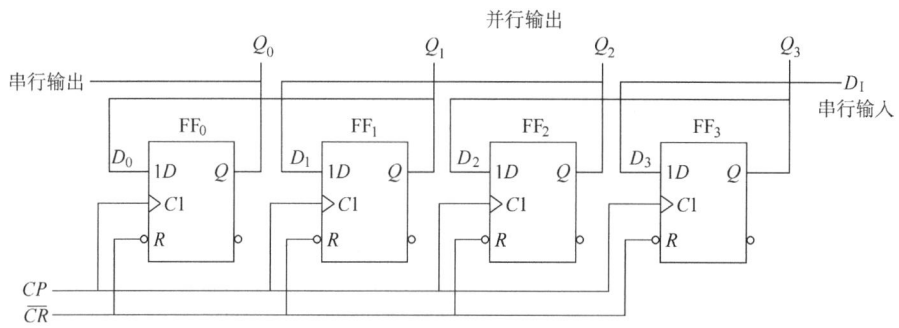

图 5-12 D 触发器组成的 4 位左移寄存器

1）单向移位寄存器中的数码，在 CP 脉冲操作下，可以依次右移或左移。

2）n 位单向移位寄存器可以寄存 n 位二进制代码。n 个 CP 脉冲即可完成串行输入工作，此后可从 $Q_0 \sim Q_{n-1}$ 端获得并行的 n 位二进制数码，再用 n 个 CP 脉冲又可实现串行输出操作。

3）若串行输入端状态为 0，则 n 个 CP 脉冲后，寄存器便被清零。

（3）双向移位寄存器 将图 5-10 所示的右移寄存器和图 5-12 所示的左移寄存器组合起来，并引入一控制端 S 便构成既可左移又可右移的双向移位寄存器，如图 5-13 所示。

由图可知该电路的驱动方程为

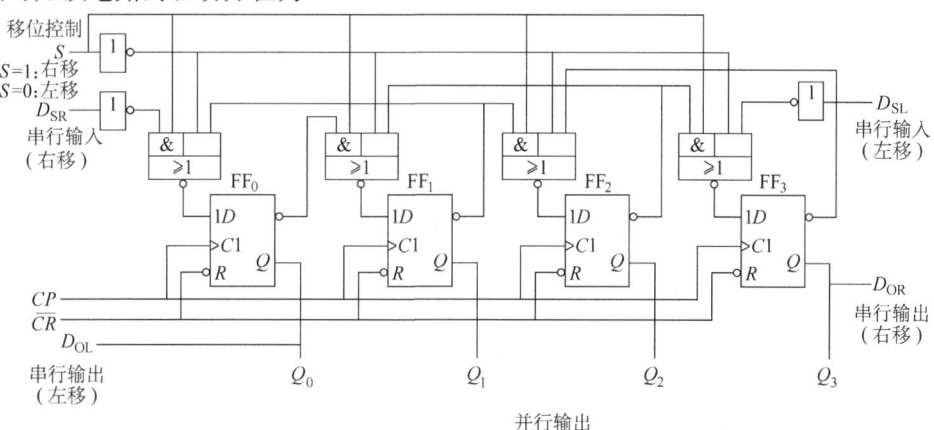

图 5-13 D 触发器组成的 4 位双向左移寄存器

$$D_0 = \overline{S}\,\overline{D_{SR}} + \overline{\overline{S}}\,\overline{Q_1^n} \qquad D_1 = \overline{\overline{S}\,\overline{Q_0^n} + \overline{S}\,\overline{Q_2^n}}$$

$$D_2 = \overline{\overline{S}\,\overline{Q_1^n} + \overline{S}\,\overline{Q_3^n}} \qquad D_3 = \overline{\overline{S}\,\overline{Q_2^n} + \overline{S}\,\overline{D_{SL}}}$$

D_{SR} 为右移串行输入端,D_{SL} 为左移串行输入端。当 $S=1$ 时,$D_0=D_{SR}$、$D_1=Q_0^n$、$D_2=Q_1^n$、$D_3=Q_2^n$,在 CP 脉冲作用下,实现右移操作;当 $S=0$ 时,$D_0=Q_1^n$、$D_1=Q_2^n$、$D_2=Q_3^n$、$D_3=D_{SL}$,在 CP 脉冲作用下,实现左移操作。

3. 集成移位寄存器 74HC194

图 5-14 是由 4 个触发器组成的功能很强的 4 位移位寄存器 74HC194,其功能表如表 5-5 所示。

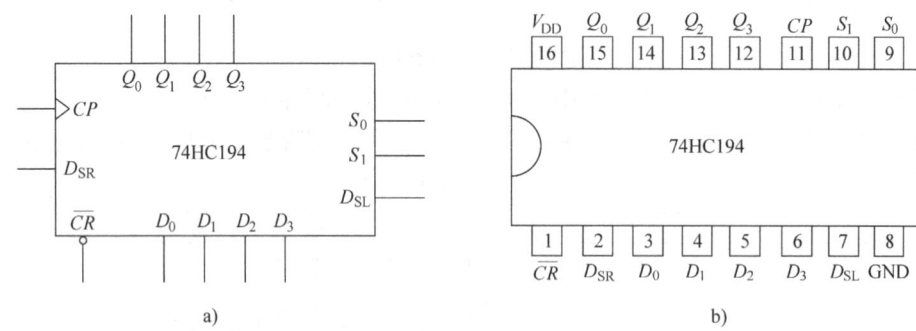

图 5-14 集成移位寄存器 74HC194
a) 逻辑功能示意图 b) 引脚图

表 5-5 74HC194 的功能表

输入										输出				工作模式
清零	控制		串行输入		时钟	并行输入								
$\overline{CR}$	S_1	S_0	D_{SL}	D_{SR}	CP	D_0	D_1	D_2	D_3	Q_0	Q_1	Q_2	Q_3	
0	×	×	×	×	×	×	×	×	×	0	0	0	0	异步清零
1	0	0	×	×	×	×	×	×	×	Q_0^n	Q_1^n	Q_2^n	Q_3^n	保持
1	0	1	×	1	↑	×	×	×	×	1	Q_0^n	Q_1^n	Q_2^n	右移,D_{SR} 为串行输入,Q_3 为串行输出
1	0	1	×	0	↑	×	×	×	×	0	Q_0^n	Q_1^n	Q_2^n	
1	1	0	1	×	↑	×	×	×	×	Q_1^n	Q_2^n	Q_3^n	1	左移,D_{SL} 为串行输入,Q_0 为串行输出
1	1	0	0	×	↑	×	×	×	×	Q_1^n	Q_2^n	Q_3^n	0	
1	1	1	×	×	↑	D_0	D_1	D_2	D_3	D_0	D_1	D_2	D_3	并行置数

由表 5-5 可以看出 74HC194 具有如下功能:

1) 异步清零。当 $\overline{CR}=0$ 时即刻清零,与其他输入状态及 CP 无关。

2) S_1、S_0 是控制输入。当 $\overline{CR}=1$ 时 74HC194 有如下 4 种工作方式:

① 当 $S_1S_0=00$ 时,不论有无 CP 到来,各触发器状态不变,为保持工作状态。

② 当 $S_1S_0=01$ 时,在 CP 的上升沿作用下,实现右移(上移)操作,流向是 $D_{SR}\rightarrow Q_0\rightarrow Q_1\rightarrow Q_2\rightarrow Q_3$。

③ 当 $S_1S_0=10$ 时,在 CP 的上升沿作用下,实现左移(下移)操作,流向是 $D_{SL}\rightarrow Q_3\rightarrow Q_2\rightarrow Q_1\rightarrow Q_0$。

④ 当 $S_1S_0=11$ 时，在 CP 的上升沿作用下，实现置数操作：$D_0 \to Q_0$，$D_1 \to Q_1$，$D_2 \to Q_2$，$D_3 \to Q_3$。

D_{SL} 和 D_{SR} 分别是左移和右移串行输入端，D_0、D_1、D_2、D_3 是并行输入端。Q_0 和 Q_3 分别是左移和右移时的串行输出端，Q_0、Q_1、Q_2、Q_3 为并行输出端。

5.3.2 计数器

在数字电路中，能够记忆输入脉冲个数的电路称为计数器。

计数器的分类：按计数进制可分为二进制计数器和非二进制计数器。非二进制计数器中最典型的是十进制计数器。按数字的增减趋势可分为加法计数器、减法计数器和可逆计数器。按计数器中触发器翻转是否与计数脉冲同步分为同步计数器和异步计数器。

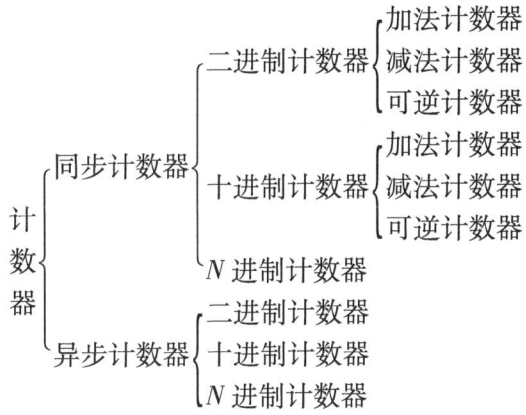

1. 二进制同步计数器

（1）同步 3 位二进制加法计数器

1）状态图和状态转换表如图 5-15 和表 5-6 所示。

排列顺序：

$Q_2^n\,Q_1^n\,Q_0^n/C$

000 /0→ 001 /0→ 010 /0→ 011

/1↑ ↓/0

111 ←/0 110 ←/0 101 ←/0 100

图 5-15　同步 3 位二进制加法计数器状态图

表 5-6　同步 3 位二进制加法计数器状态转换表

计数顺序	计数器状态			进位
	Q_2	Q_1	Q_0	C
0	0	0	0	0
1	0	0	1	0
2	0	1	0	0
3	0	1	1	0
4	1	0	0	0
5	1	0	1	0
6	1	1	0	0
7	1	1	1	1
8	0	0	0	0

2）选择触发器，求时钟方程、输出方程、状态方程：选用 3 个 CP 下降沿触发的 JK 触发器，分别用 FF_0、FF_1、FF_2 表示。

时钟方程：$CP_0 = CP_1 = CP_2 = CP$

输出方程：$C = Q_2^n Q_1^n Q_0^n$

状态方程：利用次态卡诺图得到状态方程：
$$\begin{cases} Q_0^{n+1} = \overline{Q_0^n} \\ Q_1^{n+1} = \overline{Q_1^n} Q_0^n + Q_1^n \overline{Q_0^n} \\ Q_2^{n+1} = Q_2^n \overline{Q_1^n} + Q_2^n \overline{Q_0^n} + \overline{Q_2^n} Q_1^n Q_0^n \end{cases}$$

3）求驱动方程：变换状态方程，使之与所选择触发器的特征方程一致，得到驱动方程。

$$Q^{n+1} = J\overline{Q^n} + \overline{K}Q^n$$

$$\begin{cases} Q_0^{n+1} = \overline{Q_0^n} = 1 \cdot \overline{Q_0^n} + \overline{1} \cdot Q_0^n \\ Q_1^{n+1} = \overline{Q_1^n} Q_0^n + Q_1^n \overline{Q_0^n} = Q_0^n \cdot \overline{Q_1^n} + \overline{Q_0^n} \cdot Q_1^n \\ Q_2^{n+1} = Q_2^n \overline{Q_1^n} + Q_2^n \overline{Q_0^n} + \overline{Q_2^n} Q_1^n Q_0^n = Q_1^n Q_0^n \cdot \overline{Q_2^n} + \overline{Q_1^n Q_0^n} \cdot Q_2^n \end{cases}$$

$$\begin{cases} J_0 = K_0 = 1 \\ J_1 = K_1 = Q_0^n \\ J_2 = K_2 = Q_1^n Q_0^n \end{cases}$$

时序图（见图 5-16）。

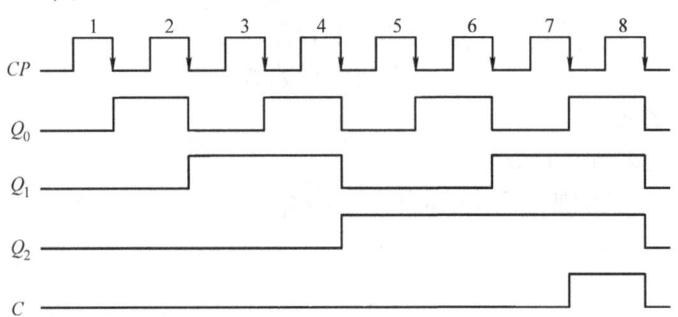

图 5-16 同步 3 位二进制加法计数器时序图

4）逻辑电路图（见图 5-17）。

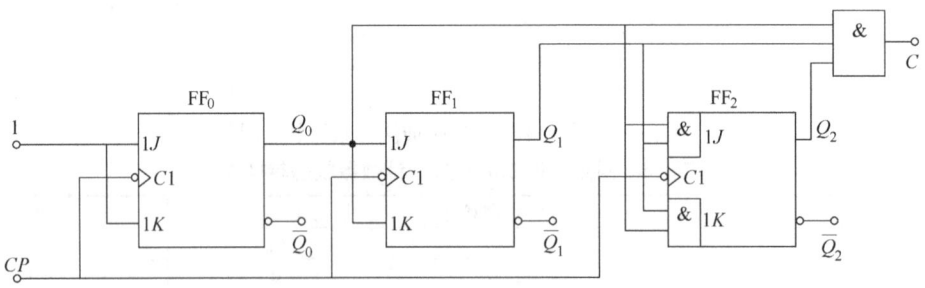

图 5-17 同步 3 位二进制加法计数器逻辑电路图

（2）同步 3 位二进制减法计数器

1）状态图和状态转换表如图 5-18 和表 5-7 所示。

排列顺序：

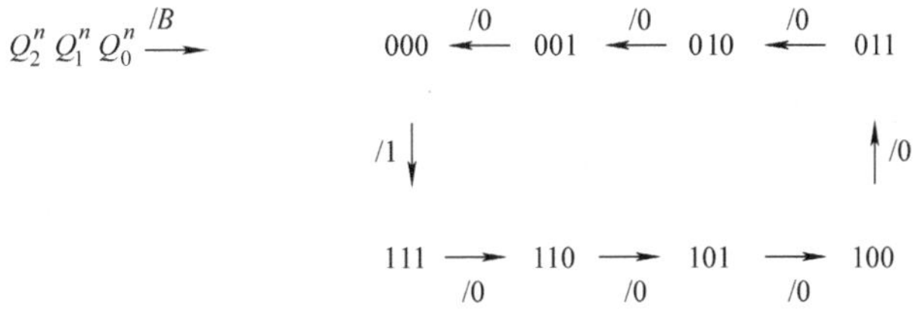

$Q_2^n\ Q_1^n\ Q_0^n \xrightarrow{/B}$ $000 \xleftarrow{/0} 001 \xleftarrow{/0} 010 \xleftarrow{/0} 011$

$\downarrow /1 \qquad\qquad\qquad\qquad\qquad \uparrow /0$

$111 \xrightarrow{/0} 110 \xrightarrow{/0} 101 \xrightarrow{/0} 100$

图 5-18　同步 3 位二进制减法计数器状态图

表 5-7　同步 3 位二进制减法计数器状态转换表

计数顺序	计数器状态			借位
	Q_2	Q_1	Q_0	B
0	0	0	0	1
1	1	1	1	0
2	1	1	0	0
3	1	0	1	0
4	1	0	0	0
5	0	1	1	0
6	0	1	0	0
7	0	0	1	0
8	0	0	0	1

2）选择触发器，求时钟方程、输出方程、状态方程：选用 3 个 CP 下降沿触发的 JK 触发器，分别用 FF_0、FF_1、FF_2 表示。

时钟方程：$CP_0 = CP_1 = CP_2 = CP$

输出方程：$B = \overline{Q_2^n}\ \overline{Q_1^n}\ \overline{Q_0^n}$

状态方程：利用次态卡诺图得到状态方程：
$$\begin{cases} Q_0^{n+1} = \overline{Q_0^n} \\ Q_1^{n+1} = \overline{Q_1^n}\ \overline{Q_0^n} + Q_1^n Q_0^n \\ Q_2^{n+1} = \overline{Q_2^n}\ \overline{Q_1^n} Q_0^n + Q_2^n Q_1^n + Q_2^n Q_0^n \end{cases}$$

3）求驱动方程：变换状态方程，使之与所选择触发器的特征方程一致，得到驱动方程。

$$Q^{n+1} = J\overline{Q^n} + \overline{K}Q^n$$

$$\begin{cases} Q_0^{n+1} = \overline{Q_0^n} = 1 \cdot \overline{Q_0^n} + \overline{1} \cdot Q_0^n \\ Q_1^{n+1} = \overline{Q_1^n}\ \overline{Q_0^n} + Q_1^n Q_0^n = \overline{Q_0^n} \cdot \overline{Q_1^n} + \overline{Q_0^n} \cdot Q_1^n \\ Q_2^{n+1} = \overline{Q_2^n}\ \overline{Q_1^n}\ \overline{Q_0^n} + Q_2^n\ \overline{Q_1^n} + Q_2^n\ \overline{Q_0^n} = \overline{Q_1^n}\ \overline{Q_0^n} \cdot \overline{Q_2^n} + \overline{\overline{Q_1^n}\ \overline{Q_0^n}} \cdot Q_2^n \end{cases}$$

$$\begin{cases} J_0 = K_0 = 1 \\ J_1 = K_1 = \overline{Q_0^n} \\ J_2 = K_2 = \overline{Q_1^n}\ \overline{Q_0^n} \end{cases}$$

时序图（见图 5-19）。

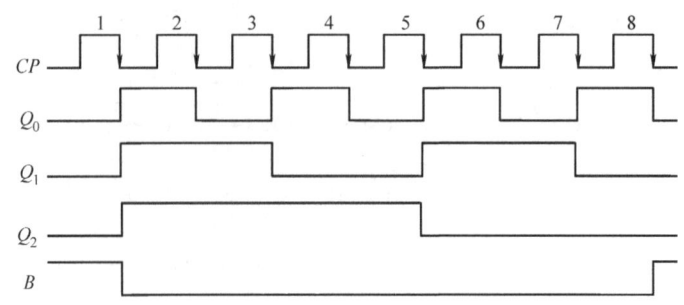

图 5-19　同步 3 位二进制减法计数器时序图

4）逻辑电路图（见图 5-20）。

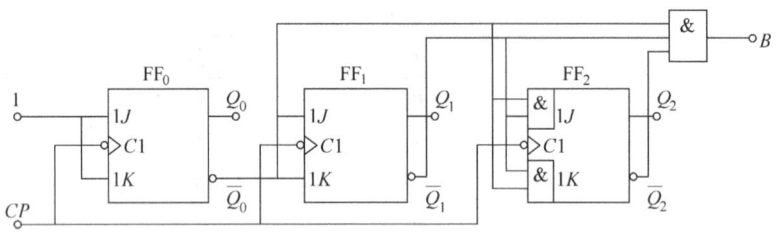

图 5-20　同步 3 位二进制减法计数器逻辑电路图

（3）3 位二进制同步可逆计数器　设用 $\overline{U/D}$ 表示加减控制信号，且 $\overline{U/D}=0$ 时作加计数，$\overline{U/D}=1$ 时作减计数，则把二进制同步加法计数器的驱动方程和 $\overline{U/D}$ 相与，把减法计数器的驱动方程和 $\overline{U/D}$ 相与，再把二者相加，便可得到二进制同步可逆计数器的驱动方程，如图 5-21 所示。

$$\begin{cases} J_0 = K_0 = 1 \\ J_1 = K_1 = \overline{\overline{U/D}} \cdot Q_0^n + \overline{U/D} \cdot \overline{Q}_0^n \\ J_2 = K_2 = \overline{\overline{U/D}} \cdot Q_1^n Q_0^n + \overline{U/D} \cdot \overline{Q}_1^n \overline{Q}_0^n \end{cases}$$

输出方程：$\quad C/B = \overline{\overline{U/D}} \cdot Q_0^n Q_1^n Q_2^n + \overline{U/D} \cdot \overline{Q}_0^n \overline{Q}_1^n \overline{Q}_2^n$

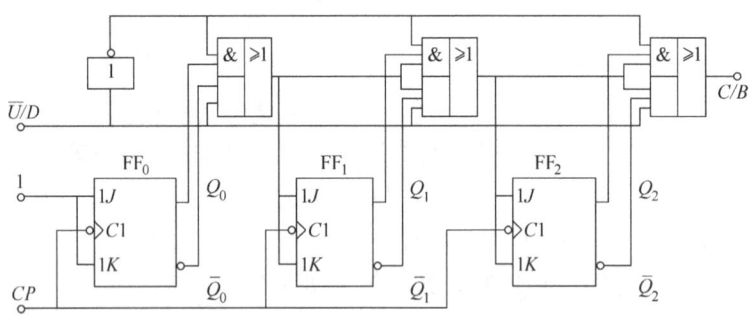

图 5-21　同步 3 位二进制可逆计数器逻辑电路图

（4）集成二进制同步计数器

1）4 位集成二进制同步加法计数器 74HC161/163（见图 5-22）。

① $\overline{CR}=0$ 时异步清零。

② $\overline{CR}=1$、$\overline{LD}=0$ 时同步置数。

③ $\overline{CR}=\overline{LD}=1$ 且 $CT_T=CT_P=1$ 时，按照 4 位自然二进制码进行同步二进制计数。

④ $\overline{CR}=\overline{LD}=1$ 且 $CT_T \cdot CT_P=0$ 时，计数器状态保持不变。

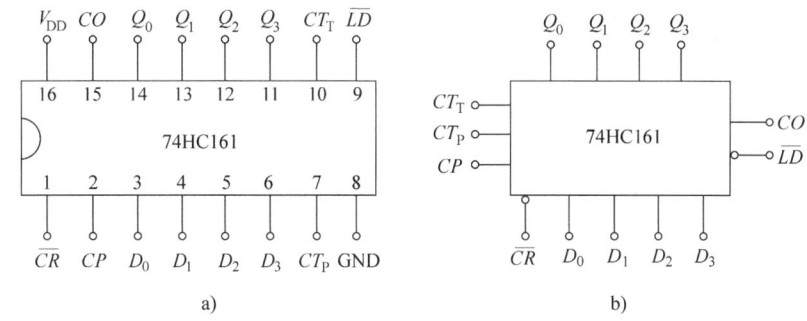

图 5-22 74HC161 引脚图和逻辑功能示意图

a）引脚排列图 b）逻辑功能示意图

4 位集成二进制同步加法计数器 74HC161 功能表如表 5-8 所示。

表 5-8 4 位集成二进制同步加法计数器 74HC161 功能表

清零	预置	使能		时钟	预置数据输入				输出				工作模式
$\overline{CR}$	$\overline{LD}$	CT_P	CT_T	CP	D_3	D_2	D_1	D_0	Q_3	Q_2	Q_1	Q_0	
0	×	×	×	×	×	×	×	×	0	0	0	0	异步清零
1	0	×	×	↑	d_3	d_2	d_1	d_0	d_3	d_2	d_1	d_0	同步置数
1	1	0	×	×	×	×	×	×	保		持		数据保持
1	1	×	0	×	×	×	×	×	保		持		数据保持
1	1	1	1	↑	×	×	×	×	4 位二进制计数				加法计数

74HC163 的引脚排列和 74HC161 的相同，不同之处是 74HC163 采用同步清零方式。

2）双 4 位集成二进制同步加法计数器 CD4520（见图 5-23）。

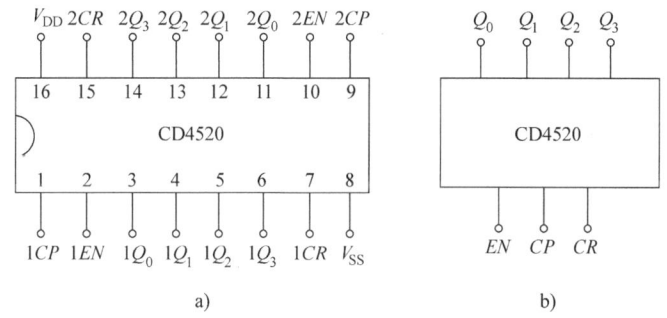

图 5-23 CD4520 引脚图和逻辑功能示意图

a）引脚排列图 b）逻辑功能示意图

① $CR = 1$ 时，异步清零。

② $CR = 0$、$EN = 1$ 时，在 CP 脉冲上升沿作用下进行加法计数。

③ $CR = 0$、$CP = 0$ 时，在 EN 脉冲下降沿作用下进行加法计数。

④ $CR = 0$、$EN = 0$ 或 $CR = 0$、$CP = 1$ 时，计数器状态保持不变。

3）4 位集成二进制可预置同步加减可逆计数器 74HC191（见图 5-24）。

U/D 是加减计数控制端；$\overline{CT}$ 是使能端；$\overline{LD}$ 是异步置数控制端；$D_0 \sim D_3$ 是并行数据输入端；$Q_0 \sim Q_3$ 是计数器状态输出端；CO/BO 是进位借位信号输出端；$\overline{RC}$ 是多个芯片级联时级间串行计数使能端，$\overline{CT} = 0$，$CO/BO = 1$ 时，$\overline{RC} = CP$，由 $\overline{RC}$ 端产生的输出进位脉冲的波形与输入计数脉冲的波形相同。

4）4 位集成二进制可预置同步加减可逆计数器 74HC193（双时钟）（见图 5-25）。

CR 是异步清零端，高电平有效；$\overline{LD}$ 是异步置数端，低电平有效；CP_U 是加法计数脉冲输入

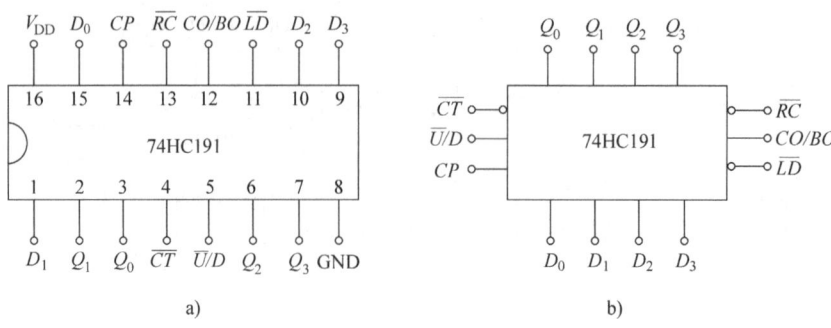

图 5-24 74HC191 引脚图和逻辑功能示意图
a）引脚排列图　b）逻辑功能示意图

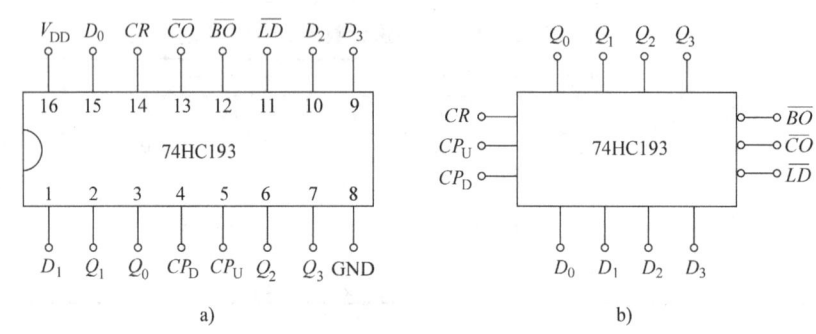

图 5-25 74HC193 引脚图和逻辑功能示意图
a）引脚排列图　b）逻辑功能示意图

端；CP_D 是减法计数脉冲输入端；$D_0 \sim D_3$ 是并行数据输入端；$Q_0 \sim Q_3$ 是计数器状态输出端；$\overline{CO}$ 是进位脉冲输出端；$\overline{BO}$ 是借位脉冲输出端；多个 74HC193 级联时，只要把低位的 $\overline{CO}$ 端、$\overline{BO}$ 端分别与高位的 CP_U、CP_D 连接起来，各个芯片的 CR 端连接在一起，$\overline{LD}$ 端连接在一起，就可以了。

2. 二进制异步计数器

（1）3 位二进制异步加法计数器

1）状态图（状态转换表见表 5-6，状态图见图 5-26）：

2）选择触发器，求时钟方程、输出方程、状态方程：选用 3 个 CP 下降沿触发的 JK 触发器，分别用 FF_0、FF_1、FF_2 表示，时序图如图 5-27 所示。

输出方程：$C = Q_2^n Q_1^n Q_0^n$

时钟方程：FF_0 每输入一个时钟脉冲翻转一次，FF_1 在 Q_0 由 1 变 0 时翻转，FF_2 在 Q_1 由 1 变 0 时翻转。

排列顺序：

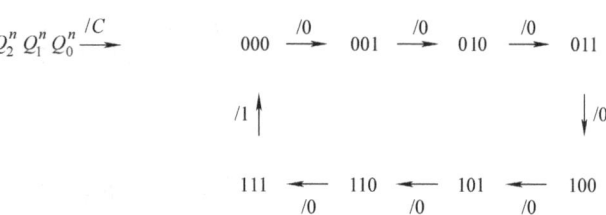

图 5-26 3 位二进制异步加法计数器状态图

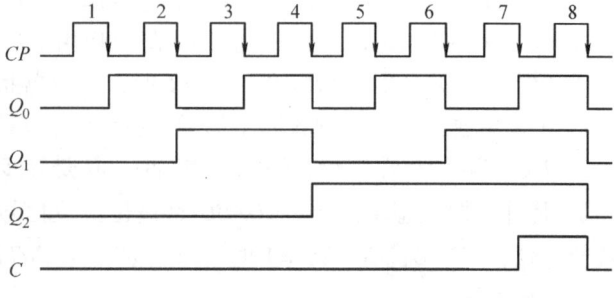

图 5-27 3 位二进制异步加法计数器时序图

$$\begin{cases} CP_0 = CP \\ CP_1 = Q_0 \\ CP_2 = Q_1 \end{cases}$$

状态方程：

$Q_0^{n+1} = \overline{Q_0^n}$ CP 下降沿时刻有效

$Q_1^{n+1} = \overline{Q_1^n}$ Q_0 下降沿时刻有效

$Q_2^{n+1} = \overline{Q_2^n}$ Q_1 下降沿时刻有效

3）求驱动方程。3 个 JK 触发器都是在需要翻转时就有下降沿，不需要翻转时没有下降沿，所以 3 个触发器都应接成 T′型。

$$\begin{cases} J_0 = K_0 = 1 \\ J_1 = K_1 = 1 \\ J_2 = K_2 = 1 \end{cases}$$

4）逻辑电路图（见图 5-28）。

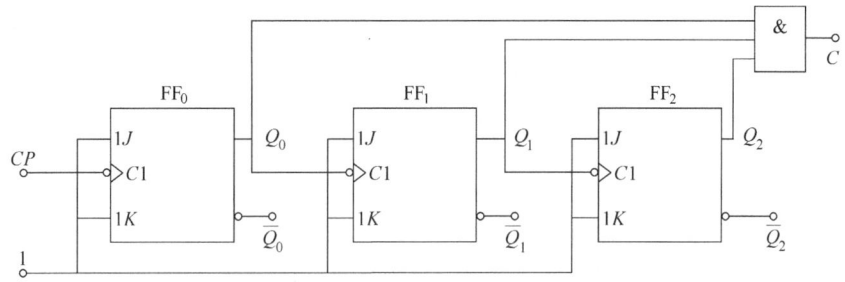

图 5-28 3 位二进制异步加法计数器逻辑电路图

(2) 3 位二进制异步减法计数器

1）状态图（状态转换表见表 5-7，状态图见图 5-29）：

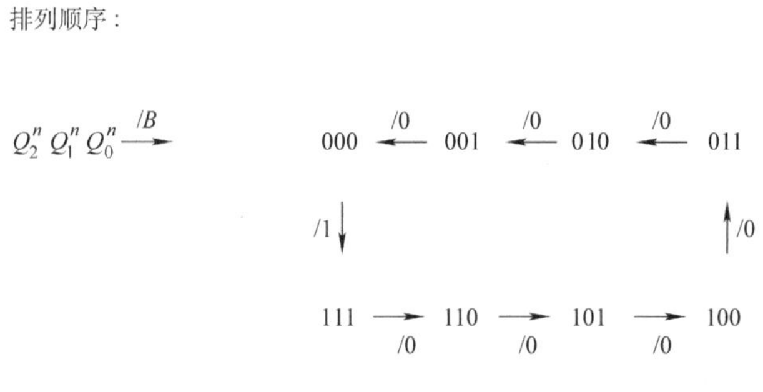

排列顺序：

$Q_2^n\ Q_1^n\ Q_0^n \xrightarrow{/B}$

$000 \xleftarrow{/0} 001 \xleftarrow{/0} 010 \xleftarrow{/0} 011$

$/1 \downarrow \qquad\qquad\qquad\qquad \uparrow /0$

$111 \xrightarrow{/0} 110 \xrightarrow{/0} 101 \xrightarrow{/0} 100$

图 5-29 3 位二进制异步减法计数器状态图

2）选择触发器，求时钟方程、输出方程、状态方程：选用 3 个 CP 下降沿触发的 JK 触发器，分别用 FF_0、FF_1、FF_2 表示，时序图如图 5-30 所示。

输出方程：$B = \overline{Q_2^n}\,\overline{Q_1^n}\,\overline{Q_0^n}$

时钟方程：FF_0 每输入一个时钟脉冲翻转一次，FF_1 在 Q_0 由 0 变 1 时翻转，FF_2 在 Q_1 由 0 变 1 时翻转。

$$CP_0 = CP,\ CP_1 = \overline{Q_0},\ CP_2 = \overline{Q_1}。$$

3）求驱动方程：3 个 JK 触发器都是在需要翻转时就有下降沿，不需要翻转时没有下降沿，所以 3 个触发器都应接成 T′形。

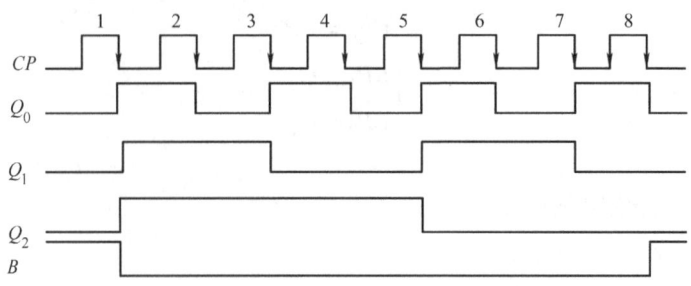

图 5-30　3 位二进制异步减法计数器时序图

$$\begin{cases} J_0 = K_0 = 1 \\ J_1 = K_1 = 1 \\ J_2 = K_2 = 1 \end{cases}$$

4）逻辑电路图（见图 5-31）。

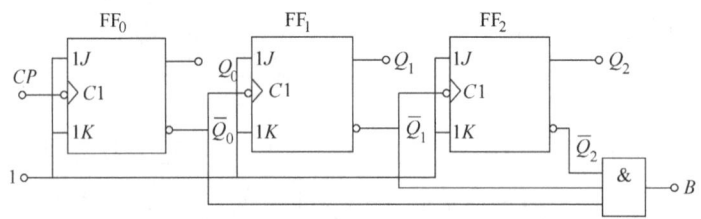

图 5-31　3 位二进制异步减法计数器逻辑电路图

二进制异步计数器的级间连接规律见表 5-9。

表 5-9　二进制异步计数器级间连接规律

连接规律	T'型触发器的触发沿	
	上升沿	下降沿
加法计数	$CP_i = \overline{Q}_{i-1}$	$CP_i = Q_{i-1}$
减法计数	$CP_i = Q_{i-1}$	$CP_i = \overline{Q}_{i-1}$

（3）4 位集成二进制可预置异步加法计数器 74HC197（见图 5-32）

1）$\overline{CR} = 0$ 时异步清零。

2）$\overline{CR} = 1$，$CT/\overline{LD} = 0$ 时异步置数。

3）$\overline{CR} = CT/\overline{LD} = 1$ 时，异步加法计数。若将输入时钟脉冲 CP 加在 CP_0 端、把 Q_0 与 CP_1 连接起来，则构成 4 位二进制即十六进制异步加法计数器。若将 CP 加在 CP_1 端，则构成 3 位二进

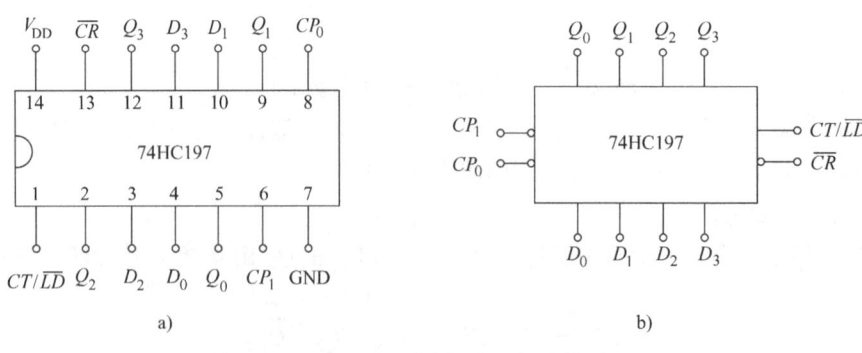

图 5-32　74HC197 引脚图和逻辑功能示意图
a）引脚排列图　b）逻辑功能示意图

制即八进制计数器，FF_0 不工作。如果只将 CP 加在 CP_0 端，CP_1 接 0 或 1，则形成 1 位二进制即二进制计数器。

3. 十进制计数器

（1）集成十进制同步计数器

1）集成十进制同步加法计数器：集成十进制同步加法计数器有 74HC160、74HC162、CD4518 等型号的芯片。

74HC160、74HC162 的引脚排列图、逻辑功能示意图与 74HC161、74HC163 相同，不同的是 74HC160 和 74HC162 是十进制同步加法计数器，而 74HC161 和 74HC163 是 4 位二进制（1 位十六进制）同步加法计数器。此外，74HC160 和 74HC162 的区别是 74HC160 采用的是异步清零方式，而 74HC162 采用的是同步清零方式。

2）集成十进制同步可逆计数器：集成十进制同步可逆计数器有 74HC192、74HC168、74HC190、CD4510、CD40192 等型号的芯片。

74HC190 是单时钟集成十进制同步可逆计数器，74HC192 是双时钟集成十进制同步可逆计数器。

（2）集成十进制异步计数器 74HC90　74HC90 为二 – 五 – 十进制计数器，如图 5-33 所示。在 74HC90 内部有 4 个触发器，第一个触发器有独立的时钟输入端 CP_0（下降沿有效）和输出端 Q_0，构成二进制计数，其余三个触发器以五进制方式相连，其时钟输入为 CP_1（下降沿有效），输出端为 Q_1、Q_2、Q_3。其功能如下：

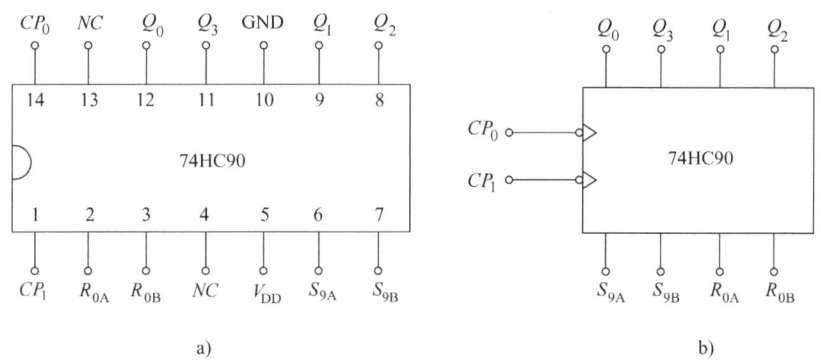

图 5-33　集成十进制异步计数器 74HC90 引脚图和逻辑功能示意图
a）引脚排列图　b）逻辑功能示意图

1）直接置 9 功能：当异步置 9 端 S_{9A} 和 S_{9B} 均为高电平时，不管其他输入端的状态如何，就可完成置 9 功能。

2）清零功能：当异步清零端 R_{0A} 和 R_{0B} 均为高电平时，只要置 9 端有一个为低电平，就可完成清零功能。

3）计数功能：当 R_{0A}、R_{0B} 中有一个为低电平以及 S_{9A}、S_{9B} 中有一个为低电平这两个条件同时满足时，即可进行计数，其功能表如表 5-10 所示。

4. N 进制计数器

获得 N 进制计数器有两种方法：一是用触发器和逻辑门进行时序电路设计（如前所述）、二是用集成计数器（一般都用集成二进制计数器）变换而成。前一种方法类似十进制计数器，不再叙述。

用集成计数器构成 N 进制计数器的关键是利用清零端或置数控制端，只要让电路跳跃某些状态，便可获得 N 进制计数器。无论是清零还是置数都有异步和同步的区别。在时钟脉冲 CP 的作用下，将某一设定的数据预先写入计数器中或清零，这种过程称为同步置数或同步清零。不管时钟脉冲状态如何，均可完成置数或清零，这种方式称为异步置数或异步清零。下面分别介绍利用反馈置数和反馈清零法来获得 N 进制计数器的方法。

表 5-10 集成十进制异步计数器 74HC90 功能表

输入						输出			
R_{0A}	R_{0B}	S_{9A}	S_{9B}	CP_0	CP_1	Q_0^{n+1}	Q_1^{n+1}	Q_2^{n+1}	Q_3^{n+1}
1	1	0	×	×	×	0	0	0	0（清零）
1	1	×	0	×	×	0	0	0	0（清零）
×	×	1	1	×	×	1	0	0	1（置9）
×	0	×	0	↓	0	二进制计数			
×	0	0	×	0	↓	五进制计数			
0	×	×	0	↓	Q_0	8421 码十进制计数			
0	×	0	×	Q_3	↓	5421 码十进制计数			

（1）用同步清零端或置数端构成 N 进制计数器的方法

1）写出状态 S_{N-1} 的二进制代码。

2）求归零逻辑，即求同步清零端或置数控制端信号的逻辑表达式。

3）画连线图。

例 5-3 用 74HC163 来构成一个十二进制计数器。

解：1）写出状态 S_{N-1} 的二进制代码：

$$S_{N-1} = S_{12-1} = S_{11} = 1011$$

2）求归零逻辑：

$$\overline{CR} = \overline{P_{N-1}} = \overline{P_{11}} = \overline{Q_3^n Q_1^n Q_0^n} \quad 或 \quad \overline{LD} = \overline{Q_3^n Q_1^n Q_0^n}$$

3）画连线图（见图 5-34、图 5-35）：

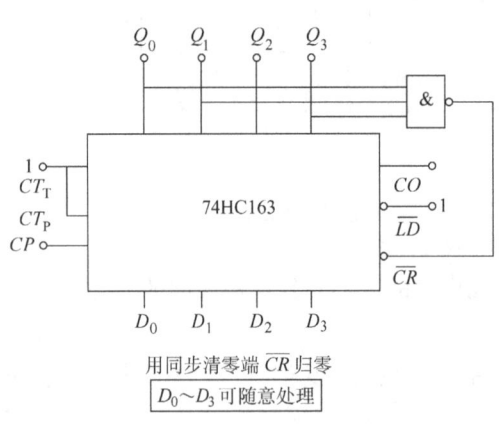 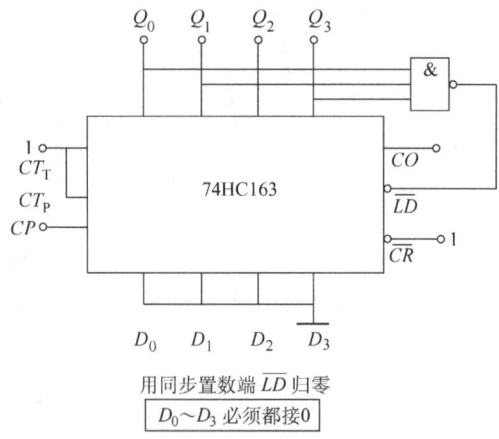

图 5-34 74HC163 同步清零构成十二进制计数器连线图　　图 5-35 74HC163 同步置数构成十二进制计数器连线图

（2）用异步清零端或置数端构成 N 进制计数器的方法

1）写出状态 S_N 的二进制代码。

2）求归零逻辑，即求异步清零端或置数控制端信号的逻辑表达式。

3）画连线图。

例 5-4 用 74HC197 来构成一个十二进制计数器。

解：1) 写出状态 S_N 的二进制代码。

74HC197 是二 – 八 – 十六进制异步计数器（由 CP_0、CP_1 不同的连接方法决定）。其中，CP_1 接 Q_0 及 CP_0 作为时钟脉冲端时，74HC197 构成十六进制计数器。

$$S_N = S_{12} = 1100$$

2) 求归零逻辑。

$$\overline{CR} = \overline{P}_N = \overline{P}_{12} = \overline{Q_3^n Q_2^n} \quad \text{或} \quad \overline{CT/LD} = \overline{Q_3^n Q_2^n}$$

3) 画连线图（见图 5-36、图 5-37）。

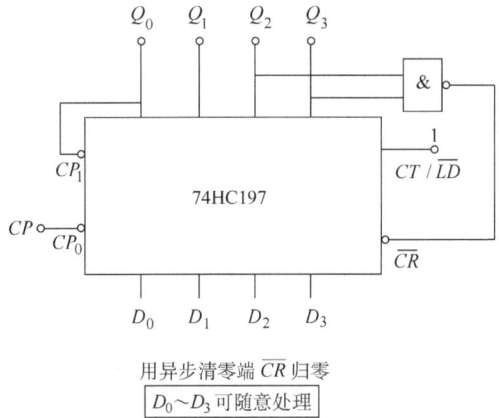

图 5-36　74HC197 异步清零构成十二进制计数器连线图

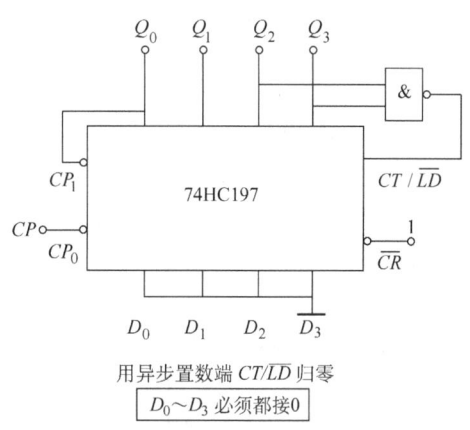

图 5-37　74HC197 异步置数构成十二进制计数器连线图

（3）用异步清零端、同步置数端构成 N 进制计数器　分别写出 S_N、S_{N-1} 的二进制代码，再写出归零逻辑式，进而连成电路。

例 5-5　用 74HC161 来构成一个十二进制计数器。

解：74HC161 是采用异步清零、同步置数工作方式的十六进制异步计数器。

用异步清零端 $\overline{CR}$ 归零（见图 5-38）：

$$S_N = S_{12} = 1100 \qquad \overline{CR} = \overline{Q_3^n Q_2^n}$$

用同步置数端 $\overline{LD}$ 归零（见图 5-39）。

$$S_{N-1} = S_{11} = 1011 \qquad \overline{LD} = \overline{Q_3^n Q_1^n Q_0^n}$$

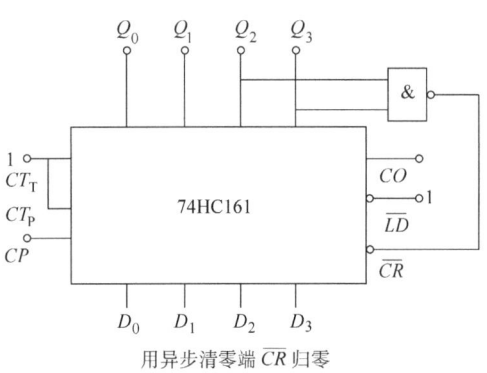

图 5-38　74HC161 异步清零构成十二进制计数器连线图

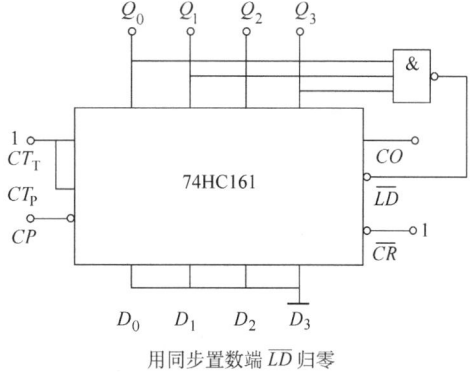

图 5-39　74HC161 同步置数构成十二进制计数器连线图

（4）提高归零可靠性的方法　利用一个基本 RS 触发器将 $\overline{CR}$ 或 $\overline{LD} = 0$ 暂存一下，从而保证归零信号有足够的作用时间,使计数器能够可靠归零,如图 5-40 所示。

如果使用 CP 下降沿触发的集成计数器时,电路中需增加一个反相器,如图 5-41 所示。

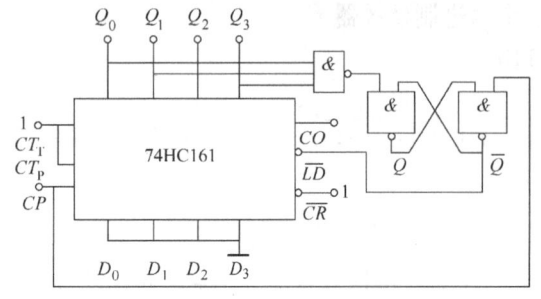 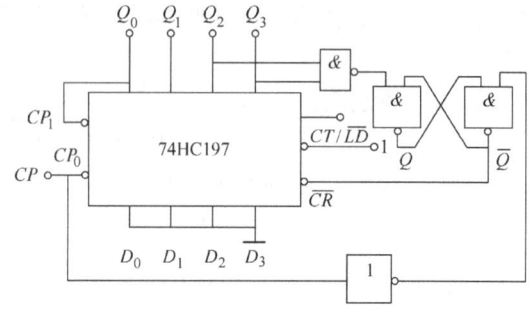

图 5-40　74HC161 同步置数可靠归零电路　　　　图 5-41　74HC197 异步清零可靠归零电路

综上所述,改变集成计数器的有效状态数(也称计数器的容量、长度或模)可用清零法,也可用预置数法。清零法比较简单,预置数法比较灵活。但不管用哪种方法,都应首先搞清所用集成组件的清零端或预置端是异步还是同步工作方式,根据不同的工作方式选择合适的清零信号或预置信号。

(5)计数器容量的扩展　异步计数器一般没有专门的进位信号输出端,通常可以用本级的高位输出信号驱动下一级计数器计数,即采用串行进位方式来扩展计数器的容量。例如,把一个 N_1 和一个 N_2 进制的计数器串接起来,可以构成 $N = N_1 N_2$ 进制的计数器,如图 5-42、图 5-43 所示。

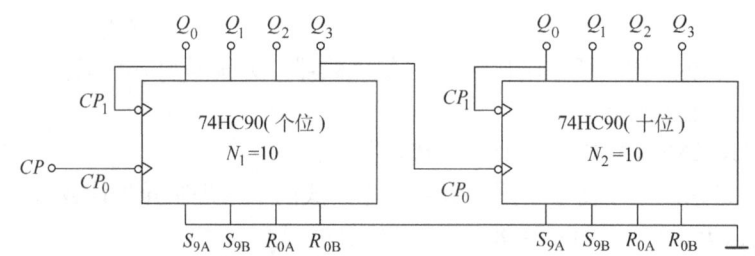

图 5-42　两级 74HC90 组成的一百进制计数器

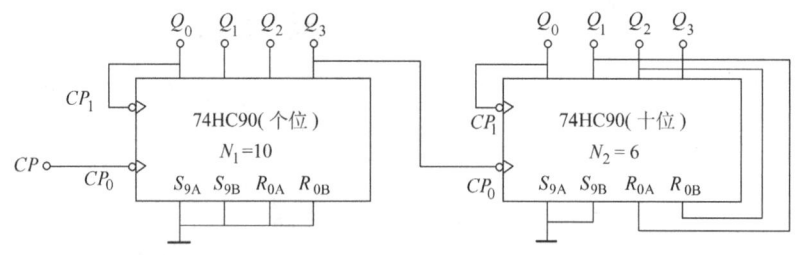

图 5-43　两级 74HC90 组成的六十进制计数器

图 5-44 是把两级计数器级联起来组成一百进制后,再用反馈清零法来获得六十四进制计数器的另一种方法。

同步计数器有进位或借位输出端,可以选择合适的进位或借位输出信号来驱动下一级计数器计数。同步计数器级联的方式有两种:一种级间采用串行进位方式,即异步方式,这种方式是将低位计数器的进位输出直接作为高位计数器的时钟脉冲,异步方式的速度较慢。另一种级间采用并行进位方式,即同步方式,这种方式一般是把各计数器的 CP 端连在一起接统一的时钟脉冲,而低位计数器的进位输出送高位计数器的计数控制端。

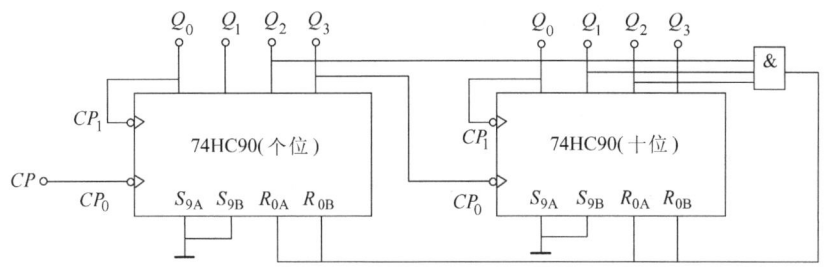

图 5-44　两级 74HC90 组成的六十四进制计数器

例 5-6　用 74HC160 组成四十八进制计数器。

解：因为 $N=48$，而 74HC160 为模 10 计数器，所以要用两片 74HC160 构成此计数器。先将两芯片采用同步级联方式连接成一百进制计数器，然后再借助 74HC160 异步清零功能，在输入第 48 个计数脉冲后，计数器输出状态为 0100 1000 时，高位片（十位）的 Q_2 和低位片（个位）的 Q_3 同时为 1，使与非门输出 0，加到两芯片异步清零端上，使计数器立即返回 0000 0000 状态，状态 0100 1000 仅在极短的瞬间出现，为过渡状态，这样，就组成了四十八进制计数器，其逻辑电路图如图 5-45 所示。

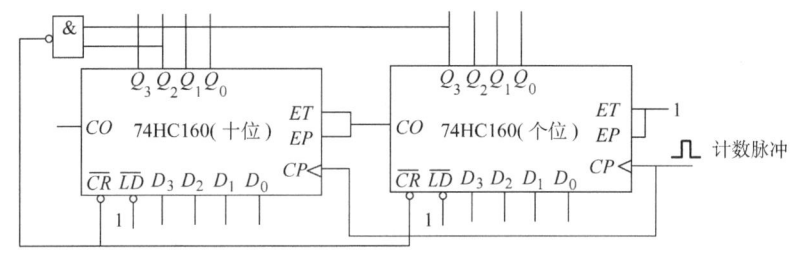

图 5-45　例 5-6 的逻辑电路图

在图 5-46 的 12 位二进制计数器中，只要片 0 的各位输出都为 1，片 1 可以接收到进位信号进行计数。当片 1 的各位输出都为 1，一旦片 0 的各位输出都为 1，片 2 才可以接收到进位信号进行计数。

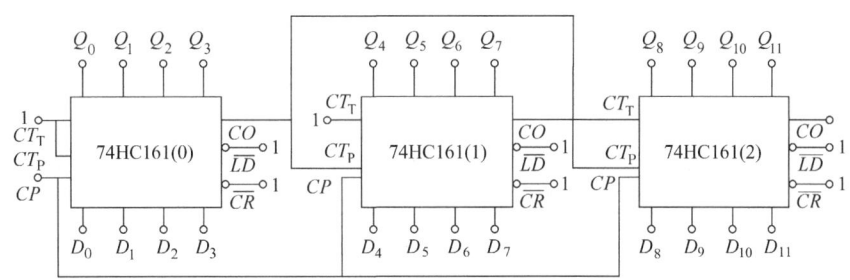

图 5-46　74HC161 组成 12 位二进制计数器逻辑电路图

5. 组成分频器

前面提到，模 N 计数器进位输出端输出脉冲的频率是输入脉冲频率的 $1/N$，因此可用模 N 计数器组成 N 分频器。

例 5-7　某石英晶体振荡器输出脉冲信号的频率为 32768Hz，用 74HC161 组成分频器，将其分频为频率 1Hz 的脉冲信号。

解：因为 $32768=2^{15}$，经 15 级二分频，就可获得频率为 1Hz 的脉冲信号。因此将 4 片

74HC161级联，从高位片（4）的 Q_2 输出即可，其逻辑电路图如图5-47所示。

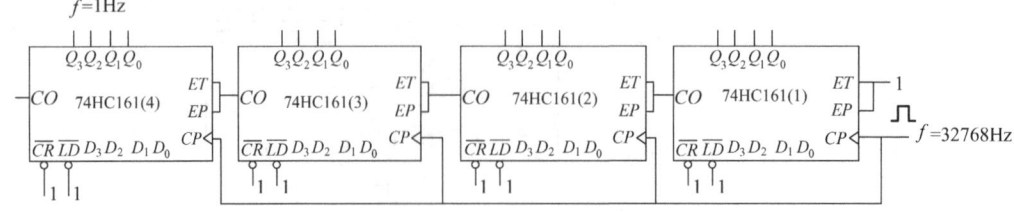

图5-47 例5-7的逻辑电路图

6. 组成序列信号发生器

序列信号是在时钟脉冲作用下产生的一串周期性的二进制信号。图5-48是用74HC161及门电路构成的序列信号发生器。其中74HC161与G_1构成了一个模5计数器，且$Z=Q_0\overline{Q_2}$。在CP作用下，计数器的状态变化如表5-11所示。由于$Z=Q_0\overline{Q_2}$，故不同状态下的输出如该表的右列所示。因此，这是一个01010序列信号发生器，序列长度$P=5$，状态表见表5-11。

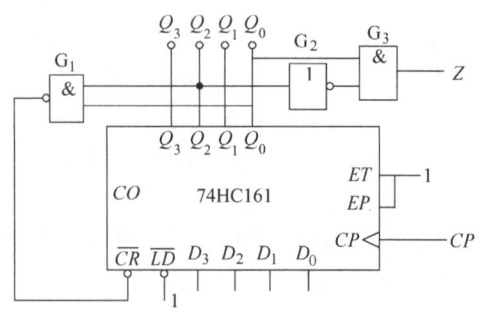

图5-48 74HC161构成的序列信号发生器

表5-11 状态表

现态			次态			输出
Q_2^n	Q_1^n	Q_0^n	Q_2^{n+1}	Q_1^{n+1}	Q_0^{n+1}	Z
0	0	0	0	0	1	0
0	0	1	0	1	0	1
0	1	0	0	1	1	0
0	1	1	1	0	0	1
1	0	0	0	0	0	0

例5-8 试用计数器74HC161和数据选择器设计一个01100011序列发生器。

解：用计数器辅以数据选择器可以方便地构成各种序列发生器。构成的方法如下：

第一步：构成一个模P计数器；

第二步：选择适当的数据选择器，把欲产生的序列按规定的顺序加在数据选择器的数据输入端，把地址输入端与计数器的输出端适当地连接在一起。

由于序列长度$P=8$，故将74HC161构成模8计数器，并选用数据选择器74HC151产生所需序列，如图5-49所示。

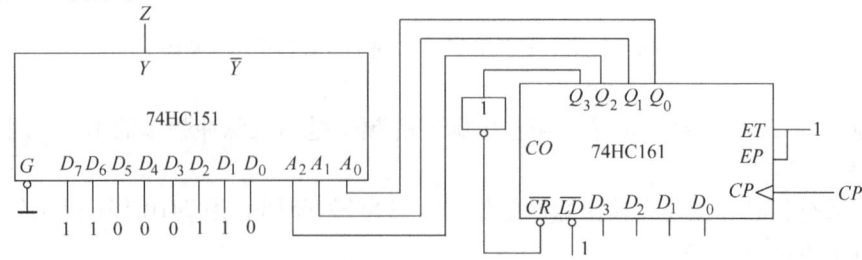

图5-49 计数器和数据选择器组成序列信号发生器

7. 组成脉冲分配器

脉冲分配器是数字系统中定时部件的组成部分，它在时钟脉冲作用下，顺序地使每个输出端输出节拍脉冲，用以协调系统各部分的工作。

图 5-50a 为一个由计数器 74HC161 和译码器 74HC138 组成的脉冲分配器。74HC161 构成模 8 计数器，输出状态 $Q_2Q_1Q_0$ 在 000～111 之间循环变化，从而在译码器输出端 Y_0～Y_7 分别得到图 5-50b 所示的脉冲序列。

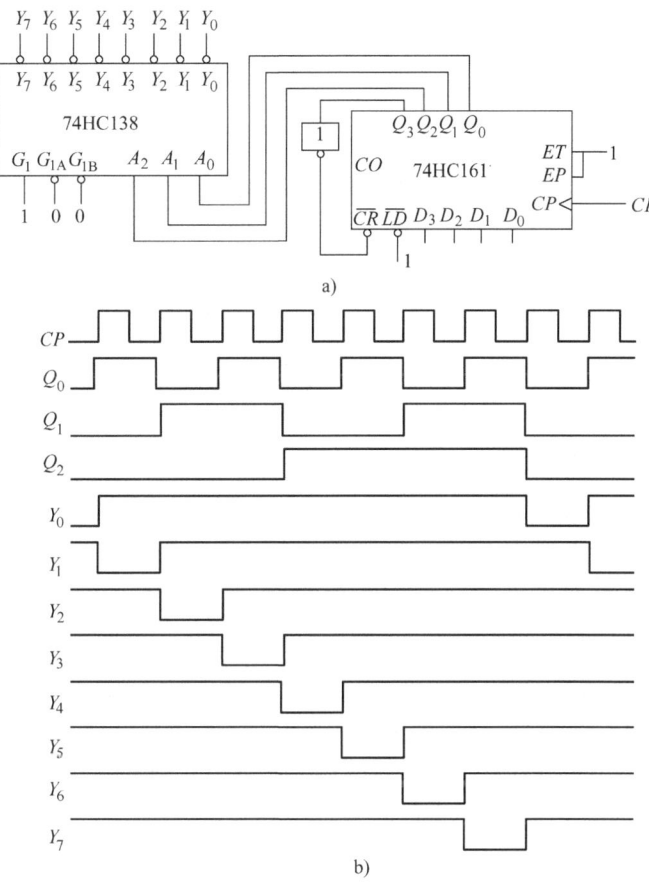

图 5-50　计数器 74HC161 和译码器 74HC138 组成的脉冲分配器
a）电路图　b）时序图

5.4　应用电路介绍

应用一：游戏机操作手柄电路中的移位寄存器

图 5-51 为家庭电子游戏机操作手柄电路中的移位寄存器，当进行游戏操作时，在单片机指令控制下，将游戏操作者在每一时刻操作按键的状态存入寄存器中，然后再逐位移给单片机进行分析处理。

电路中的 CD4021 为 8 位静态移位寄存器，其并入/串入控制端 P/S 由单片机中的中央处理器 CPU 输出指令控制，CPU 先使 P/S 为高电平（此信号作为并行置入控制信号，与时钟状态无关），在这个信号作用下，8 个键值状态被输入到 CD4021 内部寄存器；CPU 紧接着使 P/S 端变为低电平，禁止并行数据输入。同时，CPU 向 CD4021 的 CP 端送入一串（8 个）时钟信号，在

CP 的每一个时钟上跳沿，使已并入移位寄存器中的数据向右移一位，从最后一个触发器的输出端 Q_7 串行输出，经过接口电路后由 CPU 读取。由于串行输入端 D_S 接地，故移位后的各个触发器内部输出均为低电平。这样，经过 8 个时钟信号后，移位寄存器即将各个按键组成的数据串行送给 CPU，寄存器可以重新并入新的键值状态。

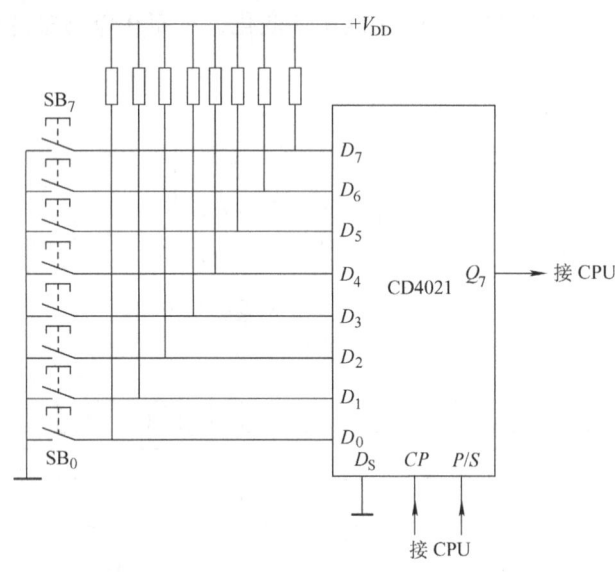

图 5-51　游戏机操作手柄电路中的移位寄存器

应用二：倒计数器

图 5-52 所示的倒计数器是由可预置数 BCD 码加/减计数器 CD4510 和四 2 输入端或非门 CD4001 等构成的两级可预置数的减计数器。该电路可实现在一个周期内的减计数，主要用作倒计数装置，如火箭发射的倒计时等。

电路中 CD4001 的 G_1 门和 G_2 门组成 RS 触发器，用来保证计数器只作一个周期的减计数。两级 CD4510 级联成 2 位十进制计数器，各级的加减控制端 $U/\overline{D}$ 接低电平，作减计数。该计数器在置数控制端 LD 为高电平时，最大预置数为 99。

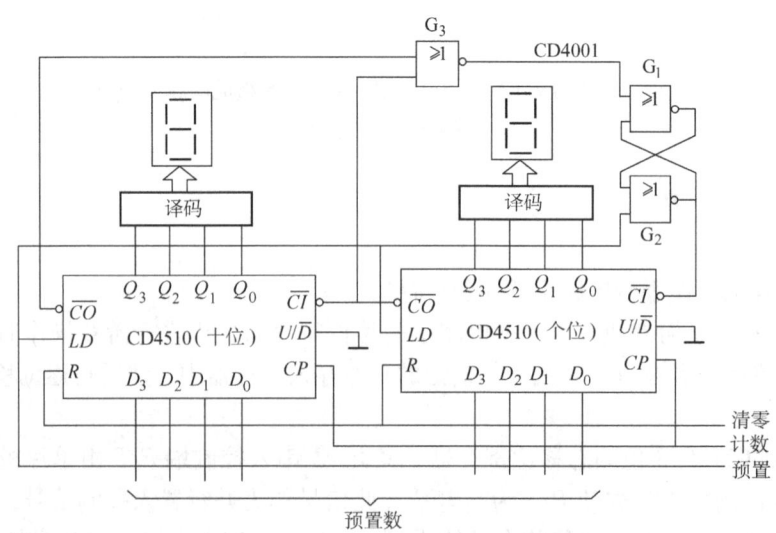

图 5-52　倒计数器

电路工作时，先在各级 CD4510 的 LD 端加一正脉冲，送入预置数，同时使 RS 触发器的 G_2 门输出为低电平，送至 CD4510 的进位输入端 $\overline{CI}$，使 CD4510 处于计数状态。在时钟脉冲的作用下，低位计数器由预置数减到 0，同时其借位输出端 $\overline{CO}$ 输出一负脉冲，向高位计数器借一位，使高位减 1，低位由 0 跳变到 9。低位计数器继续作减 1 操作，一旦为 0 时，又向高位借位。直至高位、低位均减为 0 时，两级 $\overline{CO}$ 均输出负脉冲，通过 G_3 门使 RS 触发器 G_2 门的输出由 0 态跳变为 1 态，$\overline{CI}$ 禁止时钟输入，从而结束了一个周期的减计数。

如果这时由预置输入端送入第二组数据，并由预置控制端给出新的预置信号，则 G_2 恢复低电平，即可进行下一个周期的减计数。

应用三：延时报警器

图 5-53a 所示电路是由 14 位二进制计数/分频、振荡器 CD4060、四 2 输入端与非门 CD4011 等构成的延时报警器。该电路每当输入端 u_I 得到低电平控制信号，延时 16s 后蜂鸣器鸣声 4 次，然后每隔 20s 重复一次直到解除报警。

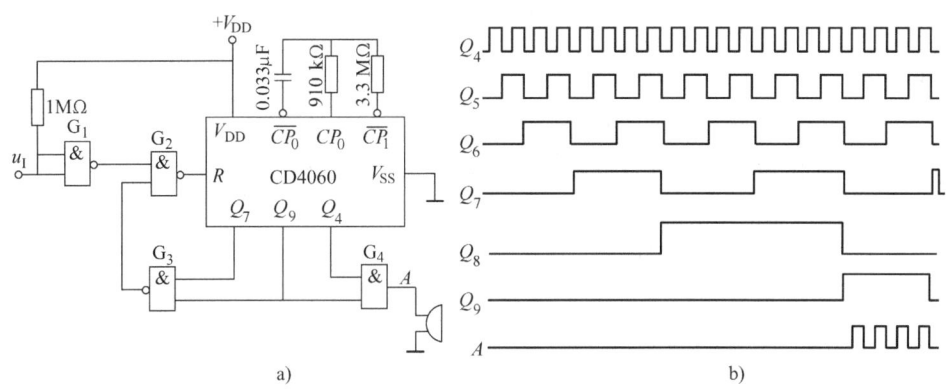

图 5-53 延时报警器

电路工作时，输入端 u_I 平时为高电平，G_1 门输出为低电平，G_2 门输出高电平，使 CD4060 复位，输出端 $Q_4 \sim Q_{14}$ 全部为低电平，蜂鸣器不发声。

当输入端 u_I 为低电平时，G_1 门输出高电平，由于 G_3 门输出也为高电平（因 Q_7 和 Q_9 均为低电平），所以 G_2 门输出低电平，解除对 CD4060 的复位，CD4060 则对 16Hz 左右的振荡脉冲开始计数，其 Q_4 输出 1Hz 信号，经约 16s 后 Q_9 变为高电平，随后 G_4 门随 1Hz 信号输出 4 次高电平，蜂鸣器发出 4 次响声。而后 Q_7 端变为高电平，使 G_3 门输出低电平，经 G_2 门使 CD4060 复位，完成一次报警。其时序图如图 5-53b 所示。

如果输入端 u_I 仍为低电平，则整个过程重新开始。

本 章 小 结

1）时序逻辑电路在任何一个时刻的输出状态不仅取决于当时的输入信号，还与电路的原状态有关。因此时序电路中必须含有具有记忆能力的存储器件，触发器是最常用的存储器件。

2）描述时序逻辑电路逻辑功能的方法有状态转换真值表、状态转换图和时序图等。

3）时序逻辑电路的分析步骤一般为：逻辑图→时钟方程（异步）、驱动方程、输出方程→状态方程→状态转换真值表→状态转换图和时序图→逻辑功能。

4）时序逻辑电路的设计步骤一般为：设计要求→最简状态表→编码表→次态卡诺图→驱动方程、输出方程→逻辑图。

5）计数器是一种简单而又最常用的时序逻辑器件。它们在计算机和其他数字系统中起着非常重要的作用。计数器不仅能用于统计输入时钟脉冲的个数，还能用于分频、定时、产生节拍脉冲等。

6）用已有的 M 进制集成计数器产品可以构成 N（任意）进制的计数器。采用的方法有异步清零法、同步清零法、异步置数法和同步置数法，根据集成计数器的清零方式和置数方式来选择。当 $M>N$ 时，用 1 片 M 进制计数器即可；当 $M<N$ 时，要用多片 M 进制计数器组合起来，才能构成 N 进制计数器。当需要扩大计数器的容量时，可将多片集成计数器进行级联。

7）寄存器也是一种常用的时序逻辑器件。寄存器分为数码寄存器和移位寄存器两种，移位寄存器又分为单向移位寄存器和双向移位寄存器。集成移位寄存器使用方便、功能全、输入和输出方式灵活。用移位寄存器可实现数据的串行—并行转换，组成环形计数器、扭环计数器、顺序脉冲发生器等。

思考题与习题

5-1 填空题

（1）组合逻辑电路任何时刻的输出信号，与该时刻的输入信号_____；与电路原来所处的状态_____；时序逻辑电路任何时刻的输出信号，与该时刻的输入信号_____；与信号作用前电路原来所处的状态_____。

（2）构成一个异步 2^n 进制加法计数器需要_____个触发器，一般将每个触发器接成_____型触发器。如果触发器是上升沿触发翻转的，则将最低位触发器 CP 端与_____相连，高位触发器的 CP 端与_____相连。

（3）一个 4 位移位寄存器，经过_____个时钟脉冲 CP 后，4 位串行输入数码全部存入寄存器；再经过_____个时钟脉冲 CP 后可串行输出 4 位数码。

（4）要组成模 15 计数器，至少需要采用_____个触发器。

5-2 判断题

（1）异步时序电路的各级触发器类型不同。（　　）

（2）把一个五进制计数器与一个十进制计数器串联可得到十五进制计数器。（　　）

（3）具有 N 个独立的状态，计满 N 个计数脉冲后，状态能进入循环的时序电路，称之为模 N 计数器。（　　）

（4）计数器的模是指构成计数器的触发器的个数。（　　）

5-3 单项选择题

（1）下列电路中，不属于组合逻辑电路的是（　　）。
A. 编码器　　　　B. 译码器　　　　C. 数据选择器　　　　D. 计数器

（2）同步时序电路和异步时序电路比较，其差异在于后者（　　）。
A. 没有触发器　　　　　　　　B. 没有统一的时钟脉冲控制
C. 没有稳定状态　　　　　　　D. 输出只与内部状态有关

（3）某移位寄存器的时钟脉冲频率为 100kHz，欲将存放在该寄存器中的数左移 8 位，完成该操作需要（　　）时间。
A. $10\mu s$　　　　B. $80\mu s$　　　　C. $100\mu s$　　　　D. 800ms

（4）用二进制异步计数器从 0 做加法，计到十进制数 178，则最少需要（　　）个触发器。
A. 6　　　　B. 7　　　　C. 8　　　　D. 10

(5) 某数字钟需要一个分频器将 32768Hz 的脉冲转换为 1Hz 的脉冲，欲构成此分频器至少需要（　　）个触发器。

A. 10　　　　　　B. 15　　　　　　C. 32　　　　　　D. 32768

(6) 一位 8421BCD 码计数器至少需要（　　）个触发器。

A. 3　　　　　　B. 4　　　　　　C. 5　　　　　　D. 10

5-4　已知单向移位寄存器的 CP 及输入波形如图 5-54 所示，试画出 Q_0、Q_1、Q_2、Q_3 波形（设各触发初态均为 0）。

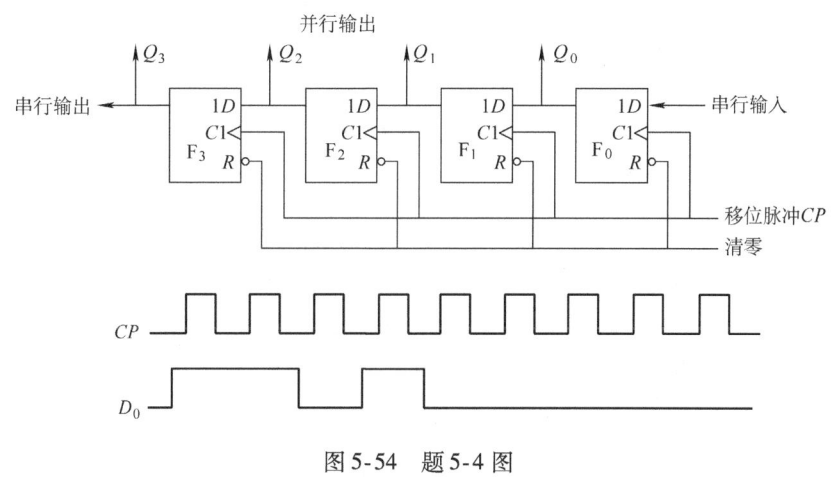

图 5-54　题 5-4 图

5-5　图 5-55 所示电路由 74HC164 和 $\frac{1}{2}$CD4013 构成，在时钟脉冲作用下，$Q_0 \sim Q_7$ 依次变为高电平。试分析其工作原理，并画出 $Q_0 \sim Q_7$、Q_D 的输出波形。

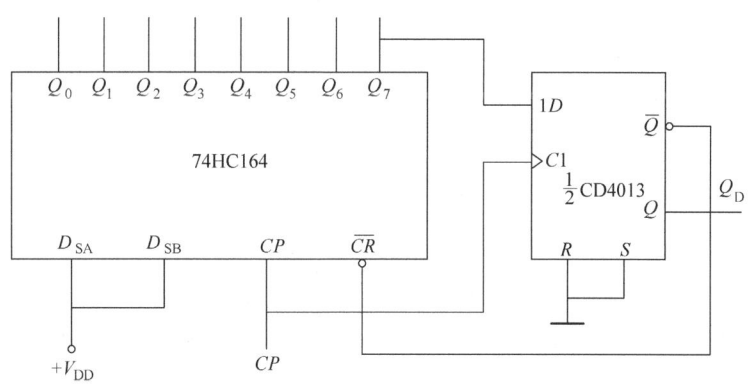

图 5-55　题 5-5 图

5-6　试分析图 5-56 所示电路的逻辑功能，并画出 Q_0、Q_1、Q_2 的波形。设各触发器的初始状态均为 0。

5-7　试分析图 5-57 所示的时序电路的逻辑功能，写出电路的驱动方程、状态转移方程，画出状态转移图，说明电路是否具有自启动特性和逻辑功能。设各触发器的初始状态均为 0。

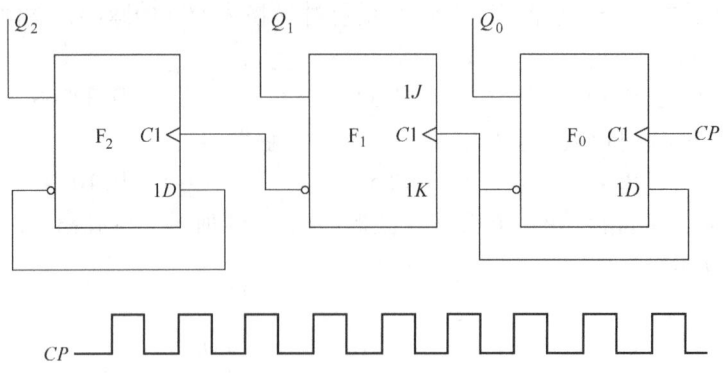

图 5-56 题 5-6 图

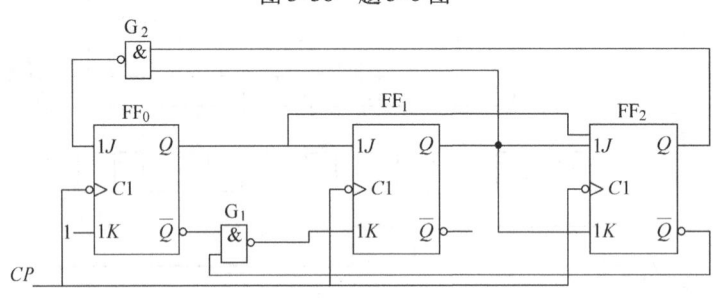

图 5-57 题 5-7 图

5-8 试分析图 5-58 所示的时序电路的逻辑功能，写出电路的驱动方程、状态转移方程，画出状态转移图，说明电路是否具有自启动特性和逻辑功能。设各触发器的初始状态均为 0。

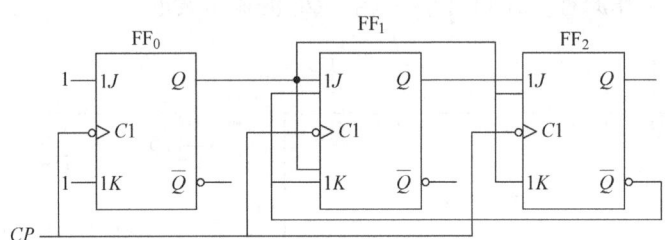

图 5-58 题 5-8 图

5-9 试分析图 5-59 所示的时序电路的逻辑功能，写出电路的驱动方程、状态转移方程和输出方程，画出状态转移图，说明电路是否具有自启动特性和逻辑功能。设各触发器的初始状态均为 0。

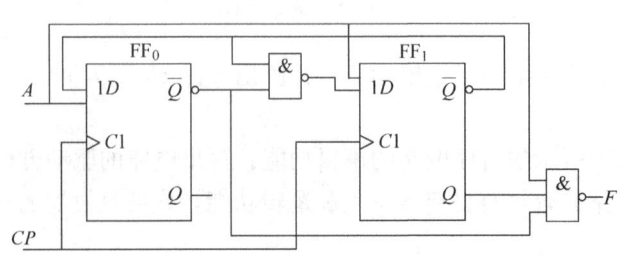

图 5-59 题 5-9 图

5-10　试分析图 5-60 所示时序电路，写出电路的驱动方程、状态转移方程和输出方程，画出状态转移图，说明电路逻辑功能。设各触发器的初始状态均为 0。

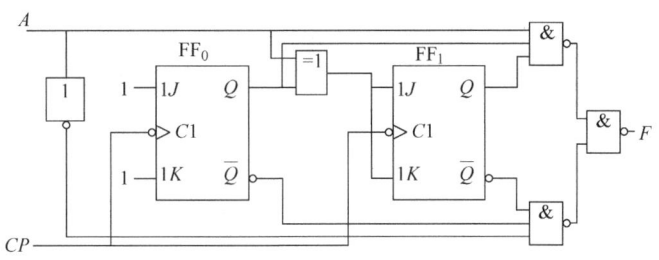

图 5-60　题 5-10 图

5-11　试分析图 5-61 所示时序电路，写出电路的驱动方程、状态转移方程和输出方程，画出状态转移图。设各触发器的初始状态均为 0。

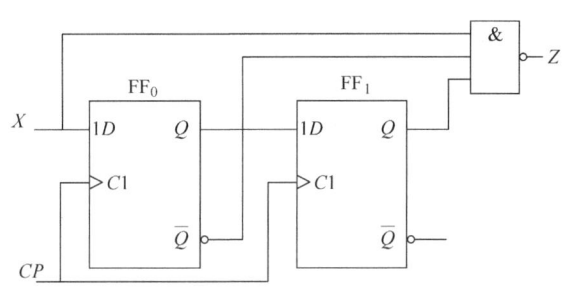

图 5-61　题 5-11 图

5-12　已知电路如图 5-62 所示，设触发器初态为 0，试画出各触发器输出端 Q_0、Q_1 和 Q_2 的波形。

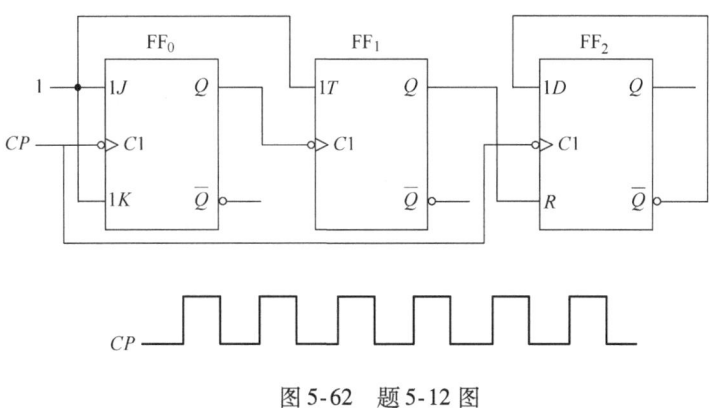

图 5-62　题 5-12 图

5-13　已知电路如图 5-63 所示，设触发器初态为 0，试画出在连续 7 个时钟脉冲 CP 作用下输出端 Q_0、Q_1、Q_2 和 Z 的波形，分析输出 Z 与时钟脉冲 CP 的关系。

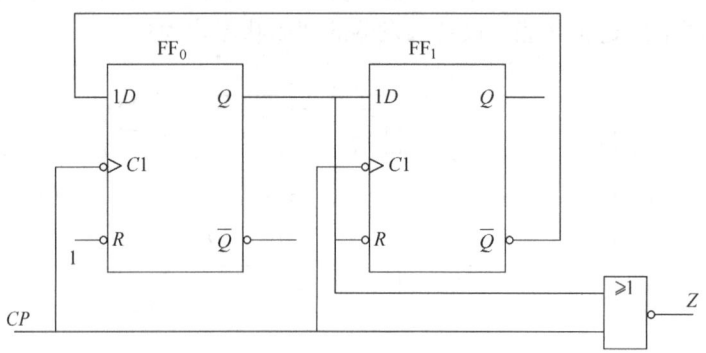

图 5-63 题 5-13 图

5-14 图 5-64 是由两个 4 位左移寄存器 A、B、"与门" C 和 JK 触发器 F_D 组成，A 寄存器的初始状态为 $Q_3Q_2Q_1Q_0 = 1010$，B 寄存器的初始状态为 $Q_3Q_2Q_1Q_0 = 1011$，F_D 的初态 $Q_D = 0$，试画出在 CP 作用下图中 Q_{3A}、Q_{3B}、Y_C、Q_D 的波形。

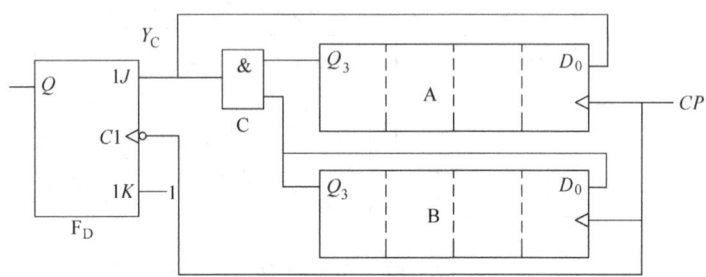

图 5-64 题 5-14 图

5-15 试分析如图 5-65 所示电路，说明它的模为多少？

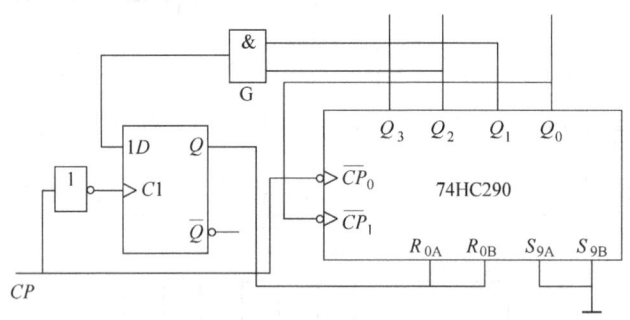

图 5-65 题 5-15 图

5-16 试用集成中规模 4 位二进制计数器 74HC161 采用复位法（异步清除）及置数法（同步置数）分别设计模 $M = 12$ 的计数分频电路。

5-17 由两片 74HC161 组成的同步计数器如图 5-66 所示，试分析其分频比（即 Y 与 CP 之频比），当 CP 的频率为 20kHz，Y 的频率为多少？

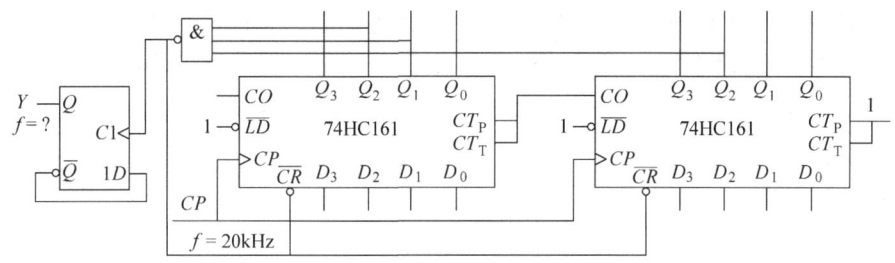

图 5-66　题 5-17 图

5-18　试分析如图 5-67 所示由两片 4 位双向移位寄存器 74HC194 构成的 7 位串行–并行变换电路的工作过程。

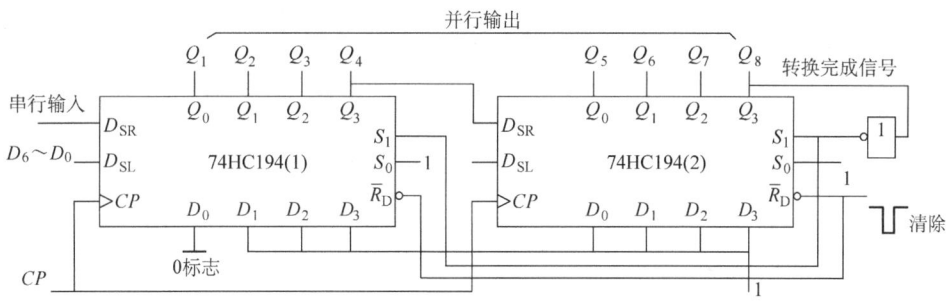

图 5-67　题 5-18 图

5-19　某程序控制机床分 9 步循环工作，请用 CD4017 为该机床设计一个 9 步循环控制器（即 CD4017 的 9 个输出端 $Y_0 \sim Y_8$ 依此出现高电平）。

5-20　试用两片 74HC192 用预置数控制端实现 2~98 的分频器。

本 章 实 验

实验 5.1　寄存器及其应用

1. 实验目的

1）掌握数码寄存器的逻辑功能。

2）熟悉利用触发器构成移位寄存器。

3）掌握集成移位寄存器的逻辑功能。

4）熟悉和掌握集成移位寄存器的应用。

2. 实验设备和元器件

电子实验箱，集成电路：CD4013×2、74HC194×2，元器件手册。

3. 实验内容和步骤

1）利用两块 CD4013 构成 4 位数码寄存器。要求画出电路图，并用实验证明其存储功能。（将 R_D、S_D 端分别接电平开关）

2）利用两块 CD4013 构成 4 位左移寄存器。画出电路图，并连接电路。先对电路进行清零，使电路输出均为零。再从数据输入端 D 依次输入数据，使寄存器输出为 $Q_3Q_2Q_1Q_0 = 1101$，直至完全左移输出。将各次移位过程中各触发器的状态记入表 5-12 中。

表 5-12 移位寄存器的状态表

移位脉冲 CP	Q_3	Q_2	Q_1	Q_0	输入数据 D
0					
1					
2					
3					
4					
5					
6					
7					
8					

3）测试 74HC194 集成电路的逻辑功能。利用 74HC194 构成循环左移的电路，画出电路图。设置寄存器为 $Q_3Q_2Q_1Q_0 = 1000$，请在表 5-13 中记录其循环左移过程中各输出状态。

表 5-13 移位寄存器的状态表

移位脉冲 CP	Q_3	Q_2	Q_1	Q_0	输入数据 D
0					
1					
2					
3					
4					
5					
6					
7					
8					

4）利用两块 74HC194 构成 8 位右移寄存器。画出电路图，在串行输入端输入数码，并用实验加以验证。

4. 实验报告内容要求

实验名称、日期、组别、指导教师。实验目的、仪器规格及编号、实验电路等。把实验得到的原始数据进行整理和分析，绘出曲线或波形等。对实验结果进行分析，并做出结论，写出自己的实验心得体会。

实验 5.2　计数器功能

1. 实验目的

1）熟悉并掌握用触发器构成二进制计数器的基本方法。

2）熟悉并掌握用集成二进制计数器构成 N 进制计数器。

2. 实验设备和元器件

电子实验箱，集成电路：CD4013、CD4027、74HC161、74HC00，元器件手册。

3. 实验内容和步骤

1）试用 CD4013 分别用同步和异步方式构成 2 位二进制加法计数器。要求分别画出电路图，并将实验结果填入表 5-14 中。在图 5-68 上画出 Q_0 和 Q_1 的波形。

表 5-14　二进制加法计数器状态表

计数脉冲 CP	计数器状态	
	Q_1	Q_0
0	0	0
1		
2		
3		
4		
5		

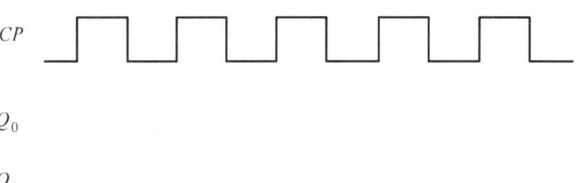

图 5-68　2 位二进制加法计数器时序图

2）试用 CD4027 分别用同步和异步方式构成 2 位二进制减法计数器。要求分别画出电路图，并将实验结果填入表 5-15 中。在图 5-69 上画出 Q_0 和 Q_1 的波形。

表 5-15 二进制减法计数器状态表

计数脉冲 CP	计数器状态	
	Q_1	Q_0
0	0	0
1		
2		
3		
4		
5		

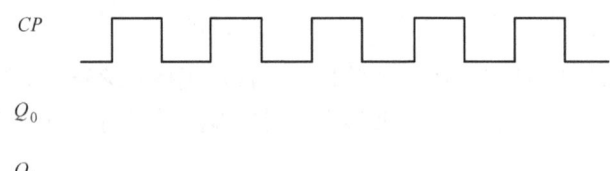

图 5-69 2 位二进制减法计数器时序图

3）测试 74HC161 的逻辑功能，并填入表 5-16 中。

表 5-16 74HC161 的逻辑功能

输入									输出			
$\overline{CR}$	CT_P	CT_T	$\overline{LD}$	CP	D_0	D_1	D_2	D_3	Q_0	Q_1	Q_2	Q_3
1	×	×	0	↑	d_0	d_1	d_2	d_3				
0	1	1	1	0	×	×	×	×				
1	1	1	1	1	×	×	×	×				
1	1	1	1	2	×	×	×	×				
1	1	1	1	3	×	×	×	×				
1	1	1	1	4	×	×	×	×				
1	1	1	1	5	×	×	×	×				
1	1	1	1	6	×	×	×	×				
1	1	1	1	7	×	×	×	×				
1	1	1	1	8	×	×	×	×				
1	1	1	1	9	×	×	×	×				
1	1	1	1	10	×	×	×	×				
1	1	1	1	11	×	×	×	×				
1	1	1	1	12	×	×	×	×				
1	1	1	1	13	×	×	×	×				
1	1	1	1	14	×	×	×	×				
1	1	1	1	15	×	×	×	×				
1	1	1	1	16	×	×	×	×				

4）利用二进制计数器 74HC161 和 74HC00 构成七进制计数器，要求画出电路图，并列出计

数状态顺序表。(使用清除端 $\overline{CR}$)

5) 利用二进制计数器 74HC161 和 74HC00 构成 0101～1110 状态的计数器 (使用同步置数端 $\overline{LD}$)。在每一个 CP 作用下，记录 Q_3、Q_2、Q_1、Q_0 的状态，并填于图 5-70 的状态转换图中。

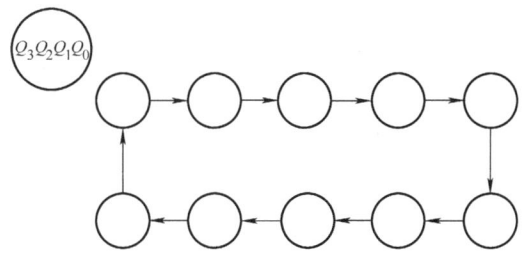

图 5-70 计数器的状态转换图

6) 利用 74HC161 和 74HC00 构成 0011～1111 状态的计数器 (使用进位输出端 CO)。要求画出电路图。

4. 实验报告内容要求

实验名称、日期、组别、指导教师。实验目的、仪器规格及编号、实验电路等。把实验得到的原始数据进行整理和分析，绘出曲线或波形等。对实验结果进行分析，并做出结论，写出自己的实验心得体会。

实验 5.3 计数器及其应用

1. 实验目的

1) 熟悉并掌握用触发器构成 N 进制计数器。
2) 熟悉并掌握集成十进制计数器构成加减 N 进制计数器。

2. 实验设备和元器件

电子实验箱，集成电路：CD4027×2、CD4011×2、74HC11、74HC192×2，元器件手册。

3. 实验内容和步骤

1）用 JK 触发器构成 8421 码递增的 0，1，2，3，4，5 计数器。要求画出电路图，并将输出结果填入表 5-17 中。

表 5-17 计数器的状态表

时钟脉冲 CP	Q_2	Q_1	Q_0
0	0	0	0
1			
2			
3			
4			
5			
6			

2）测试 74HC192 集成电路的逻辑功能。利用 74HC192 构成一个 2 分频到 98 分频的 $1/N$ 分频电路。（利用置数端和借位输出端）

4. 实验报告内容要求

实验名称、日期、组别、指导教师。实验目的、仪器规格及编号、实验电路等。把实验得到的原始数据进行整理和分析，绘出曲线或波形等。对实验结果进行分析，并做出结论，写出自己的实验心得体会。

实验 5.4　步进电动机驱动控制

1. 实验目的

应用集成触发器和计数器实现四相步进电动机驱动控制功能。

2. 实验设备和元器件

电子电路实验箱，四相步进电动机，电子元器件，元器件手册。

3. 实验内容和步骤

1）分析图 2-29 步进电动机转动的工作原理，是否会发生竞争 – 冒险？

2）试设计由 JK 触发器组成同步计数器构成四相脉冲发生器。实现驱动四相步进电动机，在实验箱上实现之。

3）试分析图 5-71 电路的工作原理，画出它的状态图和时序图。实现驱动四相步进电动机，在实验箱上实现之。

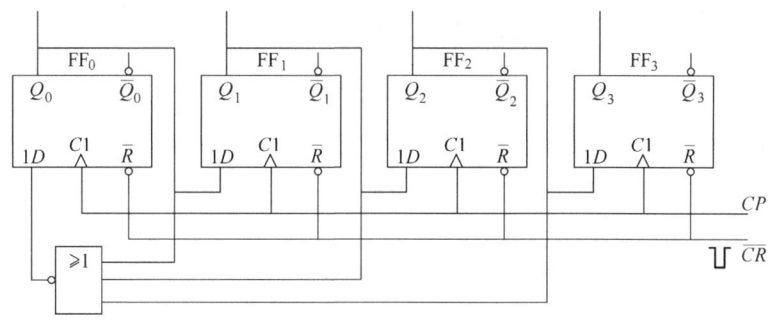

图 5-71　4 输出时序电路

4）试设计由集成计数器 74HC161 和译码器 74HC138 组成序列发生器（参考图 5-58）来实现单四拍驱动四相步进电动机，在实验箱上实现之。

5）试设计实现八拍工作来实现四相步进电动机驱动控制功能，在实验箱上实现之。（参考附录图 B-3）

4. 实验报告内容要求

实验名称、日期、组别、指导教师。实验目的、仪器规格及编号、实验电路等。把实验得到的原始数据进行整理和分析，绘出曲线或波形等。对实验结果进行分析，并做出结论，写出自己的实验心得体会。

实验 5.5　步进电动机置数控制

1. 实验目的

应用集成计数器在四相步进电动机转动电路上增加电动机转动圈数置数控制功能。

2. 实验设备和元器件

电子电路实验箱，四相步进电动机，电子元器件，元器件手册。

3. 实验内容和步骤

设计由 74HC192 组成可预置数的减法计数器，实现减到 0 时，步进电动机自动停止转动的电路。在电子实验箱上用集成电路实现控制四相步进电动机的停转功能。

在实验箱上实现由 74HC192 组成可加减的计数器，实现步进电动机正转时进行加计数，反转时进行减计数的功能。（选做）

4. 实验报告内容要求

实验名称、日期、组别、指导教师。实验目的、仪器规格及编号、实验电路等。把实验得到的原始数据进行整理和分析，绘出曲线或波形等。对实验结果进行分析，并做出结论，写出自己的实验心得体会。

第 6 章　脉冲波形的产生与整形

在数字系统中，常常需要边沿陡峭且对脉冲宽度（pluse width）、幅值有一定要求的脉冲信号，获取这些脉冲信号的方法通常有两种：一种是利用脉冲振荡器直接产生；另一种是对已有的信号进行整形处理，使之符合系统的要求。

本章主要介绍用于脉冲产生、整形和定时的几种基本单元应用电路：单稳态触发器（monostabie multivibrator）、多谐振荡器（astable multivibrator）、施密特触发器（schmitt trigger）及集成定时器。

6.1　预备知识

6.1.1　脉冲概念

脉冲信号是指电流或电压有短暂起伏的信号，如矩形脉冲、三角脉冲、锯齿脉冲等，如图 6-1 所示。

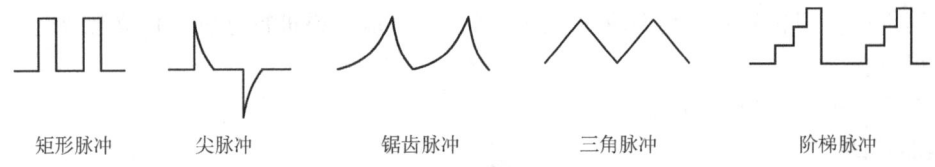

矩形脉冲　　尖脉冲　　锯齿脉冲　　三角脉冲　　阶梯脉冲

图 6-1　几种脉冲信号

关于矩形脉冲的几个参数（见图 6-2）：

脉冲幅度 U_m——电压最大值；

上升时间（前沿时间）t_r——由 $0.1U_m$ 上升到 $0.9U_m$ 所需的时间；

下降时间（后沿时间）t_f——由 $0.9U_m$ 下降到 $0.1U_m$ 所需的时间；

脉冲宽度 t_W——前后沿 $0.5U_m$ 之间的时间；

脉冲周期 T——两相邻脉冲对应点之间的时间；

占空比 q——$q = t_W/T$。

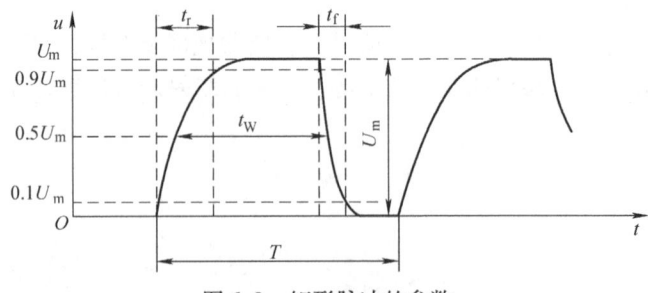

图 6-2　矩形脉冲的参数

6.1.2　微分电路和积分电路

RC 电路在脉冲信号产生与转换电路中有着广泛的应用。因此本章首先扼要地复习脉冲电路

中两种常用的 RC 应用电路：微分电路和积分电路。

1. 微分电路

微分电路是一种能够将输入的矩形脉冲变换为正负尖脉冲的波形变换电路。微分电路的形式就是一个 RC 串联电路，且要求电路的充放电时间常数 $\tau = RC$ 远小于输入矩形正脉冲的宽度 t_W。图 6-3 所示为其两种典型电路，其中图 a 为电阻下拉式，图 b 为电阻上拉式，虽然二者的电路形式不同，但其实现的功能是基本相同的。

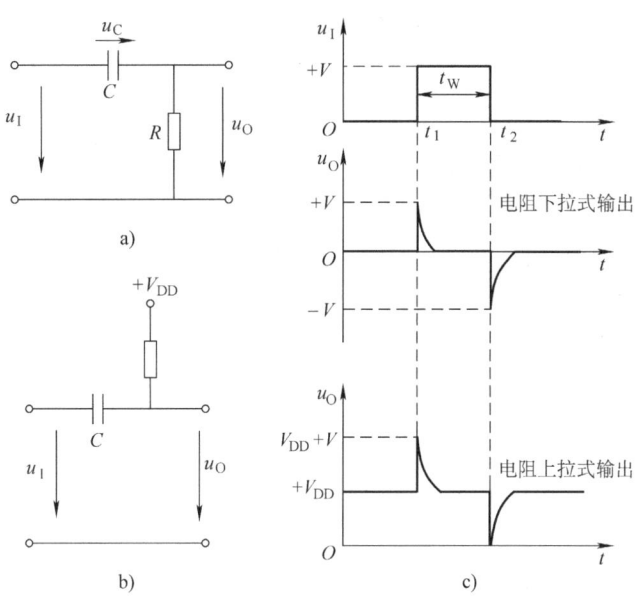

图 6-3 微分电路
a) 电阻下拉式 b) 电阻上拉式 c) 时序图

下面以图 6-3a 为例分析其工作原理：

当 $t < t_1$ 时，$u_I = 0$，所以 $u_O = 0$。

在 $t = t_1$ 瞬间，u_I 正跳变到 $+V$，由于电容两端电压不能突变，所以，u_I 的跳变使得输出电压 u_O 产生同样幅度的跳变，即 $u_O = +V$。

当 $t > t_1$ 之后，输入 u_I 保持 $+V$ 不变，输入电压以时间常数 $\tau = RC$ 迅速对电容充电，使 u_C 以指数规律 $V(1 - e^{-\frac{t-t_1}{\tau}})$ 增加，u_O 则按指数规律 $Ve^{-\frac{t-t_1}{\tau}}$ 相应下降。对应于输入电压的正跳变，在电阻上就形成一个正尖脉冲。

当 $t = t_2$ 时，输入 u_I 由 $+V$ 跳变到 0，输入端相当于短路。由于电容两端电压不能突变，所以 $u_O = -u_C = -V$，产生一负跳变。随后，电容又以同样的时间常数 $\tau = RC$ 放电，使得 u_O 按指数规律 $-Ve^{-\frac{t-t_2}{\tau}}$ 相应上升，形成一负尖脉冲输出。

可见，对应于输入电压正跳变或负跳变，输出电压的幅度最大，而对应于输入电压的平直部分，输出电压接近于零。显然，输出电压的大小反映了输入电压的变化率，即输出电压与输入电压近似为微分关系。其时序波形如图 6-3c 所示。

值得提出的是：当电路的时间常数 $\tau = RC \gg t_W$ 时，即使电路的形式完全一样，但这样的 RC 电路是耦合电路，而不是微分电路，其输出电压 u_O 与输入电压 u_I 的波形近似相同，波形如图 6-4 所示，请读者自行分析。

2. 积分电路

积分电路也是一种常用的波形变换电路，它可以将矩形脉冲变换成近似三角波。其电路也是一个 RC 串联电路，但从电容上取出输出电压，且要求电路的时间常数 $\tau = RC$ 远大于输入矩形正脉冲的宽度 t_W。其电路如图 6-5 所示。

下面分析其工作原理：

在 t_1 时刻，输入电压 u_I 从 0 跳变为 $+V$，由于电容的端电压不能突变，所以 $u_O = 0V$。

当 $t > t_1$ 时，电容 C 按时间常数 $\tau = RC$ 充电，其两端电压按指数规律 $V(1 - e^{-\frac{t-t_1}{\tau}})$ 上升，u_O 仅是指数曲线的一段。

在 $t = t_2$ 时，u_I 跳变为 0V，输入端相当于短路，电容 C 以 $\tau = RC$ 时间常数放电，u_O 按指数曲线 $V' e^{-\frac{t-t_1}{\tau}}$ 衰减到 0V。

可见，积分电路具有把矩形脉冲变换为三角形的功能，只是三角形的幅度小于矩形脉冲幅度 V。时序波形如图 6-5b 所示。

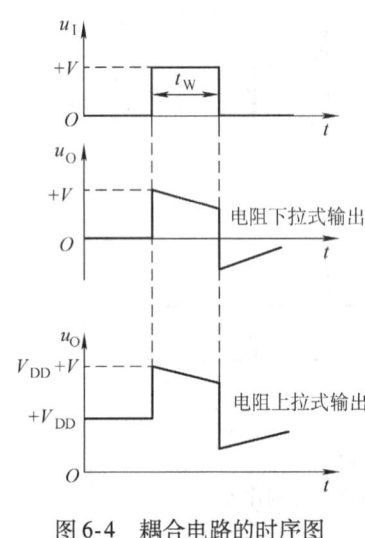

图 6-4 耦合电路的时序图

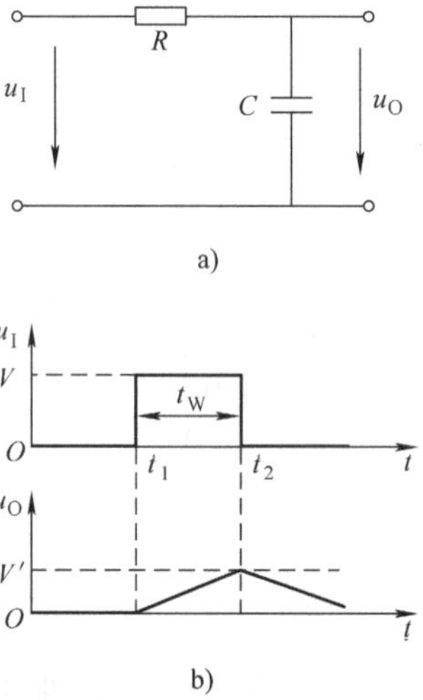

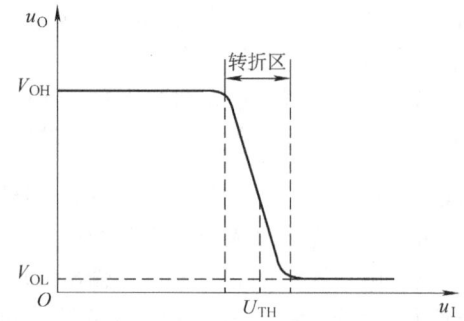

图 6-5 积分电路
a) 电路图　b) 波形图

由上述可见，微分电路和积分电路是一种最简单的波形变换电路，输出电压波形的宽度与电容充放电回路中等效电阻与等效电容的取值有关，即与时间常数 τ 有关。

6.1.3　阈值电压

在分析脉冲波形和计算参数时，还经常要用到阈值电压（threshold voltage）。所谓阈值电压，是指集成门电路的输出状态发生翻转时，所对应的临界输入信号电压，用 U_{TH} 表示。

由于门电路的电压传输特性不太理想，存在一定的传输时间（propagation time），因此，使门电路输出发生翻转所对应的输入信号有一较小范围，即存在一转折区。图 6-6 是反相器的电压传输特性。通常将转折区中点所对应的输入电压称为阈值电压。一般 TTL 门电路取 1.4V 作为阈值电压，CMOS 门电路取 1/2 电源电压作为阈值电压。

图 6-6 反相器的电压传输特性

6.1.4　利用反相器对微积分脉冲进行整形处理

前述的微分电路和积分电路虽然可对波形进行变换，但其输出波形并不是一个标准的时钟脉冲，为了得到标准的时钟脉冲信号，可利用反相器对其进行整形处理。其电路形式及时序波形如图 6-7 所示，请读者自行分析（设 $U_{TH} = \frac{1}{2}V_{DD}$ 时）。

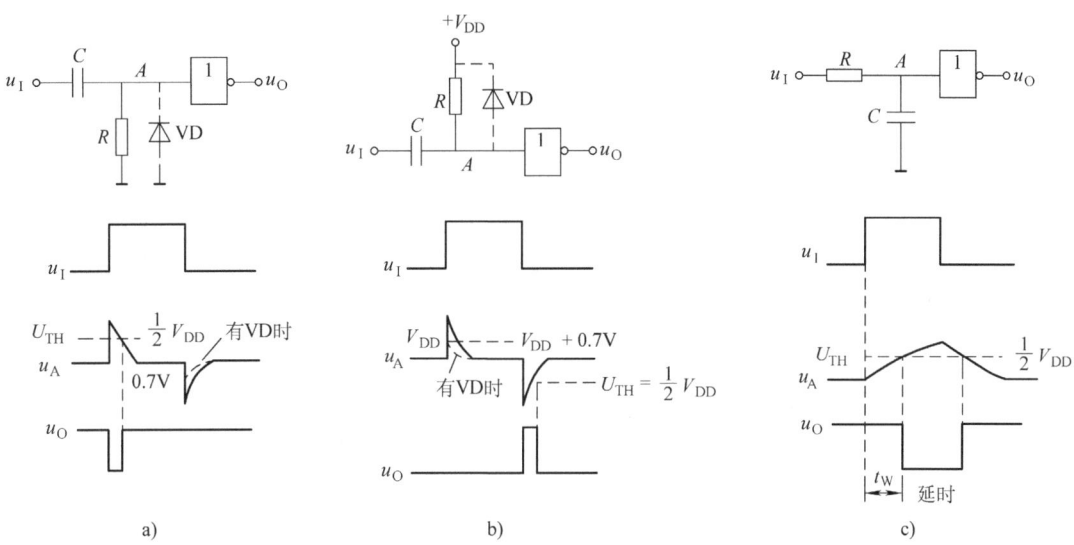

图 6-7 反相器对脉冲波形的整形和处理
a) 下拉式微分电路 b) 上拉式微分电路 c) 积分电路

6.2 555 定时器

555 定时器是广泛使用的一种中规模集成电路，它将模拟与数字逻辑功能巧妙地组合在一起，具有结构简单、使用电压范围宽、工作速度快、定时精度高、驱动能力强等优点。555 定时器配以外部元器件，可以构成多种实际应用电路。广泛应用于产生多种波形的脉冲振荡器、检测电路、自动控制电路、家用电器以及通信产品等电子设备中。555 定时器又称时基电路。555 定时器按照内部元器件分有双极型（又称 TTL 型）和单极型两种。双极型内部采用的是晶体管；单极型内部采用的则是场效应晶体管。555 定时器按单片电路中包括定时器的个数分有单时基定时器和双时基定时器两种。常用的单时基定时器有双极型定时器 555 和单极型定时器 7555。双时基定时器有双极型定时器 556 和单极型定时器 7556。

6.2.1 555 定时器的电路组成

单时基 555 定时器内部电路如图 6-8a 所示，引脚排列图如图 6-8b 所示，它由分压器、比较器、触发器和开关及输出等 4 部分组成。

1) 由三个阻值为 5kΩ 的电阻组成的分压器；
2) 两个电压比较器 A_1、A_2，电压比较器如图 6-9 所示；

$$u_+ > u_-，u_O \text{ 为 "1"}$$
$$u_+ < u_-，u_O \text{ 为 "0"}$$

3) 基本 RS 触发器；
4) 放电晶体管 V。

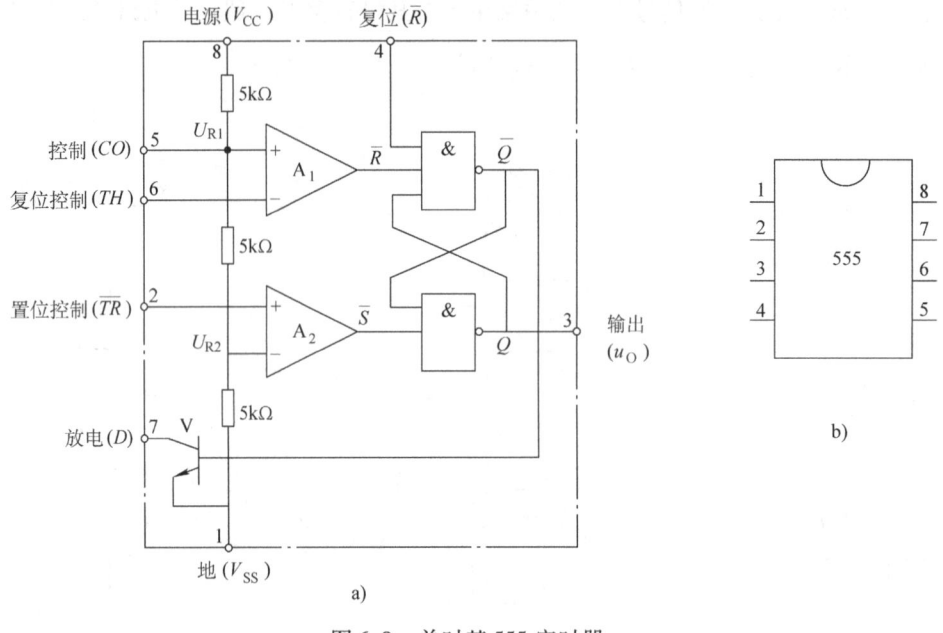

图 6-8 单时基 555 定时器
a) 内部电路　b) 引脚排列图

6.2.2　555 定时器的功能及工作原理

由原理图可知，当加上电源 V_{CC} 后，比较器 A_1 的同相输入端 U_{R1}（即控制端 CO）参考电位为 $\frac{2}{3}V_{CC}$，比较器 A_2 的反相输入端 U_{R2} 参考电位为 $\frac{1}{3}V_{CC}$。

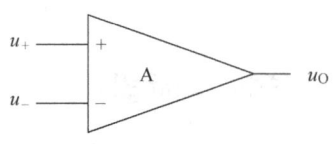

图 6-9　电压比较器

1) 当复位控制端 TH 即 A_1 的反相输入端电位高于 $\frac{2}{3}V_{CC}$ 时，A_1 输出为 0，使触发器复位，输出 $u_O = Q = 0$，且 $\overline{Q} = 1$ 使放电管 V 导通（有上拉电阻时）。

2) 当置位控制端 $\overline{TR}$ 即 A_2 的同相输入端电位低于 $\frac{1}{3}V_{CC}$ 时，A_2 的输出为 0，使触发器置位，输出 $u_O = Q = 1$，且 $\overline{Q} = 0$ 使放电管 V 截止。

3) 当 TH 和 $\overline{TR}$ 端的电位在 $\frac{1}{3}V_{CC} \sim \frac{2}{3}V_{CC}$ 之间时，A_1 和 A_2 均输出为 1，这时 u_O 状态取决于触发器原来的状态或复位端 $\overline{R}$ 的信号。

4) 当复位端 $\overline{R}$ 为低电平时（小于 0.7V），可使触发器直接复位，输出 u_O 为 0。当不需 $\overline{R}$ 时，可将该端接至高电位或悬空。

5) 当在控制端 CO 外加控制电压时，可改变比较器 A_1、A_2 的参考电位。当不需要控制时，CO 端一般经 $0.01\mu F$ 电容器接地，以防干扰的侵入，保障控制端电压稳定在 $\frac{2}{3}V_{CC}$ 上。

根据上述分析，我们可把 555 定时器的逻辑功能归纳为表 6-1。

在控制端 CO 端不接电压时，有两个阈值电压：$U_{R1} = \frac{2}{3}V_{CC}$　$U_{R2} = \frac{1}{3}V_{CC}$。当在 CO 端外接控制电压 V_{CO} 时，阈值电压将变化：$\frac{2}{3}V_{CC}$ 变为 V_{CO}；$\frac{1}{3}V_{CC}$ 变为 $\frac{1}{2}V_{CO}$。

表 6-1　555 定时器功能表

输入			输出	
直接复位 $\overline{R}$④	复位控制端 TH⑥	置位控制端 $\overline{TR}$②	Q③	放电管 V⑦
0	Φ	Φ	0	导通
1	$> \frac{2}{3}V_{CC}$	$> \frac{1}{3}V_{CC}$	0	导通
1	$< \frac{2}{3}V_{CC}$	$> \frac{1}{3}V_{CC}$	不变	不变
1	$< \frac{2}{3}V_{CC}$	$< \frac{1}{3}V_{CC}$	1	截止

6.3　555 定时器构成脉冲波形的产生与整形电路

6.3.1　施密特触发器

施密特触发器是脉冲波形变换中经常使用的一种电路。它有两个重要的特点：

第一，输入信号从低电平上升的过程中，电路状态转换时对应的输入电平，与输入信号从高电平下降过程中对应的输入转换电平不同。

第二，在电路状态转换时，通过电路内部的正反馈过程使输出电压波形的边沿变得很陡。

利用这两个特点不仅能将边沿变化缓慢的信号波形整形为边沿陡峭的矩形波，而且可以将叠加在矩形脉冲高、低电平上的噪声有效地清除。

1. 电路组成

将 555 定时器的 TH 端和 $\overline{TR}$ 端并联作输入端，接输入电压 u_I，如图 6-10 所示。

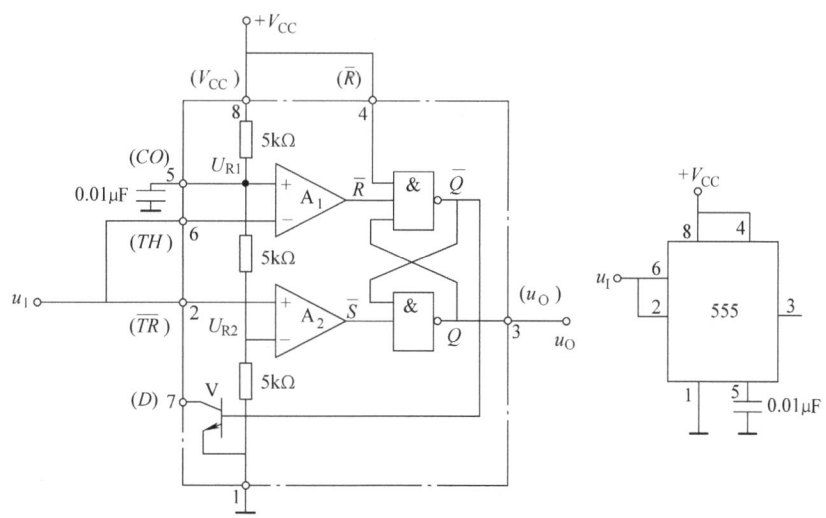

图 6-10　用 555 定时器接成的施密特触发器

由于 555 定时器内比较器 A_1 和 A_2 的参考电压不同，因而基本 RS 触发器的置 0 信号和置 1 信号必然发生在输入信号 u_I 的不同电平。因此，输出电压 u_O 由高电平变为低电平和由低电平变为高电平所对应的 u_I 值也不相同，这样就形成了施密特触发特性。

为提高比较器参考电压 U_{R1} 和 U_{R2} 的稳定性，电路在 CO 端接有 0.01μF 左右的滤波电容。

2. 工作原理

首先我们来分析 u_I 从 0 逐渐升高的过程：

当 $u_I < \frac{1}{3}V_{CC}$，$Q = 1$，故 $u_O = U_{OH}$；

当 $\frac{1}{3}V_{CC} < u_I < \frac{2}{3}V_{CC}$ 时，故 $u_O = U_{OH}$ 保持不变。

当 $u_I > \frac{2}{3}V_{CC}$ 以后，$Q = 0$，故 $u_O = U_{OL}$。因此 $U_{T+} = \frac{2}{3}V_{CC}$。

其次，再看 u_I 从高于 $\frac{2}{3}V_{CC}$ 开始下降的过程：

当 $\frac{1}{3}V_{CC} < u_I < \frac{2}{3}V_{CC}$ 时，故 $u_O = U_{OL}$ 不变；

当 $u_I < \frac{1}{3}V_{CC}$ 以后，$Q = 1$，故 $u_O = U_{OH}$。因此 $U_{T-} = \frac{1}{3}V_{CC}$。

显然 U_{T+} 和 U_{T-} 不等，这一现象称为施密特触发器的回差现象或滞后特性。U_{T+} 与 U_{T-} 之差称回差电压。

由此得到电路的回差电压为

$$\Delta U_T = U_{T+} - U_{T-} = \frac{1}{3}V_{CC}$$

图 6-11 是图 6-10 电路的电压传输特性，它是一个典型的反相输出施密特触发特性。

如果参考电压由外接的电压 V_{CO} 供给，则不难看出这时 $U_{T+} = V_{CO}$，$U_{T-} = \frac{1}{2}V_{CO}$。通过改变 V_{CO} 值可以调节回差电压的大小。

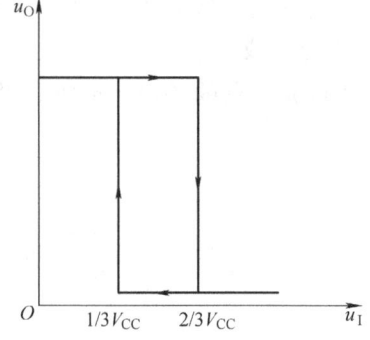

图 6-11 图 6-10 电路的电压传输特性

6.3.2 单稳态触发器

单稳态触发器的工作特性具有如下的显著特点：

第一，它有稳态和暂稳态两个不同的工作状态；

第二，在外界触发脉冲作用下，能从稳态翻转到暂稳态，在暂稳态维持一段时间以后，再自动返回稳态；

第三，暂稳态维持时间的长短取决于电路本身的参数，与触发脉冲的宽度和幅度无关。由于具备这些特点。单稳态触发器被广泛应用于脉冲整形、延时（产生滞后于触发脉冲的输出脉冲）以及定时（产生固定时间宽度的脉冲信号）等。

1. 电路组成

如图 6-12 所示，把 $\overline{TR}$ 作为触发器信号的输入端 u_I，同时在 TH 对地接入电容 C 和电阻 R，构成积分单稳态电路。

2. 工作原理

如果没有窄负脉冲触发信号时 u_I 处于高电平，那么稳态时这个电路一定处于 $Q = 0$，$u_O = 0$ 的状态。假定接通电源后触发器停在 $Q = 0$ 的状态，则 V 导通。$Q = 0$ 及 $u_O = 0$ 的状态将稳定地维持不变。

如果接通电源后触发器停在 $Q = 1$ 的状态了，这时 V 一定截止，V_{CC} 便经 R 向 C 充电。当充

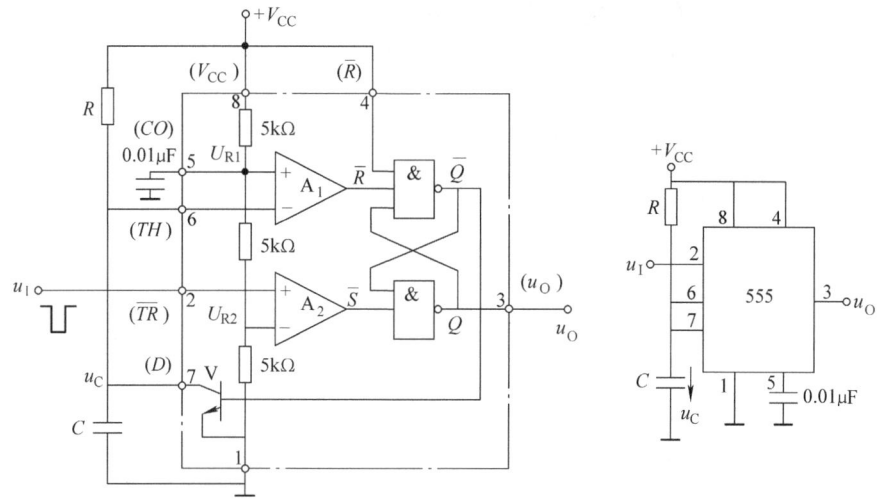

图 6-12 用 555 定时器接成的单稳态触发器

到 $u_C = \frac{2}{3}V_{CC}$ 时，于是将触发器置 0。同时，V 导通，电容 C 经 V 迅速放电，使 $u_C \approx 0$。触发器保持 0 状态不变，输出也相应地稳定在 $u_O = 0$ 的状态。

因此，通电后电路便自动地停在 $u_O = 0$ 的稳态。

当触发脉冲的下降沿到达时，使 $\overline{TR}$ 跳变到 $\frac{1}{3}V_{CC}$ 以下时，触发器被置 1，u_O 跳变为高电平，电路进入暂稳态。与此同时 V 截止，V_{CC} 经 R 开始向电容 C 充电。当充至 $u_C = \frac{2}{3}V_{CC}$ 时，如果此时输入端的触发脉冲已消失，u_I 回到了高电平，则触发器将被置 0，于是输出返回 $u_O = 0$ 的状态。同时 V 又变为导通状态，电容 C 经 V 迅速放电，直至 $u_C \approx 0$，电路恢复到稳态。

图 6-13 是在触发信号 u_I 作用下 u_O 和 u_C 相应的波形。

输出脉冲的宽度 t_W 等于暂稳态的持续时间，而暂稳态的持续时间取决于外接电阻 R 和电容 C 的大小。由图 6-13 可知，t_W 等于电容电压在充电过程中从 0 上升到 $\frac{2}{3}V_{CC}$ 所需要的时间，因此得到

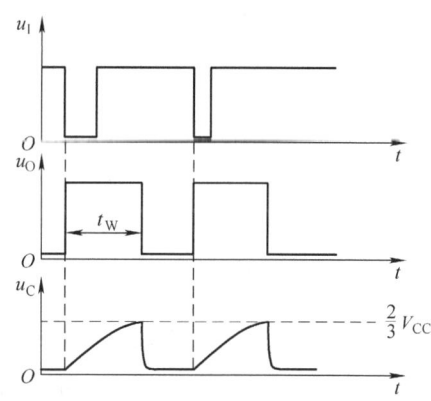

图 6-13 图 6-12 电路的电压波形

$$t_W = RC\ln\frac{V_{CC} - 0}{V_{CC} - \frac{2}{3}V_{CC}}$$

$$= RC\ln 3 = 1.1RC$$

通常 R 的取值在几百欧到几兆欧之间，电容的取值范围为几百皮法到几百微法，t_W 的范围为几微秒到几分钟。

6.3.3 多谐振荡器

多谐振荡器是一种自激振荡器，它不需输入信号即可产生矩形脉冲。多谐振荡器一旦起振之

后，电路没有稳定状态，只有两个暂稳态，它们做交替变化，输出连续的矩形脉冲信号，因此它又称作无稳态电路，常用来做脉冲信号源，如图 6-14 所示。

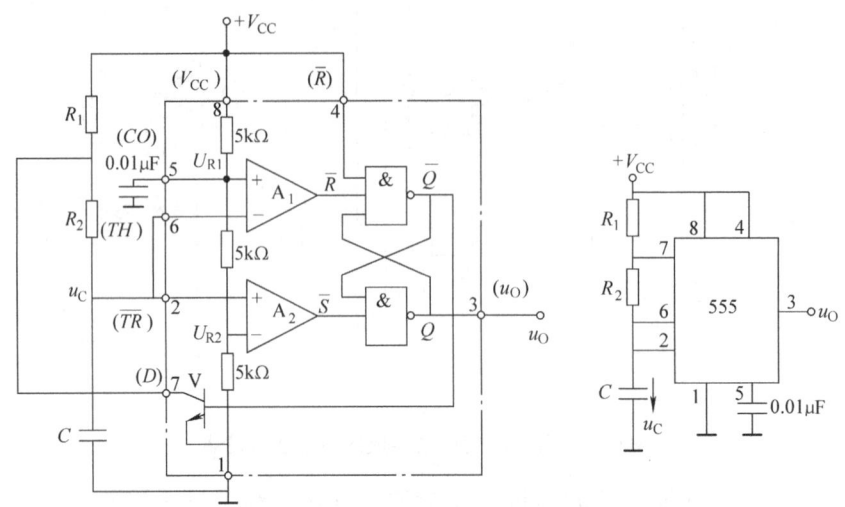

图 6-14 用 555 定时器接成的多谐振荡器

1. 电路组成

2. 工作原理

电源接通后，$+V_{CC}$ 经 R_1、R_2 给电容器 C 充电，使 u_C 逐渐升高，在 $u_C < \frac{1}{3}V_{CC}$ 时，比较器 A_1 输出为 1，A_2 输出为 0，使 RC 触发器置位，u_O 输出高电平。当 u_C 上升到超过 $\frac{1}{3}V_{CC}$ 时，A_1 输出仍为 1，而 A_2 的输出由 0 变为 1，使 RS 触发器保持状态不变，输出 u_O 仍为高电平。

当 u_C 继续上升略超过 $\frac{2}{3}V_{CC}$ 时，A_1 的输出变为 0，A_2 输出仍为 1，RS 触发器状态翻转，输出 $u_O = Q = 0$。同时 $\overline{Q} = 1$，放电管 V 饱和导通。

随后，C 经 R_2 及 7 号引脚内导通的放电管 V 到地放电，u_C 逐渐下降。当 u_C 下降到略低于 $\frac{1}{3}V_{CC}$ 时，A_2 的输出变为 0，触发器状态又翻转，输出 $u_O = Q = 1$。同时 $\overline{Q} = 0$，放电管 V 截止，电容器又再次充电，其电位再次上升，如此循环下去，输出端 u_O 就连续输出矩形脉冲，电路的电压波形如图 6-15 所示。

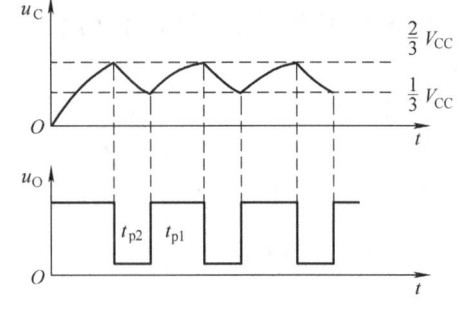

图 6-15 图 6-14 电路的电压波形

可以算出：$t_{p1} \approx 0.7(R_1 + R_2)C$
$t_{p2} \approx 0.7 R_2 C$

振荡周期：$T = t_{p1} + t_{p2} \approx 0.7(R_1 + 2R_2)C$

振荡频率：$f = 1/T = 1/(t_{p1} + t_{p2}) \approx 1/[0.7(R_1 + 2R_2)C]$

通过改变 R 和 C 的参数即可改变振荡频率。用 555 组成的多谐振荡器最高振荡频率一般可达 500kHz，用 7555 组成的多谐振荡器最高振荡频率可达 1MHz。

3. 占空比可调的矩形脉冲发生器

所谓的占空比 q 是指矩形波高电平持续时间与其周期之比。在图 6-16 所示的电路中，电路中增加了两个引导电容充放电的二极管 VD_1、VD_2 和一个可变电位器 RP。一旦定时元件 R_1、R_2、C 确定以后，输出正脉冲的宽度 t_{p1} 及波形的周期 T 就不再改变，即输出波形的占空比 $q = t_{p1}/T$ 不变。若将图 6-16 中的充放电回路分开，并接入调节元件，如图 6-16 所示，就构成一个占空比可调的矩形脉冲发生器，其调节范围为 10%~90%。

图 6-16 中的充电回路变为：$V_{CC} \to R_1 \to VD_1 \to C \to$ 地

图 6-16 中的放电回路变为：$C \to VD_2 \to R_2 \to$ 7 引脚（V）$\to$ 地

忽略二极管正向导通电阻时，可以估算出：

$$t_{p1} \approx 0.7 R_1 C$$
$$t_{p2} \approx 0.7 R_2 C$$

振荡周期 $T = t_{p1} + t_{p2} \approx 0.7(R_1 + R_2)C$

占空比 $q = \dfrac{t_{p1}}{T} \times 100\% \approx \dfrac{R_1}{R_1 + R_2} \times 100\%$

调节 RP 时，由于电阻（$R_1 + R_2$）不变，故不影响周期，但 R_1、R_2 的值发生了改变，即占空比发生了改变。

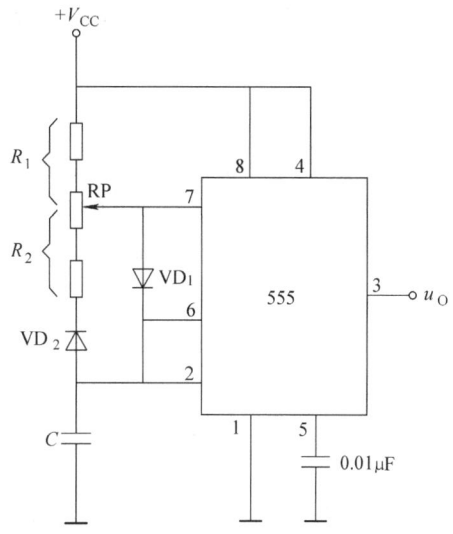

图 6-16 占空比可调的矩形脉冲发生器

6.4 门电路构成脉冲波形的产生与整形电路

6.4.1 用门电路组成的单稳态触发器

单稳态触发器的暂稳态通常都是由 RC 电路的充、放电过程来维持的。根据 RC 电路的不同接法，可把单稳态触发器分为微分型和积分型两种。

1. 微分型单稳态触发器

图 6-17 是用 CMOS 门电路和 RC 微分电路构成的微分型单稳态触发器。

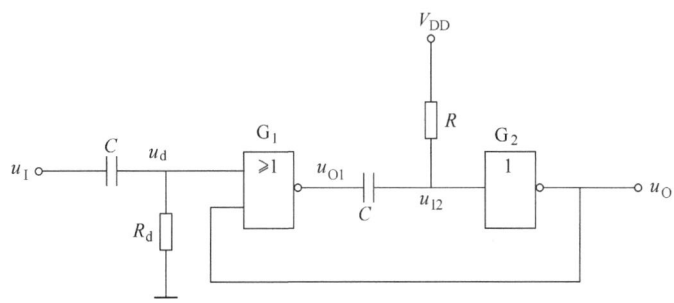

图 6-17 微分型单稳态触发器

对于 CMOS 门电路，可以近似地认为 $U_{OH} \approx V_{DD}$、$U_{OL} \approx 0$ 而且通常 $U_{TH} \approx \dfrac{1}{2} V_{DD}$。在稳态下 $u_I = 0$、$u_{I2} = V_{DD}$ 故 $u_O = 0$、$u_{O1} = V_{DD}$，电容 C 上没有电压。

当触发脉冲 u_I 加到输入端时，在 R_d 和 C_d 组成的微分电路输出端得到很窄的正、负脉冲 u_d。

当 u_d 上升到 U_{TH} 以后,将引发如下的正反馈过程

$$u_d \uparrow \to u_{O1} \downarrow \to u_{I2} \downarrow \to u_O \uparrow$$

使 u_{O1} 迅速跳变为低电平。由于电容上的电压不能发生突跳,所以 u_{I2} 也同时跳变至低电平,并使 u_O 跳变为高电平,电路进入暂稳态。这时即使 u_d 回到低电平,u_O 的高电平仍将维持。

与此同时,电容 C 开始充电。随着充电过程的进行 u_{I2} 逐渐升高,当升至 $u_{I2} = U_{TH}$ 时,又引发另外一个正反馈过程

$$u_{I2} \uparrow \to u_O \downarrow \to u_{O1} \uparrow$$

如果这时触发脉冲已消失(u_d 已回到低电平),则 u_{O1}、u_{I2} 迅速跳变为高电平,并使输出返回 $u_O = 0$ 的状态。同时,电容 C 通过电阻 R 和门 G_2 的输入保护电路向 V_{DD} 放电,直至电容上的电压为 0,电路恢复到稳定状态。

根据以上的分析,即可画出电路中各点的电压波形,如图 6-18 所示。

为了定量地描述单稳态触发器的性能,经常使用输出脉冲宽度 t_W、输出脉冲幅度 U_m、恢复时间 t_{re}、分辨时间 t_d 等几个参数。

由图 6-18 可见,输出脉冲宽度 t_W 等于从电容 C 开始充电到 u_{I2} 上升至 U_{TH} 的这段时间。电容 C 充电的等效电路如图 6-19 所示。图中的 R_{ON} 是或非门 G_1 输出低电平时的输出电阻。在 $R_{ON} \ll R$ 的情况下,等效电路可以简化为简单的 RC 串联电路。

根据对 RC 电路过渡过程的分析可知,在电容充、放电过程中,电容上的电压 u_C 从充、放电开始到变化至某一数值 U_{TH} 所经过的时间可以用下式计算:

$$t = RC\ln\frac{u_C(\infty) - u_C(0)}{u_C(\infty) - U_{TH}}$$

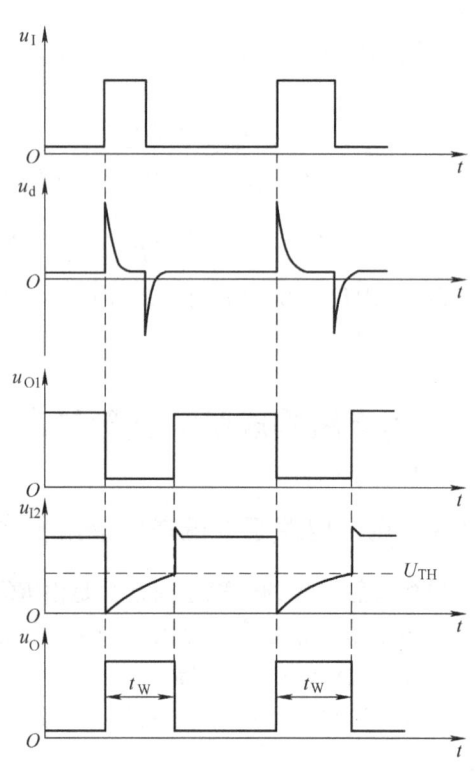

图 6-18 图 6-17 电路的电压波形图

式中,$u_C(0)$ 是电容电压的起始值;$u_C(\infty)$ 是电容电压充、放电的终了值。

由图 6-18 的波形图可见,图 6-17 电路中电容 C 的电压从 0 充至 V_{TH} 的时间即 t_W。将 $u_C(0) = 0$、$u_C(\infty) = V_{DD}$ 代入上式得到

$$t_W = RC\ln\frac{V_{DD} - 0}{V_{DD} - U_{TH}} = RC\ln 2 \approx 0.7RC$$

输出脉冲的幅度为

$$U_m = U_{OH} - U_{OL} \approx V_{DD}$$

在 u_O 返回低电平以后,还要等到电容 C 放电完毕电路才恢复为起始的稳态。一般认为经过 3~5 倍于电路时间常数的时间以后,RC 电路已基本达到稳态。图 6-17 电路中电容 C 放电的等效电路如图 6-20 所示。图中的 VD_1 是反相器 G_2 输入保护电路中的二极管。如果 VD_1 的正向导

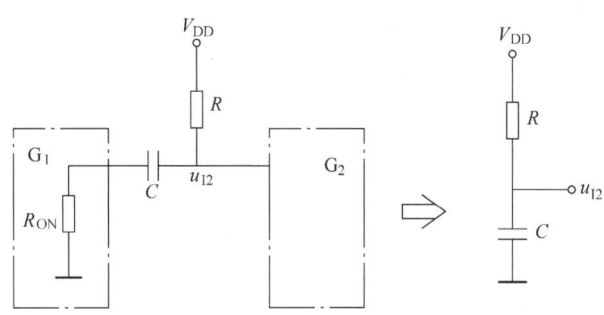

图 6-19　图 6-17 电路中电容 C 充电的等效电路

通电阻比 R 和门 G_1 的输出电阻 R_{ON} 小得多,则恢复时间为:$t_{re} \approx (3 \sim 5)R_{ON}C$。

微分型单稳态触发器要用窄脉冲触发。在 u_d 的脉冲宽度大于输出脉冲宽度的情况下,如图 6-17 所示的输入端可以采用由 R_d 和 C_d 组成的微分电路,在微分电路的输出端得到很窄的触发脉冲,电路仍能工作。

值得注意的是:此单稳态电路的触发脉冲的最小周期 $T_{min} \geq t_W + t_{re}$。

2. 积分型单稳态触发器

图 6-21 是用 TTL 与非门和反相器以及 RC 积分电路组成的积分型单稳态触发器。为了保证 u_{O1} 为低电平时 u_A 在 U_{TH} 以下,R 的阻值不能取得很大。这个电路用正脉冲触发。

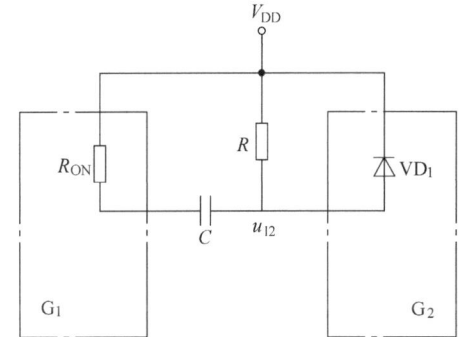

图 6-20　图 6-17 电路中电容 C 放电的等效电路

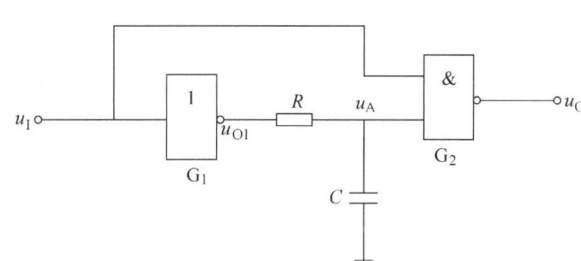

图 6-21　积分型单稳态触发器

稳态下由于 $u_I = 0$,所以 $u_O = U_{OH}$,$u_A = u_{O1} = U_{OH}$。

当输入正脉冲以后,u_{O1} 跳变为低电平。但由于电容 C 上的电压不能突变,所以在一段时间里 u_A 仍在 U_{TH} 以上。因此,在这段时间里 G_2 的两个输入端电压同时高于 U_{TH},使 $u_O = U_{OL}$,电路进入暂稳态。同时,电容 C 开始放电。

然而这种暂稳态不能长久地维持下去,随着电容 C 的放电 u_A 不断降低,至 $u_A = U_{TH}$ 后,u_O 回到高电平。待 u_I 返回低电平以后,u_{O1} 又重新变成高电平 U_{OH},并向电容 C 充电。经过恢复时间 t_{re}(从 u_I 回到低电平的时刻算起)以后,u_A 恢复为高电平,电路达到稳态。其电压波形如图 6-22 所示。

由图 6-22 可知,输出脉冲的宽度等于从电容 C

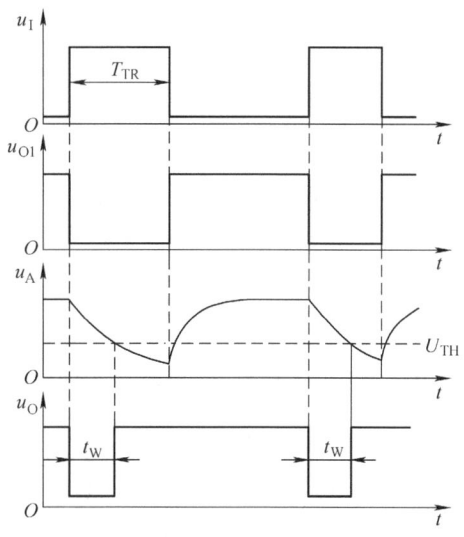

图 6-22　积分型单稳态触发器电压波形

开始放电的一刻到 u_A 下降至 U_{TH} 的时间。为了计算 t_W，需要画出电容 C 放电的等效电路，如图 6-23 所示。

其中 R'_0 是 G_1 输出高电平时的输出电阻。这里为简化计算而没有计入 G_2 输入电路对电容充电过程的影响。

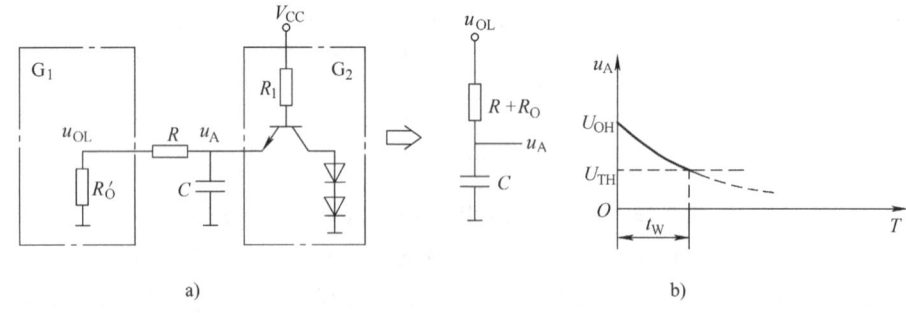

图 6-23　图 6-21 电路中电容 C 放电回路和 u_A 的波形
a) 放电回路　b) u_A 的波形

$$t_W = (R + R'_0) C \ln \frac{U_{OL} - U_{OH}}{U_{OL} - U_{TH}}$$

输出脉冲的幅度为

$$U_m = U_{OH} - U_{OL}$$

由图 6-22 可知，恢复时间等于 u_{O1} 跳变为高电平后电容 C 充电至 U_{OH} 所经过的时间。若取充电时间常数的 3～5 倍时间为恢复时间，则得

$$t_{re} \approx (3 \sim 5)(R + R'_0) C$$

$$t_W = (R + R_0) C \ln \frac{U_{OL} - U_{OH}}{U_{OL} - U_{TH}}$$

输出脉冲的幅度为

$$U_m = U_{OH} - U_{OL}$$

恢复时间等于 u_{O1} 跳变为高电平后电容 C 充电至 U_{OH} 所经过的时间。若取充电时间常数的 3～5 倍时间为恢复时间，则得

$$t_{re} \approx (3 \sim 5)(R + R'_0) C$$

这个电路的分辨时间应为触发脉冲的宽度 t_{TR} 和恢复时间之和，即

$$t_d = t_{TR} + t_{re}$$

与微分型单稳态触发器相比，积分型单稳态触发器的缺点是输出波形的边沿比较差，这是由于电路的状态转换过程中没有正反馈作用的缘故。此外，这种积分型单稳态触发器必须在触发脉冲的宽度大于输出脉冲宽度时方能正常工作。

但积分型单稳态触发器具有抗干扰能力较强的优点。因为数字电路中的噪声多为尖峰脉冲的形式（即幅度较大而宽度极窄的脉冲），而积分型单稳态触发器在这种噪声作用下不会输出足够宽度的脉冲。

6.4.2　用门电路组成的施密特触发器

电路如图 6-24 所示，施密特触发器由两个与非门、一个反相器及一个二极管组成。G_1、G_2 组成基本 RS 触发器，二极管 VD 起电平转移作用，当 VD 导通时，S 端的电位比 u_I 高 0.7V。

设输入信号 u_I 为三角波，如图 6-24c 所示。下面根据输入波形进行分析。

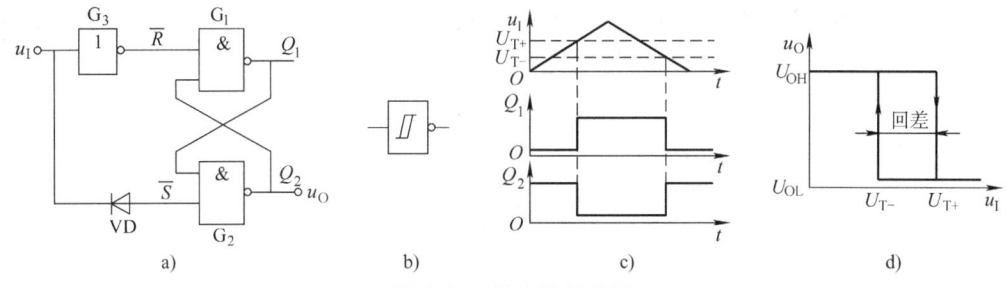

图 6-24 施密特触发器
a) 逻辑图 b) 逻辑符号 c) 波形图 d) 传输特性

当 $u_I = 0$ 时，G_3 门关闭，输出为高电平；同时二极管 VD 导通。设二极管正向压降 $U_D = 0.7V$，则 $\bar{S}$ 的电压 $(u_I + U_D) = 0.7V$ 为低电平，G_2 门也关闭，输出 Q_2 为高电平。所以 G_1 门打开，输出 Q_1 为低电平。此时电路所处的状态，称为初始稳定状态。

当 u_I 逐渐上升时，只要 u_I 小于 G_3 门的开门电压 1.4V，G_3 总是关闭的，保持 Q_1 总为低电平。当 u_I 上升到 0.7V 时，虽然 G_2 门的 $\bar{S}$ 端的电压升为 1.4V，但由于 Q_1 具有低电平的反馈作用，故 G_2 仍处于关闭状态，Q_2 保持高电平不变。

当 u_I 上升到 $u_I = U_{T+} = 1.4V$ 时（U_{T+} 称为正向阈值电压），G_3 打开，其输出 Q_3 变为低电平，使 G_1 关闭，Q_1 上跳为高电平。所以 G_2 打开，Q_2 下跳为低电平。电路由第一稳定状态翻转到第二稳定状态。此后只要 $u_I > U_{T+}$，电路状态维持不变。

当 u_I 再下降到 U_{T+} 时，G_3 关闭，$\bar{R}$ 变为高电平。由于二极管 VD 的存在，$\bar{S}$ 仍高于 U_{T+}，故电路状态仍不变。只有当 u_I 继续下降到 $u_I = U_{T-} = U_{T+} - U_D = 0.7V$ 后（U_{T-} 称为反向阈值电压），$\bar{S}$ 小于 G_2 的 V_{TH}，G_2 才关闭。电路又从第二稳态返回到第一稳态。于是，输入的三角波经过施密特触发器变为方波输出。

从上述分析可以看出，在 u_I 上升过程中，只要 $u_I > U_{T+}$，触发器由第一稳态翻转到第二稳态。在 u_I 下降过程中，只要 $u_I < U_{T-}$，触发器就可以由第二稳态返回到第一稳态。

6.4.3 用门电路组成的多谐振荡器

1. CMOS 型多谐振荡器

图 6-25 为 CMOS 基本多谐振荡器的典型电路，G_1、G_2 为两个反相器，R、C 是定时元件。

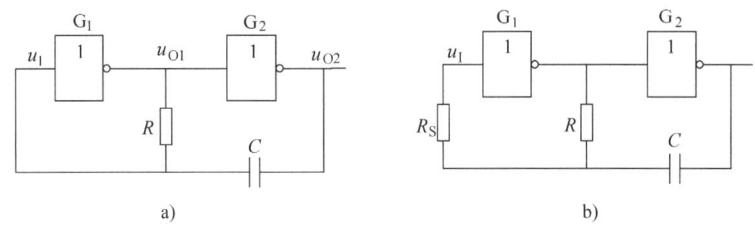

图 6-25 多谐振荡器
a) 原理图 b) 实际电路图

（1）工作原理 在分析单稳态触发器时，电路状态的翻转是利用电容 C 充放电来实现的。对于图 6-25 所示的多谐振荡器，控制状态的翻转仍然是由于电容 C 的充放电作用，而其中最关键的一点又集中体现在 u_I 的电位变化。因此，在分析中要着重注意 u_I 的波形，振荡过程分析如下：

1) 第一暂稳态及其自动翻转的过程：假定在接通电源的瞬间，电路最初处于 G_1 关闭、G_2

打开状态（设这时为电路的第一暂稳态），即 $u_{O1}=1$，$u_{O2}=0$。此时，u_{O1} 经电阻 R 到 u_{O2} 对电容 C 充电，u_I 的电位等于 u_C 与 u_{O2} 之和。随着充电的进行，u_I 的电位不断上升，当 u_I 上升到 G_1 门的阈值电压 U_{TH} 后，电路发生下述正反馈过程：

$$u_I \uparrow \rightarrow u_{O1} \downarrow \rightarrow u_{O2} \uparrow$$

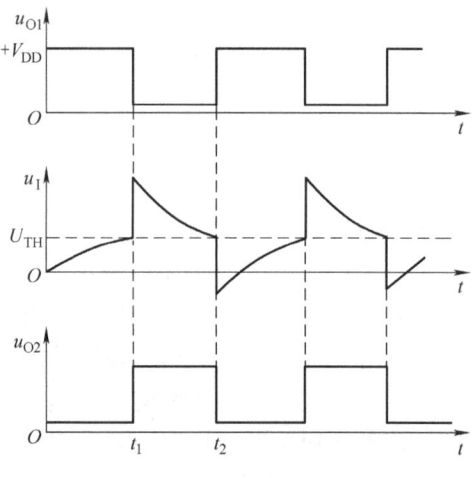

结果导致 G_1 门迅速打开，G_2 门迅速关闭，电路进入第二暂稳态，即 $u_{O1}=$ "0"，$u_{O2}=$ "1"。电路中各点对应的波形如图 6-26 中 0～t_1 段所示。

2）第二暂稳态及其自动翻转的过程：电路进入第二暂稳态瞬间，u_{O2} 由 0 上跳至 $+V_{DD}$，由于电容两端电压不能突变，则 u_I 也将上跳 V_{DD}。此后，电容 C 通过电阻 R 及 u_{O1}、u_{O2} 开始放电，使 u_I 的电位不断下降，当 u_I 降至 G_1 门的 U_{TH} 后，电路又发生下列正反馈过程：

$$u_I \downarrow \rightarrow u_{O1} \uparrow \rightarrow u_{O2} \downarrow$$

图 6-26　多谐振荡器波形图

结果使 G_1 门迅速关闭，G_2 门迅速打开，电路又返回到第一暂稳态，波形如图 6-26 中的 t_1～t_2 段所示。

此后，电路重复上述过程，因而在输出端可获得连续矩形波输出。

图 6-25b 中的 R_S（$R_S \gg R$）串接在 G_1 门的输入端，其作用是：避免在电容充放电过程中 u_I 出现的瞬时高低压造成 G_1 门的损坏；使电容放电几乎不经过 G_1 门的输入端，避免 G_1 门对振荡频率所带来影响，即提高了振荡频率的稳定性。

（2）输出脉冲参数的计算

1）振荡周期 T：在图 6-25b 电路中，若 G_1 门的阈值电平 $U_{TH}=V_{DD}/2$，则振荡周期可按下式估算：

$$T \approx 2.2RC$$

2）振荡脉冲幅度 U_m

$$U_m \approx V_{DD}$$

2. 可控型多谐振荡器

在数字系统中，有时需要多谐振荡器的起振与停振是可控的，图 6-27 是分别利用与非门和或非门构成的可控型多谐振荡器。

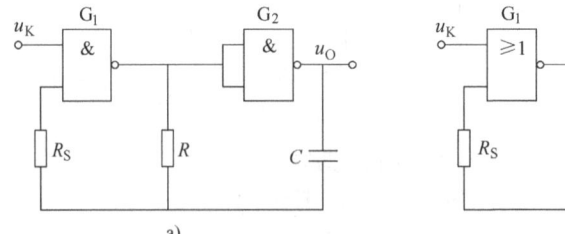
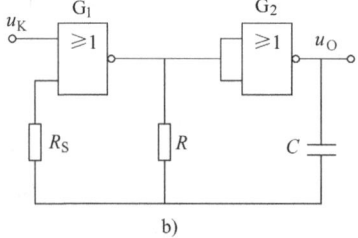

图 6-27　可控型多谐振荡器
a）与非门构成　b）或非门构成

在图 6-27a 中，当 $u_K=0$ 时，G_1 门被强制封锁，输出高电平，G_2 门输出低电平，电路处于停振状态；当 $u_K=1$ 时，G_1 门的工作状态由电容的充放电决定，电路处于振荡状态。同理，对于图 6-27b，当 $u_K = 1$ 时，电路处于停振状态；当 $u_K = 0$ 时，电路处于振荡状态。

3. 占空比和频率可调的多谐振荡器

前面提到的所谓正脉冲，是指高电平持续时间较短而低电平持续时间较长的矩形波，其占空比 q 小于 50%。而所谓的负脉冲恰好相反，占空比 q 大于 50%。方波通常是指高电平与低电平持续时间相等，即占空比 q 等于 50% 的矩形波。占空比和频率可调的多谐振荡器输出波形如图 6-28b 所示。

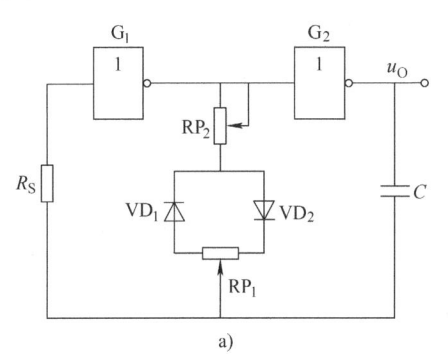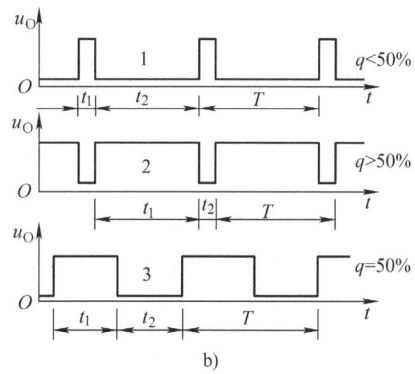

图 6-28 占空比和频率可调的多谐振荡器
a) 电路图　b) 波形图

在图 6-28a 所示的电路中，电位器 RP_1 用于调节占空比，当 RP_1 处于中间位置时，C 的充放电时间基本相同，第一、二暂稳态时间 $t_1 = t_2$，u_0 为图 6-28b 中的曲线 3；当 RP_1 处于左端时，C 充电慢而放电快，因此 $t_1 < t_2$，u_0 为图 b 中曲线 1；同理，当 RP_1 处于右端时，$t_1 > t_2$，u_0 为图 6-28b 中的曲线 2。调节占空比时，充放电的时间之和不会改变，所以振荡频率也基本不变。改变电位器 RP_2 可调节电路的振荡频率。

4. 石英晶体振荡器

前面介绍的多谐振荡器，振荡频率不仅取决于电路的充放电时间常数 RC，而且还与逻辑门的阈值电压 U_{TH} 有关。由于 U_{TH} 容易受温度、电源电压变化的影响，因此这些电路的振荡频率稳定性较差，约为 10^{-3} 左右，在频率稳定性要求较高的场合不大适用。

为了提高频率的稳定性，目前普遍采用在基本多谐振荡器中接入石英晶体组成的石英多谐振荡器。石英晶体的符号和特性如图 6-29 所示。石英晶体的频率稳定性非常高，误差只有 $10^{-6} \sim 10^{-11}$，品质因数高，选频特性好，由图 6-29b 所示石英晶体的阻抗频率特性可知，当信号频率等于石英晶体的固有谐振频率 f_S 时，其等效阻抗最小，因而信号最易通过，而对其他频率的信号均会被晶体衰减。因此，若把石英晶体串入多谐振荡器的反馈回路中，则电路的振荡频率仅取决于石英晶体的固有谐振频率 f_S，而与 RC 的值基本无关。

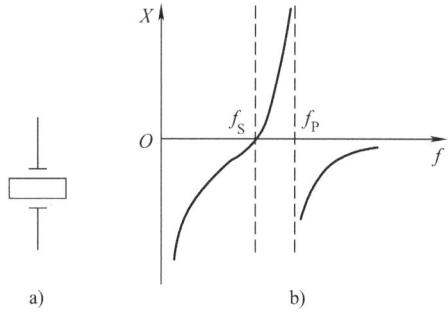

图 6-29 石英晶体
a) 符号　b) 阻抗频率特性

图 6-30a 中，两级反相器 G_1、G_2 首尾相接，构成正反馈系统，G_1 到 G_2 是经电容 C_1 耦合，G_2 到 G_1 是经 C_2 和石英晶体耦合，电阻 R 的作用是使反相器工作在线性放大区。当电路合上电源 V_{DD} 后，在反相器 G_2 输出 u_0 的噪声信号中，经过石英晶体只选出频率为 f_S 的正弦信号，经

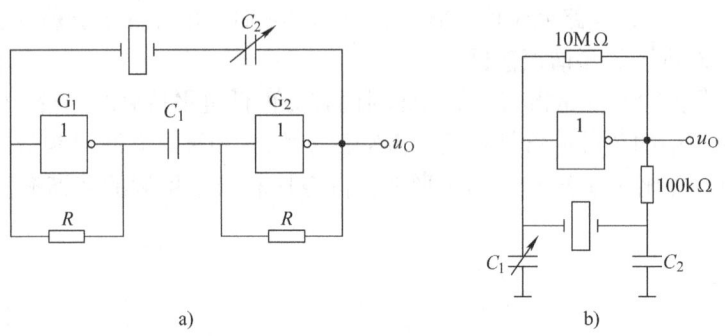

图 6-30 石英晶体振荡器
a) 两级反相器构成 b) 一级反相器构成

G_1、G_2 线性反相正反馈放大后，u_O 幅值达到最大，使正弦波削顶失真，近似方波输出，即形成多谐振荡器。电路的振荡频率 f_0 由晶振的 f_S 来决定，C_2 用来微调振荡频率。图 6-30b 是使用一级反相器组成的石英晶体振荡电路，其输出频率落在图 6-29b 中的 f_P 附近。

6.5 集成触发器构成脉冲波形的产生与整形电路

6.5.1 集成单稳态触发器

1. TTL 集成单稳态触发器 74HC121 的逻辑功能和使用方法

图 6-31a 是 TTL 集成单稳态触发器 74HC121 的逻辑符号，图 6-31b 是工作波形图。该器件是在普通微分型单稳态触发器的基础上附加以输入控制电路和输出缓冲电路而形成的。

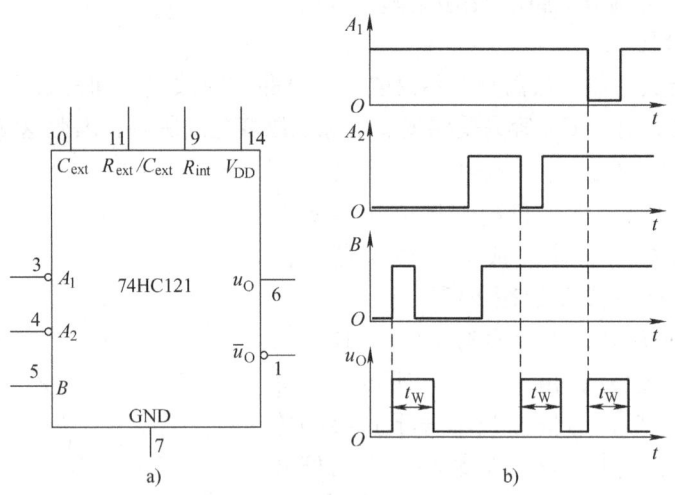

图 6-31 集成单稳态触发器 74HC121 的逻辑符号和波形图
a) 逻辑符号 b) 波形图

它有两种触发方式：下降沿触发和上升沿触发。A_1 和 A_2 是两个下降沿有效的触发输入端，B 是上升沿有效的触发信号输入端。

u_O 和 $\bar{u}_O$ 是两个状态互补的输出端。R_{ext}/C_{ext}、C_{ext} 是外接定时电阻和电容的连接端，外接定时电阻 R_{ext}（阻值可在 $1.4 \sim 40\text{k}\Omega$ 之间选择）应一端接 V_{DD}（引脚14），另一端接引脚11。外接

定时电容 C（一般在 10pF~10μF 之间选择）一端接引脚 10，另一端接引脚 11 即可。若 C 是电解电容，则其正极引脚 10，负极接引脚 11。74HC121 内部已经设置了一个 2kΩ 的定时电阻，R_{int}（引脚 9）是其引出端，使用时只需将引脚 9 与引脚 14 连接起来即可，不用时则应让引脚 9 悬空。

表 6-2 是集成单稳态触发器 74HC121 的功能表，表中 1 表示高电平，0 表示低电平。

表 6-2 集成单稳态触发器 **74HC121** 的功能表

输入			输出		工作特征
A_1	A_2	B	u_O	$\overline{u_O}$	
0	×	1	0	1	保持稳态
×	0	1	0	1	
×	×	0	0	1	
1	1	×	0	1	
1	↓	1	⊓	⊔	下降沿触发
↓	1	1	⊓	⊔	
↓	↓	1	⊓	⊔	
0	×	↑	⊓	⊔	上升沿触发
×	0	↑	⊓	⊔	

图 6-32 表明了集成单稳态触发器 74HC121 的外部元件连接方法，图 a 是使用外部电阻 R_{ext} 且电路为下降沿触发连接方式，图 b 是使用内部电阻 R_{int} 且电路为上升沿触发连接方式。

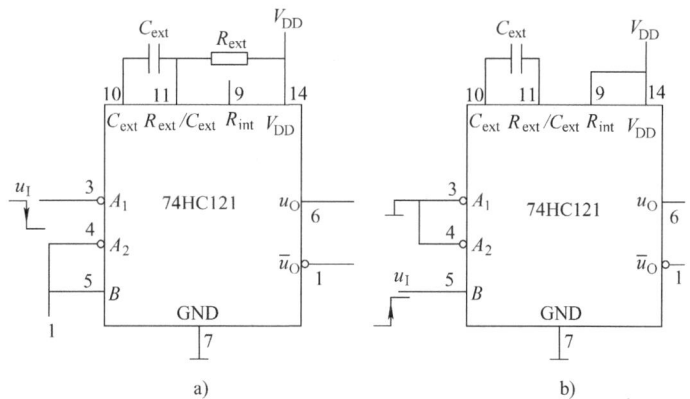

图 6-32 集成单稳态触发器 74HC121 的外部元件连接方法
a）使用外接电阻 R_{ext}（下降沿触发） b）使用内部电阻 R_{int}（上升沿触发）

2. 主要参数
（1）输出脉冲宽度 t_W

$$t_W = RC\ln 2 \approx 0.7RC$$

使用外接电阻： $t_W \approx 0.7R_{ext}C$
使用内部电阻： $t_W \approx 0.7R_{int}C$

（2）输入触发脉冲最小周期 T_{min}

$$T_{min} = t_W + t_{re}$$

（3）周期性输入触发脉冲占空比 q

定义：
$$q = \frac{t_W}{T}$$

式中，T 是输入触发脉冲的重复周期；t_W 是单稳态触发器的输出脉冲宽度。

最大占空比：
$$q_{max} = \frac{t_W}{T_{min}}$$
$$= \frac{t_W}{t_W + t_{re}}$$

74HC121 的最大占空比 q_{max}，当 $R = 2k\Omega$ 时为 67%；当 $R = 40k\Omega$ 时可达 90%。不难理解，若 $R = 2k\Omega$ 且输入触发脉冲重复周期 $T = 1.5\mu s$，则恢复时间 $t_{re} = 0.5\mu s$，这是 74121 恢复到稳态所必需的时间。如果占空比超过最大允许值，电路虽然仍可被触发，但 t_W 将不稳定。

3. 关于集成单稳态触发器的重复触发问题

集成单稳有不可重复触发型和可重复触发型两种。不可重复触发的单稳一旦被触发进入暂稳态以后，再加入触发脉冲不会影响电路的工作过程，必须在暂稳态结束以后，它才能接受下一个触发脉冲而转入下一个暂稳态，如图 6-33a 所示。而可重复触发的单稳态在电路被触发而进入暂稳态以后，如果再次加入触发脉冲，电路将重新被触发，使输出脉冲再继续维持一个 t_W 宽度，如图 6-33b 所示。

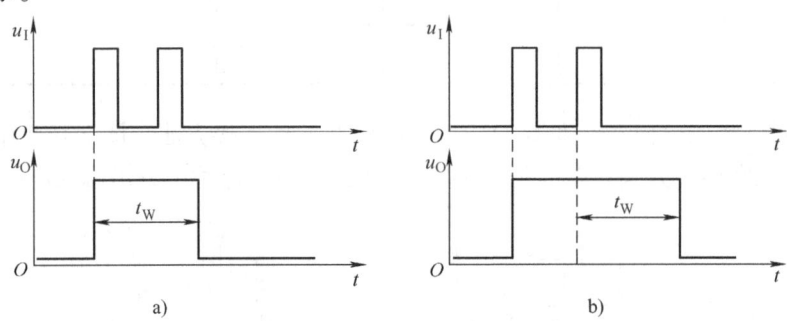

图 6-33 不可重复触发与可重复触发型单稳态触发器的工作波形
a) 不可重复触发型 b) 可重复触发型

74HC121、74HC221 都是不可重复触发的单稳态触发器。属于可重复触发的触发器有 74HC122、74HC123 等。

有些集成单稳态触发器上还设有复位端（如 74HC221、74HC122、74HC123 等）。通过复位端加入低电平信号能立即终止暂稳态过程，使输出端返回低电平。

4. 单稳态触发器的应用

（1）延时与定时

1) 延时：在图 6-34 中，u'_O 的下降沿比 u_I 的下降沿滞后，即延迟了 t_W。单稳态触发器的这种延时作用常被应用于时序控制中。

2) 定时：在图 6-34 中，单稳态触发器的输出电压 u'_O，用做与门的输入定时控制信号；当 u'_O 为高电平时，与门打开，$u_O = u_F$；当 u'_O 为低电平时，与门关闭，u_O 为低电平。显然与门打开的时间是恒定不变的，就是单稳态触发器输出脉冲 u'_O 的宽度 t_W。

（2）整形 单稳态触发器能够把不规则的输入信号 u_I，整形成为幅度和宽度都相同的标准矩形脉冲 u_O。u_O 的幅度取决于单稳态电路输出的高、低电平，宽度 t_W 决定于暂稳态时间。图 6-35 是单稳态触发器用于波形的整形的一个简单例子。

6.5.2 集成施密特触发器

前面介绍了由 555 定时器和门电路构成的施密特触发器。而集成施密特触发器有性能的一致性好、触发阈值稳定、使用方便等特点。

1. CMOS 集成施密特触发器

图 6-36a 是 CMOS 集成施密特触发器 CD40106（六反相器）的引线功能图，表 6-3 所示是其主要静态参数。

2. TTL 集成施密特触发器

图 6-36b 所示是 TTL 集成施密特触发器 74LS14 外引线功能图，其几个主要参数的典型值如表 6-4 所示。

TTL 施密特触发与非门和缓冲器具有以下特点：

1）输入信号边沿的变化即使非常缓慢，电路也能正常工作。

2）对于阈值电压和滞回电压均有温度补偿。

3）带负载能力和抗干扰能力都很强。

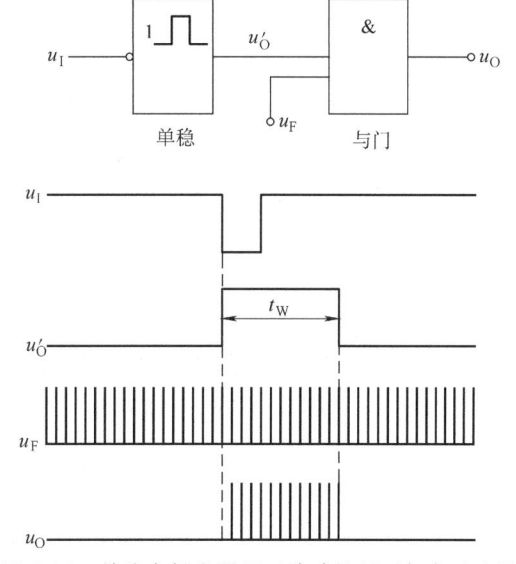

图 6-34 单稳态触发器用于脉冲的延时与定时选通

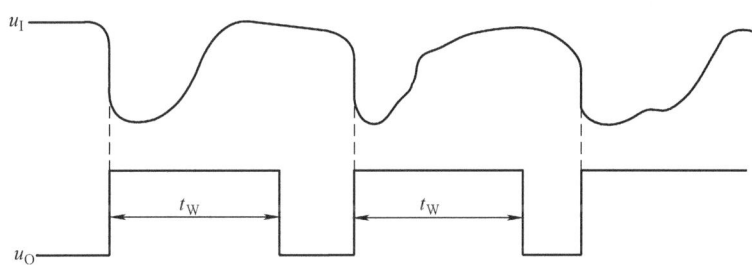

图 6-35 单稳态触发器用于波形的整形

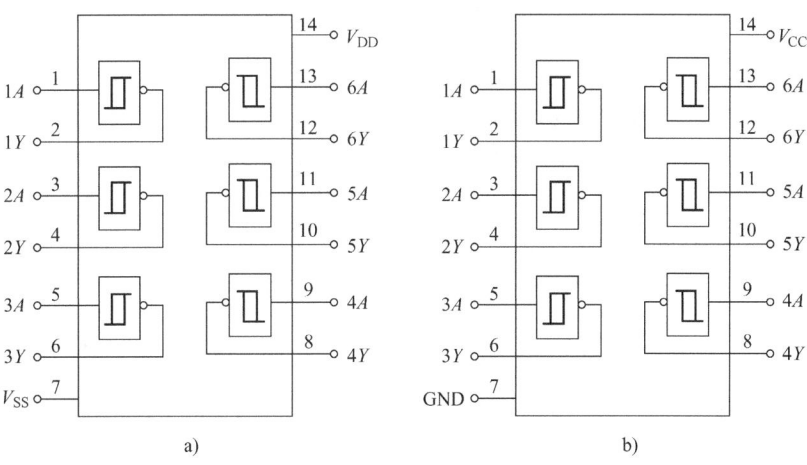

图 6-36 集成施密特触发器 CD40106 和 74LS14 外引线功能图

a）CD40106　b）74LS14

表 6-3　CMOS 集成施密特触发器 CD40106 的主要静态参数　　　　　　（单位：V）

电源电压 V_{DD}	U_{T+} 最小值	U_{T+} 最大值	U_{T-} 最小值	U_{T-} 最大值	ΔU_T 最小值	ΔU_T 最大值
5	2.2	3.6	0.9	2.8	0.3	1.6
10	4.6	7.1	2.5	5.2	1.2	3.4
15	6.8	10.8	4	7.4	1.6	5

表 6-4　TTL 集成施密特触发器几个主要参数的典型值

器件型号	延迟时间/ns	每门功耗/mW	U_{T+}/V	U_{T-}/V	ΔU_T/V
74LS14	15	8.6	1.6	0.8	0.8
74LS132	15	8.8	1.6	0.8	0.8
74LS13	16.5	8.75	1.6	0.8	0.8

集成施密特触发器不仅可以做成单输入端反相缓冲器形式，还可以做成多输入端与非门形式，如 CMOS 四 2 输入与非门 CC4093，TTL 四 2 输入与非门 74LS132 和双 4 输入与非门 74LS13 等。

3. 施密特触发器的应用举例

（1）波形的变换和整形　无论施密特触发器的输入信号波形如何，只要它的幅度大于 U_{T+}，电路就迅速由一种稳态翻转到另一种稳态；当输入信号幅度低于 U_{T-} 时，电路又迅速翻回到原来的稳态。波形的变换和整形如图 6-37 所示。

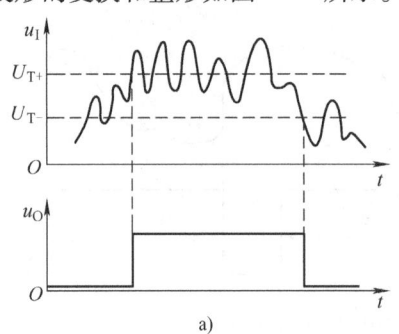
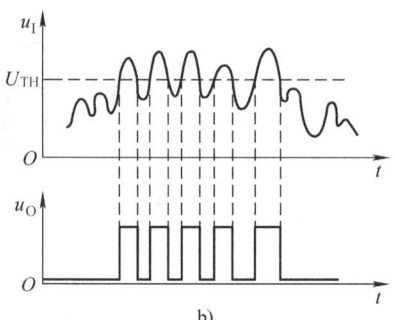

图 6-37　波形的变换和整形
a）施密特整形　b）反相器整形

（2）脉冲幅度鉴别　施密特触发器输出状态决定于输入信号的幅度，因此它可以用来作为幅度鉴别电路，可从输入幅度不等的一串脉冲中，把幅度超过 U_{T+} 的那些脉冲鉴别出来，而把低于 U_{T+} 的消除。图 6-38 为脉冲鉴别电路的输入、输出电压波形。

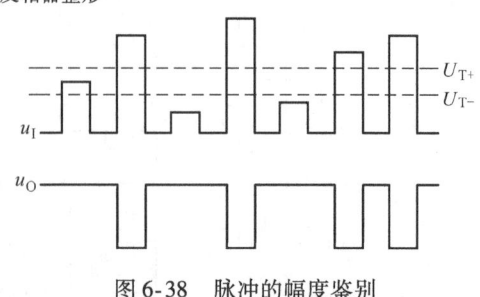

图 6-38　脉冲的幅度鉴别

6.6　应用电路介绍

应用一：用 555 集成电路构成叮咚门铃电路

如图 6-39 所示为 555 集成电路构成的叮咚门铃电路原理图，该电路颇具特色。

以 555 时基电路为核心组成双音门铃，能发出悦耳的叮咚声，其中 555 定时器、R_1、R_2、R_3、VD_1、VD_2、C_1 等组成一个多谐振荡器，SB 为门铃按钮，平时处于断开状态，在 SB 断开的情况下，555 的 4 引脚呈低电平，使 555 处于强制复位状态，3 引脚输出低电平，扬声器不发声。

按下 SB 后，电源 V_{CC} 通过 VD_2 对 C_2 快速充电至 6V，555 的 4 引脚为高电平，555 振荡器起振。此时电源通过 VD_1、R_2、R_3 给 C_1 进行充电，随着 C_1 充电其两端电压即 2、6 引脚电压升高超过 $\frac{2}{3}V_{CC}$ 时，3 引脚输

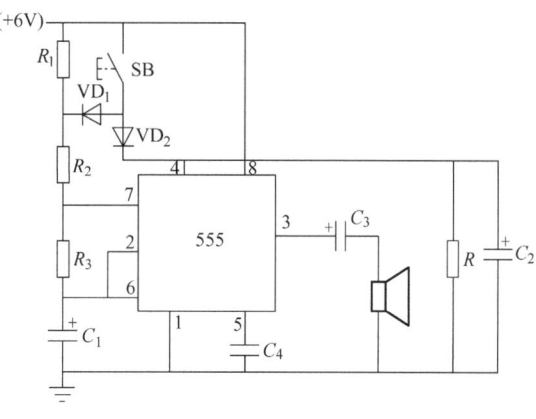

图 6-39　叮咚门铃电路

出为低电位，同时 555 内部放电管导通，C_1 开始放电，放电回路为 $C_1 \rightarrow R_3 \rightarrow$ 芯片内部放电管→地。

随着 C_1 的放电，555 的 2、6 引脚电位下降 $\frac{1}{3}V_{CC}$ 时，555 的 3 引脚输出高电平，内部放电管截止，放电回路被切断，C_1 又开始新一轮的充电，依次循环往复，实现了振荡。此时，振荡信号从 555 的 3 引脚输出驱动扬声器发出"叮……"的音响。振荡频率为：$f = \dfrac{1}{0.7(R_2 + 2R_3)C_1}$。

当松开 SB 后，由于 C_2 上已充满电荷，即 4 引脚呈高电平，555 振荡器仍继续振荡，但这时 C_1 的充电回路为 $V_{CC} \rightarrow R_1 \rightarrow R_2 \rightarrow R_3 \rightarrow C_1$，而放电时间常数仍为 R_3C_1，此时频率为：
$f = \dfrac{1}{0.7(R_1 + R_2 + 2R_3)C_1}$。

显而易见，此频率要比按下 SB 时的振荡频率低，随着 C_2 的放电，C_2 上的电压逐渐变低，当降至 0.4V 以下后，555 处于强制复位状态，电路停振，可见 C_2 放电至 0.4V 的时间也就是扬声器发出"咚"音频声响的时间，这样电路整个工作过程为当按下按钮 SB 时，扬声器发出高音"叮"声，到松开按钮 SB 后发出"咚"声，实现了"叮咚"门铃的效果。

应用二：红外线光电开关

图 6-40 所示电路是利用小功率砷化镓红外发光二极管 VL（5GL 或 HG41）、硅光敏晶体管 V（3DU5C）及施密特触发器 CD40106 等构成的红外线光电开关。该电路常用于工业自动生产线上的产品个数统计。

电路中，VL 作为发光管，发出的红外线波长为 $0.92\mu m$ 左右。V 作为受光管，其接收红外线的峰值波长为 $0.90 \sim 0.93\mu m$。所以发光管和受光管的峰值波长很接近，可以把它们作为红外对管。施密特触发器 G_1 用于消除抖动尖脉冲和波形的整形，G_2 和 RC 元件构成单稳态电路，用于获得等宽的光电脉冲，G_3 用作缓冲级以及对波形极性倒相。

当电路接通电源后，VL 发出红外光线，3DU5C 由于受到红外线照射而处于导通状态，A 点为高电平，B、D 及输出 u_O 均为低电平。若在某一瞬间，VL 和 V 之间的光线被遮挡，V 截止，B、D 点随之跳变为高电平，G_2 被触发，输出 u_O 变为高电平。随后电容开始充电，D 点电位逐渐下降，当其降到 G_2 的 U_{T-} 时，G_2 翻转，u_O 又变为低电平。可利用输出 u_O 的跳变控制计数器进行计数。

应用三：噪声消除器

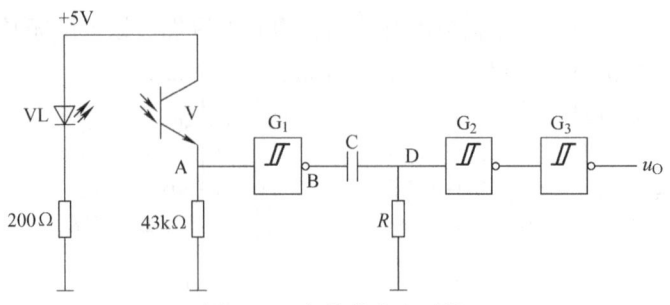

图 6-40 红外线光电开关

图 6-41 所示电路是由单稳态触发器 CD4098、D 触发器 CD4013 和一个反相器构成的噪声消除器（又称脉宽鉴别器）。该电路可消除正常脉冲信号中所串入的尖峰或毛刺（即噪声）波形。

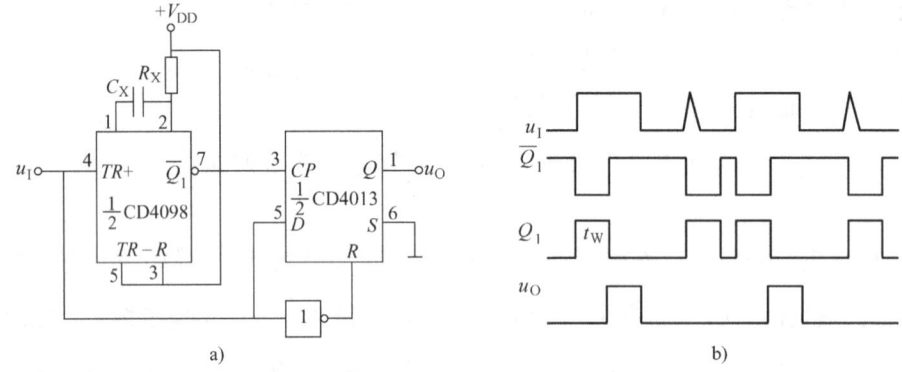

图 6-41 噪声消除器
a) 电路图　b) 波形图

电路中，输入的脉冲信号 u_I 同时加到 CD4098 的 $TR+$ 端和 CD4013 的 D 端，CD4098 的输出 $\overline{Q_1}$ 作为 D 触发器的时钟。

在选择定时元件 R_X、C_X 时，应使单稳电路 CD4098 的输出脉宽大于噪声脉宽，而小于正常输入信号的脉宽。这样，当 u_I 的上升沿来到时，CD4098 被触发，Q_1 端输出脉宽为 t_W 的正脉冲。当 CD4098 的 Q_1 端恢复低电平时，其 $\overline{Q_1}$ 端的上升沿作为 CD4013 的时钟，将 u_I 送到 D 触发器的 Q 端（即输出端 u_O）。当输入信号下降沿来到时，通过反相器，将 D 触发器复位。波形图如图 6-41b 所示。

输入信号中的噪声，其宽度小于单稳电路输出的脉宽。因此，虽然噪声也触发单稳电路，但在单稳态结束时（即 CD4098 的 Q_1 发生正跳变时），CD4013 的 D 端已呈低电平，所以输出 u_O 仍为低电平。这样便有效地抑制了噪声的干扰。

本 章 小 结

在这一章里我们介绍了用于产生矩形脉冲的各种电路。其中一类是脉冲整形电路，它们虽然不能自动产生脉冲信号，但能把其他形状的周期性信号变换为所要求的矩形脉冲信号，达到整形的目的。

施密特触发器和单稳态触发器是最常用的两种整形电路。因为施密特触发器输出的高、低电平随输入信号的电平改变，所以输出脉冲的宽度是由输入信号决定的。由于它的滞回特性和输出电平转换过程中正反馈的作用，所以输出电压波形的边沿可得到明显的改善。单稳态触发器输出信号的宽度则完全由电路参数决定，与输入信号无关。输入信号只起触发作用。因此，单稳态触发器可以用于产生固定宽度的脉冲信号。

555 定时器是一种用途较广的集成电路，除了能组成施密特触发器、单稳态触发器和多谐振荡器以外，还可以接成各种应用电路。读者可参阅有关书籍并且根据需要自行设计出所需要的电路。

在分析单稳态触发器和多谐振荡器时，我们采用的是波形分析法。在分析一些简单的脉冲电路时，这种方法物理概念清楚，简单实用。现将这种分析方法的步骤归纳如下：

1) 分析电路的工作过程，定性地画出电路中各点电压的波形，找出决定电路状态发生转换的控制电压。

2) 画出控制电压充、放电的等效电路，并可得到化简的电路。

3) 确定每个控制电压充、放电的起始值、终了值和转换值。

4) 计算充、放电时间，求出所需的计算结果。

可以看出，这种分析方法的关键在于能否通过对电路工作过程的分析正确地画出电路各点的电压波形。为此，必须正确理解电路的工作原理。

在分析用常见的器件组成的典型脉冲电路时，也可以借助于计算机辅助分析的手段。在一些实用的计算机辅助分析软件中已编制了这些器件的数学模型和电路的分析程序。但无论是建立器件的数学模型还是开发分析程序，都是以充分了解电路的工作原理为基础的。

思考题与习题

6-1 选择题

(1) TTL 单定时器型号的最后几位数字为（　　）。

A. 555　　　　　　B. 556　　　　　　C. 7555　　　　　　D. 7556

(2) 用 555 定时器组成施密特触发器，当输入控制端 CO 外接 10V 电压时，回差电压为（　　）。

A. 3.33V　　　　　B. 5V　　　　　　C. 6.66V　　　　　D. 10V

(3) 若图 6-42 所示为 TTL 门电路微分型单稳态触发器，对 R_1 和 R 的选择应使稳态时（　　）。

A. 与非门 G_1、G_2 都导通（低电平输出）　　B. G_1 导通，G_2 截止

C. G_1 截止，G_2 导通　　D. G_1、G_2 都截止（高电平输出）

(4) 如图 6-43 所示单稳态电路的输出脉冲宽度为 $t_{WO}=4\mu s$，恢复时间 $t_{re}=1\mu s$，则输出信号的最高频率为（　　）。

A. $f_{max}=250\text{kHz}$　　B. $f_{max}\geq 1\text{MHz}$　　C. $f_{max}\leq 200\text{kHz}$

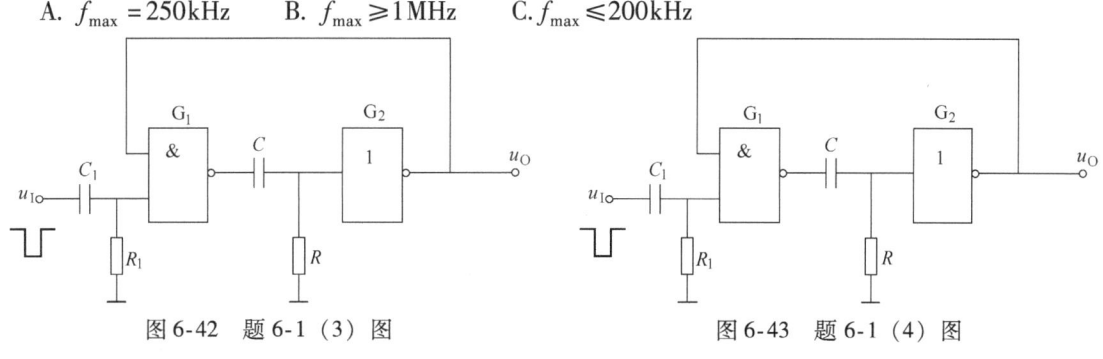

图 6-42　题 6-1 (3) 图　　　　　　图 6-43　题 6-1 (4) 图

(5) 多谐振荡器可产生（　　）。

A. 正弦波 　　　　　　B. 矩形脉冲 　　　　　C. 三角波 　　　　　D. 锯齿波

(6) 石英晶体多谐振荡器的突出优点是（　　）。

A. 速度高 　　　　　　B. 电路简单 　　　　　C. 振荡频率稳定 　　D. 输出波形边沿陡峭

(7) 能将正弦波变成同频率方波的电路为（　　）。

A. 单稳态触发器 　　　B. 施密特触发器 　　　C. 双稳态触发器 　　D. 无稳态触发器

(8) 能把 2kHz 正弦波转换成 2kHz 矩形波的电路是（　　）。

A. 多谐振荡器 　　　　B. 施密特触发器 　　　C. 单稳态触发器 　　D. 二进制计数器

(9) 用来鉴别脉冲信号幅度时，应采用（　　）。

A. 单稳态触发器 　　　B. 双稳态触发器 　　　C. 多谐振荡器 　　　D. 施密特触发器

(10) 输入为 2kHz 矩形脉冲信号时，欲得到 500Hz 矩形脉冲信号输出，应采用（　　）。

A. 多谐振荡器 　　　　B. 施密特触发器 　　　C. 单稳态触发器 　　D. 二进制计数器

(11) 以下各电路中，（　　）可以产生定时脉冲。

A. 多谐振荡器 　　　　B. 单稳态触发器 　　　C. 施密特触发器 　　D. 石英晶体多谐振荡器

6-2　判断题（正确打√，错误的打×）

(1) 当微分电路的时间常数 $\tau = RC \ll t_W$ 时，此 RC 电路会成为耦合电路。　　　　（　　）

(2) 积分电路也是一个 RC 串联电路，它是从电容两端上取出输出电压的。　　　　（　　）

(3) 微分电路是一种能够将输入的矩形脉冲变换为正负尖脉冲的波形变换电路。　　　（　　）

(4) 施密特触发器可用于将三角波变换成正弦波。　　　　　　　　　　　　　　　　（　　）

(5) 施密特触发器有两个稳态。　　　　　　　　　　　　　　　　　　　　　　　　（　　）

(6) 施密特触发器的正向阈值电压一定大于负向阈值电压。　　　　　　　　　　　　（　　）

(7) 单稳态触发器的暂稳态时间与输入触发脉冲宽度成正比。　　　　　　　　　　　（　　）

(8) 单稳态触发器的暂稳态维持时间用 t_W 表示，与电路中 RC 成正比。　　　　　（　　）

(9) 多谐振荡器的输出信号的周期与阻容元件的参数成正比。　　　　　　　　　　　（　　）

(10) 石英晶体多谐振荡器的振荡频率与电路中的 R、C 成正比。　　　　　　　　　（　　）

6-3　填空题

(1) 555 定时器的最后数码为 555 的是 _____ 产品，为 7555 的是 _____ 产品。

(2) 图 6-44 是由 555 定时器构成的 _____ 触发器，它可将缓慢变化的输入信号变换为 _____ 信号。由于存在回差电压，所以该电路的 _____ 能力提高了，回差电压约为 _____。

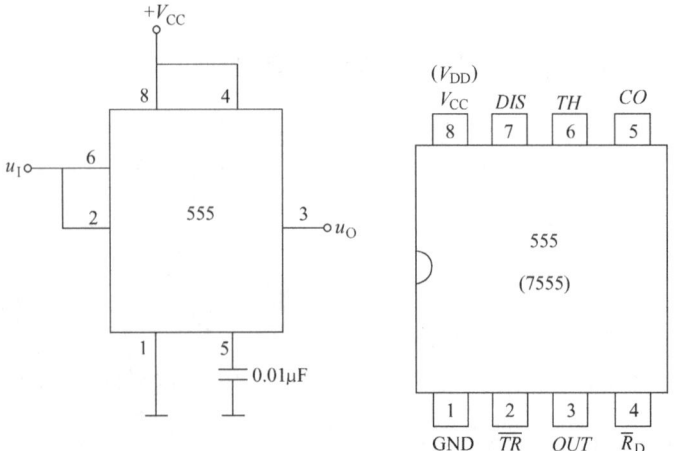

图 6-44　题 6-3 图

（3）施密特触发器有_____个阈值电压，分别称作_____和_____。

（4）施密特触发器具有_____现象，又称_____特性；单稳触发器最重要的参数为_____。

（5）某单稳态触发器在无外触发信号时输出为 0 态，在外加触发信号时，输出跳变为 1 态，因此，其稳态为_____态，暂稳态为_____态。

（6）单稳态触发器有_____个稳定状态；多谐振荡器有_____个稳定状态。

（7）占空比 q 是指矩形波_____持续时间与其_____之比。

（8）常见的脉冲产生电路有_____，常见的脉冲整形电路有_____、_____。

6-4 试用 555 定时器组成一个施密特触发器，要求：

（1）画出电路接线图。

（2）画出该施密特触发器的电压传输特性。

（3）若电源电压 V_{CC} 为 15V，输入电压是图 6-45 的以 $u_I = 15\sin\omega t$ V 为包络线的单相脉动波形，试画出相应的输出电压波形（标出电压值）。

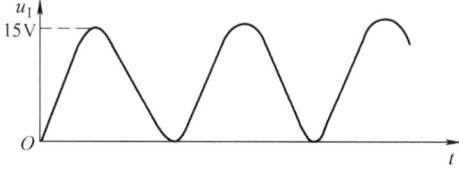

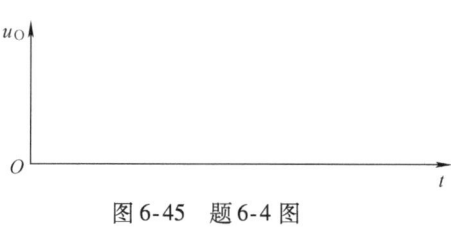

图 6-45　题 6-4 图

6-5 图 6-46 所示，555 构成的施密特触发器，当输入信号为图示周期性心电波形时，试画出经施密特触发器整形后的输出电压波形。

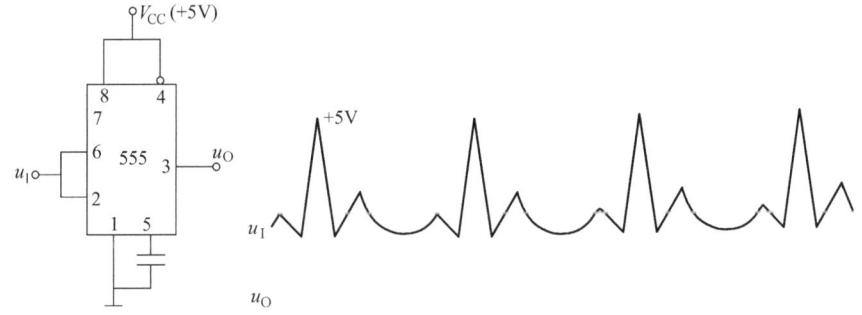

图 6-46　题 6-5 图

6-6 图 6-47 所示为 555 定时器构成的施密特触发器用作光控路灯开关的电路图。分析其工作原理。

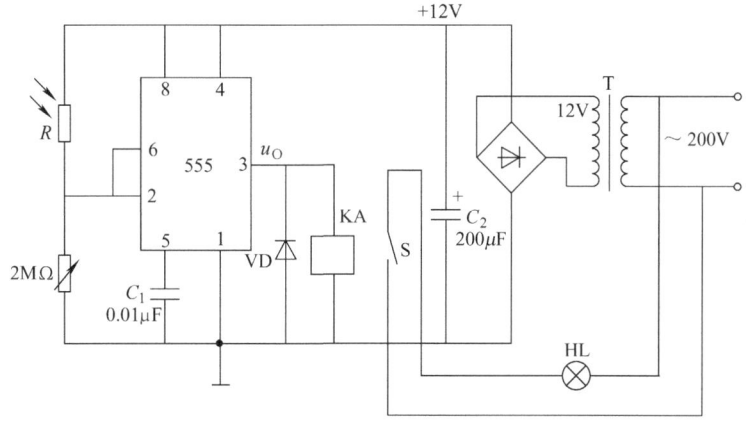

图 6-47　题 6-6 图

6-7 由 7555 构成的单稳态电路如图 6-48a 所示，试回答下列问题：

1）求该电路的暂稳态持续时间 t_W。

2）根据 t_W 的值确定图 6-48b 中，哪个适合作为电路的输入触发信号，并画出与其相对应的 u_C 和 u_O 波形。

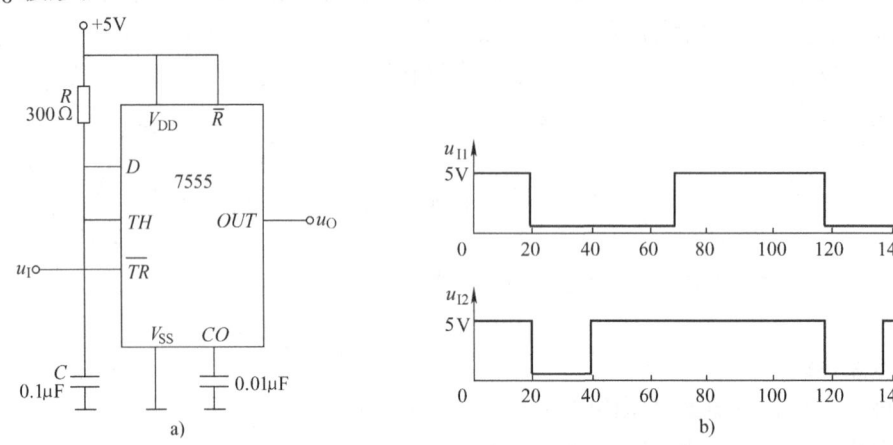

图 6-48 题 6-7 图

6-8 在使用图 6-49 由 555 定时器组成的单稳态触发器电路时对触发脉冲的宽度有无限制？当输入脉冲的低电平持续时间过长时，电路应作何修改？

6-9 用 555 定时器设计一个多谐振荡器，要求振荡周期 $T = 1 \sim 10\text{s}$，选择电阻、电容参数，并画出连线图。

6-10 图 6-50 为一通过可变电阻 R_P 实现占空比调节的多谐振荡器，图中 $R_{RP} = R_{RP1} + R_{RP2}$，试分析电路的工作原理，求振荡频率 f 和占空比 q 的表达式。

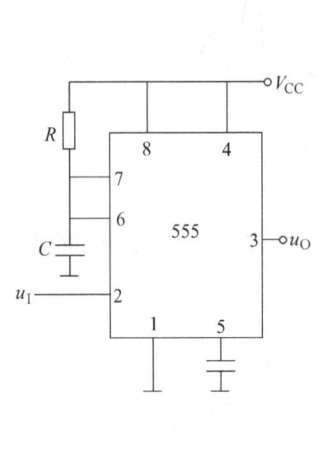

图 6-49 题 6-8 图

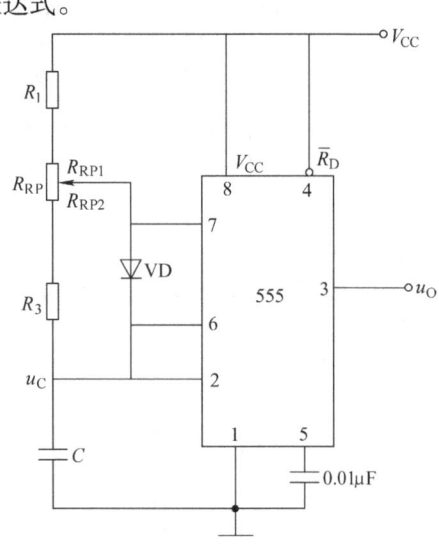

图 6-50 题 6-10 图

6-11 图 6-51 为由一个 555 定时器和一个 4 位二进制加法计数器组成的可调计数式定时器原理示意图。试解答下列问题：

（1）电路中 555 定时器接成何种电路？

（2）若计数器的初态 $Q_4Q_3Q_2Q_1 = 0000$，当开关 S 接通后大约经过多少时间发光二极管 VL 变亮（设电位器的阻值全部接入电路）？

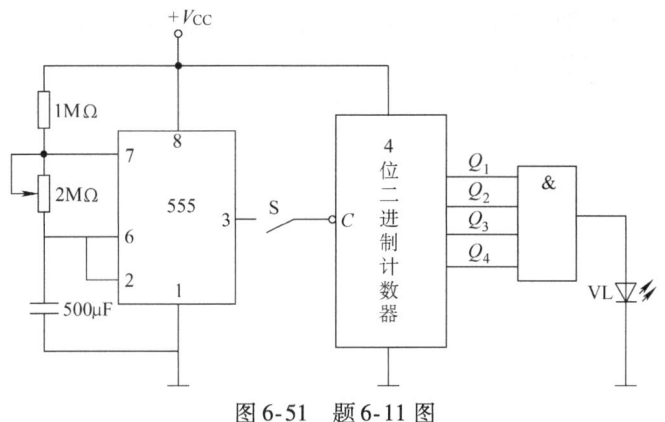

图 6-51 题 6-11 图

6-12 图 6-52 是用两个 555 定时器接成的延时报警器。当开关 S 断开后，经过一定的延迟时间后，扬声器开始发声。如果在延迟时间内开关 S 重新闭合，扬声器不会发出声音。分析其工作原理。在图中给定参数下，试求延迟时间的具体数值和扬声器发出声音的频率。图中 G_1 是 CMOS 反相器，输出的高、低电平分别为 $V_{OH}=12V$，$V_{OL}\approx 0V$。

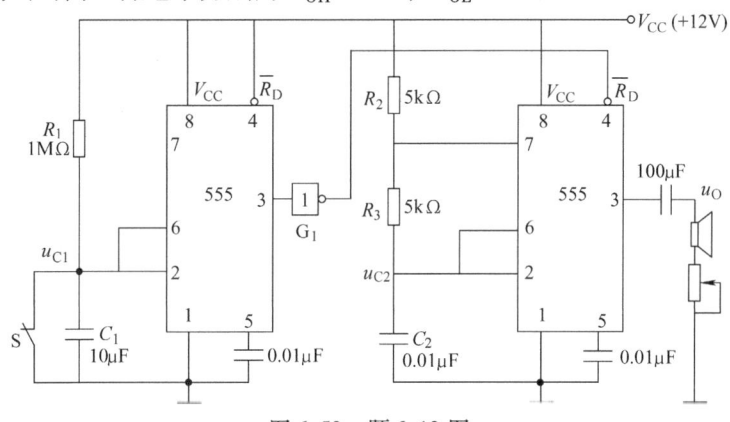

图 6-52 题 6-12 图

6-13 图 6-53 是救护车扬声器发声电路。在图中给定的电路参数下，设 $V_{CC}=12V$ 时，555 定时器输出的高、低电平分别为 11V 和 0.2V，输出电阻小于 100Ω，试计算扬声器发声的高、低音的持续时间。

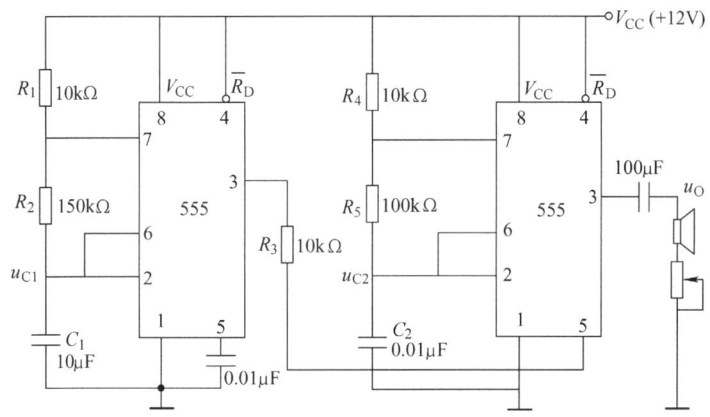

图 6-53 题 6-13 图

6-14 图 6-54 所示为 TTL 与非门组成的微分型单稳态电路,试对应输入波形,画出 a、b、d、e 各点电压波形,并估算输出脉冲宽度 t_W。

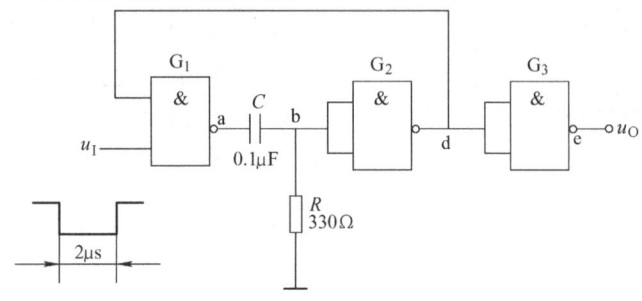

图 6-54 题 6-14 图

6-15 在图 6-55a 所示的施密特触发器电路中,已知 $R_1 = 10\text{k}\Omega$,$R_2 = 30\text{k}\Omega$。G_1 和 G_2 为 CMOS 反相器,$V_{DD} = 15\text{V}$。

(1) 试计算电路的正向阈值电压 V_{T+}、负向阈值电压 V_{T-} 和回差电压 ΔV_T。

(2) 若将图 6-55b 给出的电压信号加到 6-55a 电路的输入端,试画出输出电压的波形。

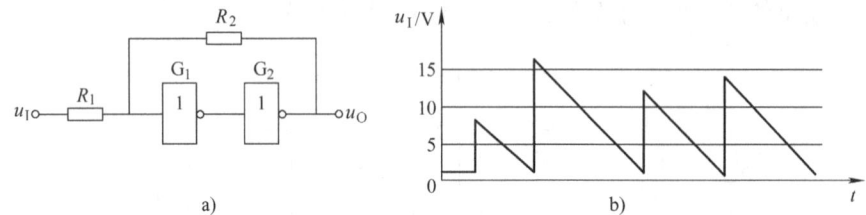

图 6-55 题 6-15 图

6-16 图 6-56 是用 CMOS 反相器组成的对称式多谐振荡器。若 $R_{F1} = R_{F2} = 10\text{k}\Omega$,$C_1 = C_2 = 0.01\mu\text{F}$,$R_{P1} = R_{P2} = 33\text{k}\Omega$,试求电路的振荡频率,并画出 u_{I1}、u_{O1}、u_{I2}、u_{O2} 各点的电压波形。

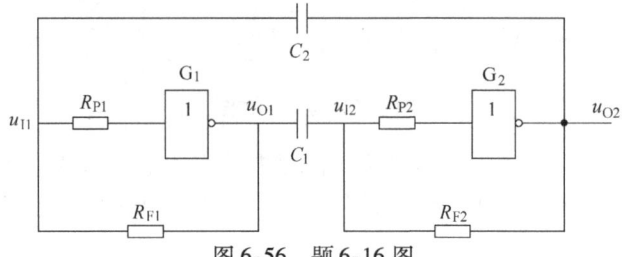

图 6-56 题 6-16 图

6-17 图 6-57 是用两个集成电路单稳态触发器 74HC121 所组成的脉冲变换电路,外接电阻和外接电容的参数如图中所示。试计算在输入触发信号 u_I 作用下 u_{O1}、u_{O2} 输出脉冲的宽度,并画出与 u_I 波形相对应的 u_{O1}、u_{O2} 的电压波形。u_I 的波形如图中所示。

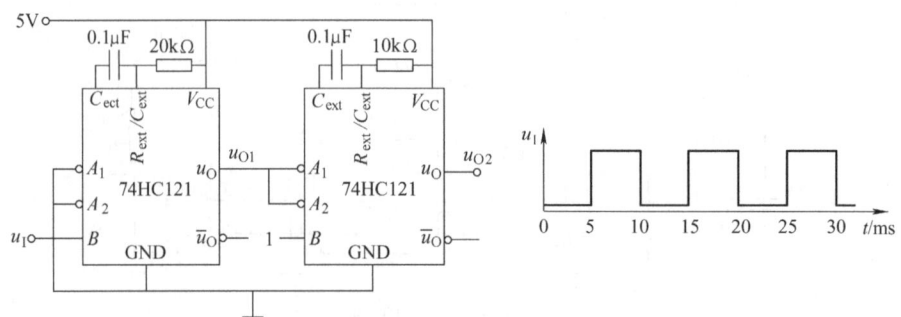

图 6-57 题 6-17 图

本 章 实 验

实验 6.1　555 定时器的应用

1. 实验目的

1）掌握 555 时基电路的功能。

2）学会用 555 时基电路设计的应用电路。

2. 实验设备和元器件

电子实验箱，双踪示波器，集成电路：7555、7556、6.8kΩ、2200pF、100kΩ×2、47kΩ、10kΩ×2、4.7μF、22μF、0.01μF×2、0.1μF，蜂鸣片，元器件手册。

3. 实验内容和步骤

1）利用 7555 时基电路构成一个多谐振荡器，并画出电路图。取 $R_1 = 6.8\text{k}\Omega$，$R_2 = 10\text{k}\Omega$，$C = 2200\text{pF}$。测量电路振荡频率、占空比，并与计算值进行比较，分析误差原因。

2）按如图 6-58 所示组建单稳态触发器。输入 200Hz 的脉冲信号，用示波器观察并记录 u_I、u_C、u_O 的波形，并测出、记录输出脉冲的宽度。如果把电容 C 改为 0.1μF，试观察并记录波形，再分析结果。

3）如图 6-59 所示为 7556 组成的一报警电路，试分析该电路的工作原理，并计算报警可调时间和报警振荡频率。实现该电路，并使用双踪示波器观察和记录输出波形。

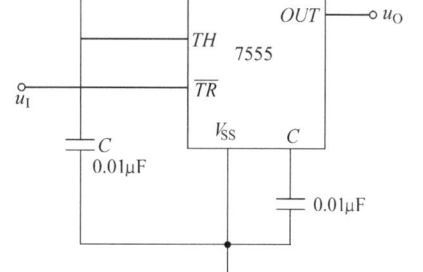

图 6-58　555 定时器构成的单稳态触发器

4. 实验报告内容要求

实验名称、日期、组别、指导教师。实验目的、仪器规格及编号、实验电路等。把实验得到的原始数据进行整理和分析，绘出曲线或波形等。对实验结果进行分析，并做出结论，写出自己的实验心得体会。

实验 6.2　多谐振荡器的应用

1. 实验目的

1）掌握由 CMOS 反相器构成的多谐振荡器。

2）熟悉多谐振荡器的应用。

2. 实验设备和元器件

电子实验箱，双踪示波器，集成电路：CD4011、74HC04、1N4148、100kΩ×2、4.7μF、0.01μF、30kΩ，元器件手册。

3. 实验内容和步骤

1）如图 6-60 所示为一多谐振荡器的应用电路，该电路由两个振荡器组成，反相器 1 和反相

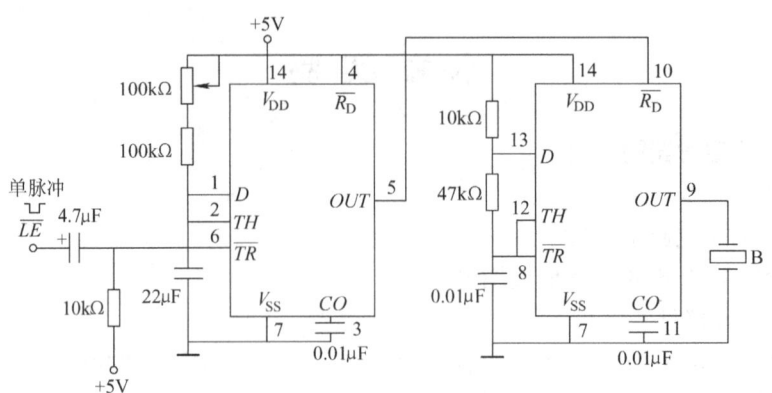

图 6-59 报警电路

器 2 组成低频振荡器，反相器 4 和反相器 5 组成音频振荡器。低频振荡器控制音频振荡器的起振与否。当反相器 2 输出为高电平时，反相器 3（用 74HC04）输出低电平，二极管 VD 导通，反相器 4 的输入端被钳位在低电平，这时由反相器 4 和反相器 5 组成的音频振荡器停振，蜂鸣器 B 不发声；当反相器 2 输出为低电平时，反相器 3 输出高电平，二极管 VD 截止，这时由反相器 4 和反相器 5 组成的音频振荡器起振，蜂鸣片 B 发出"嘟——嘟"声。

① 请按图连接线路，分析电路结果，并计算两个振荡频率。

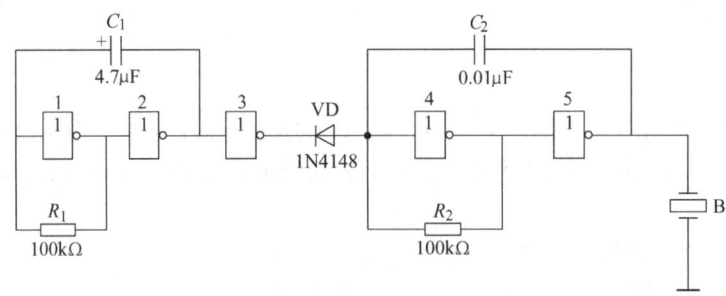

图 6-60 多谐振荡器的应用电路

② 如果 $C_1 = 10\mu F$，其他不变，发出的声音有何变化，并分析其原因。

③ 如果 $R_2 = 30k\Omega$，其他不变，发出的声音有何变化，并分析其原因。

2）请自行设计一个电路，能发出"嘀——嘟"两种不同的声音（频率自定）。

4. 实验报告内容要求

实验名称、日期、组别、指导教师。实验目的、仪器规格及编号、实验电路等。把实验得到的原始数据进行整理和分析，绘出曲线或波形等。对实验结果进行分析，并做出结论，写出自己的实验心得体会。

实验 6.3 步进电动机转速和定时控制

1. 实验目的

应用多谐振荡器和单稳态触发器在四相步进电动机上增加转速和定时控制功能。

2. 实验设备和元器件

电子电路实验箱，四相步进电动机，电子元器件，元器件手册。

3. 实验内容和步骤

在实验箱上设计由 7556 定时器实现步进电动机的转速调节和定时 10s 转动的控制电路。在电子实验箱上用集成电路实现四相步进电动机的转速和定时控制功能。

4. 实验报告内容要求

实验名称、日期、组别、指导教师。实验目的、仪器规格及编号、实验电路等。把实验得到的原始数据进行整理和分析，绘出曲线或波形等。对实验结果进行分析，并做出结论，写出自己的实验心得体会。

第 7 章 半导体存储器与可编程逻辑器件

半导体存储器（semiconductor memory）是一种能存储大量二进制数据信息的半导体器件，是电子计算机和数字系统中不可缺少的重要组成部分。半导体存储器具有存储密度高、存取速度快、可靠性高、功耗低、外部电路简单等一系列优点，在数字系统中存放不同程序的操作指令及各种需要计算处理的数据，还可以实现不同形式的逻辑函数和适用于一些特殊场合的逻辑功能。本章主要介绍存储器的基本概念、分类，各类存储器的基本结构、基本原理。

7.1 半导体存储器概述

7.1.1 半导体存储器的分类

半导体存储器种类很多，有不同的分类方法。

按信息的存取功能不同，半导体存储器可分为两大类：随机存取存储器（Random Access Memory，RAM，又称读写存储器）和只读存储器（Read Only Memory，ROM）。只读存储器是用于存储固定信息的器件，在正常工作时只能根据地址从存储器中读取数据，不可随时写入数据。这种存储器的优点是电路结构简单，存储的数据是固定不变的，而且在断电后数据也不会丢失。只读存储器常用于存储需要长期保存的信息，如各种函数表、专用程序等。

与只读存储器不同的是，随机存取存储器在正常工作时可以随时根据地址向存储器中写入数据或从中读取数据。随机存取存储器具有读写方便、使用灵活的优点，但也存在数据易失的特点，一旦断电则所存的数据便会丢失。随机存取存储器常用于存放系统中经常变化的数据。

按制造工艺的不同，半导体存储器可以分为 TTL 型存储器和 MOS 型存储器两大类。TTL 型存储器以 TTL 触发器为基本存储单元，具有速度快、功耗大等特点，常用于计算机的高速缓冲存储器。MOS 型存储器以 MOS 电路为基本存储单元，具有工艺简单、集成度高、功耗低、成本低等特点，常用于计算机内的大容量的存储器。

7.1.2 半导体存储器的技术指标

半导体存储器的技术指标有很多，如存储容量、存储时间、存储周期、封装形式、电源电压和功耗等。下面对其中重要的指标作介绍。

1. 存储容量

存储器由大量的存储单元组成，每个存储单元中存放一位二进制代码"0"或"1"，称为位 b（bit），8 个位构成一个字节 B（Byte）。存储容量是指存储器内部所能容纳的存储单元的数量，即表示存储器存放二进制数据的总量。

存储容量通常用字数乘以位数来表示。例如，某存储器能存储 1024 个字，每个字 4 位，那么它的存储容量为 1024×4 位 $= 4096$ 位，即有 4096 个存储单元。

存储器写入或读取时，每次只能写入或读取一个字，若字长为 8 位，则每次必须选中 8 个存储单元。而选中哪些存储单元，则由输入给存储器的地址码来决定。而地址码的位数 n 与字数之间存在"字数 $=2^n$"的关系。因此，若某存储器具有 10 条地址线，则就能存储 $2^{10} = 1024$ 个字。通常用 1K 来表示 2^{10}，即存储容量为 $1K \times 8$ 位。

2. 存取时间和存取周期

存取时间（access time）是指微处理器发出有效存储器地址，启动一次存储器操作（读/写），到完成该操作所需要的时间。存取时间越短，说明存储器的存取速度越快。目前，高速缓冲存储器的存取时间已小于 20ns，中速存储器的存取时间在 60~100ns 之间，低速存储器的存取时间在 100ns 以上。

存取周期（memory cycle）是指存储器连续启动两次操作（读/写）所需要的最短时间间隔。存储器完成读/写操作之后，实际还需要一段恢复时间，才能进行下一次读/写操作。因此，存储器的存取周期要略大于存储器的存取时间。

7.2 只读存储器和随机存取存储器

7.2.1 只读存储器

半导体只读存储器 ROM 的种类很多，按所用器件类型可分为二极管 ROM、TTL 型 ROM 和 MOS 型 ROM 三种；按存储内容的写入方式又可分为掩膜 ROM（Mask Read Only Memory，MROM）、可编程 ROM（Programmable ROM，PROM）和紫外线可擦可编程 ROM（Ultra-Violet Erasable Programmable Read Only Memory，UVEPROM）、电擦除可编程 ROM（Electrically Erasable Programmable Read Only Memory，E^2PROM）和快闪存储器（Flash Read Only Memory，FROM）。

1. 掩膜 ROM

掩膜 ROM 是采样掩膜工艺制作而成的。在生产过程中，厂家根据用户需要写入 ROM 的数据或程序，采用二次光刻板的图形（掩膜）将其固化到存储器中，一旦制成，用户便只能读取其中的数据，而不能进行写入。掩膜 ROM 由地址译码器、存储单元矩阵和输出电路三部分组成。掩膜 ROM 可用二极管、双极型管和 MOS 管等三种器件来构成存储单元。现以最简单的 NMOS 4×4 位（4 字节，每字节 4 位二进制数）存储矩阵为例，说明 ROM 的原理，如图 7-1 所示（图中 MOS 管用简化符号画出）。

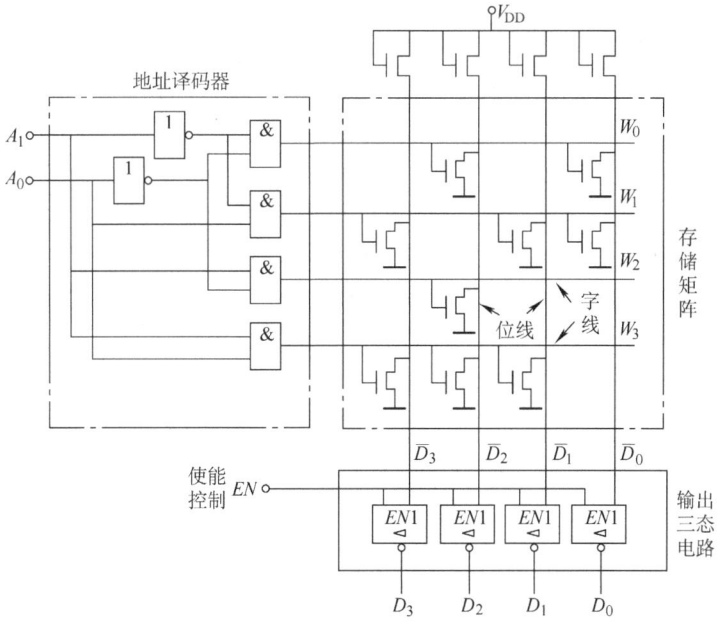

图 7-1　NMOS 的固定 ROM

它有两根地址输入线 A_1、A_0，经地址译码后有 4 根译码输出线，称为字选择线（简称字线）W_0、W_1、W_2、W_3。其中 $W_0 = \overline{A_1}\overline{A_0}$，$W_1 = \overline{A_1}A_0$，$W_2 = A_1\overline{A_0}$，$W_3 = A_1A_0$，另外还有 4 条位线（或称数据线）$\overline{D_0}$、$\overline{D_1}$、$\overline{D_2}$、$\overline{D_3}$，位线信号经反相后，即为 ROM 的输出 D_0、D_1、D_2、D_3。图中输出三态缓冲器构成的输出电路除了产生逻辑非，还可以提高其带负载能力，另外，利用其三态控制功能可以将 ROM 的输出端直接与系统的数据总线相连。

图中每根字线与每根位线的交叉处是一个基本存储单元，存储一位二进制信息。图中共有 16 个单元，交叉处设置有 N 沟道增强型 MOS 管的单元存储 1，没有 MOS 管的单元存储 0。例如当地址信号 $A_1A_0 = 01$ 时，W_1 为高电平（意味着该字被选中），其他字线为低电平，由于字线 W_1 与位线 $\overline{D_3}$、$\overline{D_1}$、$\overline{D_0}$ 交叉处都有 MOS 管，MOS 管导通，使位线 $\overline{D_3}$、$\overline{D_1}$、$\overline{D_0}$ 均为低电平；由于字线 W_1 与位线 $\overline{D_2}$ 交叉处无 MOS 管，因而位线 $\overline{D_2}$ 为高电平。在读出数据时，当 $EN = 1$ 时就可经输出三态缓冲器反相得到 $D_3D_2D_1D_0 = 1011$；当 $EN = 0$ 时，不管地址输入 A_1A_0 是什么，4 个输出端均是高阻态。

4 个字的存储内容是由用户来决定的，表 7-1 所示的内容只是一个例子。

表 7-1 图 7-1 掩膜 ROM 的存储内容

地址		内容			
A_1	A_0	D_3	D_2	D_1	D_0
0	0	0	1	0	1
0	1	1	0	1	1
1	0	0	1	0	0
1	1	1	1	1	0

可以看出，从概念上说，ROM 是组合逻辑电路。

2. 可编程 ROM

对于掩膜 ROM 来说，在制造存储矩阵时，厂家需根据存储内容的特定要求设计掩模版，制作周期较长，在使用过程中，内容不能作任何变动。因此，只有产品批量较大时，才适宜制作成固定 ROM 的形式。这种 ROM 适用于通用的固定程序，如指令操作、固定程序控制、字符显示等。对于有特定要求的小批量产品，或是尚在研制过程中，用固定 ROM 是不经济的，因而采用 PROM 或 EPROM 为宜。下面介绍可编程 ROM 的结构。它多数也是根据用户的要求，由生产商将数据写入的。

图 7-2 所示是一种常见的双极型熔丝结构的 PROM 单元电路。晶体管的集电极连至电源，其基极和字线相连，发射极经过熔丝和位线相连，熔丝可以是镍铬合金或多晶硅材料。

在每根字线和每根位线的交叉处都有一个这样的单元。出厂时，熔丝全部接通，即管子发射极全部和字线相连，即存储单元都是 1。用户在使用前，根据需要存储的内容，对选中的单元通以足够大的电流，将熔丝烧断即可。由于熔丝烧断后不能再恢复，所以某一单元改写为 0 后，就不能再写为 1 了，因此，这是一种不可重写的 ROM。

3. 紫外线可擦可编程 ROM

由于普通的 PROM 的内容在写入后不能更改，所以如果在编程（写入）过程中出错，或者经过实践后需要对其中内容作修改，那就只能用一片新的 PROM 再编程。为解决这一问题，

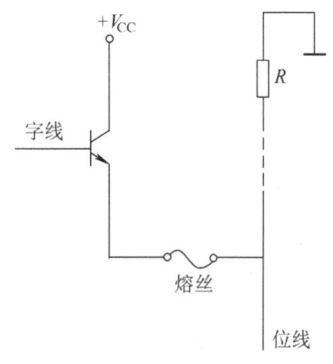

图 7-2 双极型 PROM 单元

采用浮置栅雪崩注入 MOS 器件（Floating – gate Avalanche – injection Metal – Oxide – Semiconductor, FAMOS）代替熔断丝, 可以通过 FAMOS 管导通、截止, 使存储单元所存储的数据可以擦除重写, 更为灵活、方便。由于最早研制成功并投入使用的 EPROM 是用紫外线进行擦除的, 并被称之为 EPROM。因此, 现在一提到 EPROM, 就指的是这种用紫外线擦除的可编程 ROM。

在常见的 EPROM 芯片中, 大多采用 FAMOS 管作存储器件。FAROM 基本上是一个 P 沟道硅栅 MOS 管, 其特点是它的栅极完全被 SiO_2 隔离（包围）, 处于悬浮状态, 因此称为"浮置栅"。浮置栅上本来是不带电的, 因而在漏源极之间没有导电沟道, FAMOS 管处于截止状态。但是, 如果在漏源之间加上比较大的负电压（如 – 20V）, 则可使衬底和漏极之间的 PN 结产生雪崩击穿, 使一部分电子注入浮置栅, 当浮置栅获得足够多的电子（负电荷）后, 就会在漏源极之间产生 P 型导电沟道。浮置栅中的电子由于没有放电回路, 因而能够长期保存。这就是写入过程的物理基础。如果用紫外线照射 FAMOS 管一定的时间, 浮置栅上积累的电子将形成光电流而泄放, 从而使导电沟道消失, 管子又恢复为截止状态, 这就是允许改写的物理基础。为了便于这种清除, 芯片的封装外壳装有透明的石英盖板。采用 FAMOS 管的 EPROM 存储单元由一个 MOS 管和一个 FAMOS 管串联组成, 如图 7-3 所示。

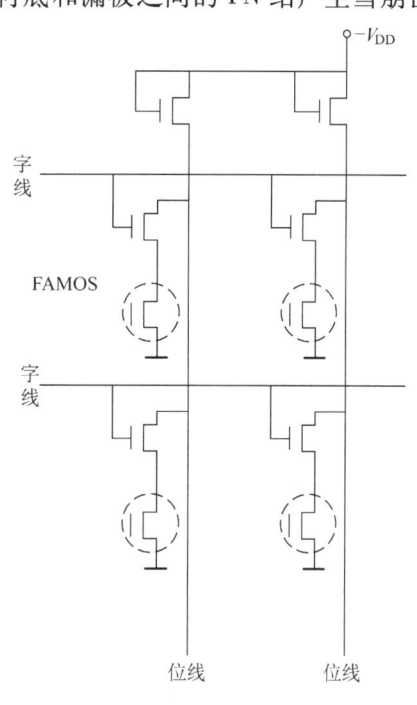

图 7-3 EPROM 存储矩阵

该普通 MOS 管的栅极由字线控制, 产品出厂时, 所有 FAMOS 管都处于截止状态。用户在写入时, 如果某字线与位线的交叉处实际上应该有管子, 就在选中所在字线的同时, 在所在位线上加负脉冲电压, 使相应的 FAMOS 管击穿, 于是在浮置栅上注入电子, FAMOS 管就处于导通状态; 如果某交叉处实际上不应该有管子, 则所在位线上就不加负脉冲电压, FAMOS 管就处于截止状态。

如果要对一片已编程的 EPROM 进行改写, 可把它放在专门装置"EPROM 擦洗器"中用紫外线照射一定时间（如 20min）, 使所有 FAMOS 管恢复到截止状态, 写入的程序也就被擦去, 这样, 经过照射后的 EPROM 又可以重新写入新的程序。

7.2.2 随机存取存储器

随机存取存储器也称为随机读/写存储器, 简称 RAM。它在工作时可以随时从任何一个指定的地址读取数据, 也可以随时将数据写入任何一个指定的存储单元中去。它的主要优点是读/写方便, 使用灵活; 主要缺点是易失性, 当断电时存储器将丢失所有的信息。

根据制造工艺的不同, 可以分为 TTL 型和 MOS 型存储器。根据工作原理的不同, 又可以分为静态 RAM（Static RAM, SRAM）和动态 RAM（Dynamic RAM, DRAM）。SRAM 的存储单元是以双稳态锁存器或触发器为基础构成的, 在供电电源维持不变的情况下, 信息不会丢失, 它的优点是不需刷新, 缺点是集成度较低。DRAM 的存储原理是以 MOS 管栅极电容为基础的, 电容中电荷由于漏电会逐渐丢失, 故 DRAM 需要定时刷新, 否则信息会丢失, 它的优点是电路简单、集成度较高。

1. RAM 的基本结构

RAM 的电路由存储器矩阵、地址译码器和读/写控制电路三部分组成，其结构如图 7-4 所示。存储矩阵由大量存储单元排列组成的，每个存储单元存储 1 位二进制数据（0 或 1），在地址译码和读/写控制电路的控制下可以实现对数据的写入和读出。

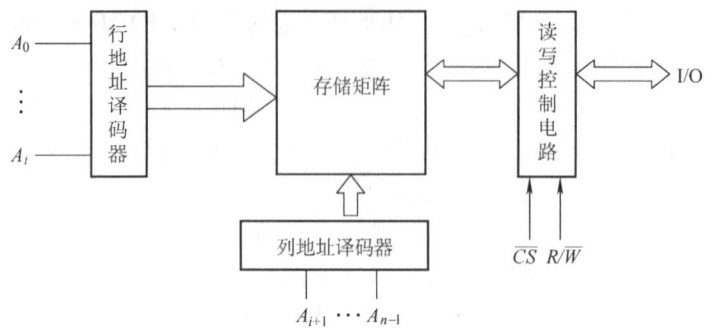

图 7-4 RAM 的结构框图

地址译码器分为行地址译码器和列地址译码器两部分。行地址译码器将输入地址代码的若干位译成某一条字线的输出高、低电平信号，从存储矩阵中选中一行存储单元；列地址译码器将输入地址代码的其余几位译成某一条输出线上的高、低电平信号，从字线选中的一行存储单元中再选 1 位（或几位），使这些被选中的单元在读/写控制电路的控制下与输入/输出端(I/O)接通，实现对这些单元的读/写操作。

读/写控制电路的读/写操作由信号 $R/\overline{W}$ 控制。当读/写控制信号 $R/\overline{W}=1$ 时，执行读操作，将存储单元里的数据送到 I/O 端；当读/写控制信号 $R/\overline{W}=0$ 时，执行写操作，将 I/O 端上的数据写入到存储单元中。

读/写控制电路中的 $\overline{CS}$ 为片选信号端。当 $\overline{CS}=0$ 时，RAM 可以进行正常的读/写操作；当 $\overline{CS}=1$ 时，RAM 所有的 I/O 端均为高阻态，不能对 RAM 进行读/写操作。片选信号端 $\overline{CS}$ 常用于系统中 RAM 的扩展应用。数字系统中经常由多片 RAM 芯片进行扩展，而系统一次只选中其中的一片或几片进行读/写操作，系统可以通过 $\overline{CS}$ 的作用对各芯片进行控制。当 $\overline{CS}=0$ 时，该芯片被选中；当 $\overline{CS}=1$ 时，该芯片被禁止工作，其数据 I/O 端为高阻状态，呈现与数据总线脱离状态。

2. 静态随机存储器

静态随机存储器的存储单元是在触发器基础上加上一些门控管所组成。静态随机存储器又分为 MOS 型和双极型两种。如图 7-5 所示为 6 个 NMOS 管组成的静态 RAM 的存储单元电路。

图中，$V_1 \sim V_4$ 组成基本 RS 触发器，用于保存 1 位二进制代码。$V_5 \sim V_8$ 是门控管，起模拟开关的作用。V_5、V_6 由行译码器输出控制其导通或截止。当 $X_i=1$ 时，V_5、V_6 导通，触发器输出与位线连接；当 $X_i=0$ 时，V_5、V_6 截止，触发器输出与位线断开。同理，V_7、V_8 由列译码器输出控制其导通或截止。当 $\overline{Y_j}=1$ 时，V_7、V_8 导通，位线 B_j 及 $\overline{B_j}$ 和数据线 D 及 $\overline{D}$ 接通。

因此，只有当存储单元的行、列地址同时被选中，$X_i=1$，$\overline{Y_j}=1$ 时，$V_5 \sim V_8$ 均导通，存储单元的触发器与位线接通。此时，若 $\overline{CS}$ 和 $R/\overline{W}$ 有效，则可以实现对该存储单元的读/写操作。

3. 动态随机存储器

DRAM 的存储单元是利用 MOS 管栅极电容可以存储电荷的原理制成的，其电路结构较为简单，但由于栅极电容的容量很小（几皮法），而 MOS 管的漏电流不可能为 0，所以电荷的存储时间有限。为了及时补充泄露掉的电荷以避免存储信号的丢失，需要定时给栅极电容充电，通常称

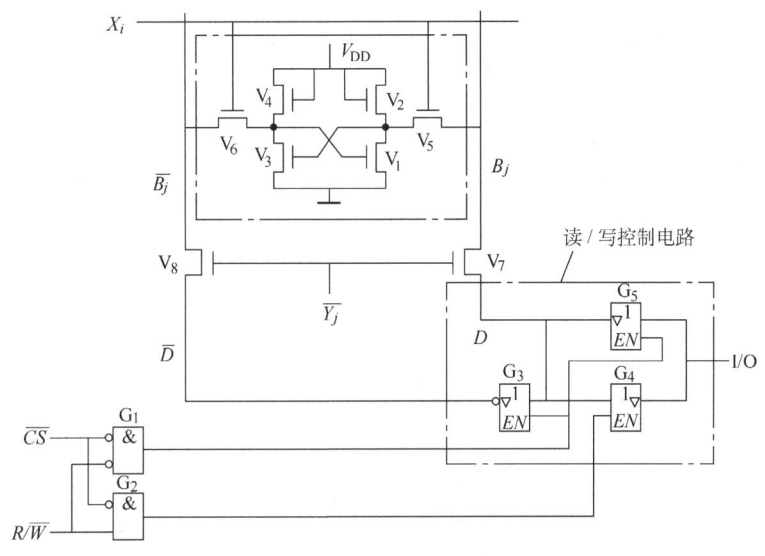

图 7-5　NMOS 管组成的静态 RAM 的存储单元电路

这种操作为刷新或再生。因此，DRAM 电路必须辅以刷新电路。

DRAM 具有集成度高、存储容量大（可达 1Gbit 以上）、功耗低等优点，但也存在需要定时刷新、接口电路稍复杂的缺点。DRAM 刷新定时的间隔通常为几微秒至几毫秒。

如图 7-6 所示为单管动态 RAM 存储单元电路，它由一个 N 沟道 MOS 管 V 和一个电容 C_S 组成，C_B 为位线上的分布电容。数据保存在 C_S 中，V 起门控作用，控制数据的写入或读出。

当进行写操作时，字线为高电平，使 V 导通，C_B 上电压 U_S 通过 V 对电容 C_S 充电，即位线上的数据通过 V 被存入 C_S；当进行读操作时，字线同样为高电平，V 导通，C_S 经过 V 向位线上的电容 C_B 提供电荷，使位线获得读出的信号电平。

由于在实际的存储器电路中位线上总是同时接有很多存储单元，使 $C_B \gg C_S$，所以位线上读出的电压信号很小。同时，读出一次数据后，C_S 上电荷要少很多，这是一种破坏性读出。因此，需要在 DRAM 中设置灵敏的读出放大器，一方面将读出信号加以放大，另一方面将存储单元中原来的信号恢复。

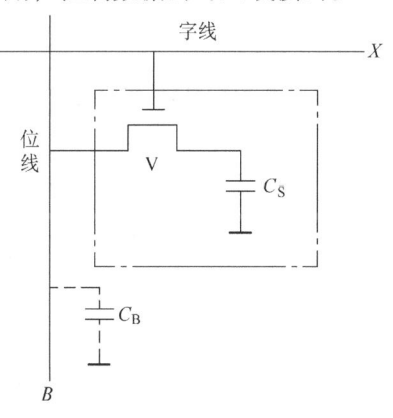

图 7-6　单管动态 RAM 存储单元电路

7.2.3　存储器的扩展

存储器的种类很多，而且存储容量也各不相同。对一片存储器来说，其容量是有限的，当一片存储器不能满足系统对存储容量的要求时，则可以将若干片存储器组合起来，构成满足存储容量要求的存储器。存储器扩展的方法分为位扩展和字扩展两种。

1. 位扩展

当一片存储器的字数满足要求，而位数不够用时，就需要进行位扩展，将多片的存储器组合成为位数更多的存储器。位扩展的方法是将各片存储器的地址线、读写控制线、片选线分别并接在一起，而各片的数据线作为扩展后的整个存储器的数据线。如图 7-7 所示为用两片 8K×8 位的 RAM 扩展为 8K×16 位的 RAM 的连接图。

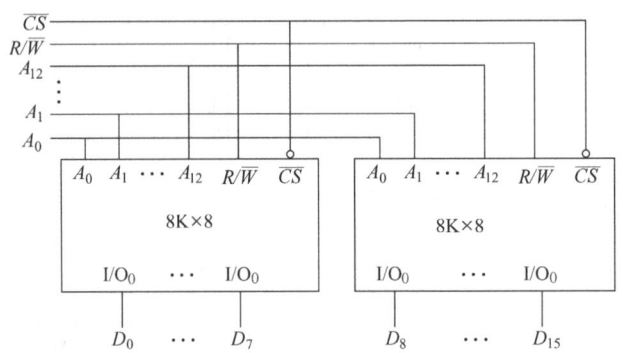

图 7-7　用两片 $8K \times 8$ 位的 RAM 扩展为 $8K \times 16$ 位的 RAM 的连接图

2. 字扩展

当一片存储器的位数满足要求，而字数不够用时，就需要进行字扩展，将多片的存储器组合成为字数更多的存储器。字扩展后，字数增加，相应的地址线增加，而每增加一位地址，可寻址单元数就增加 1 倍。字扩展的方法是将各片存储器的地址线、读写控制线、地址线分别并接在一起，用高位地址经过地址译码后产生的不同状态分别控制各芯片的片选控制线 $\overline{CS}$。如图 7-8 所示为用两片 $8K \times 8$ 位的 RAM 扩展为 $16K \times 8$ 位的 RAM 的连接图。

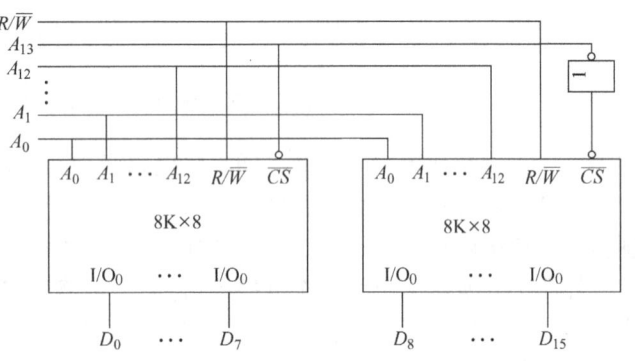

图 7-8　用两片 $8K \times 8$ 位的 RAM 扩展为 $16K \times 8$ 位的 RAM 的连接图

7.3　可编程逻辑器件

在前面的各章中已经介绍了许多不同类型的集成电路，包括各种逻辑门、锁存器、译码器、触发器、计数器及寄存器等。这些集成电路具有固定不变的逻辑功能，如需要某种类型的逻辑器件时，就必须选择某个含有该固定功能的 IC 来满足设计要求。这种设计方法存在以下问题：第一，电路的体积和功耗大，涉及的器件数量多，器件间的连线多，导致电路的速度低，可靠性下降；第二，设计方案不便于修改，修改工作量大，有时甚至需要放弃原来的设计方案，重新进行设计；第三，对系统的调式、测试和排除故障较为困难。

随着集成电路技术的迅猛发展，20 世纪 70 年代推出了一种新型大规模集成电路——可编程逻辑器件（Programmable Logic Device，PLD）。一片 PLD 中包含数百、数千甚至更多的逻辑门，其逻辑功能可以由用户编程指定。采用 PLD 设计逻辑电路可充分发挥大规模集成电路的优点，利用电子系统自动设计软件能方便地完成对 PLD 的设计、编程、调试和仿真等工作，最大限度地消除传统方法产生的种种问题。

与固定功能的逻辑器件相比，PLD 具有以下优点：用户可以通过 PLD 将许多复杂的逻辑电路"集成"在一片面积很小的芯片上；不需要重新布局，就可以很容易地修改逻辑电路；用户可以借助于软件开发电路。

7.3.1　PLD 概述

1. PLD 的发展

20 世纪 70 年代出现的可编程只读存储器（Programmable Read Only Memory，PROM）和可编

程逻辑阵列（Programmable Logic Array，PLA）是最早的可编程逻辑器件。PROM 可实现任何由"与-或"形式表示的组合逻辑功能，采用熔丝工艺编程，不能重复擦写。PLA 是一种基于"与-或"阵列的一次性编程器件，只能用于组合逻辑电路的设计。器件内部的资源利用率低，没有得到广泛的应用。

20 世纪 70 年代末 AMD 公司推出了可编程阵列逻辑（Programmable Array Logic，PAL），由可编程的与逻辑阵列、固定的或逻辑阵列和输出电路三部分组成，具有多种输出结构形式，适用于各种组合和时序逻辑电路的设计。

20 世纪 80 年代初 Lattice 公司发明电可擦写的、比 PAL 更灵活的通用阵列逻辑（General Array Logic，GAL）。20 世纪 80 年代中期 Xilinx 公司推出了现场可编程概念，同时生产出了第一件 FPGA 器件。同一时期 Altera 推出了 CPLD 器件，较 GAL 器件有更高的集成度。20 世纪 80 年代末 Lattice 公司又提出了在系统可编程（In-System Programmable，ISP）技术，并推出了一系列在系统可编程 CPLD 器件，将 PLD 的性能和应用技术推向了一个全新的高度。

20 世纪 90 年代后期至 21 世纪初，可编程逻辑集成电路技术进入飞速发展时期。器件的可用逻辑门数超过了百万门，并出现了内嵌复杂功能模块（如乘法器、CPU 核、DSP 核等）的 PLD 器件，以及可编程片上系统（System On Programmable Chip，SOPC）。采用 SOPC，可以将几乎整个大规模数字系统，甚至一个计算机系统都设计在一个单片可编程逻辑器件中了。

2. PLD 的分类

PLD 的种类很多，几乎每个大的可编程逻辑器件供应商都能提供具有自身结构特点的不同类型的 PLD 器件。

按照集成度和结构复杂度的不同，PLD 分为三大类型：简单可编程逻辑器件（Simply Programmable Logic Device，SPLD）、复杂可编程逻辑器件（Complex Programmable Logic Device，CPLD）、现场可编程门阵列（Field Programmable Gate Array，FPGA），如图 7-9 所示。

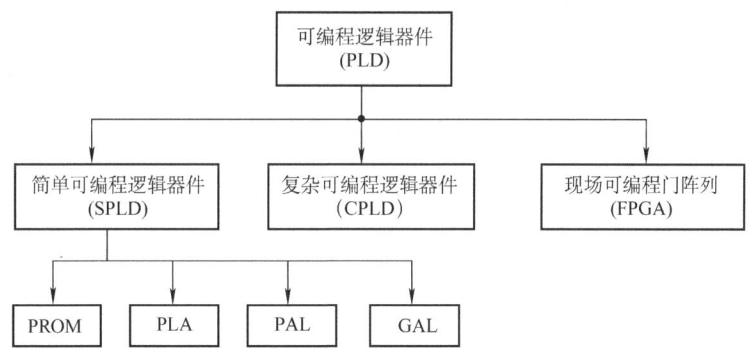

图 7-9　可编程逻辑器件的分类

3. PLD 的一般结构

PLD 的一般结构如图 7-10 所示。输入电路起缓冲作用，并形成互补的输入信号送到与阵列；与阵列接收互补的输入信号，并将它们按一定的规律连接到各个与门的输入端，产生所需与项作为或阵列的输入；或阵列将接收到的与项按一定的要求连接到相应或门的输入端，产生输入变量的与-或函数表达式；输出电路既有缓冲作用，又提供不同的输出结构，如输出寄存器、内部反馈、输出宏单元等。其中与阵列和或阵列是基本组成部分，各种不同的 PLD 都是在与阵列和或阵列的基础上，加上适当的输入电路和输出电路构成的。

4. PLD 的电路符号表示

由于 PLD 内部的连接十分庞大，用逻辑电路的一般表示法很难描述其内部结构，这给 PLD 的设计和应用带来了不便。为了在芯片的内部配置和逻辑图之间建立一一对应关系，构成一种紧

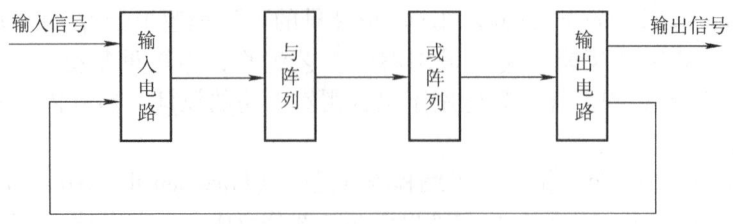

图 7-10　PLD 的一般结构

凑而易于识读的描述形式，对描述 PLD 基本结构的有关逻辑符号和规则作出了一些约定。

（1）逻辑矩阵交叉点的逻辑表示　如图 7-11 所示给出了 PLD 阵列交叉点上的 3 种连接方式。"·"表示固定连接，即行线与列线相互连接在一起，是不可编程的；"×"表示可编程连接；没有"·"也没有"×"表示行线与列线不连接。

（2）逻辑矩阵的 PLD 表示　如图 7-12a 所示给出了与矩阵的表示方法，与矩阵的所有输入变量都被称为输入项，与矩阵的输出称为与项。如图 7-12b 给出了或矩阵的表示方法，同与矩阵的表示方法相似。

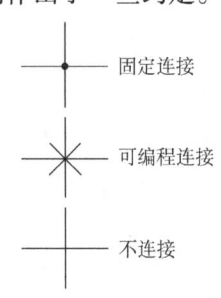

图 7-11　PLD 的连接方式表示

如图 7-12c 所示的电路的输出为 $F = AC$。

7.3.2　可编程逻辑阵列

在 PLA 中，为了减小阵列规模提高器件工作速度，不仅或阵列是可编程的，与阵列也是可编程的，即与门阵列不采用全译码方式，与门个数 $< 2^n$（n 为输入变量个数），有几个与门，就可提供几个不同的与项。任何逻辑函数都可以用它的最简的与或表达式表示，显然，利用 PLA 结构的特点来实现与或表达式是十分方便的，因为当变量加在 PLA 的输入端时，只要进行适当的设计，便可在与门阵列的输出端获得所需要的乘积项（与项），再利用或门阵列将这些乘积项加起来，那么 PLA 的输出就是我们所要实现的逻辑函数。图 7-13 是一个 16 × 48 × 8FPLA 的结构示意图。

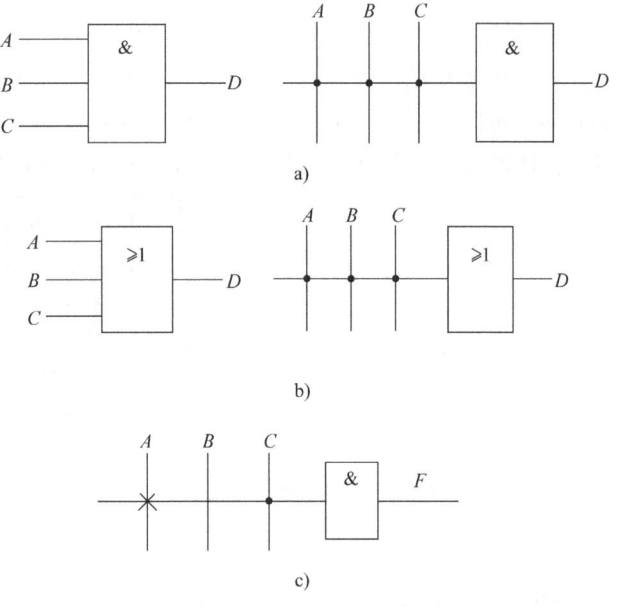

图 7-12　PLD 表示法

PLA 的编程方式有两种：一种方式是由制造商根据用户提供的真值表完成，这种 PLA 称为掩模 PLA；另一种方式是由用户自己进行编程，这种 PLA 称为现场编程 PLA，简称 FPLA。为了方便用户选用，同时也为了降低成本，FPLA 被预制成系列化的定型产品，并且用输入项数（即输入变量数）、与阵列输出端数（即可产生的与项数）、或阵列输出端数（即输出变量数）三者的乘积表示其规格。图 7-13 表示的是一个 16 × 48 × 8 的 FPLA，它有 16 个输入，48 个与项，8

个输出,该 FPLA 基于双极型工艺,以熔丝作为编程元件,从图中可以看出,除了与阵列和或阵列中有供编程用的熔丝外,在各异或门的输入端也有熔丝,该熔丝若熔断(该输入端悬空相当于逻辑 1),则输出低电平有效(或称反码输出);若不熔断(该输入端接地为逻辑 0),则输出高电平有效(或称原码输出)。常见的 FPLA 规格还有 $12 \times 50 \times 6$ 和 $14 \times 48 \times 8$ 等。用户需要的逻辑电路可以很方便地利用 PC 在软件的支持下写入 FPLA。

图 7-14a 为一个具有 3 个输入变量、可提供 6 个与项、产生 3 个输出函数的 PLA 逻辑结构图。其相应阵列图如图 7-14b 所示。

例 7-1 用 PLA 设计一个代码转换电路,将 1 位十进制数的 8421 码转换成余 3 码。

解:设 A、B、C、D 表示 8421 码的各位,W、X、Y、Z 表示余 3 码的各位,可列出转换电路的真值表,如表 7-2 所示。

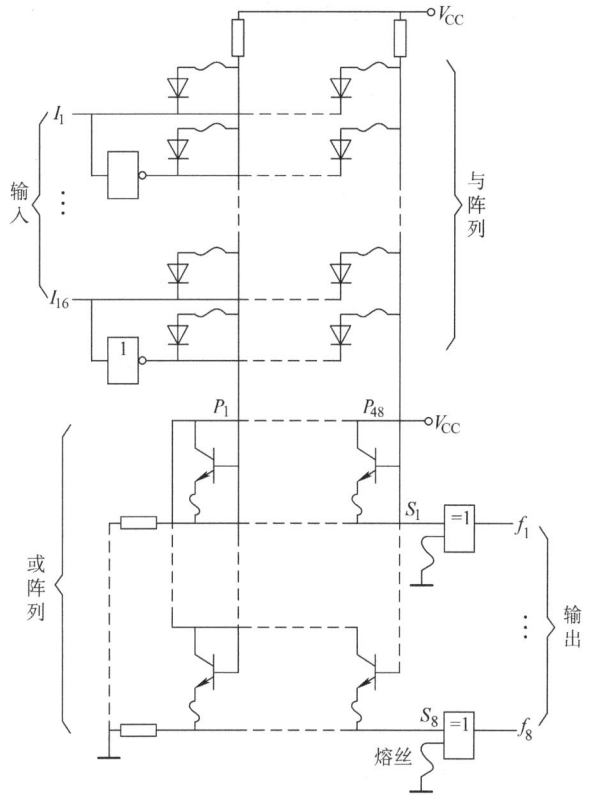

图 7-13 一个 $16 \times 48 \times 8$ FPLA 的结构示意图

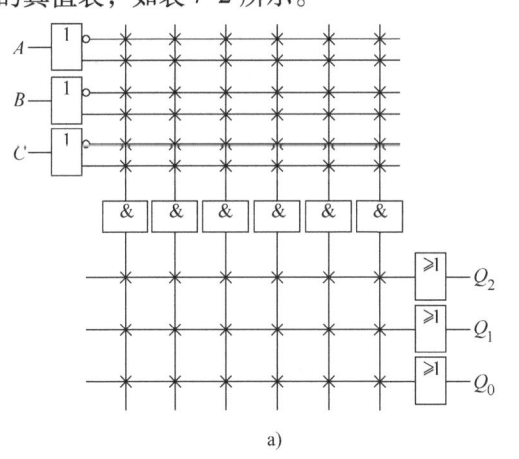

a)

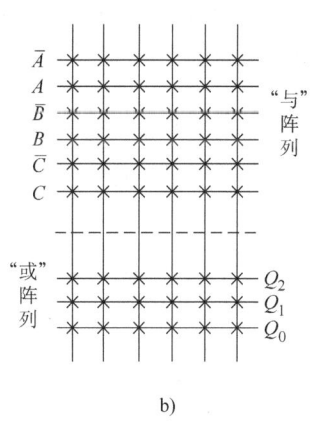

b)

图 7-14 PLA 逻辑结构图和阵列图

表 7-2 8421 码 – 余 3 码转换电路的真值表

A	B	C	D	W	X	Y	Z	A	B	C	D	W	X	Y	Z
0	0	0	0	0	0	1	1	1	0	0	0	1	0	1	1
0	0	0	1	0	1	0	0	1	0	0	1	1	1	0	0
0	0	1	0	0	1	0	1	1	0	1	0	1	1	0	1
0	0	1	1	0	1	1	0	1	0	1	1	1	1	1	0
0	1	0	0	0	1	1	1	1	1	0	0	1	1	1	1
0	1	0	1	1	0	0	0	1	1	0	1	d	d	d	d
0	1	1	0	1	0	0	1	1	1	1	0	d	d	d	d
0	1	1	1	1	0	1	0	1	1	1	1	d	d	d	d

根据表 7-2 写出函数表达式，并进行化简得到最简与 - 或表达式：

$$W = A + BC + BD$$
$$X = \overline{B}C + \overline{B}D + B\,\overline{C}\,\overline{D}$$
$$Y = CD + \overline{C}\,\overline{D}$$
$$Z = \overline{D}$$

由上可知，全部输出函数只包含 9 个不同与项，所以，电路可用一个容量为 $4 \times 9 \times 4$ 的 PLA 实现，如图 7-15 所示。

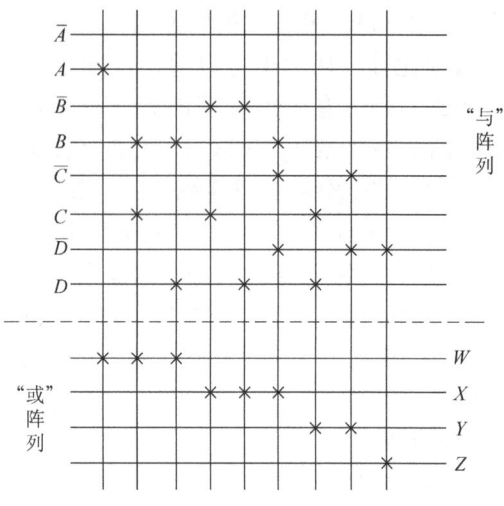

图 7-15 阵列图

7.3.3 通用阵列逻辑

通用阵列逻辑（GAL）是 Lattice 公司于 1985 年在 PAL 的基础上推出的可编程逻辑器件。它采用电擦除、电可编程的 E^2CMOS 工艺制作，保证了 GAL 的高速度和低功耗，存取速度为 12~40ns，可以用电信号擦除并反复编程上百次。GAL 器件是由可编程的与矩阵、不可编程的或矩阵、可编程的输出逻辑宏单元（Output Logic Macro Cell，OLMC）三部分电路构成。GAL 器件可以实现老一代器件所有的各种输出电路工作模式，因此称为通用可编程逻辑器件。

(1) GAL16V8 的基本结构 常用的 GAL 器件有多种型号，这些器件的基本结构相同，但内部可编程逻辑资源的多少不同。如图 7-16 所示为 GAL16V8 的基本结构图。

1）8 个输入缓冲器，8 个反馈缓冲器，8 个输出三态缓冲器。

2）8 个输出逻辑宏单元 OLMC，每个 OLMC 对应一个 I/O 引脚。

3）有 8×8 个与门构成的与矩阵，共形成 64 个与项（乘积项），与矩阵共分 8 个矩阵块。每个矩阵块有 8 条行线，每条行线各接一个与门。与门的输出称为与项。每个矩阵块中最上面一个与门的输出称为第一与项。每个与门有 32 个输入项，由 8 个输入的原变量、反变量和 8 个反馈信号的原变量、反变量组成，所以可编程与矩阵共有 $32 \times 8 \times 8 = 2048$ 个。

4）系统时钟 CLK 和三态输出选通信号的输入缓冲器。

5）8 个 OLMC 的内部电路结构完全相同，外部引线稍有不同，2、3、4、5、6、7、8、9 各引脚是专用输入引脚，1、11、12、13、14、17、18、19 各引脚可通过编程组态为输入引脚。也就是说共有 16 个引脚可设置为输入。而 12、13、14、17、18、19 共有 8 个引脚可作输出引脚。这也是 GAL16V8 的由来。

6）GAL16V8 具有 82 位的控制字，可以通过编程控制 OLMC 的各种模式及输出组态，满足用户对各种输出电路形式的需要。

(2) 输出逻辑宏单元 OLMC OLMC 的内部结构图如图 7-17 所示。它由 1 个 8 输入或门、1 个极性选择异或门、1 个 D 触发器、2 个控制门、4 个多路开关组成。

或门的每个输入对应一个来自与阵列的与项，输出形成与 - 或函数表达式。

异或门控制输出信号的极性。当 XOR（n）为"1"时，异或门的输出与输入相反；当 XOR（n）为"0"时，异或门的输出与输入相同。其中，n 为 OLMC 输出引脚号。

D 触发器对异或门的输出状态起存储作用，使 GAL 适用于时序逻辑电路。

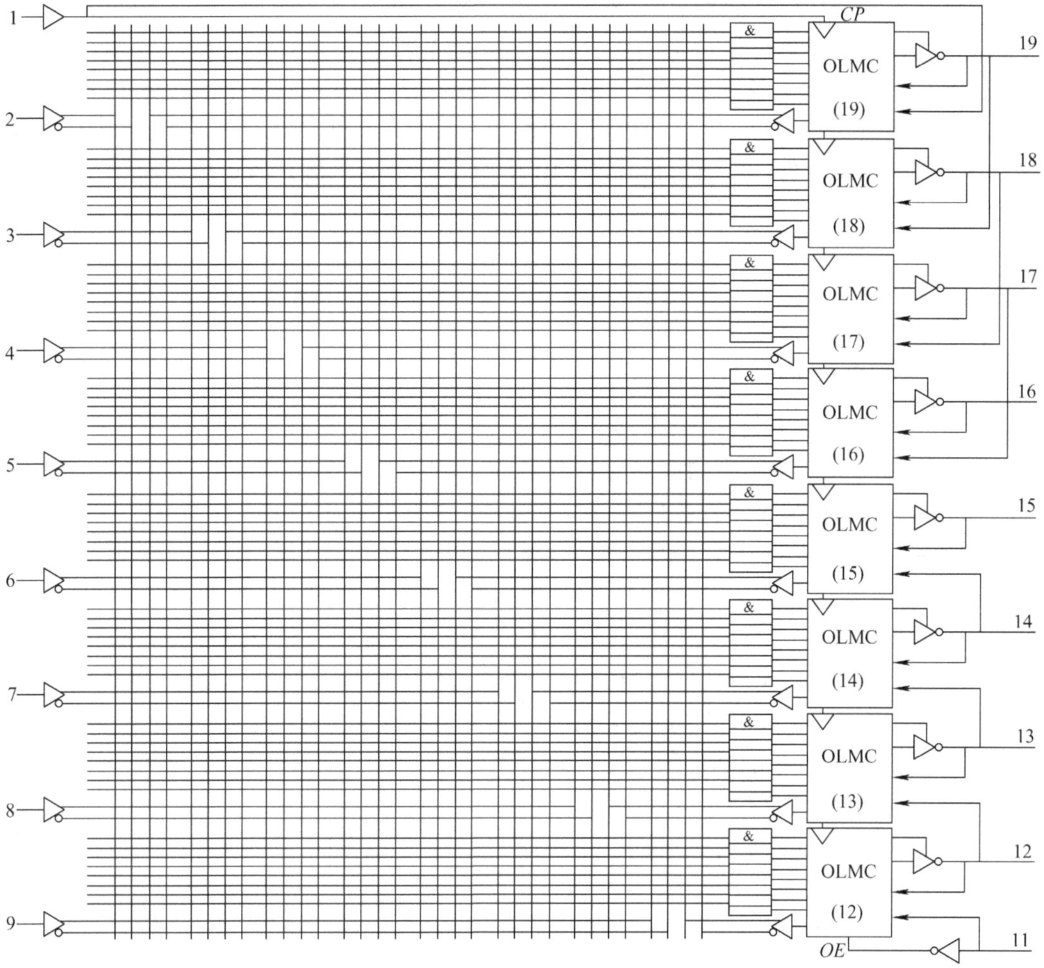

图 7-16　GAL16V8 的基本结构图

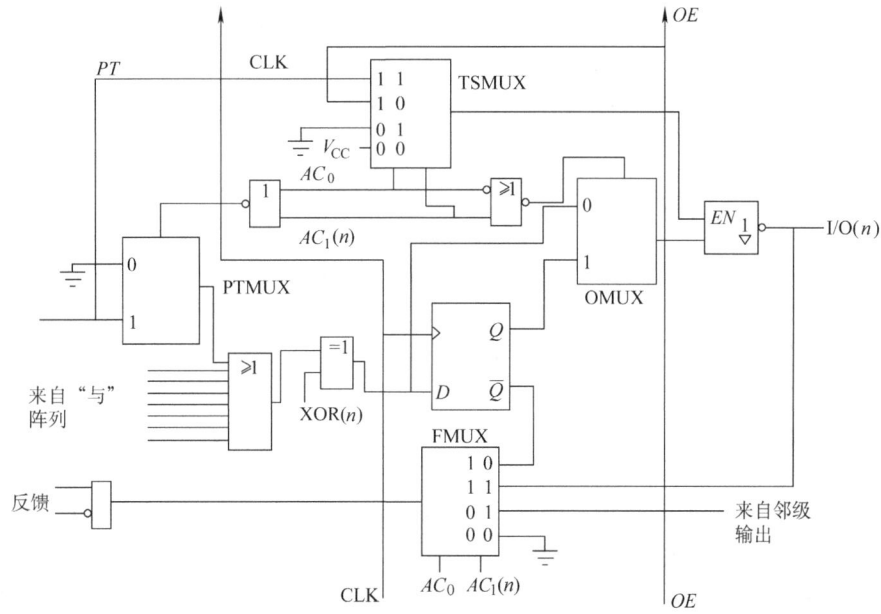

图 7-17　OLMC 的内部结构图

与项多路开关 PTMUX 用于控制第一乘积项 $\overline{AC_1(n)} \cdot \overline{AC_0}$；输出多路开关 OMUX 用于选择输出信号是来自组合逻辑还是时序逻辑，在 $\overline{AC_1(n)} + \overline{AC_0}$ 的控制下选择组合型（异或门输出）或寄存型（经 D 触发器存储后输出）逻辑运算结果送到输出缓冲器；三态多路开关 TSMUX 用于选择三态缓冲器的选通信号，在 $AC_1(n)$ 和 AC_0 的控制下从 V_{CC}、地、OE 或第一乘积项中选择一个作为输出缓冲器的控制信号；反馈多路开关 FMUX 用于控制反馈信号的来源，在 $AC_1(n)$ 和 AC_0 的控制下选择 D 触发器的输出 $\overline{Q}$、本级 OLMC 的输出、邻级 OLMC 的输出或地作为反馈信号，送回与阵列作为输入信号。由此可知，这些多路开关是由 $AC_1(n)$ 和 AC_0 等控制的，只要适当地给出各控制信号的取值，就能形成 OLMC 的不同组态，给设计者提供了方便。

7.3.4 复杂可编程逻辑器件

随着微电子技术和集成工艺的发展，PLD 的集成规模越来越大。复杂可编程逻辑器件（CPLD）是从简单 PLD 发展而来的高密度 PLD 器件。

目前 CPLD 的产品种类繁多，各具特色，但就各大主要公司生产的器件而言，其构成思想基本相同，大都采用分区阵列结构，即将整个器件分成若干个逻辑阵列块（Logic Array Block，LAB），每一个 LAB 实际上就是许多 PAL/GAL 阵列组成的 SPLD 组合，这些 PAL/GAL 阵列常被称为宏单元（macrocell）。这些 LAB 经过内部的可编程互连阵列（Programmable Interconnect Array，PIA）进行互连，从而实现比较复杂的逻辑功能。根据器件类型的不同，CPLD 中可以包含 2~64 个相同的 LAB，最大容量的 CPLD 器件可以容纳 10000 个等效的宏单元。

如图 7-18 所示为 CPLD 的结构示意图。它一般由若干个逻辑阵列块（LAB）、可编程互连阵列（PIA）和可编程的输入/输出模块（Input/Output Block，IOB）组成。

在通常情况下，每个宏单元包括可编程的与门阵列、乘积项选择矩阵、或门以及一个可编程的寄存器。

CPLD 一般采用 CMOS 工艺和 EPROM、E^2PROM、Flash Memory 或 SRAM 等先进技术，

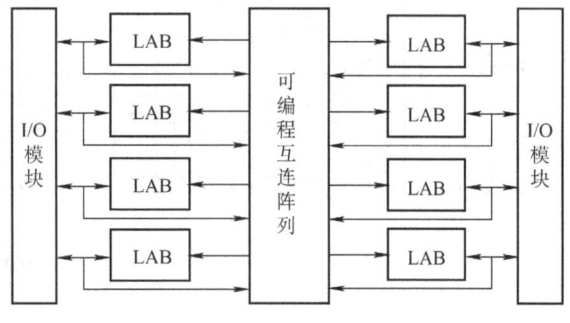

图 7-18 CPLD 的结构示意图

从而具有高密度、高速度和低功耗等性能。采用 CPLD 设计数字系统，可以使系统的性能更优越。

7.3.5 现场可编程逻辑阵列

现场可编程逻辑阵列（FPGA）是另一种重要的可编程逻辑器件。FPGA 在原理上与 CPLD 不同，由于 CPLD 采用互连的 SPLD 矩阵结构，在某些情况下其应用会受到限制。相比之下，因为 FPGA 的内部不使用 PAL/GAL 类型的逻辑，所以可以含有更多的逻辑块，其中包括小规模的门阵列和触发器电路，因而 FPGA 显得更为灵活。同样，因为 FPGA 含有更多的互联单元，所以它使用与 CPLD 不同的可编程互连工艺，从而提供更灵活的布线功能。许多 FPGA 都使用查找表（Look - Up Table，LUT）这种存储器型的逻辑块，它们代替了 CPLD 中的与 - 或逻辑结构。

如图 7-19 所示为 FPGA 的结构示意图。它主要由逻辑块、输入/输出模块和互连线组成。

FPGA 中的每一个逻辑块都包含若干个逻辑单元（Logic Element，LE），在通常情况下，多数 FPGA 中的逻辑单元都能够提供查找表或与之类似的功能，以此实现组合型逻辑或寄存器型逻辑的函数。其中查找表实际上取代了 CPLD 中的与门/或门阵列。

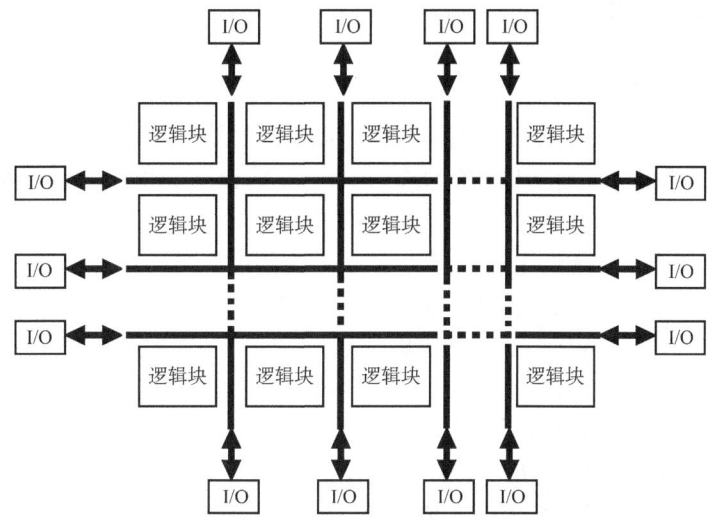

图 7-19　FPGA 的结构示意图

查找表是真值表的简化形式，它列出了所有可能的输入组合和输出响应。例如由表达式 $Y = AB + A\overline{B}$ 可知，当 A 和 B 都为高电平，或 A 为高电平，B 为低电平，则 Y 为高电平。FPGA 建立如表 7-3 所示的真值表来查找 Y 的逻辑电平值，如 A 为低电平，B 为高电平，则 FPGA 查找第 3 个列表项并将其输出，为"0"，如图 7-20 所示。实际的 FPGA 有数百个查找表，用来配置可编程连接矩阵，控制 I/O 引脚的连接。利用这种简单的"1"和"0"查找方法，生产厂家可以实现更加新型的设计，生产集成度更高的 PLD，其逻辑门数相当于 CPLD 的几百倍。

表 7-3　FPGA 的查找表

A	B	Y
0	0	0
0	1	0
1	0	1
1	1	1

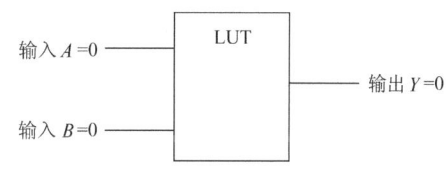

图 7-20　FPGA 的查找表的结果

7.4　应用电路介绍

应用：将 EPROM2764（8K×8）作为十六进制 - 七段数码管译码驱动器。

数字电路中经常需要十六进制 - 七段数码管译码驱动芯片。已知的 74HC48、74HC248 等芯片由于只是 BCD 码 - 七段数码管驱动器，都不能正确显示十六进制 A~F，如用门电路设计，虽然理论上可行，但所需芯片太多，接线过于复杂，而用存储器实现却很方便，并可自由选择共阴或共阳译码输出。

对 2764 编程写入真值表中的数据，仅使用 16 个地址单元（$A_3 \sim A_0$：0000~1111）就能实现基本的十六进制数到七段数码管显示的共阴译码功能。如果要驱动的七段数码管是共阳的，只要将写入 2764 的数据与 $D_6 \sim D_0$ 取反即可。我们只用了 2764 存储器 8 位字长中的 7 位，未用的 D_7 可根据电路具体需要用于小数点显示或其他功能。

为了使这个译码驱动器能满足各种场合的需要，我们引入"共阳/共阴选择"功能，并参照

74LS48，添加以下控制引脚：

CA/CK——共阳/共阴选择，为低电平时芯片作为共阴型译码器；为高电平时则为共阳型译码器。

$\overline{BI}/\overline{RBO}$——灭灯入/下一位无效零消隐输出，低电平时使七段全灭。

$\overline{LT}$——灯测试，为低电平且 $\overline{BI}/\overline{RBO}$ 为高时，a～g 输出全高电平，即将数码管的七段都点亮，用来测试数码管或芯片好坏；为高电平时正常译码显示。

$\overline{RBI}$——动态灭灯输入，为低电平且 $\overline{LT}$、$\overline{BI}/\overline{RBO}$ 为高电平时，输入十六进制 0 时使数码管不显示，其他十六进制值不受影响（常用于消隐所显示整数部分前面的零）；为高电平时输入十六进制 0 不会使数码管消隐。由此再安排真值表。

将真值表中的数据按地址写入 2764，没有用到的高位地址线全部接地，我们就得到了一个功能完整的十六进制-七段数码管译码驱动器，而且功能上兼容 74LS48 等 BCD 码-七段数码管译码驱动器。图 7-21 为 EPROM2764 作为译码驱动器的接线图，图中 CA/CK（2764 的 3 脚）应接地，因为数码管是共阴型的。$\overline{RBI}$、$\overline{BI}/\overline{RBO}$、$\overline{LT}$ 的意义和接法与 74LS48 完全一样。

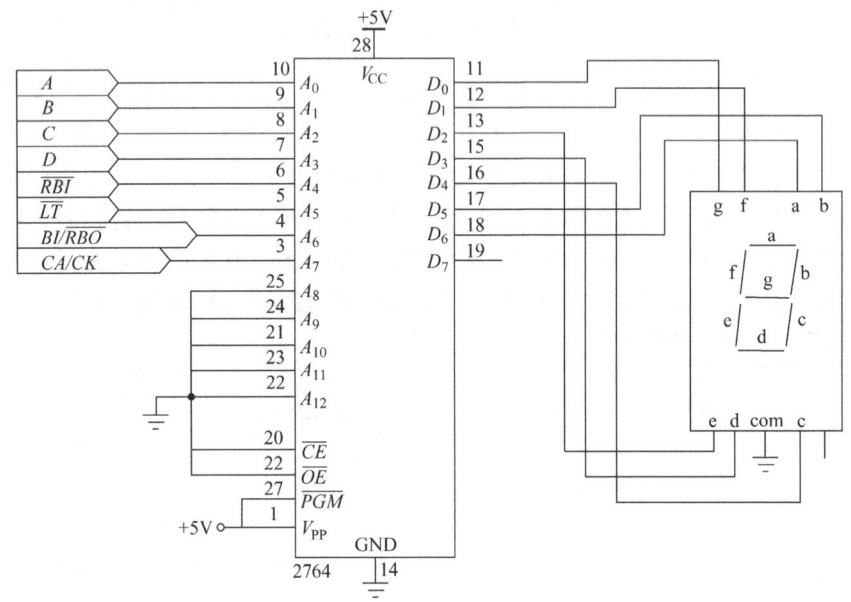

图 7-21　EPROM2764 作为译码驱动器的接线图

不难看出，在 2764 的 8K 个地址单元中我们仅使用了低端的 256 个。

本 章 小 结

半导体存储器是一种能存储大量的二值数据的半导体器件，按照存取方式的不同可分为 ROM 和 RAM 两大类。本章介绍了 ROM、PROM、EPROM、RAM 等半导体存储器件的工作原理和应用场合，介绍了 EPROM 编程的原理，介绍了用 EPROM 实现组合逻辑的方法。不同类型的存储器具有不同的应用场合，使用时可以通过存储器的不同扩展方式将存储器容量较小的存储器芯片扩展为更大的存储容量。

PLD 按照集成度和结构复杂度的不同可分为 3 大类：SPLD、CPLD 和 FPGA。SPLD 是一种规模较小的可编程逻辑器件，在本章中介绍了 PLA 和 GAL 的结构和工作原理以及用 PLA 实现组合逻辑函数的方法。CPLD 相对 SPLD 比较复杂，其集成度更高一些。FPGA 是结构更为复杂的可编程逻辑器件。

思考题与习题

7-1 选择题

（1）存储容量为 8K×8 位的 ROM 存储器，其地址线为（　　）条。
A. 8　　　　　　B. 12　　　　　　C. 13　　　　　　D. 14

（2）只能按地址读出信息，而不能写入信息的存储器为（　　）。
A. RAM　　　　B. ROM　　　　C. PROM　　　　D. EPROM

（3）一片 ROM 有 n 根地址输入，m 根位线输出，则 ROM 的容量为（　　）。
A. $2^n \times m$　　　B. $m \times n$　　　C. $2^n \times 2^m$　　　D. $2^m \times n$

（4）一个 6 位地址码、8 位输出的 ROM，其存储矩阵的容量为（　　）。
A. 46　　　　　B. 64　　　　　C. 512　　　　　D. 256

（5）为构成 4096×8 的 RAM，需要（　　）片 2048×2 的 RAM，并需要有（　　）位地址译码以完成寻址操作。
A. 8，15　　　　B. 16，11　　　C. 10，12　　　D. 8，12

（6）PAL 是一种的（　　）可编程逻辑器件。
A. 与阵列可编程，或阵列固定　　　B. 与阵列固定，或阵列可编程
C. 与阵列、或阵列固定　　　　　　D. 与阵列、或阵列可编程

7-2 试写出如图 7-22 所示阵列图的逻辑函数表达式和真值表，并说明其功能。

7-3 若存储器芯片的容量为 128K×8 位，求：
（1）访问芯片需要多少地址？
（2）假定该芯片在存储器中首地址为 A0000H，末地址为多少？

7-4 由 16×4 位 ROM 和 4 位二进制加法计数器 74LS161 组成的脉冲分配电路如图 7-23 所示，ROM 输入、输出关系如表 7-4 所示。试画出在 CP 信号作用下 D_3、D_2、D_1、D_0 的波形。

7-5 将 1K×4 的 RAM 芯片扩展为 2K×4 的存储器系统。

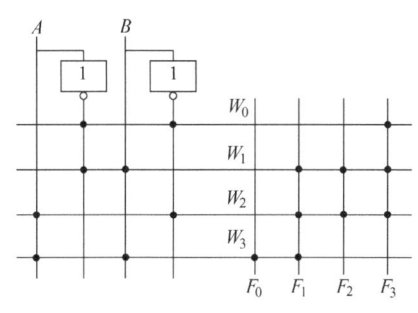

图 7-22　题 7-2 图

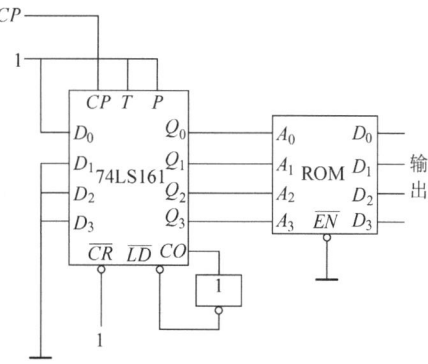

图 7-23　题 7-4 图

表 7-4 ROM 的输入输出关系

地址输入				数据输出			
A_3	A_2	A_1	A_0	D_3	D_2	D_1	D_0
0	0	0	0	1	1	1	1
0	0	0	1	0	0	0	0
0	0	1	0	0	0	1	1
0	0	1	1	0	1	0	0
0	1	0	0	0	1	0	1
0	1	0	1	1	0	1	0
0	1	1	0	1	0	0	1
0	1	1	1	1	0	0	0
1	0	0	0	1	1	1	1
1	0	0	1	1	1	0	0
1	0	1	0	0	0	0	1
1	0	1	1	0	0	1	0
1	1	0	0	0	0	0	1
1	1	0	1	0	1	0	0
1	1	1	0	0	1	1	1
1	1	1	1	0	0	0	0

7-6 试把 1024×4 的 RAM 扩展为 1024×8 的 RAM。

7-7 ROM 和 RAM 有什么相同和不同之处？ROM 写入信息有几种方式？

7-8 下列 RAM 各有多少条地址线？

（1） 512×2 位　　（2） 1K×8 位　　（3） 2K×1 位

（4） 16K×1 位　　（5） 256×4 位　　（6） 64K×1 位

7-9 可编程逻辑器件是如何进行分类的？

7-10 画出实现下面双输出逻辑函数的 PLD 表示。

$f_1(A,B,C) = \overline{A}\,\overline{B}\,\overline{C} + A\,\overline{B}C + ABC$

$f_2(A,B,C,D) = \overline{A}\,\overline{B}\,\overline{C}\,D + AB\,\overline{C}D + \overline{A}\,BCD + AB\,\overline{C}\,\overline{D}$

本 章 实 验

实验 7.1 随机存取存储器及其应用

1. 实验目的

学习随机存取存储器的功能和应用。

2. 实验设备和元器件

电子实验箱，集成电路：2114A 等，元器件手册。

3. 实验技术和知识

随机存储器又称可读/写存储器，简称 RAM。它能存储数据、指令代码、运算结果等信息。将信息存入 RAM，称为写操作；而从 RAM 获取信息，称为读操作。随机存储器虽具有记忆功能，但在存储器断电后所有信息将会全部丢失，所以 RAM 经常用于暂存信息。

2114A 是一个采用 CMOS 工艺的 1024×4 位的静态随机存储器,引脚排图如图 7-24 所示。其中 $A_9 \sim A_0$ 是地址输入端;$\overline{CS}$ 是片选输入端;$R/\overline{W}$ 是读写控制端;$I/O_3 \sim I/O_0$ 是数据输入/输出端;V_{DD} 的工作电压为 +5V。2114A 的逻辑功能表如表 7-5 所示。

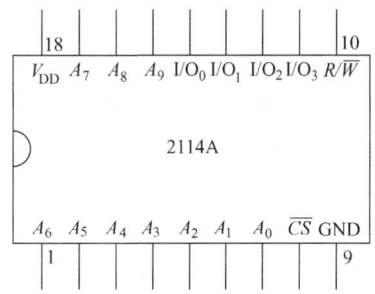

图 7-24 2114A 引脚排列图

表 7-5 2114A 的逻辑功能表

地址	$\overline{CS}$	$R/\overline{W}$	$I/O_3 \sim I/O_0$
有效	1	×	高阻态
有效	0	1	读出数据
有效	0	0	写入数据

4. 实验内容和步骤

根据 2114A 的基本工作原理和逻辑表,试设计一个随机存取电路。要求电路具有读/写控制、数据输入、输出、缓冲及锁存等功能。(提示:利用计数器、译码器、缓冲器、存储器、门电路等集成电路)

5. 实验报告内容要求

实验名称、日期、组别、指导教师。实验目的、仪器规格及编号、实验电路等。把实验得到的原始数据进行整理和分析,绘出曲线或波形等。对实验结果进行分析,并做出结论,写出自己的实验心得体会。

第 8 章 数/模和模/数转换

在实际的工程应用中，需要处理的各种物理量多为模拟量，如温度、压力、速度和流量等，通过传感器我们可以将这些物理量转换为模拟电信号。然而往往这些信号的传输、处理等都是通过数字系统来实现的，这就需要将这些连续的模拟信号转换成数字信号，能够完成这种转换的电路称为模/数转换器（Analog – to – Digital Converter，ADC，简称 A/D 转换器）。而整个控制系统获取或处理的各种数字信号，还要通过各种执行机构来执行这些数字信号，去控制被控对象。但各种执行机构往往要求输入的是模拟信号。因此，还需要将处理好的数字信号再转换为模拟信号，以便于去驱动执行机构。这种能够将数字信号转换为模拟信号的电路称为数/模转换器（Digital – to – Analog Converter，DAC，简称 D/A 转换器）。

一个典型的信号检测和控制系统结构框图如图 8-1 所示。在图中，被控对象的物理量通过传感器变成模拟电信号，通过 A/D 转换器转换为数字信号，进入计算机进行处理，然后将处理后的数字信号通过 D/A 转换器转换为模拟信号，去驱动执行机构对被控对象实现控制。

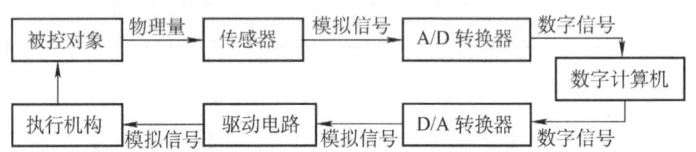

图 8-1 信号检测和控制系统结构框图

本章主要介绍 A/D 转换器和 D/A 转换器的基本原理，并介绍几种常见的 DAC 和 ADC 电路及其主要性能参数。

8.1 D/A 转换器

8.1.1 D/A 转换器的基本原理

D/A 转换器（DAC）是将接收的数字量转换为一个与之成正比的电压或电流的电路。DAC 一般由电阻网络、模拟电子开关、运算放大器和基准电压源等组成。根据电阻网络的不同，DAC 可以分为权电阻网络 DAC、倒 T 形电阻网络 DAC 等。

1. 权电阻网络 DAC

如图 8-2 所示为一个 4 位权电阻网络 DAC。电路由基准电压源 V_{REF}、模拟电子开关 $S_0 \sim S_3$、权电阻网络及求和运算放大器组成。电路的输入为 4 位二进制数 D（$D_3 D_2 D_1 D_0$），输出为模拟电压信号 u_O。

数字信号由输入端 D_3、D_2、D_1、D_0 并行输入，分别控制电子开关 S_3、S_2、S_1、S_0。当数字量 D_i 为"1"时，开关接基准电压 V_{REF}，有支路电流 I_i 流向求和放大器；当数字量 D_i 为"0"时，开关接地，此时支路电流为 0。由图 8-2 分析可得：

$$I_0 = \frac{V_{REF}}{2^3 R}, \quad I_1 = \frac{V_{REF}}{2^2 R}, \quad I_2 = \frac{V_{REF}}{2^1 R}, \quad I_3 = \frac{V_{REF}}{2^0 R}$$

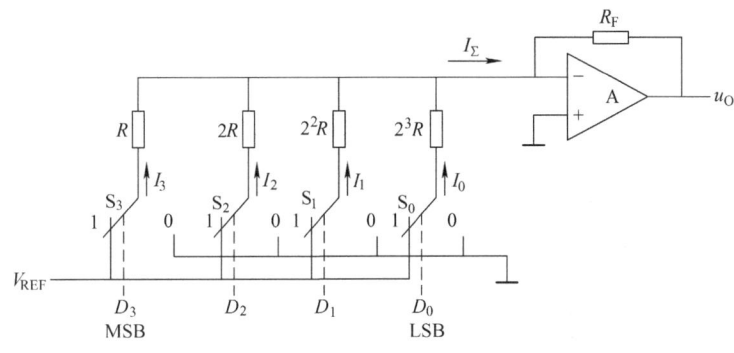

图 8-2 4 位权电阻网络 DAC

$$I_\Sigma = I_3 + I_2 + I_1 + I_0 = \frac{V_{REF}}{2^0 R}D_3 + \frac{V_{REF}}{2^1 R}D_2 + \frac{V_{REF}}{2^2 R}D_1 + \frac{V_{REF}}{2^3 R}D_0$$

$$= \frac{V_{REF}}{2^3 R}(2^0 D_0 + 2^1 D_1 + 2^2 D_2 + 2^3 D_3) \tag{8.1}$$

设 $R_F = R/2$,则可得:

$$u_O = -R_F I_F$$
$$= -\frac{V_{REF}}{2^4}(2^0 D_0 + 2^1 D_1 + 2^2 D_2 + 2^3 D_3) \tag{8.2}$$

由上式可知,若 $V_{REF} = 5V$,则当输入的数字量为 0000~1111 时,输出电压的变化范围为 $-4.7 \sim 0V$,即输出的模拟电压正比于输入的二进制数,实现了数模转换。

当数字量大于 4 位时,可以增加电子开关和权电阻,构成 n 位权电阻网络 DAC,其输出电压为

$$0 \sim -\frac{2^n - 1}{2^n}V_{REF} \tag{8.3}$$

由式(8.3)可知,当数字量的位数越多,则输出电压的精度也越高。

权电阻网络 DAC 电路简单,但由于权电阻种类多,阻值较分散,造成集成电路制造比较困难。尤其当输入信号的位数增多时,该问题就更为突出。

2. 倒 T 形电阻网络 DAC

如图 8-3 所示为 4 位倒 T 形电阻网络 DAC 的原理图。电路由基准电压源 V_{REF}、模拟电子开关 $S_0 \sim S_3$、R 和 $2R$ 倒 T 形电阻网络及求和运算放大器组成。电路的输入为 4 位二进制数 D($D_3 D_2 D_1 D_0$),输出为模拟电压信号 u_O。

由图可见,$R - 2R$ 倒 T 形电阻网络有 4 位二进制数输入,有 4 个节点,从节点 A 向右看有电阻 $2R$,从节点 B 向右看,也有等效电阻 $R_{eq} = R + 2R//2R = 2R$;依次类推,从每个节点向右看,均有等效电阻 $2R$。电路中的电子开关均由输入的二进制数码来控制,数码为 0 时,则电子开关接地;数码为 1 时,则电子开关接运算放大器虚地点。所以,从各节点向地看,等效电阻均为 R,这样,从基准电压 V_{REF} 流出的电流 $I = \dfrac{V_{REF}}{R}$ 保持恒定。此电流每经过一个节点,分为相等的两路电流流出,故流过 $2R$ 电阻的电流从高位到低位依次为:$I_{REF}/2$、$I_{REF}/2^2$、$I_{REF}/2^3$、$I_{REF}/2^4$。若 V_{REF} 保持恒定,电阻阻值也恒定不变,则每个支路的电流为恒流,并且其电流值与数字量的位权成正比。当某位输入数字 $D_i = 1$ 时,该位电子开关 S_i 将 $2R$ 中的电流引向运算放大器虚地;当 $D_i = 0$ 时,S_i 将电流通入地,故图中电子开关又称为电流开关。

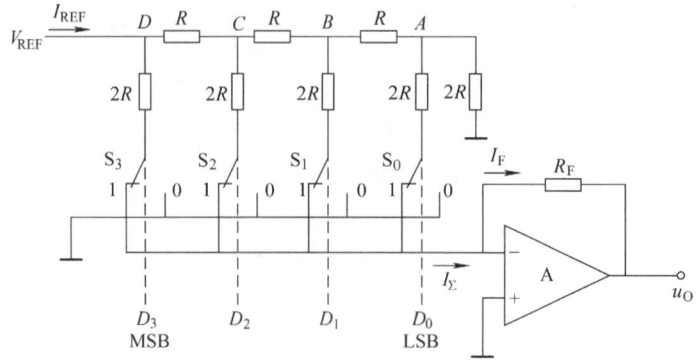

图 8-3 4 位倒 T 形电阻网络 DAC

综上所述，图 8-3 所示电路中，流入运算放大器虚地的总电流 I_Σ 为

$$I_\Sigma = D_3 \frac{I_{REF}}{2} + D_2 \frac{I_{REF}}{2^2} + D_1 \frac{I_{REF}}{2^3} + D_0 \frac{I_{REF}}{2^4}$$

$$= \frac{I_{REF}}{2^4}(D_3 \times 2^3 + D_2 \times 2^2 + D_1 \times 2^1 + D_0 \times 2^0)$$

$$= \frac{V_{REF}}{R \cdot 2^4}(D_3 \times 2^3 + D_2 \times 2^2 + D_1 \times 2^1 + D_0 \times 2^0)$$

$$u_O = -R_F I_F$$

$$= -\frac{V_{REF} R_F}{2^4 R}(2^0 D_0 + 2^1 D_1 + 2^2 D_2 + 2^3 D_3) \tag{8.4}$$

当 $R_F = R$ 时，则

$$u_O = -\frac{V_{REF}}{2^4}(2^0 D_0 + 2^1 D_1 + 2^2 D_2 + 2^3 D_3) \tag{8.5}$$

倒 T 形电阻网络 DAC 由于只有 R 和 $2R$ 两种电阻阻值，便于集成制造。同时由于电子开关在地与虚地之间转换，支路电流始终不变，不需要电流建立时间，有利于提高工作速度。因此，倒 T 形电阻网络 DAC 是目前使用最多的一种转换电路。

8.1.2 D/A 转换器的主要参数

1. 分辨率

分辨率是指电路能够分辨的最小输出电压（对应于输入数字只有最低有效位为 1）与满量程输出电压（对应于输入数字量所有有效位全为 1）之比，它说明分辨最小电压的能力。对于 n 位 DAC，其分辨率为

$$分辨率 = \frac{1}{2^n - 1}$$

例如对于一个 10 位的 DAC，其分辨率为

$$\frac{1}{2^{10} - 1} = \frac{1}{1023} \approx 0.001 = 0.1\%$$

如果输出模拟电压满量程为 10V，那么，10 位 DAC 能分辨的最小电压为

$$V_{LSB} = 10 \times \frac{1}{2^{10} - 1} V = 10 \times \frac{1}{1023} V \approx 0.01 V$$

式中，LSB（Least Significant Bit）为最低有效位的缩写；V_{LSB} 指输入最低位数字所对应的输出电压。

很显然，位数越高，分辨率也越高，所以，有时也用位数来表示分辨率。

2. 转换精度和非线性度

转换精度是指 DAC 输出的实际值和理论值之差，该值一般应低于 $\frac{1}{2}V_{\text{LSB}}$。在满刻度范围内，偏离理想的转换特性的最大值称非线性误差，它与满刻度值之比称为非线性度，常用百分比来表示。如图 8-4 所示，DAC 输入 – 输出特性曲线理想情况下是一条直线，各个数字量与所对应的模拟量的交点必然位于这条直线上。实际上，转换器总存在着一些误差，因此，这些点并不是位于这条直线上，而产生了误差 ε。其中 $\varepsilon_{\max}$ 为误差中最大的一个，而非线性度则是 $\varepsilon_{\max}$ 与模拟输出量最大值的比值。

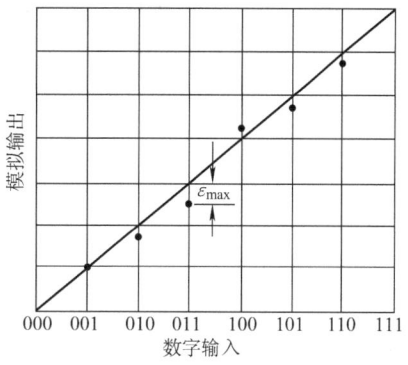

图 8-4 DAC 的输入 – 输出特性

3. 建立时间

建立时间是描述 DAC 转换速度快慢的一个重要参数，一般是指在输入数字量改变后，输出模拟量达到稳定值所需的时间，也称转换时间。

除了以上参数外，在使用 DAC 时，还必须知道工作电源电压、输出方式（电压输出型还是电流输出型等）、输出值范围和输入逻辑电平等，这些都可在手册中查到。

8.1.3 集成 D/A 转换器

集成 D/A 转换器的种类很多，按照输出方式的不同可分为电流输出型 DAC 和电压输出型 DAC，按照输入方式的不同可分为串行输入型 DAC 和并行输入型 DAC。常用的集成 DAC 芯片型号繁多，可以根据实际情况，从转换速度、转换精度、工作电平、控制端口等因素考虑，选用合适的集成 DAC。

1. AD7520

AD7520 是 10 位 CMOS 开关倒 T 形电阻网络 DAC，其原理电路如图 8-5 所示。基准电压 V_{REF} 需外接，芯片有十个输入端，分别输入十位二进制数 $D_9 \sim D_0$，它们分别控制 10 个 CMOS 电子开关 $S_9 \sim S_0$。当 $D_i = 1$ 时，电子开关 S_i 接 i_O 输出端；当 $D_i = 0$ 时，电子开关 S_i 接地。如要转换为模拟电压信号 u_O，还需外接运算放大器（点画线框内为内部电路，点画线框外为外接电路），AD7520 内部有反馈电阻 $R_F = R = 10\text{k}\Omega$，运放反馈电阻可用它，也可外接其他阻值的电阻。

AD7520 集成电路的基准电源 V_{REF} 电压一般取 +10V。

由图可见，电路采用的是 $R - 2R$ 倒 T 形电阻网络。根据前面所讲的原理，可以得到：

$$u_O = -i_O R_F = -R_F \frac{V_{\text{REF}}}{2^{10} \cdot R} (D_9 \times 2^9 + D_8 \times 2^8 + D_7 \times 2^7 + \cdots + D_1 \times 2^1 + D_0 \times 2^0)$$

$$= -\frac{V_{\text{REF}} R_F}{2^{10} R} \sum_{i=0}^{9} D_i \times 2^i = -\frac{V_{\text{REF}} R_F}{2^{10} R} D \tag{8.6}$$

式中，D 为输入二进制数的数值。

因此，电压转换比例系数：

$$k_u = -\frac{V_{\text{REF}} R_F}{2^{10} R}$$

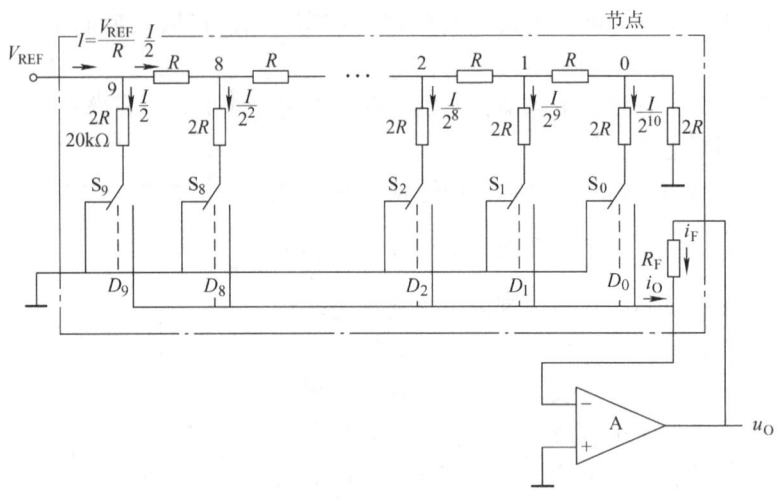

图 8-5 AD7520 原理电路

若采用 AD7520 内部反馈电阻 $R_F = R = 10\mathrm{k}\Omega$，则

$$k_u = -\frac{V_{REF}}{2^{10}}$$

对于具有 n 位输入的一般倒 T 形 $R-2R$ 电阻网络 DAC，其输出为

$$u_O = -\frac{V_{REF}R_F}{R \cdot 2^n}\sum_{i=0}^{n-1}D_i \times 2^i = -\frac{V_{REF}R_F}{R \cdot 2^n}D \tag{8.7}$$

为了保证 10 位 DAC 的转换精度，式（8.7）中的 V_{REF}、R_F、R 的精度均应优于 0.1%。

2. DAC0832

DAC0832 芯片如图 8-6 所示，它的建立时间为 $1\mu s$。

DAC0832 与运算放大器组成的 D/A 转换电路如图 8-7 所示，该电路采用倒 T 形电阻网络。输入的 8 位数字信号 $D_7 \sim D_0$ 控制对应的 $S_7 \sim S_0$ 电子开关，芯片中无运算放大器，使用时需外接运算放大器。DAC0832 有两路模拟电流输出 I_{O1} 和 I_{O2}，芯片中已设置了反馈电阻 R_F，使用时将 R_F 输出端接运算放大器的输出端即可。运算放大器的闭环增益不够时仍可外接反馈电阻与片内的 R_F 串联。

转换电路工作原理和 AD7520 相同：

$$I_{O1} = \frac{V_{REF}}{R \times 2^8}D = \frac{V_{REF}}{R \times 256}D$$

$$I_{O2} = \frac{V_{REF}}{R} \times \frac{255-D}{256}$$

式中，D 为二进制数的数字量（0~255）；V_{REF} 为基准电压；R 为电阻网络中内部电阻 R 的标称值，$R = 15\mathrm{k}\Omega$。

由图 8-6b 中的引脚排列图可知 DAC0832 有 20 个引脚，其引脚信号主要分为以下三类：

（1）输入、输出信号

$D_7 \sim D_0$：数据输入端，D_7 为最高位，D_0 是最低位。

I_{O1}：模拟电流输出端，当 DAC 寄存器全为 1 时，I_{O1} 最大；全为 0 时，I_{O1} 最小。

I_{O2}：模拟电流输出端，一般接地。$I_{O2} + I_{O1} = $ 常数（该常数与 V_{REF} 成正比）。

R_F：为外接运算放大器提供的反馈电阻引出端（可以不用）。

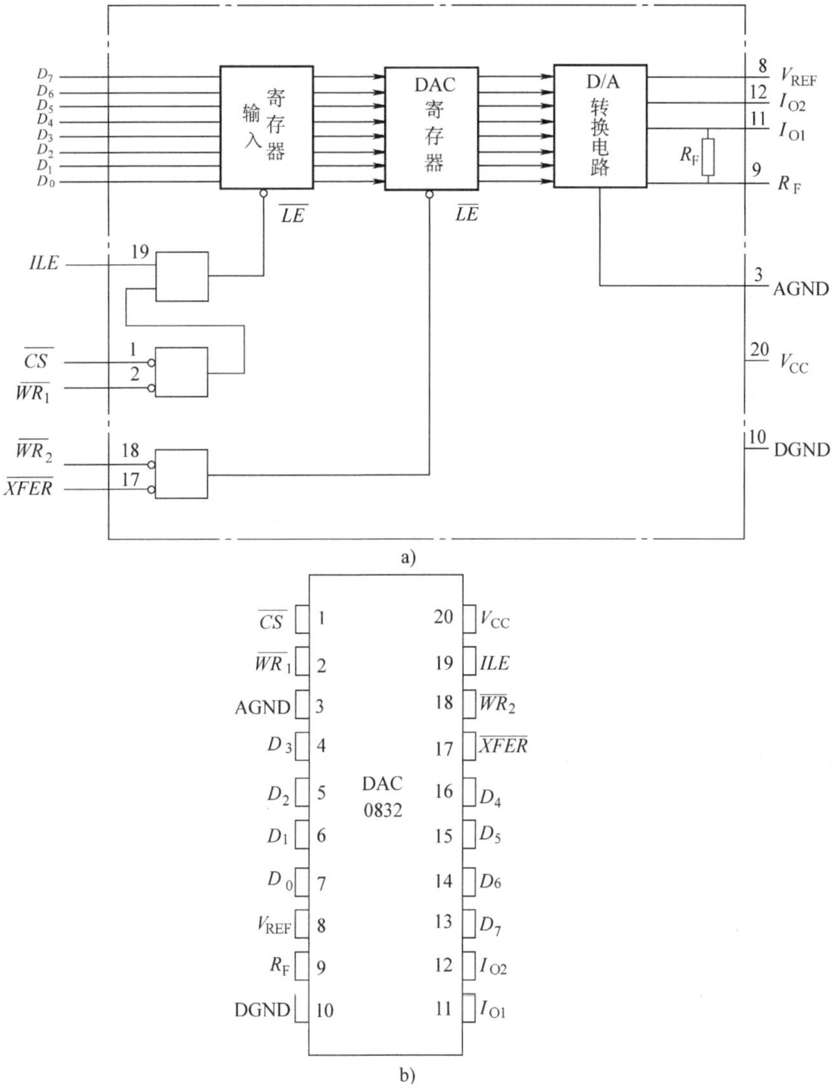

图 8-6 DAC0832 芯片
a) 结构图 b) 引脚排列图

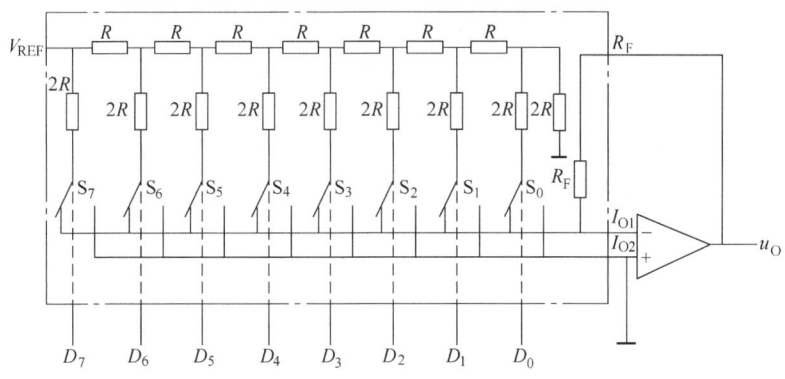

图 8-7 DAC0832 与运算放大器组成的 D/A 转换电路

(2) 控制信号

ILE：输入允许信号端，高电平有效，即只有 $ILE=1$ 时，输入寄存器才打开。它与 $\overline{CS}$、$\overline{WR_1}$

共同控制来选通输入寄存器。

$\overline{WR_1}$：数据输入选通信号（或称写输入信号）端，低电平有效。在 $\overline{CS}=0$ 和 $ILE=1$ 时，即二者均有效的条件下，$\overline{WR_1}$ 由 0 变 1 的上升沿到来时，才将数据总线上的当前数据写入输入寄存器。

$\overline{XFER}$：数据传送控制信号端，低电平有效，用来控制 $\overline{WR_2}$ 选通 DAC 寄存器。当 $\overline{WR_2}=0$，$\overline{XFER}=0$ 期间，DAC 寄存器才处于接收信号、准备锁存状态，这时，DAC 寄存器的输出随输入而变。

$\overline{WR_2}$：数据传送选通信号端，低电平有效。当 $\overline{XFER}$ 有效时，在 $\overline{WR_2}$ 由 0 变 1 时，将输入寄存器的当前的数据写入 DAC 寄存器。

$\overline{CS}$：片选输入端，低电平有效。当 $\overline{CS}=1$ 时（见图 8-6a，此时输入寄存器 $\overline{LE}=0$），输入寄存器处于锁存状态，故该片未被选中，这时不接收信号，输出保持不变；当 $\overline{CS}=0$，且 $ILE=1$，$\overline{WR_1}=0$ 时（即输入寄存器 $\overline{LE}=1$ 期间）输入寄存器才被打开，这时它的输出随输入数据的变化而变化，输入寄存器处于准备锁存新数据的状态。

（3）电源

R_F：基准电压接线端，其电压范围为 -10 ~ +10V，通常取 +5V。

V_{CC}：电路电源电压接线端，其值为 +5 ~ +15V。

DGND：数字电路接地端。

AGND：模拟电路接地端，通常与数字电路接地端相连接。

DAC0832 在应用上具有以下三个特点：

1）DAC0832 是一个 8 位 DAC，因此可以直接与微型计算机的数据总线连接，利用微处理器的控制信号对 DAC0832 的 $\overline{CS}$、$\overline{WR_2}$、$\overline{WR_1}$、ILE 和 $\overline{XFER}$ 等进行控制。

2）DAC0832 内部具有两个 8 位寄存器（输入寄存器和 DAC 寄存器），由于采用了两个寄存器，使该器件的操作具有很大的灵活性。当它正在输出模拟量时（对应于某一数字信息），便可以采集下一个输入数据。在多片 DAC0832 同时工作的情况下，输入信号可以分时、按顺序输入，但输出却可以是同时的。当 ILE 有效和 $\overline{CS}$ 有效时，该芯片在 $\overline{WR_1}$ 也有效的时刻，才将 $D_7 \sim D_0$ 数据线上的数据送入到输入寄存器中。当 $\overline{WR_2}$ 和 $\overline{XFER}$ 同时有效时，才将输入寄存器中的数据传送至 DAC 寄存器。

3）DAC0832 是电流输出型 DAC，因此需要外加电路才能得到输出电压。如图 8-8 所示电路中，DAC0832 外接一个运算放大器，才

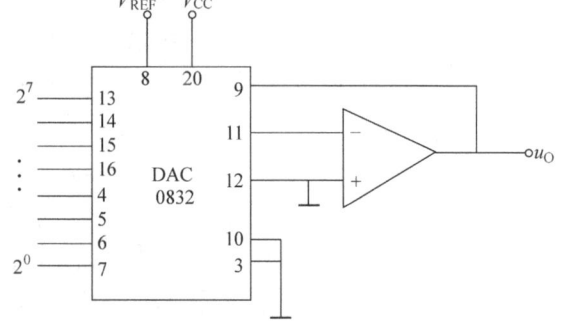

图 8-8 DAC0832 与运算放大器的连接

能构成完整的 DAC，将 DAC0832 输出的电流转换为输出电压。

8.2 A/D 转换器

8.2.1 A/D 转换的基本结构和工作原理

在 A/D 转换器（ADC）中，输入是在时间上连续变化的模拟信号，而输出则是在时间上、幅度上都是离散的数字信号。要将模拟信号转换成数字信号，首先要按一定的时间间隔抽取模拟

信号（即采样），并将抽取的模拟信号保持一段时间，以便进行转换。然后将采样保持下来的采样值进行量化（quantization）和编码（coding），转换成数字量来输出。由此可知，一般的 A/D 转换需要通过采样、保持、量化和编码 4 个步骤来完成。

1. 采样保持电路

采样保持电路（Sampling – Hold circuit，S/H 电路）中的采样就是将一个在时间上连续变化的模拟信号按一定的时间间隔和顺序进行采集，形成在时间上离散的模拟信号。采样原理的示意图及其波形如图 8-9 所示。电子模拟开关在采样脉冲 $u_S(t)$ 的作用下作周期性的变化，当 u_S 为高电平时，S 闭合，输出 $u_O = u_I$；当 u_S 为低电平时，S 断开，输出 $u_O = 0$。

根据采样定理，理论上只要满足：$f_S \geq 2f_{\text{imax}}$（式中 f_S 是采样频率，f_{imax} 是输入信号中所包含最高次谐波分量的频率），就能将 $u_O(t)$ 不失真地还原成 $u_I(t)$。由于电路元器件不可能达到理想

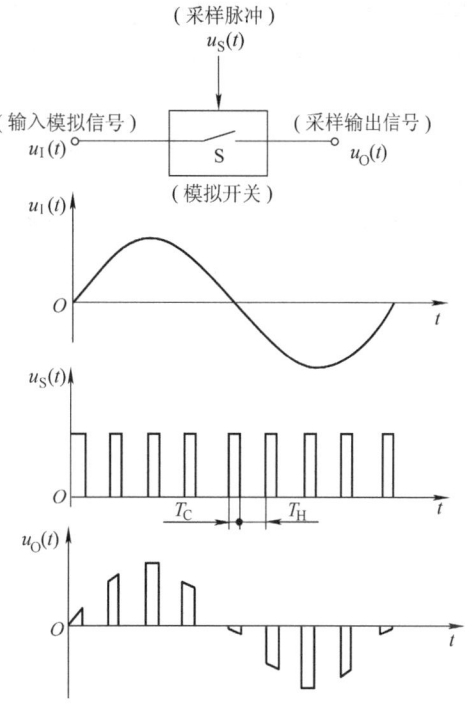

图 8-9 采样原理的示意图及其波形

要求，通常 f_S 需大于 $(5\sim10)f_{\text{imax}}$，才能保证还原后信号不失真。

由于采样脉冲的宽度很小，因而使量化装置来不及反应，所以需要在采样门之后加一个保持电路，如图 8-10 所示，它实际上就是一个存储电路，通常利用电容器 C 的存储电荷（电压）的作用以保持样值脉冲。

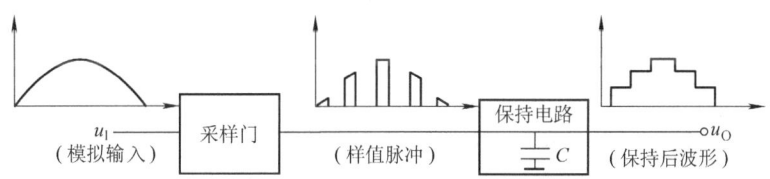

图 8-10 采样保持电路示意图及波形

最简单的采样保持电路如图 8-11 所示。场效应晶体管 V 为采样门，高质量的电容器 C 为保持元件，高输入阻抗的运算放大器 A 作为跟随器起缓冲隔离负载作用。

假定电容器 C 的充电时间远小于采样脉冲宽度，不考虑电容器 C 的漏电，运算放大器 A 的输入阻抗及场效应晶体管的截止阻抗均趋于无穷大，该电路就成为较理想的采样保持电路。

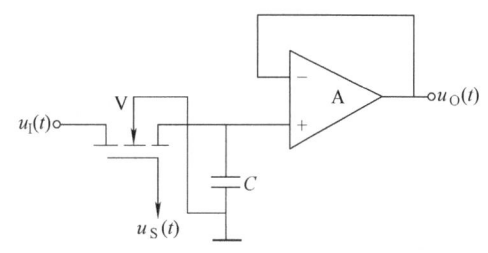

图 8-11 采样保持电路

2. 量化编码电路

我们知道，数字信号不仅在时间上是离散的，而且在幅值上也是不连续的，即任何一个数字量的大小都是以某个规定的最小数量单位的整数倍来表示的。因此，当用数字量来表示采样保持

电路输出的模拟信号时,也必须把它化成这个最小数量单位的整数倍,这个转化过程叫量化,而所规定的最小数量单位叫作量化单位,用 S 表示,它是数字信号最低位为 "1" 而其他位均为 "0" 时所对应的模拟量,即 1LSB。

将量化的离散量用相应的二进制代码表示,称为编码。这个二进制代码便是 ADC 的输出信号。

量化的方法一般有两种形式(见图 8-12):

(1) 舍尾取整法　舍尾取整法是指当输入幅度 u_I 在某两个相邻量化值之间,即 $(K-1)S \leqslant u_I < KS$ (式中 S 为量化单位,K 为整数)时,取 u_I 的量化值为

$$U_I^* = (K-1)S$$

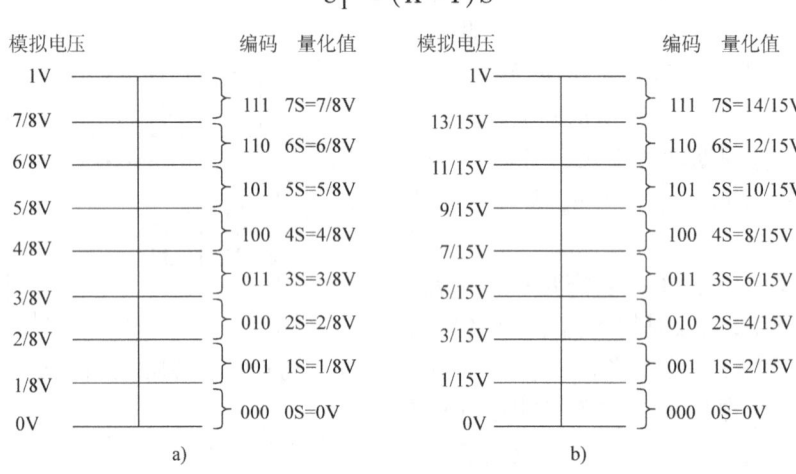

图 8-12　两种不同的量化方式
a) 舍尾取整法　b) 四舍五入法

U_I^* 称为 u_I 的量化值。例如:若 S = 1/8V,则当 u_I 为 0～1/8V 时,U_I^* = 0S = 0V,所对应的输出二进制代码为 000;当 u_I 为 1/8～2/8V 时,U_I^* = 1S = 1/8V,所对应的输出二进制代码为 001……依此类推,当 u_I 为 7/8～8/8V 时,U_I^* = 7S = 7/8V,所对应的输出二进制代码为 111。由以上可以看出,在量化过程中不可避免地使量化量和输入模拟量之间存在着误差,这种误差称量化误差,舍尾取整法的最大误差为 1S。

(2) 四舍五入法　四舍五入法是指当 u_I 的尾数不足 S/2 时,则舍去尾数,U_I^* 取其原整数;当 u_I 的尾数大于 S/2 时,则其量化值 U_I^* 为原整数加一个 S。例如:若 S = 2/15V,则当 u_I 为 0～1/15V时,U_I^* = 0S = 0V,所对应的输出二进制代码为 000;当 u_I 为 1/15～2/15V 时,U_I^* = 1S = 2/15V,所对应的输出二进制代码为 001……依此类推,当 u_I 为 13/15～14/15V 时,U_I^* = 7S = 14/15V,所对应的输出二进制代码为 111。由以上可以看出,这种量化方法的最大误差为 S/2。

通过对量化和编码整个过程的分析可知,不同的量化方法产生的误差不同,相对而言用四舍五入法量化时的量化误差较小,所以绝大多数 ADC 集成电路均采用四舍五入量化方式。同时,我们也可以发现如果用不同位数的数字量输出,量化误差也不同,当输出的数字量位数越多,则量化误差就越小。因此,若要减小量化误差,可以增加数字量的位数,但数字量位数的增加往往又会使编码电路复杂。因此,究竟需要分多少个量化级,输出数字量采用多少位,应根据实际需要而定。

8.2.2 A/D 转换器的组成和工作原理

ADC 的种类很多，按照量化编码电路的不同，可分为逐次比较型 ADC、双积分型 ADC 和并行比较型 ADC 等。在集成 ADC 中最常见的为逐次比较型 ADC 和双积分型 ADC，下面我们将对这些不同类型的 ADC 的结构和工作原理分别进行介绍。

1. 逐次比较型 ADC

逐次比较型 ADC 又称为逐次逼近型 ADC 或逐次渐近型 ADC，是一种直接型 ADC，类似于用天平称物的过程，通过对模拟量不断地逐次比较、鉴别，直到最末一位为止。

逐次比较型 ADC 原理框图如图 8-13 所示。它是由数码寄存器、DAC、电压比较器和控制电路等 4 个基本部件组成的。时钟脉冲先将寄存器的最高位置 1，使其输出数字为 10000000（设寄存器为 8 位），经内部的 DAC 转换成相应的模拟电压 u_F，再送到比较器与采样保持电压 u_I 相比较。如果 $u_I < u_F$，表明数字过大，于是将最高位的 1 清除，变为 0；若 $u_I > u_F$，表明寄存器内的数字比模拟信号小，则最高有效位 1 保留。然后再将次高位寄存器置 1，同理，寄存器的输出经 D/A 转换并与模拟信号比较，根据比较结果，决定次高位的 1 清除或保留。这样，逐位比较下去，一直比较到最低有效位为止。显然，寄存器的最后数字就是 A/D 转换后的数值。

这种 ADC 的主要特点是电路简单，只用一个比较器，而且速度、精确度都较高。因此，这种电路应用较多。

2. 双积分型 ADC

双积分型 ADC 又称积分比较型 ADC，它是间接型 ADC 中最常用的一种，其基本原理是先把输入的模拟信号电压变换成一个与其成正比的时间，然后在这段时间里对固定频率的时钟脉冲进行计数，该计数结果就是正比于输入模拟信号的数字量输出。

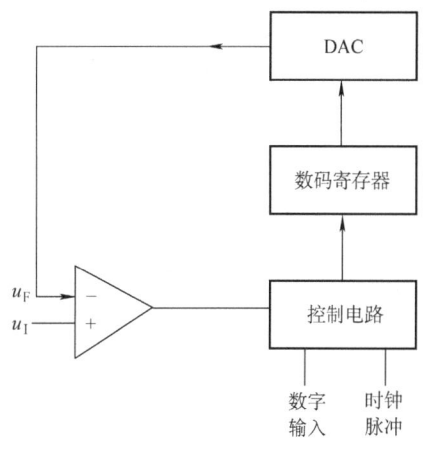

图 8-13 逐次比较型 ADC 原理框图

双积分型 ADC 的原理框图如图 8-14 所示。它由基准电压、积分器、比较器、计数器、时钟信号源和逻辑控制电路等几部分组成。

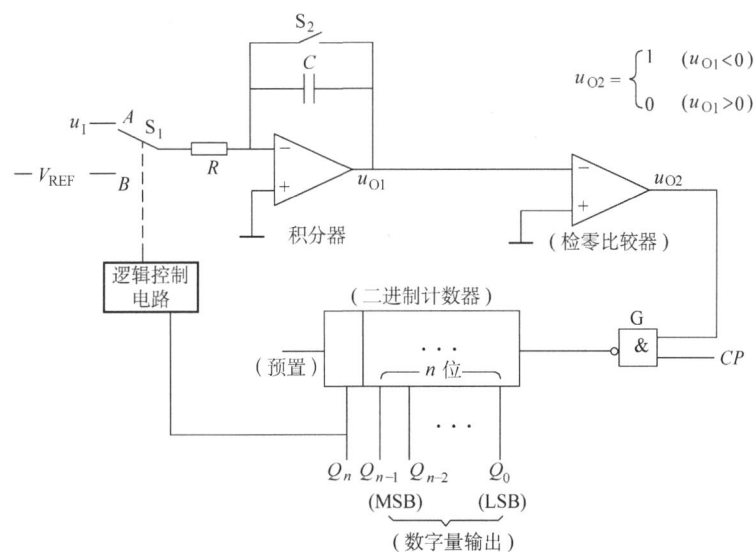

图 8-14 双积分型 ADC 的原理框图

电路的工作分为两个积分阶段，如图 8-15 所示。

(1) 第一阶段转换（第一次积分） 在转换前，接通开关 S_2 使电容 C 充分放电，同时使计数器清零。

在转换开始（$t=0$）时，令开关 S_1 接通输入模拟电压输入端 u_I，同时断开 S_2，此时，u_I 进入积分器进行积分。积分器输出电压

$$u_{O1}(t) = -\frac{1}{RC}\int_0^t u_I dt = -\frac{u_I}{RC}t \qquad (8.8)$$

因积分器输出电压 u_{O1} 是自零向负方向变化（$u_{O1} < 0$），所以比较器输出 $u_{O2} = 1$，门 G 选通，周期为 T_C 的时钟脉冲 CP 使计数器从零开始计数，直到 $Q_n = 1$（计数器其余各位为 0，即 $Q_n Q_{n-1} \cdots Q_0 = 1000 \cdots 0$），驱动控制电路使开关 S_1 接通基准电压 $-V_{REF}$，这段时间就是第一次积分时间 T_1，如图 8-15 所示。所以

$$T_1 = 2^n T_C = NT_C \qquad (8.9)$$

$$u_{O1}(T_1) = -\frac{u_I}{RC}T_1 = -\frac{u_I}{RC}NT_C \qquad (8.10)$$

式中，T_C 为时钟脉冲的周期；N 为计数器的最大容量。

因此积分输出电压 $u_{O1}(T_1)$ 与输入电压 u_I 成正比。

(2) 第二阶段转换（第二次积分） 当 S_1 接通基准电压 $-V_{REF}$ 后，就开始第二次积分，

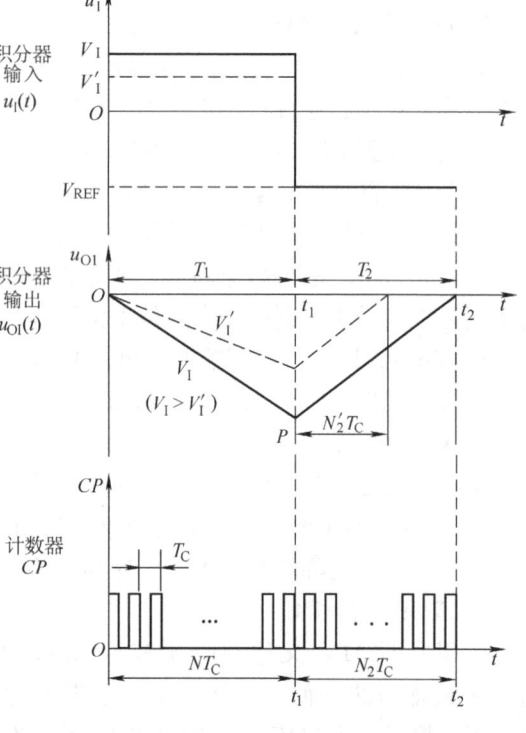

图 8-15 双积分型 ADC 的工作波形

即对基准电压 $-V_{RFE}$ 进行反向积分，但 u_{O1} 初值为负，u_{O2} 仍为高电平，计数器又从 0 开始计数。设计数器计数至第 N_2 个脉冲时，积分器输出电压 u_{O1} 反向积分到零，经检零比较器，得输出 $u_{O2} = 0$，门 G 关闭，停止计数。由于第一次积分结束时，电容器已充有电压 $u_{O1}(T_1)$，其值：
$u_{O1}(T_1) = -\frac{u_I}{RC}NT_C = -\frac{2^n T_C u_I}{RC}$，而第二次积分结束时，$u_{O1} = 0$，所以，此时积分器输出电压为

$$u_{O1}(t_2) = u_{O1}(t_1) + \frac{-1}{RC}\int_{t_1}^{t_2}(-V_{REF})dt$$

$$= \frac{-2^n T_C u_I}{RC} + \frac{V_{REF}}{RC}(t_2 - t_1)$$

$$= \frac{-2^n T_C u_I}{RC} + \frac{V_{REF}}{RC}T_2 = 0$$

得

$$T_2 = \frac{u_I}{V_{REF}} \cdot 2^n T_C \qquad (8.11)$$

可见 T_2 与 u_I 成正比，T_2 就是双积分转换电路的中间变量。

因为 $T_2 = N_2 T_C$，所以

$$N_2 = \frac{u_I}{V_{REF}} \cdot 2^n \tag{8.12}$$

可见 N_2 与 u_I 成正比，即计数器的读数与输入模拟电压 u_I 成正比，从而实现了 A/D 转换。图 8-15 中虚线画出的是 u_I 较小时的工作波形。可以看出，u_I 越大，第一次积分后 $u_{01}(T_1)$ 的值也越大，而第二次积分时，因 V_{REF} 恒定不变，所以 u_{01} 的斜率不变，即 $u_{01}(T_1)$ 越大，T_2 越长，计数器所累计的时钟脉冲个数 N_2 的值也越大。

在积分比较器 ADC 中，由于在输入端使用了积分器，交流干扰在一个周期中的积分结果趋向于零，所以对交流有很强的抑制能力，最好使第一次积分时间 T_1 为 20ms 的整数倍，以抑制 50Hz 干扰。从公式中也可以看出，由于两次积分使用的是同一个积分常数 RC，所以转换结果和精度不受 R、C 及时钟周期 T_C 数值变化的影响。它的主要缺点是工作速度较低，一般用于高分辨率、低速和抗干扰能力强的场合，如数字万用表以及低速工业自动化设备仪表中。它与计算机接口时要考虑速度是否符合要求。

8.2.3 A/D 转换器的主要参数

1. 分辨率

其含义与 DAC 的分辨率一样，通常用输出二进制数的位数来表示，位数越多，分辨率（有时也称分辨力）也越高。

2. 精确度

ADC 的精确度取决于量化误差（±LSB/2）和系统内其他误差之和，通常以最大误差与全量程输入模拟量的比值来表示。例如，典型的精确度为全量程读数的 ±0.05%，它表示如果输入模拟量全量程为 10V，则最大误差为 5mV。

3. 转换时间

完成一次 A/D 转换所需的时间为转换时间。它是指接收到转换控制信号开始，直至输出端得到稳定的数字输出所经历的时间间隔。逐次比较型 ADC 的转换时间一般在 $10 \sim 100\mu s$ 之间，双积分型 ADC 转换时间一般在几十毫秒至几百毫秒之间。

除此之外，还有输入模拟电压范围、稳定性、电源功率消耗等参数。在选用时务必挑选参数合适的 ADC，并注意其性能价格比。

8.2.4 集成 A/D 转换器 ADC0809

ADC0809 是单片 8 位 8 路 CMOS ADC，其原理框图如图 8-16a 所示，图 8-16b 是 ADC0809 芯片外引线排列图。

ADC0809 的框图中，由 8 位模拟开关、地址锁存与译码器组成的 8 通道模拟选择器，用来接收 8 路外加采样模拟信号，而模拟开关则受地址锁存与译码器控制。当地址锁存允许端（ALE）为高电平时，三位地址 ADDC、ADDB、ADDA 送入译码器，译码器根据地址 C、B、A 选中一路开关接通，相应的模拟信号送入 ADC，地址译码与输入选通的关系如表 8-1 所示。

8 位 ADC 是一个逐次比较器。它由比较器、树状开关、256RT 型译码网络（电阻网络）、逐次渐近寄存器和控制与时序电路组成。其中树状开关和 256RT 型译码网络是 8 位 ADC 的核心。

转换开始时，经启动脉冲启动后，逐次渐近寄存器清零，在外加脉冲的作用下，对由译码器选中的模拟信号进行数字转换。

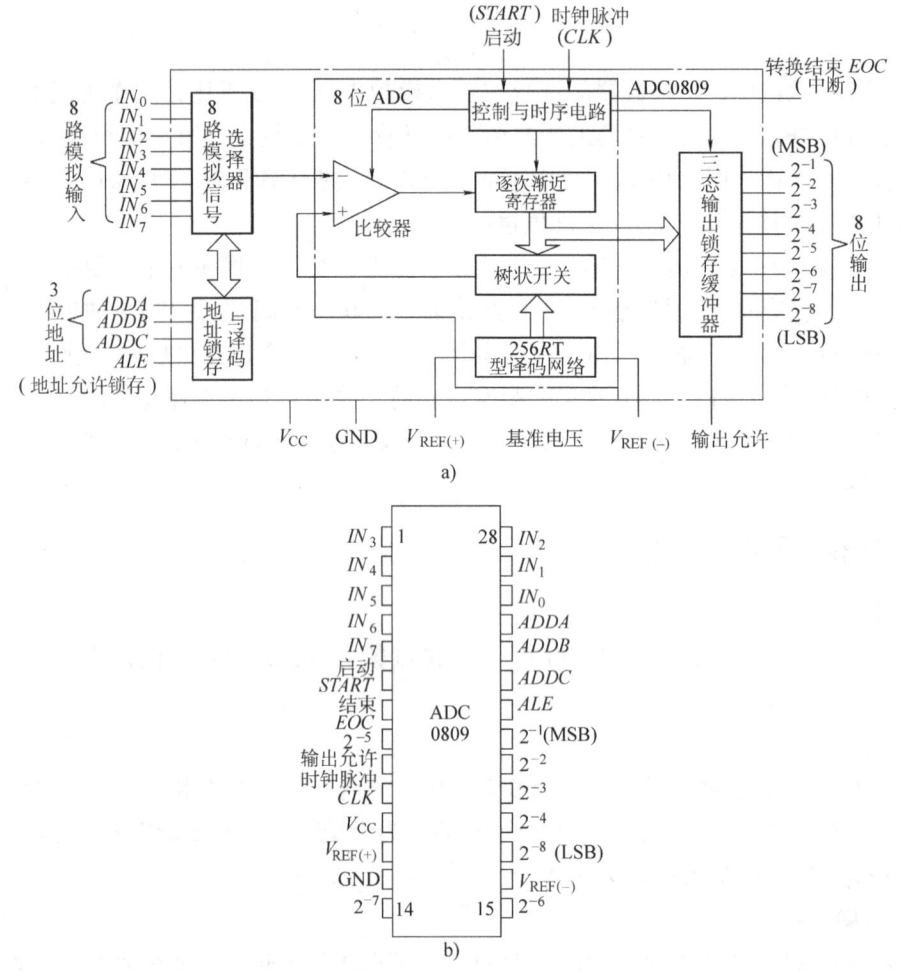

图 8-16 ADC0809 原理框图和外引线排列图

a）原理框图　b）外引线排列图

表 8-1 ADC0809 地址译码与输入选通的关系

地址			被选模拟通路
C	B	A	
0	0	0	IN_0
0	0	1	IN_1
0	1	0	IN_2
0	1	1	IN_3
1	0	0	IN_4
1	0	1	IN_5
1	1	0	IN_6
1	1	1	IN_7

当转换结束时，时序电路送出控制信号，将 8 位数字信息锁存在 8 位缓冲器中，同时，它送出一个中断信号，这个信号通常作为对 CPU 的中断请求信号。CPU 接受中断请求以后发出输出允许信号，打开三态输出锁存缓冲器，将已转换好的数据放在数据总线上，输入给 CPU。

ADC0809 主要性能为：分辨率为 8 位，线性误差为 ±1LSB，转换时间 100μs，模拟输入电压 0～5V，电源电压 +5V，外加时钟脉冲频率为 640kHz，并可与 TTL 电路兼容。

ADC0809 的输出数字量 D_x 可表示为

$$D_x = \frac{D_{max}}{u_{Imax}} u_I = \frac{255}{V_{REF}} u_I$$

式中，D_{max} 为 ADC 的输出满度值，8 位 ADC 的 $D_{max} = 255$；u_{Imax} 为 ADC 的最大输入电压；$u_I = u_{Imax}$ 时，$D_x = D_{max} = 255$。

ADC0809 的输入电压 u_I 不允许超过 u_{Imax}，否则将造成测量误差。ADC0809 手册中规定，当 $u_I = V_{REF}$ 时，$D_x = 255$，所以，u_{Imax} 又等于 V_{REF}，我们可以改变 V_{REF} 来改变输入电压的上限值。

8.3 应用电路介绍

应用一：程控函数发生器

如图 8-17 所示，为一个由 AD7520 和比较器、积分器及其他一些元器件组成的输出频率可程控（输出频率正比于输入数字量）的三角波、矩形波发生器。

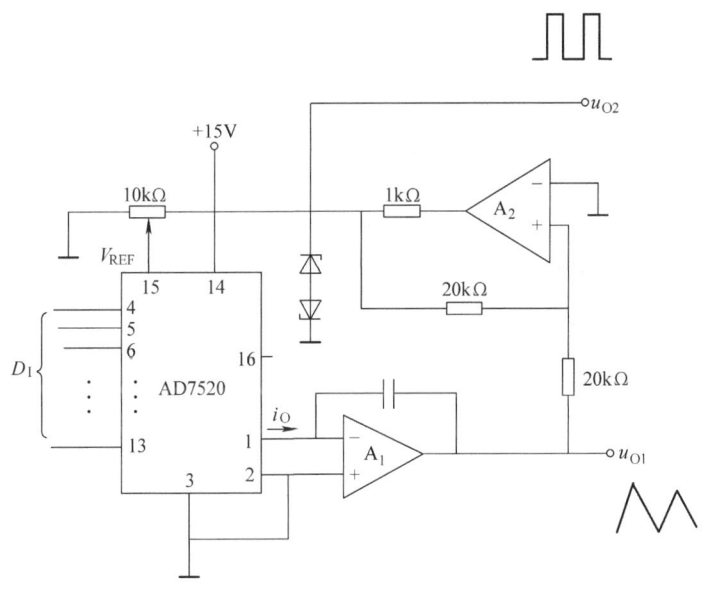

图 8-17 程控函数发生器电路

图中 A_1 为积分器，A_2 是迟滞比较器（施密特触发器）。根据 7520 的工作原理可知，其输出电流 i_O 即积分器的输入电流 i_I 应为

$$i_I = i_O = \frac{V_{REF}}{R \times 2^{10}} D$$

式中，$D = D_9 \times 2^9 + D_8 \times 2^8 + \cdots + D_1 \times 2^1 + D_0 \times 2^0$

当 A_2 的输出 u_{O2} 为正值时，V_{REF} 为正，AD7520 的输出电流 i_O（即积分器的输入电流 i_I）为正值，A_1 的输出线性下降，当 u_{O1} 为负值且绝对值足够大时，A_2 的同相输入端电位将小于零，其输出 u_{O2} 将翻转为负值。当 A_2 的输出 u_{O2} 翻转为负值后，V_{REF} 为负，7520 的输出电流 i_O（即积分器的输入电流 i_I）为负值，A_1 的输出线性上升，当 u_{O1} 为正值且足够大时，A_2 的同相输入端电位将大于零，其输出 u_{O2} 将重新为正值。循环往复……

由以上分析可知，A_1 的输出 u_{O1} 应为周期性的三角波，A_2 的输出 u_{O2} 应为周期性的矩形脉冲。

因为 i_O 正比于 D，所以输入数字量 D 越大，i_O 越大，A_1 的输出变化也越快，输出信号的频率也越高。故改变数字量可实现对输出信号频率的调整。另外调节 V_{REF} 的大小，也可以调节输出信号的频率。

应用二：用两片 DAC0832 构成 16 位 DAC

由于 DAC0832 有两级锁存器，DAC0832 可以构成双缓冲、单缓冲和直通数据输入三种工作方式，要构成 16 位 DAC，必须保证两片 DAC0832 同时动作，也就是必须工作于双缓冲的工作方式。如图 8-18 所示为用两片 DAC0832 构成的 16 位 DAC。

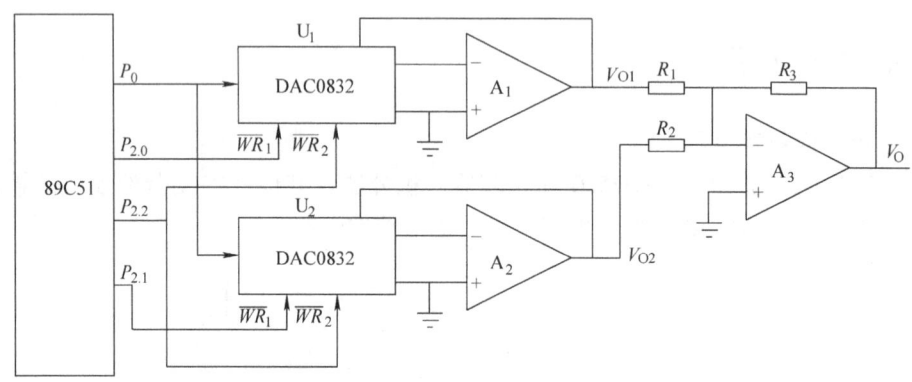

图 8-18 用两片 DAC0832 构成的 16 位 DAC

在图中，两片 DAC0832 的数据口均接 89C51 的 P_0 口，用 $P_{2.0}$、$P_{2.1}$ 分别去控制两片 DAC0832 的 $\overline{WR_1}$，将数据分别写入 DAC0832 的输入寄存器，用 $P_{2.2}$ 控制 DAC0832 的 $\overline{WR_2}$，统一将输入寄存器中的数据送入 DAC0832 的数据寄存器，两片 DAC0832 的输出电流同时改变，使运放 A_1 和 A_2 的输出电压 V_{O1} 和 V_{O2} 同时改变。当然，为了使输出电压与统一的一个基准电压有关，将两片 DAC0832 接在同一个基准电压 V_{REF} 上，电阻 R_1、R_2、R_3 和运放 A_3 构成反向比例加法器，其输出电压为

$$V_O = -\left(\frac{R_3}{R_1}V_{O1} + \frac{R_3}{R_2}V_{O2}\right)$$

当取 $\frac{R_1}{R_2} = 256$、$R_3 = R_1$ 时，则有

$$V_O = -(V_{O1} + 256 V_{O2})$$

若分别送到 U_1、U_2 的数据为 D_H、D_L，那么电路的输出电压为

$$V_O = -\left(V_{REF}\frac{D_H}{256} + V_{REF}D_L\right) = -\frac{V_{REF}}{2^{16}}(D_H + 256 D_L)$$

上式为以 D_H、D_L 分别送到两个 8 位 DAC 的转换结果，与 D_H 为高 8 位、D_L 为低 8 位的 16 位数据送 16 位 DAC 的输出电压表达式完全相等。

应用三：$3\frac{1}{2}$ 位数字电压表

用集成单片 ADC 器件 MC14433 可以组成 $3\frac{1}{2}$ 位数字电压表。所谓"$3\frac{1}{2}$ 位"是指该电压表显示范围为 -1999～+1999，其中，最高位只有 0 和 1 两个数，后 3 位可以是 0～9 的任意整数。

MC14433 是双积分原理的 $3\frac{1}{2}$ 位 BCD 码输出的 ADC，采用少数的外部元器件就可以组成数字电压表。MC14433 性能稳定，抗干扰能力强，内部具有自动调零功能，准确度高，适用于构成各种工业数字显示仪表。图 8-19 是 LED 显示的 $3\frac{1}{2}$ 位数字电压表原理图。

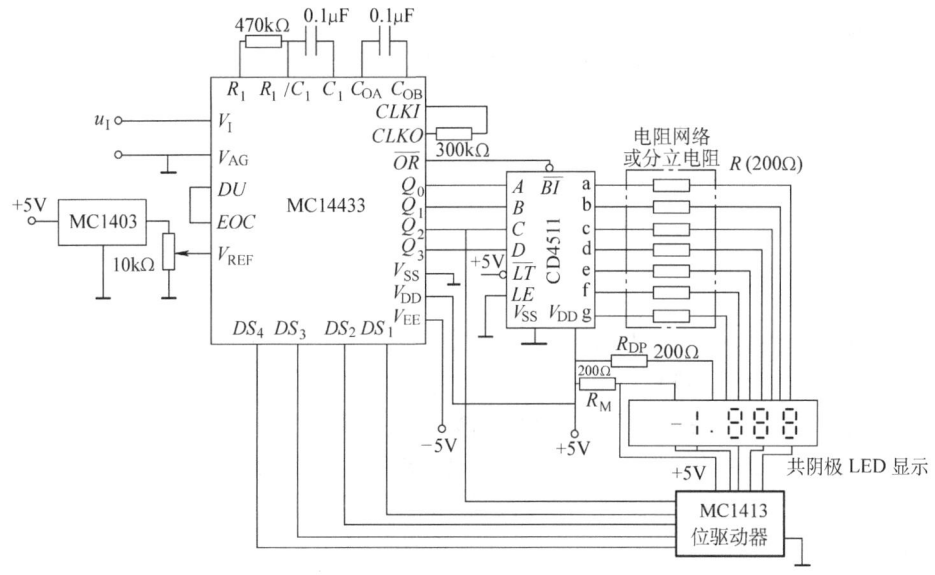

图 8-19　LED 显示的 $3\frac{1}{2}$ 位数字电压表原理图

图中，CD4511 锁存译码驱动器作七段译码驱动用；MC1403 为"能隙"基准电压源电路，向 MC14433 提供非常稳定的基准电压 V_{REF}；MC1413 为达林顿功率管驱动器，将第一至第四位选通输出信号端（$DS_1 \sim DS_4$）的扫描输出信号经 MC1413 缓冲后驱动各位数码管的阴极，使四位数码管和符号位在 $DS_1 \sim DS_4$ 的控制下快速轮流扫描显示。其中 Q_2 的状态表示被测电压极性，正极性时，$Q_2 = 1$，负极性时 $Q_2 = 0$。DS_1 期间 $Q_3 \sim Q_0$ 除输出最高位即千位的 0 或 1 之外，同时还输出过量程、欠量程和极性标志信号。

若要求满量程为 1.999V，V_{REF} 调节为 2V。若要求满量程为 199.9mV，只要把 V_{REF} 调节到 200mV，R_1 由 470kΩ 变为 27kΩ，并把小数点接地点位置移动即可。

本 章 小 结

DAC 和 ADC 是现代数字系统中不可或缺的数字信号与模拟信号相互转换的电路，它们解决了数字电路和模拟电路的接口问题。

DAC 的种类很多，在本章中讨论了权电阻网络和倒 T 形电阻网络 DAC 及其工作原理。由于倒 T 形电阻网络 DAC 只要求两种阻值的电阻，因此最适用于集成工艺，集成 DAC 普遍采用这种电路结构。

在 ADC 中，本章介绍了 A/D 转换的基本原理，讨论了应用较多、转换速度快的逐次比较型 ADC 以及抗干扰能力强、精度高的双积分型 ADC。介绍了集成芯片 ADC0809 的电路结构和工作原理。

ADC 和 DAC 的发展趋势是高速度、高分辨率、易与微型计算机接口，以满足各个领域对信息处理的要求。

思考题与习题

8-1 选择题

(1) 一输入为 10 位二进制（$n=10$）的倒 T 形电阻网络 DAC 电路中，基准电压 V_{REF} 提供电流 I_{REF} 为（　　）。

A. $\dfrac{V_{REF}}{2^{10}R}$ B. $\dfrac{V_{REF}}{2\times 2^{10}R}$ C. $\dfrac{V_{REF}}{R}$ D. $\dfrac{V_{REF}}{(\sum 2^i)R}$

(2) 权电阻网络 DAC 电路最小输出电压是（　　）。

A. $\dfrac{1}{2}V_{LSB}$ B. V_{LSB} C. V_{MSB} D. $\dfrac{1}{2}V_{MSB}$

(3) 在 D/A 转换电路中，输出模拟电压数值与输入的数字量之间（　　）关系。

A. 成正比   B. 成反比   C. 无

(4) ADC 的量化单位为 S，用舍尾取整法对采样值量化，则其量化误差 ε_{max} =（　　）。

A. 0.5S   B. 1S   C. 1.5S   D. 2S

(5) 在 D/A 转换电路中，当输入全部为"0"时，输出电压等于（　　）。

A. 电源电压   B. 0   C. 基准电压

(6) 在 D/A 转换电路中，数字量的位数越多，分辨输出最小电压的能力（　　）。

A. 越稳定   B. 越弱   C. 越强

(7) 在 A/D 转换电路中，输出数字量与输入的模拟电压之间（　　）关系。

A. 成正比   B. 成反比   C. 无

(8) 集成 ADC0809 可以锁存（　　）模拟信号。

A. 4 路   B. 8 路   C. 10 路   D. 16 路

(9) 双积分型 ADC 的缺点是（　　）。

A. 转换速度较慢   B. 转换时间不固定
C. 对元器件稳定性要求较高   D. 电路较复杂

8-2 填空题

(1) 将模拟量转换为数字量，采用_____转换器，将数字量转换为模拟量，采用_____转换器。

(2) 理想的 DAC 转换特性应是使输出模拟量与输入数字量成_____。转换精度是指 DAC 输出的实际值和理论值_____。

(3) DAC 的分辨率越高，分辨_____的能力越强；ADC 的分辨率越高，分辨_____的能力越强。

(4) ADC 的转换过程，可分为采样、保持及_____和_____4 个步骤。

(5) A/D 转换电路的量化单位为 S，用四舍五入法对采样值量化，则其 ε_{max} = _____。

(6) A/D 转换过程中，量化误差是指_____，量化误差是_____消除的。

8-3 要求某 DAC 电路输出的最小分辨电压 V_{LSB} 约为 5mV，最大满度输出电压 U_m = 10V，试求该电路输入二进制数字量的位数 N 应是多少？

8-4 已知某 DAC 电路输入 10 位二进制数，最大满度输出电压 U_m = 5V，试求分辨率和最小分辨电压。

8-5 设 V_{REF} = +5V，试计算当 DAC0832 的数字输入量分别为 7FH、81H、F3H 时（后缀 H 的含义是指该数为十六进制数）的模拟输出电压值。

8-6　在 AD7520 电路中，若 $V_{REF}=10V$，输入 10 位二进制数为 $(1011010101)_2$，试求：
(1) 其输出模拟电流 i_O 为何值（已知 $R=10k\Omega$）？
(2) 当 $R_F=R=10k\Omega$ 时，外接运算放大器 A 后，输出电压应为何值？

8-7　用 DAC0832 和 4 位二进制计数器 74LS161，设计一个阶梯脉冲发生器。要求有 15 个阶梯，每个阶梯高 0.5V。请选择基准电源电压 V_{REF}，并画出电路图。

8-8　某 8 位 DAC，试问：
(1) 若最小输出电压增量为 0.02V，当输入二进制数 01001101 时，输出电压为多少伏？
(2) 若其分辨率用百分数表示，则为多少？
(3) 若某一系统中要求的精度为 0.25%，则该 DAC 能否使用？

8-9　已知 10 位 $R-2R$ 倒 T 形电阻网络 DAC 的 $R_F=R$，$V_{REF}=10V$，试分别求出数字量为 0000000001 和 1111111111 时，输出电压 u_O。

8-10　如图 8-20 所示电路为由 AD7520 和计数器 74LS161 组成的波形发生电路。已知 $V_{REF}=-10V$，试画出输出电压 u_O 的波形，并标出波形图上各点电压的幅度。

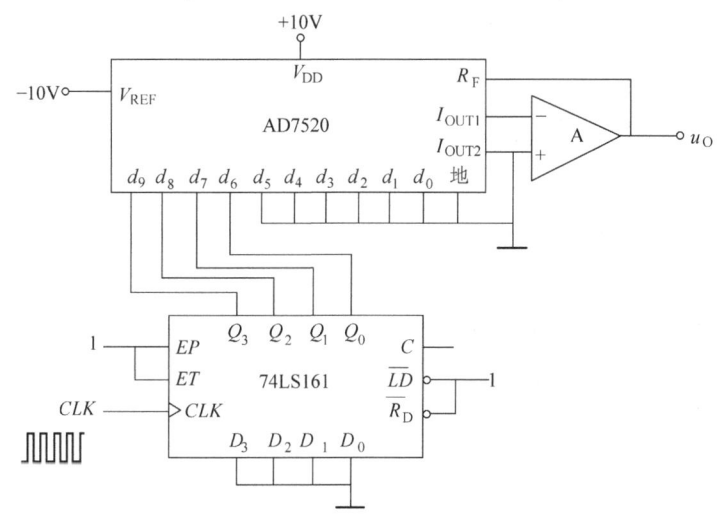

图 8-20　题 8-10 图

8-11　设 $V_{REF}=5V$，当 ADC0809 的输出分别为 80H 和 F0H 时，求 ADC0809 的输入电压 u_{I1} 和 u_{I2}。

8-12　已知在逐次比较型 ADC 中的 10 位 DAC 的最大输出电压 $V_{Omax}=14.322V$，时钟频率 $f_C=1MHz$。当输入电压 $u_I=9.45V$ 时，求电路此时转换输出的数字状态及完成转换所需要的时间。

8-13　某 8 位 ADC 输入电压范围为 $0\sim+10V$，当输入电压为 4.48V 和 7.81V 时，其输出二进制数各是多少？该 ADC 能分辨的最小电压变化量为多少毫伏？

8-14　双积分型 ADC 中的计数器若做成十进制的，其最大计数容量 $N_1=(1999)_{10}\approx(2000)_{10}$，时钟脉冲频率 $f_C=10kHz$，则完成一次转换最长需要多长时间？若已知计数器的计数值 $N_2=(369)_{10}$，基准电压 $-V_{REF}=-6V$，此时输入电压 u_I 是多少？

8-15　在双积分型 ADC 中，若计数器为 8 位二进制计数器，CP 脉冲的频率 $f_C=10kHz$，$-V_{REF}=-10V$。
(1) 计算第一次积分的时间。
(2) 计算 $u_i=3.75V$ 时，转换完成后，计数器的状态。
(3) 计算 $u_i=2.5V$ 时，转换完成后，计数器的状态。

本 章 实 验

实验 8.1 D/A、A/D 转换器

1. 实验目的

1) 掌握 DAC 的功能。

2) 掌握 ADC 的功能。

2. 实验设备和元器件

电子实验箱，双踪示波器，集成电路：DAC0832、ADC0809、LM324、74HC163，元器件手册。

3. 实验技术和知识

DAC 是将输入的数字量转换为模拟量的电路。DAC0832 是采用 CMOS 工艺制成的单片电流输出型 8 位 DAC，DAC0832 芯片的框图和引脚排列图见手册。其核心部分 D/A 转换电路由倒 T 形 $R-2R$ 电阻网络、模拟开关、参考电压和外接的运算放大器组成。

其转换输出电压为

$$U_O = \frac{V_{REF}R_F}{2^n R}(D_{n-1} \times 2^{n-1} + D_{n-2} \times 2^{n-2} + \cdots + D_0 \times 2^0)$$

式中，$R = 15\text{k}\Omega$。

ADC 是将输入的模拟量转换为数字量的电路。ADC0809 是采用 CMOS 工艺制成的单片电流输出型 8 位 8 通道逐次比较型模/数转换器，芯片的框图和引脚排列图见手册。它由比较器、树状开关、256R T 型电阻网络、逐次比较寄存器、控制与时序电路组成。

ADC0809 由 8 位模拟开关、地址锁存与译码器组成的 8 通道模拟选择器，用来接收 8 路外加采样模拟信号，而模拟开关则受地址锁存与译码器控制。当地址锁存允许端（ALE）为高电平时，三位地址 A_2、A_1、A_0 送入译码器，译码器根据地址选中一路开关接通，相应的模拟信号送入 ADC，其地址译码与输入选通的关系如表 8-2 所示。

表 8-2 ADC0809 地址译码与输入选通的关系

地 址			被选模拟通路
A_2	A_1	A_0	
0	0	0	IN_0
0	0	1	IN_1
0	1	0	IN_2
0	1	1	IN_3
1	0	0	IN_4
1	0	1	IN_5
1	1	0	IN_6
1	1	1	IN_7

转换开始时，经启动脉冲启动后，逐次比较寄存器清零，在外加脉冲的作用下，对由译码器选中的模拟信号进行数字转换。

当转换结束时，时序电路送出控制信号，将 8 位数字信息锁存在 8 位缓冲器中，同时，它送出一个中断信号，这个信号通常作为对 CPU 的中断请求信号。CPU 接受中断请求以后应发出输

出允许信号，打开三态输出锁存缓冲器，将已转换好的数据放在数据总线上，输入给 CPU。

4. 实验内容和步骤

1) DAC0832 转换电路如图 8-21 所示。请按图连接，按表 8-3 输入数字信号 $D_7 \sim D_0$，用电压表测量输出电压 U_O 并填入表 8-3 中，与理论值进行分析比较。

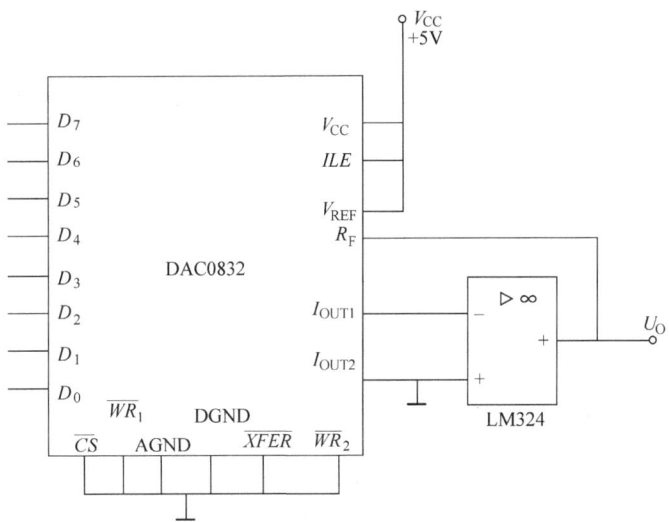

图 8-21　DAC0832 转换电路

表 8-3　DAC0832 转换输出表

输入数字量								输出模拟量测量值 U_O/V	输出模拟量计算值 U_O/V
D_7	D_6	D_5	D_4	D_3	D_2	D_1	D_0		
0	0	0	0	0	0	0	0		
0	0	0	0	0	0	0	1		
0	0	0	0	0	0	1	0		
0	0	0	0	0	0	1	1		
0	0	0	0	0	1	0	0		
0	0	0	0	0	1	0	1		
0	0	0	0	0	1	1	0		
0	0	0	0	0	1	1	1		
0	0	0	0	1	0	0	0		
0	0	0	0	1	0	0	1		
0	0	0	0	1	0	1	0		
0	0	0	0	1	0	1	1		
0	0	0	0	1	1	0	0		
0	0	0	0	1	1	0	1		
0	0	0	0	1	1	1	0		
0	0	0	0	1	1	1	1		
1	0	0	0	0	0	0	0		
1	0	0	0	0	0	0	1		
1	1	1	1	1	1	1	1		

2) 如图 8-22 所示为一个梯形波发生电路，该电路随着时钟脉冲 CP 的输入，4 位二进制计数

器由 0000～1111 计数，DAC0832 的低 4 位数字输入也相应变化，并输出对应的模拟量。

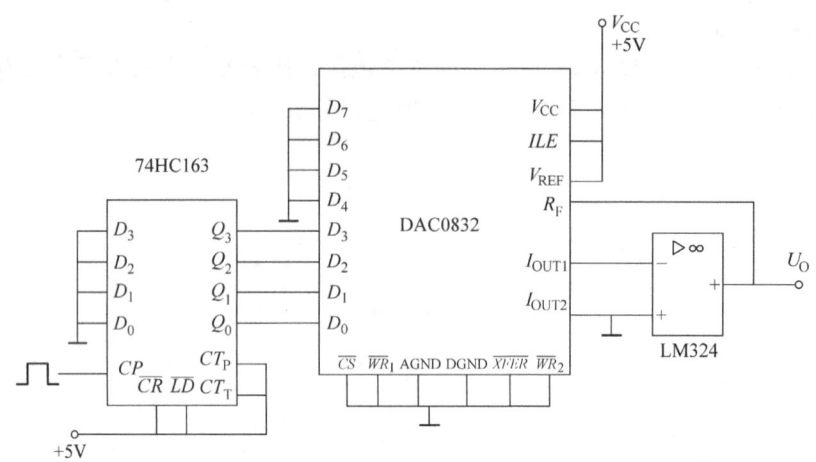

图 8-22　梯形波发生电路

① 请按图连接电路。使计算器复位，输入单次 CP 脉冲，用电压表测量相对应的输出电压 U_O 并填入表 8-4 中。

表 8-4　梯形波发生电路的输出表

输入时钟脉冲 CP	DAC0832 输入数字量				输出模拟量测量值 U_O/V
	D_3	D_2	D_1	D_0	
0					
1					
2					
3					
4					
5					
6					
7					
8					
9					
10					
11					
12					
13					
14					
15					

② 将 5kHz 时钟脉冲输入计数器的时钟脉冲输入端 CP，DAC0832 的输出端连接到示波器，试观察输出波形，并记录下来。

电路如图 8-23 所示。8 路输入模拟量 1～4.5V 由电源电压 +5V 通过电阻分压得到，A/D 转换输出 2^{-1}～2^{-8} 连接逻辑电平显示，A_2～A_0 地址端与逻辑电平开关连接，在时钟脉冲输入端输入频率为 100kHz 的连续脉冲。

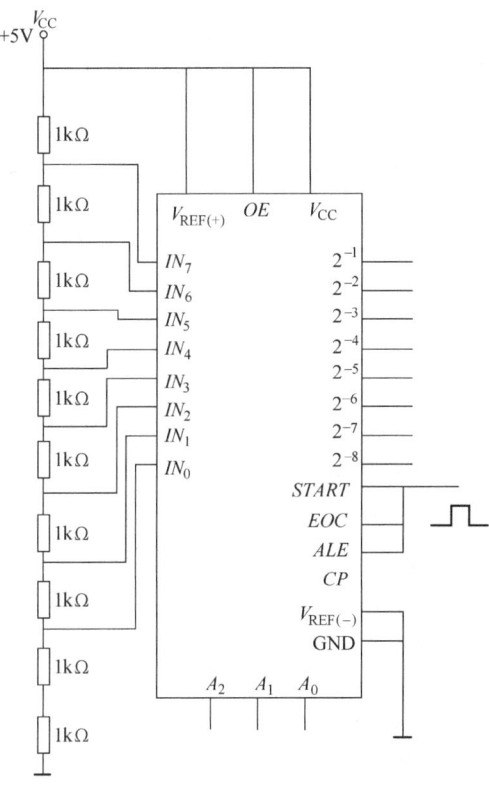

图 8-23 ADC0809 转换电路

接通电源,在启动端 START 加入一个正脉冲,在其下降沿开始 A/D 转换。按表 8-5 改变地址输入 $A_2 \sim A_0$,请观察 $IN_0 \sim IN_7$ 路模拟量的输出结果,记录到表 8-5 中,将其转换成十进制数,并与实际输入的各路输入电压进行分析比较。

表 8-5 ADC0809 转换输出表

模拟输入通道	输入模拟量/V	地址			输出数字量								
		A_2	A_1	A_0	D_7	D_6	D_5	D_4	D_3	D_2	D_1	D_0	十进制数
IN_0	4.5	0	0	0									
IN_1	4.0	0	0	1									
IN_2	3.5	0	1	0									
IN_3	3.0	0	1	1									
IN_4	2.5	1	0	0									
IN_5	2.0	1	0	1									
IN_6	1.5	1	1	0									
IN_7	1.0	1	1	1									

5. 实验报告内容要求

实验名称、日期、组别、指导教师。实验目的、仪器规格及编号、实验电路等。把实验得到的原始数据进行整理和分析,绘出曲线或波形等。对实验结果进行分析,并做出结论,写出自己的实验心得体会。

第 9 章　数字系统的综合分析

在我们生活周围可以发现有许多数字系统的实例，如 CD 播放机、计算器、游戏机、电子血压器、电子秤等。本章从了解组成数字系统的基本概念开始，逐步来认识数字系统的分析方法。

9.1　数字系统的概念

数字系统是用数字来"处理"信号以实现计算和控制的电子电路。但是现代数字系统不仅仅只使用 0 和 1 这两个数字信号，还需对微弱信号放大、大功率输出等局部采用模拟电路和 A/D 转换器、D/A 转换器，但其主体部分还是数字系统。

数字系统可以大到计算机系统，小到一个简单的三人表决器电路。现代数字系统已用可编程数字模块阵列及数字互联部分组成，而我们前面几章介绍的是用门电路、触发器等逻辑器件构成能执行一定功能的电路。由译码器、选择器、寄存器、计数器等逻辑部件组成，能完成一定功能的电路都可以称为数字系统。一般数字系统都由输入、输出、数据处理电路和控制电路 4 部分组成。图 9-1 是典型数字系统的原理框图。

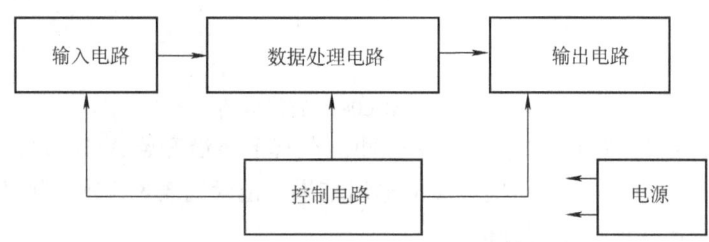

图 9-1　典型的数字系统的原理框图

现对 4 部分电路的作用介绍如下：

1) 输入电路：包括有开关信号、传感器、A/D 转换器等各种接口电路。完成的功能是将输入的连续变化的模拟量转换成数字电路中能处理的数字信号。

2) 控制电路：包括各种逻辑运算、判别电路、振荡电路和各种控制电路。主要功能是产生时钟信号及控制信号，它是整个系统的核心。

3) 数据处理电路：包括有运算电路和存储器。主要完成加工和存储数字信号并及时地把加工后的数字信号传递给控制电路或输出电路。

4) 输出电路：包括有 D/A 转换器、驱动电路和各种执行部分电路。主要是完成系统最终逻辑功能，将经过加工处理的数字信号转换成模拟信号，或是发送一组经系统处理的数字数据，或是显示一组数字，或是经过能量转换驱动执行机构完成测量和控制任务。

除上述 4 部分电路之外，数字系统还包括电源部分，它为整个数字系统工作提供所需的工作能源。

9.2　数字系统的分析方法

电子系统的读图是从事电子技术工作的基本技能，是分析问题和解决问题的基础。

数字系统是由电子元器件构成的，阅读数字逻辑设计的电路图是分析数字系统的基础，通过对各部分电路的逻辑关系、时序等分析来认识一个完整的数字系统所完成的功能和工作原理。下面我们从分析一个实际的简单数字系统入手，理解数字系统的基本组成，开始我们对数字系统的研究，一个更复杂系统或用硬件描述语言（HDL）的数字系统也将在我们掌握之中。

数字系统电路图一般有系统框图、电路原理图和电路接线图等。

系统框图是将系统分成若干个基本的组成部分，每一部分用线框图表示，并用文字或符号在框图中写明其电路作用，并按信号流程用带箭头的连线表明各部分之间的关系。框图能够概略地表示整个数字系统的基本组成，因此阅读具有布局清晰、简洁特点的框图，能使阅读者方便地对系统进行定性分析。

电路原理图是用符合统一标准的图形来表示各个元器件的规格、型号或参数值。在数字系统中，电路原理图通常是用逻辑符号来表明逻辑状态与相应物理量之间的关系。

电路接线图又称安装接线图，它是用来表明各种元器件分布及相互连接关系的一种图。在实际应用中，通过对电路原理图分析，再在电路接线图的指引下能迅速寻找到测试点、故障点。

读图分析的目的是首先要明白系统电路是由哪些元器件构成各个基本单元电路的，各个基本单元之间的关系，再分析系统的工作原理及工作过程。对数字系统电路原理图的读图一般可以归纳为以下的方法和步骤：

1）了解系统的功能：首先要从给出的系统框图、说明书等各方面来了解系统的用途和功能，特别要了解输入信号和输出控制的对象，这对理解系统怎样来完成设定的功能具有指导作用。

2）掌握系统中的各个基本单元电路的作用：在较复杂的电路中，包含若干个集成电路和分立元件组成的基本电路。要了解集成电路可以从器件手册或网络搜索中查找这些器件的逻辑功能，对分立元件组成的电路要根据自己熟悉并记住的一些常用基本电路来分析。

3）根据电路图画出系统框图：在没有系统框图时可以根据输入输出的信号流向作为主线，从分析输入信号（输入信号可以是控制信号、数据信号、地址信号等）着手，需要的话还可以标出输入输出波形，特别注意分析这些控制信号在整个电路传递过程中的变化情况，这样大致可以将电路分为若干个功能电路块，确定每个功能块之间的输入输出的逻辑关系，并标明各基本单元电路组成的功能电路块名称。

4）分析电路工作过程和系统性能：把各个功能电路块联系起来，分析系统整个工作过程，必要时还需画出有关电路的工作时序图，再确定系统的性能和特点。

9.3 数字系统的实例分析

分析步骤

1）了解系统的功能：在图 9-2 所示的 2 位十进制计数符合电路原理图上，可以知道电路有 2 位十进制计数—译码—显示电路，在符合电路的控制下，驱动继电器 KA 有动作产生。

2）各个基本单元电路的作用：在电路原理图上可以看到有许多集成电路构成的基本单元电路，可以回顾我们前面几章学习过的典型单元电路来作比较分析。其中直流伺服电动机带动开有孔槽的转盘，在红外发光二极管与红外接收管之间的光路被开通一次，产生一个由电路整形为正脉冲的信号输出，作为计数电路的计数脉冲 P_0 信号至计数控制端 $1EN$ 端。其中 CD4518 集成电路可以通过查手册知道是一个双十进制同步计数器，CD4511 是 BCD 七段译码驱动器，它们组成 2 位十进制计数—译码—显示电路。拨盘码 B 的原理结构和接点转换图如图 9-3 所示，外形图如图 9-4 所示。当拨盘用按钮按至数字"5"时，内部转盘开关 S_3、S_1 闭合，则 BCD 数码 $A_3A_2A_1A_0$ 为 $(0101)_{BCD} = (5)_{10}$。拨盘码 B 和二极管 4148 组成十位和个位的符合电路，待计数器 4 位输出码与拨码盘上数值一致时，符合输出端 A 为高电平。

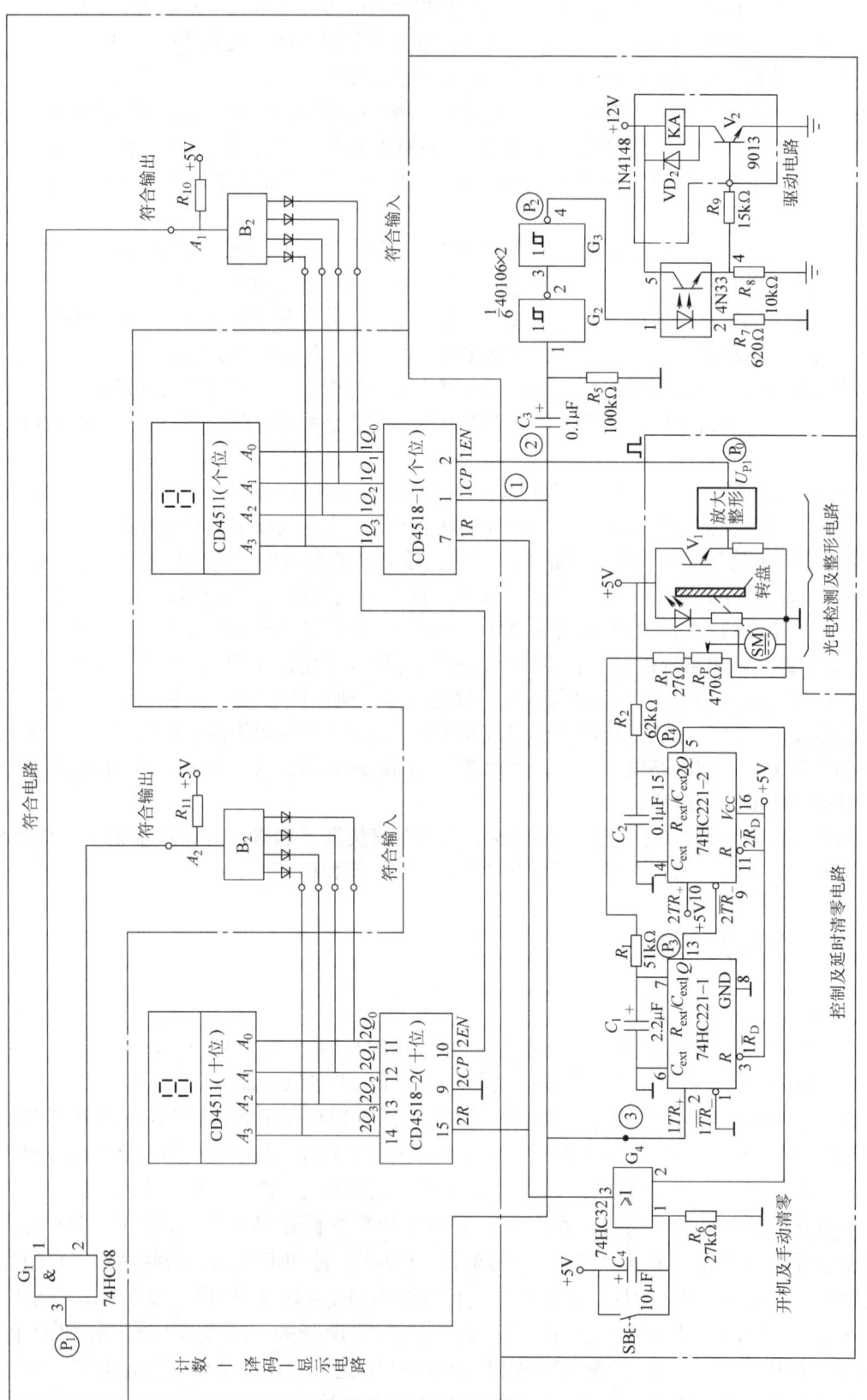

图 9-2 2位十进制计数符合电路原理图

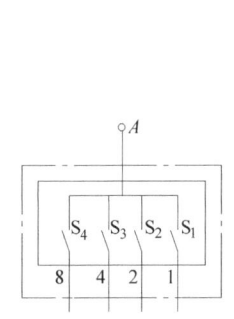 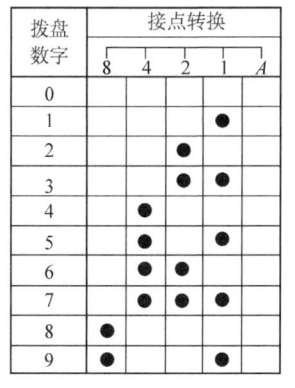 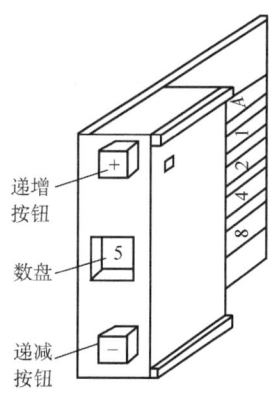

图 9-3　拨盘码 B 的原理结构和接点转换图　　　　图 9-4　拨盘码 B 的外形图

当 A_2、A_1 均为 "1" 状态，通过 G_1 与门使 P_1 产生高电平信号作为清零和驱动信号，由或门 74HC32 和双单稳态触发器 74HC221 组成控制及延时清零的电路。符合电路的 P_1 高电平分三路去控制：如图 9-2 中所示①路使 $1CP$ 端置 "1"，则计数器停止计数；②路通过 C_3R_5 组成的微分电路产生的正尖脉冲，经过 G_2、G_3 整形输出 P_2 有一定宽度的正脉冲，经 4N33 光电耦合来驱动晶体管 9013 使继电器 KA 动作，执行控制功能；③路经 74HC221 双集成单稳触发器由第一级 74HC221-1 产生 P_3 定时较宽脉冲延时，再经第二级 74HC221-2 产生较窄的正脉冲 P_4，再经过 G_4 或门输出，通过 CD4518 的 $1R$、$2R$ 端对两个计数器清零，此后 G_4 或门输出回复为 "0"，同时 G_1 门输出 P_1 也为 "0"；当 P_4 脉冲回归 "0" 后，计数器重新开始第二次计数工作。

电路中 C_4、R_6 组成微分电路可开机及手动清零，当接上 +5V 电源时，R_6 上产生的高电平尖脉冲，经 G_2 或门输出对计数器清零，当 SB 按钮按一下后，同样在 R_6 上有高电平尖脉冲，实现手动清零功能。

3）画出系统框图：根据上面电路分析和输入输出的信号流向，画出的系统框图如图 9-5 所示。

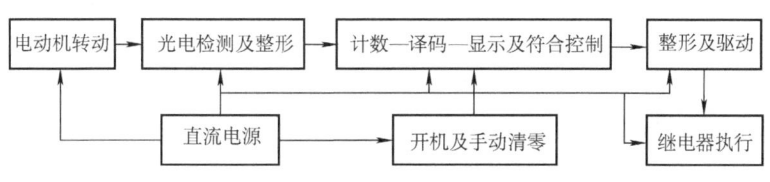

图 9-5　2 位十进制计数符合电路框图

4）分析电路功能和性能：电路中 P_0、A_1、A_2、$P_1 \sim P_4$ 各点波形发生的时序关系，可以用时序图来表示，如图 9-6 所示（设定 2 位十进制数为 11）。

2 位十进制计数符合电路对拨码盘置任意 2 位十进制数后，按下 SB 手动清零（或开机清零），随着电动机带动转盘，数码管显示加法计数值，当与拨码盘一致时停止计数，继电器有动作，延时对计数器清零（显示全零）。电路可重复进行上述循环工作。你如果理解了上述电路的全部工作过程和原理，请你试一试对此电路进行功能改进（见本章习题第 1 题）。

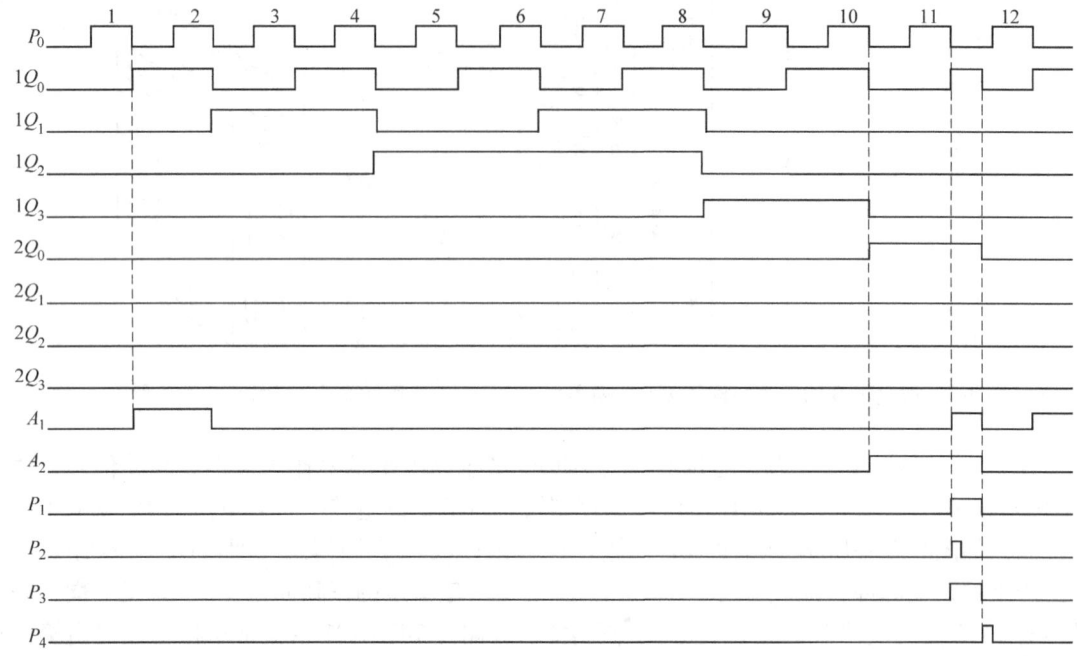

图 9-6 电路的工作波形图

本 章 小 结

在阅读较复杂的电子电路时,首先要清楚此电路有什么用途,然后把电路中的各种单元电路按功能作用组合成若干个功能电路,仔细分析这些功能电路,就不难得出整个电子系统的工作原理、信号流程和系统功能了。在这个过程中掌握整个电路的框图是十分重要的。

要提高阅读电路图的能力,就要在掌握电子技术基础知识的基础上,多找一些电路图来读,多思考、多动手实践,就会取得事半功倍的效果。

思考题与习题

9-1 请在图 9-2 的电路基础上画出测定电动机每分钟转速的附加电路(设转速在 0~999r/min 范围内变化),并说明工作原理。

9-2 试分析图 9-7 所示数字钟电路的工作原理,并画出系统框图。

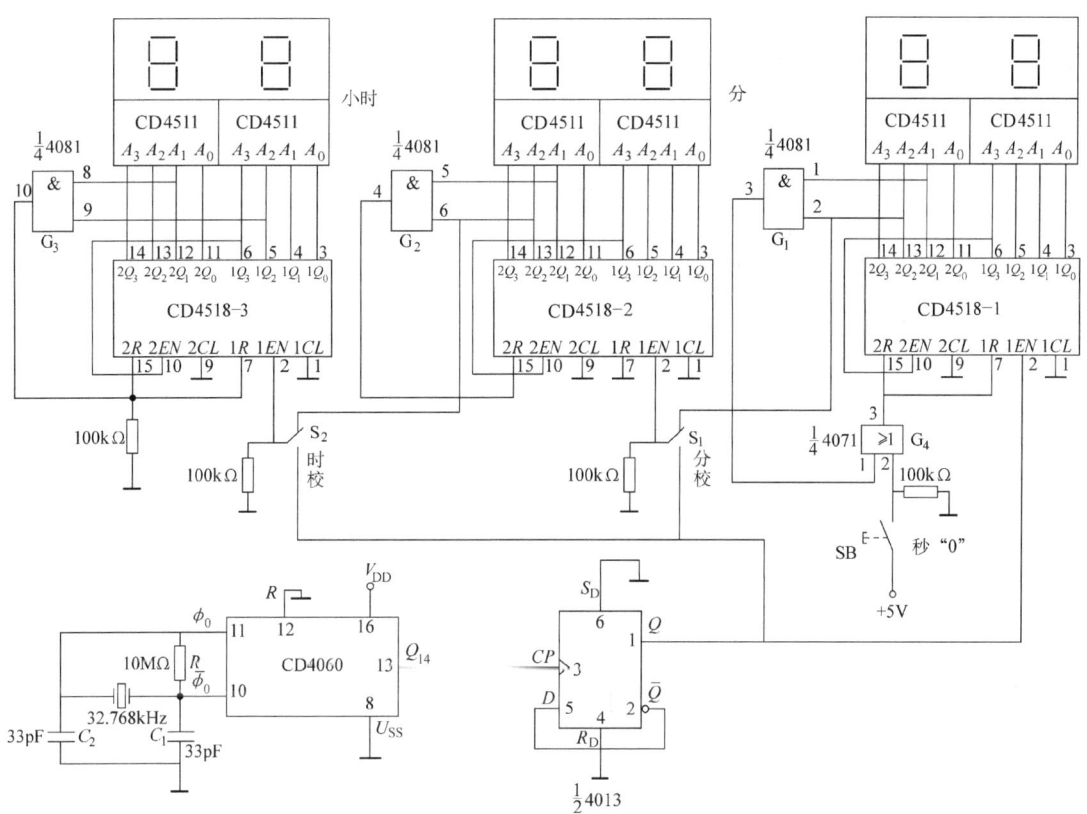

图 9-7 数字钟电路

9-3 试分析图9-8所示光电转换加/减计数电路的工作原理,并画出系统框图。

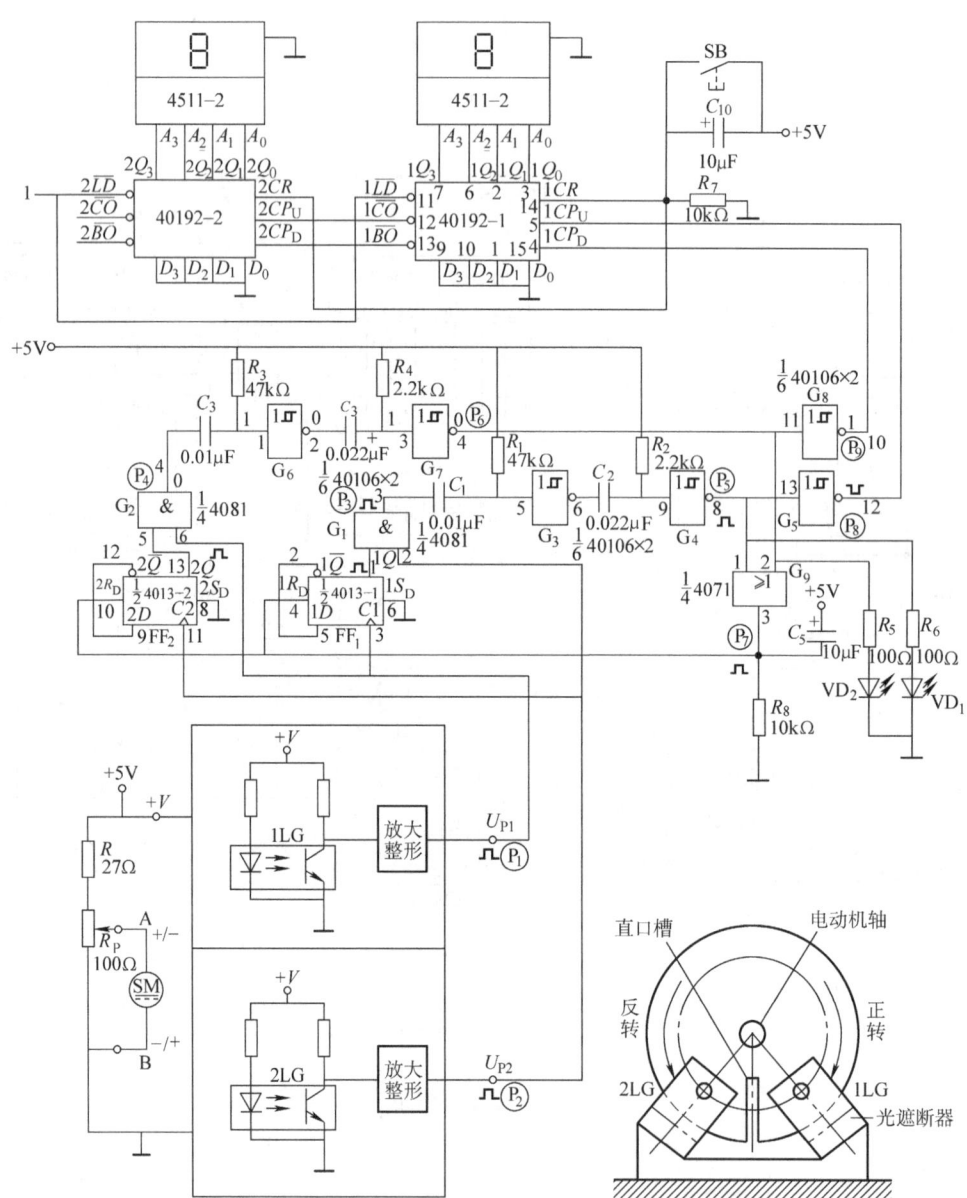

图9-8 光电转换加/减计数电路

9-4 试分析图9-9所示数字频率计电路的工作原理,并画出系统框图。

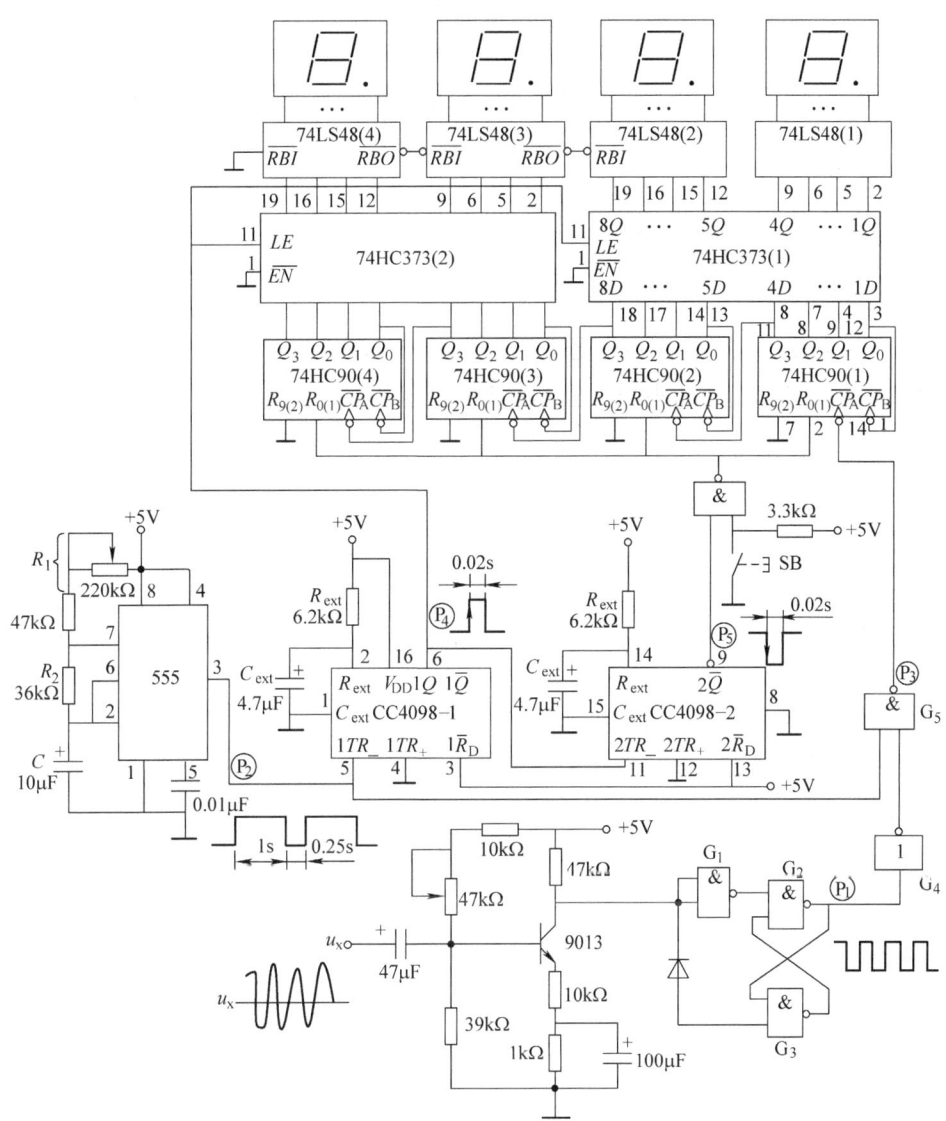

图9-9 4位频率计电路

本 章 实 验

实验 9.1　步进电动机的点动、光照、声音等控制

1. 实验目的

应用模拟电子和数字电子电路，设计有关步进电动机的其他控制功能。通过实际的数字控制步进电动机项目，学习设计和调试电子电路的完整过程，提高理论联系实际的综合应用能力。

2. 实验设备和元器件

电子电路实验箱，四相步进电动机，光敏电阻，驻极体送话器，一体化红外接收器，74HC151 等元器件，元器件手册。

3. 实验内容和步骤

1）应用电子电路来实现控制步进电动机，如步进电动机点动、光照、声音、红外等，使步进电动机具备起动、停止、变速转动、自动报警等控制功能。在实验箱上设计、组建和调试电路实现以上控制功能。

2）用数据选择器 74HC151 来实现点动、光照、声音、红外等控制选择（要求用地址输入端选择，控制灵敏度可调）。

4. 实验报告内容要求

实验目的，实验电路，整理和分析原始实验数据，绘出曲线或波形图，画出步进电动机数字控制的完整电路图（用毫米纸），写出"步进电动机数字控制"项目的实验总结报告。

5. 实验后作业

1）实验名称、日期、组别、指导教师。实验目的、仪器规格及编号、实验电路等。把实验得到的原始数据进行整理和分析，绘出曲线或波形等。对实验结果进行分析，并做出结论，写出自己的实验心得体会。

2）准备演示报告（推荐用 PPT，可以从收集资料、电路设计、电路调试、控制电路设想等某一方面作汇报）。

附　　录

附录 A　电子电路实验箱简介

1. 概述

为了配合模拟电子技术、数字电子技术的课堂教学和实验，由上海电机学院设计开发的电子电路实验箱为学生提供了一个可以独立自主地去搭建电子线路和完全开放的实验平台，配备有电源和实验用元器件。该实验箱可完成验证性、学习性、设计性、综合性等的实验项目，书中给出的所有实验都可以在电子电路实验箱（见图 A-1）上完成。它具有使用灵活、接线可靠、操作快捷、维护简单、携带方便（体积：313mm × 255mm × 45mm）等特点。实验箱面板的简要介绍如图 A-2 所示。

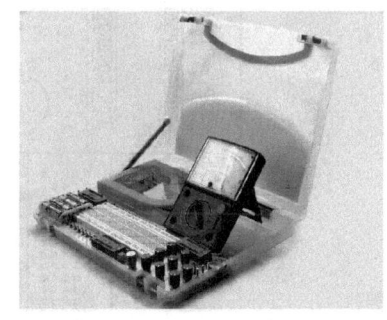

图 A-1　便携式电子电路实验箱

2. 性能特点

（1）直流电源　内接有 +6V（采用 5 号碱性电池，实验时宜采用工作电源电压范围大的 74HC 或 CD4000 系列的数字集成电路），其中 +6V 输出有 100mA 限流和自动恢复功能，若要取消限流功能，可利用 Ф Ф 将两端短路。

外接：±6V（此时自动断开电池供电）。外接 -6V 电源亦可接线到 28 芯锁紧双列插座的 -6V 处。

带切断或接通 ±6V 的电源开关，有 +6V 红发光管、-6V 绿发光管指示。

（2）实验电路板　一块 830 芯优质多孔插座板（面包板）。上下各两小条的每一行插孔是等电位的，中间每列 5 个插孔也是等电位的，中间凹槽是插双列直插式集成电路芯片的地方。

（3）接插座组　3 个 28 芯锁紧双列插座，是电源、信号、电位器、电平的输入输出连接座，也可利用 a–a、b–b、c–c、…、k–k、l–l 直通端连接粗脚电阻、电容、晶体管、塑封中/大功率管、集成功放电路等元器件。

（4）脉冲信号　1~120Hz 连续可调 ⊓⊔⊓⊔ TTL 方波输出，发光二极管连续闪亮表示有脉冲输出，还有正、负 TTL ⊓ ⊔ 单次脉冲输出。连续方波调整旋钮在 OFF 位置时可关闭连续方波和单次脉冲输出。若需要更好的脉冲信号波形输出，可以在面包板上外接非门对 TTL 方波或单次脉冲进行整形后再输出。

（5）数据电平开关　A~H 的 8 个拨动开关，产生"0""1"数字逻辑电平。

（6）逻辑电平显示　0~8 的 9 个发光二极管，发光管"亮"表示输入为逻辑高电平"1"。

（7）电位器组　470Ω、1kΩ × 2、4.7kΩ、10kΩ、100kΩ × 2、1MΩ（碳膜电位器额定功率 0.5W）作为可变电阻使用。各电位器内部未与其他部件相连。

（8）发声装置　φ30 mm 蜂鸣片（工作频率 4kHz），用 ⌁ 表示，其一端已接地。

（9）输入、输出信号座　采用不锈钢螺钉接线座，有输入端 IN 和两路输出端 Y_A、Y_B，其中 ⏚ 端已接地，适用连接鳄鱼夹或带钩的信号源输出、毫伏表输入、示波器探头输入。

（10）扩展端　利用 EXT1、EXT2 两端可内外接其他部件。

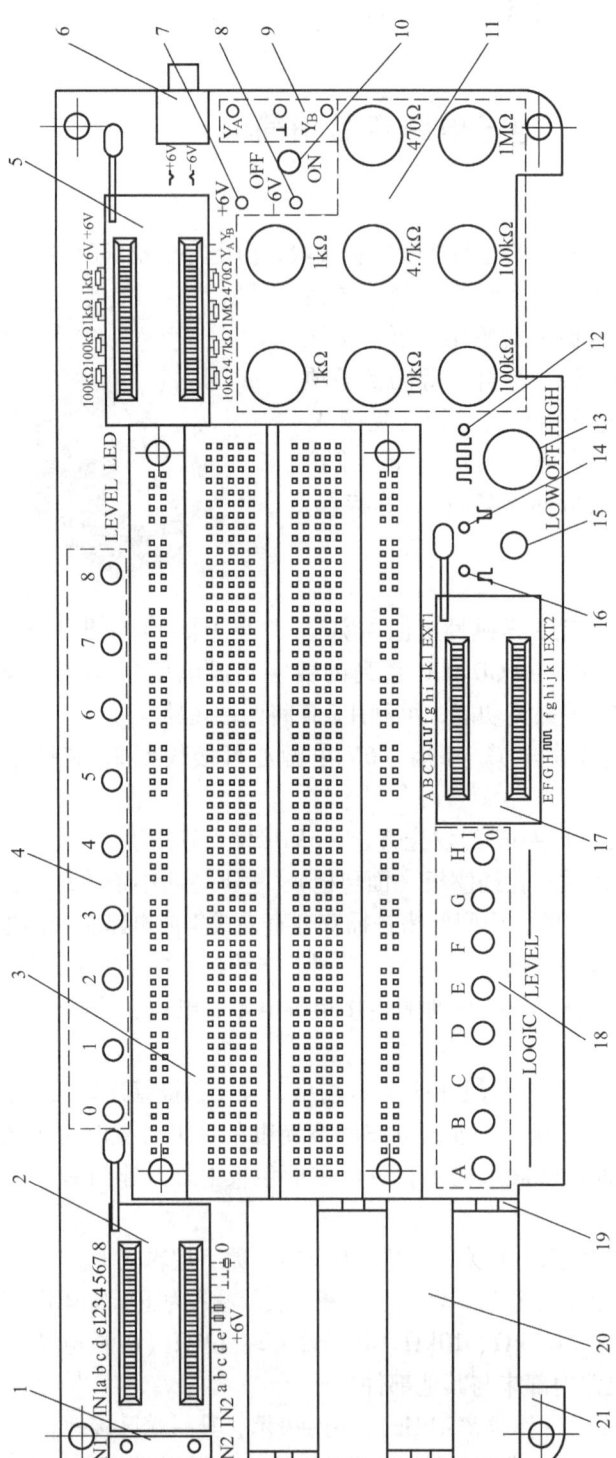

图 A-2 便携式电子电路实验箱面板排列图

1—信号输入接线端 X1 2—双列锁紧 28 芯插座 XS1 3—多孔插座板即面包板 4—九逻辑电平显示灯 5—双列锁紧 28 芯插座 XS2
6—±6V 外接电源插座 XS4 7—+6V 电源指示灯 8—−6V 电源指示灯 9—信号输出接线端 X2 10—电源开关
11—八电位器 12—方波输出指示灯 13—方波频率调节旋钮 14—负脉冲输出指示灯 15—单脉冲输出按钮
16—正脉冲输出指示灯 17—双列锁紧 28 芯插座 XS3 18—八数据电平开关 19—5 号电池盒 20—4 节 5 号电池 21—印制电路板

3. 使用、保养注意事项

1）使用本实验箱严禁进行强电实验。

2）组接实验电路前须先断开电源开关，电路接线检查无误后，才可合上电源进行实验，更换电路板上的元器件或接线也应先切断电源。外接电源采用三芯 $\phi 3.5\text{mm}$ 插座，注意极性不要接反，外接直流电压范围一般为 $\pm 6\text{V}$。

3）多孔插座板上的导线一般用单股 0.3mm^2 左右的塑料硬线，线头剥线长度约 8mm，剥头部分要全部插入孔内，以保证接触良好。不要把粗引线的元器件或导线插入孔内。

4）实验完毕，应及时关闭电源开关，及时清理实验箱内的杂物，把小工具和元器件等物归原位。合上实验箱搭扣，严禁实验箱摔打和受压。

5）实验箱长期不用，请取出电池，以免电池腐烂，损坏机件。

电子技术实验元器件清单如表 A-1 所示。

表 A-1 电子技术实验元器件清单

模拟电子元器件					模拟电子元器件			
序号	名称	规格	数量	序号	名称	规格	数量
1	晶体管（PNP）	9012	2	18	电容	222	1
2	晶体管（NPN）	9013	5	19	电阻	$470\Omega/1\text{W}$	2
3	集成运放	LM324	1	20	电阻	$100\text{k}\Omega$	2
4	集成稳压	LM317	1	21	电阻	$47\text{k}\Omega$	1
5	集成功放	LM386N-1	1	22	电阻	$10\text{k}\Omega$	4
6	二极管	1N4007	5	23	电阻	$5.1\text{k}\Omega$	3
7	发光二极管（高亮红色）	KSL-0581UR	1	24	电阻	$4.7\text{k}\Omega$	1
8	稳压管（$U_Z=4.3\text{V}$）	2CW52-4V3	2	25	电阻	$3\text{k}\Omega$	2
9	电容	$470\mu\text{F}/25\text{V}$	2	26	电阻	$2\text{k}\Omega$	4
10	电容	$220\mu\text{F}/25\text{V}$	1	27	电阻	$1\text{k}\Omega$	4
11	电容	$100\mu\text{F}/25\text{V}$	1	28	电阻	510Ω	8
12	电容	$47\mu\text{F}/25\text{V}$	2	29	电阻	300Ω	1
13	电容	$22\mu\text{F}/25\text{V}$	1	30	电阻	240Ω	1
14	电容	$10\mu\text{F}/25\text{V}$	4	31	电阻	100Ω	2
15	电容	$4.7\mu\text{F}/25\text{V}$	1	32	电阻	51Ω	2
16	电容	103	2	33	电阻	8Ω	3
17	电容	104	4				
数字电子器件				数字电子器件			
序号	名称	规格	数量	序号	名称	规格	数量
1	数码管（高亮红色共阴）	KSS-08123SR	1	18	4位十进制同步加减计数器	74HC192	1
2	四2输入与非门	74HC00	1	19	4位双向移位寄存器	74HC194	1
3	四2输入或非门	74HC02	1	20	四2输入与非门（TTL电路）	74LS00	1
4	六反相器	74HC04	1	21	四2输入与非门	CD4011	1
5	四2输入与门	74HC08	1	22	双上升沿D触发器	CD4013	1
6	三3输入与门	74HC11	1	23	双上升沿JK触发器	CD4027	1
7	六施密特反相器	74HC14	1	24	8路模拟开关	CD4051	1
8	二4输入与非门	74HC20	1	25	BCD七段译码驱动器	CD4511	1
9	三3输入或非门	74HC27	1	26	双十进制同步计数器	CD4518	1
10	四2输入或门	74HC32	1	27	双CMOS定时器	7556	1
11	4位二进制全加器	74HC283	1	附加元器件			
12	4位数值比较器	74HC85	1	1	四相步进电动机	PM20L-20-05	1
13	四2输入异或门	74HC86	1	2	槽型光电开关	H12A5S	1
14	3/8译码器	74HC138	1	3	光敏电阻	GL5637-1	1
15	8/3编码器	74HC148	1	4	驻极体扬声器	CZN-15EA	1
16	八选1数据选择器	74HC151	1	5	一体化红外接收器	1838	1
17	4位二进制同步可预置计数器	74HC161	1				

附录 B 步进电动机工作原理简介

步进电动机是一种将电脉冲转化为角位移的执行机构。当步进驱动器每接收到一个脉冲信号，它就驱动步进电动机按设定的方向转动一个固定的角度（称为"步距角"），它的旋转是以固定的角度一步一步运行的，故称为步进电动机。可以通过控制脉冲个数来控制角位移量，从而达到准确定位的目的；同时可以通过控制脉冲频率来控制电动机转动的速度，从而达到调速的目的。步进电动机可以作为一种控制用的特种电动机，利用其没有积累误差（精度为100%）的特点，广泛应用于速度、位置等各种开环控制领域。图 B-1 是一种步进电动机的实际外形。

图 B-1 步进电动机实际外形

常用的步进电动机分三种：永磁式（PM）、反应式（VR）和混合式（HB）。永磁式步进电动机一般为两相，转矩和体积较小，步进角一般为 7.5°或 15°；反应式步进电动机一般为三相，可实现大转矩输出，步进角一般为 1.5°，但噪声和振动都很大，目前已被淘汰；混合式步进电动机是指混合了永磁式和反应式电动机的优点，混合式步进电动机的应用最为广泛。

按步进电动机内部的线圈组数来分，目前常用的有二相、三相、四相、五相步进电动机。电动机相数不同，其步距角也不同。例如，混合式二相步进电动机的步距角为0.9°/1.8°、三相的为 0.75°/1.5°、五相的为 0.36°/0.72°。在没有细分驱动器时，用户主要靠选择不同相数的步进电动机来满足自己步距角的要求。如果使用细分驱动器，则在驱动器上改变细分数，就可以改变步距角。图 B-2 是 PM20L – 20 – 05 四相步进电动机的接线图。

四相步进电动机按照通电顺序的不同，可分为单四拍（A→B→C→D→A）、双四拍（AB→BC→CD→DA→AB）、八拍（A→AB→B→BC→C→CD→D→DA→A）三种工作方式。单四拍与双四拍的步距角相等，但单四拍的转动力矩小。八拍工作方式的步距角是单四拍与双四拍的一半，因此，八拍工作方式既可以保持较高的转动力矩又可以提高控制精度。图 B-3 是步进电动机工作的时序波形图。

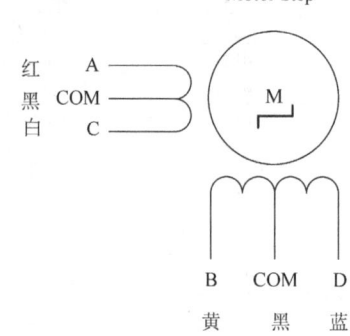

图 B-2 PM20L – 20 – 05 的接线图

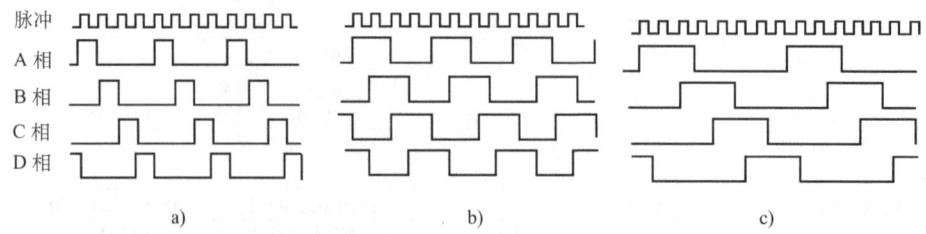

图 B-3 步进电动机工作的时序波形图
a) 单四拍 b) 双四拍 c) 八拍

附录 C　部分基本逻辑单元图形符号对照

单元名称	国标符号	IEEE/ANSI 符号	其他常见符号
与门	&	&	
或门	≥1	≥1	
非门	1	1	
与非门	&	&	
或非门	≥1	≥1	
异或门	=1	=1	
同或门（异或非门）	=	=	
OD/OC 与非门	&	&	
三态输出非门	1 / EN	1 / EN	
CMOS 传输门	TG	TG	
与或非门	& ≥1	& ≥1	
带施密特触发特性的与非门	&	&	
全加器	Σ CI CO	Σ CI CO	
SR 锁存器	S R	S R	S Q R Q̄
电平触发的 SR 触发器	1S C1 1R	1S C1 1R	S Q CLK R Q̄

（续）

单元名称	国标符号	IEEE/ANSI 符号	其他常见符号
带异步置位、复位端的上升沿触发 D 触发器			
带异步置位、复位端的脉冲触发 JK 触发器			

部分习题答案

第 1 章 数字电路和逻辑门电路

1-1 填空题

(2) 高 低 (4) CMOS

1-2 选择题

(2) B (4) ABD (6) ABD (8) C

1-3 判断题

(2) √ (4) × (6) √ (8) √ (10) √

1-6 图 b 和图 d 的接法是正确的,因为其他两种接法的工作电流不满足要求。

图 b,当输出为高电平时,流过 LED 的电流大于 $\frac{2.7-1.7}{1}\text{mA}=1\text{mA}$

图 d,当输出为低电平时,流过 LED 的电流大于 $\frac{5-1.7-0.5}{1}\text{mA}=2.8\text{mA}$

1-8 不可以。因为当两个具有推拉输出级的 TTL 与非门输出端直接连接在一起时,在一个门输出"1"和另一个门输出"0"时会造成输出级短路。

1-10 1) 应选用 7405。

2) $R=\frac{5-1.7-0.3}{10}\text{k}\Omega=\frac{3}{10}\text{k}\Omega=0.3\text{k}\Omega$,$R$ 应选用 300Ω 的电阻。

3) OC 门在使用时,输出端必须接上拉电阻到电源正极,否则,其输出的两种状态则分别为低电平和高阻态。图 b 中输出端与电源正极之间没有接上拉电阻,所以,所接的发光二极管不管是什么情况均不会发光。

1-12

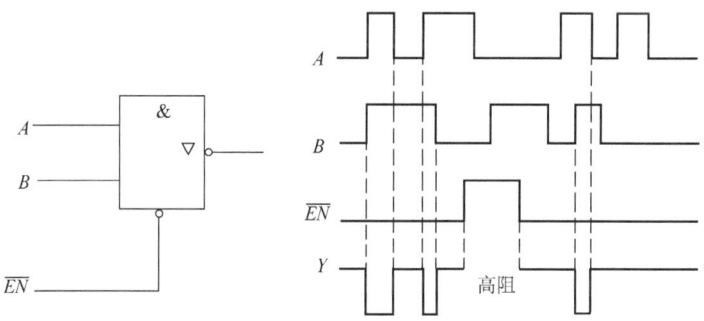

习答图 1 题 1-12

第 2 章 逻辑代数基础

2-1 (2) $(10000111001)_B = (439)_H = (1081)_D$

2-2 (2) $(105)_D = (1101001)_B$

2-3 (2) $(1001)_H = (1000000000001)_B = (4097)_D$

2-4 (2) $(99)_{(10)} = (10011001)_{8421BCD}$

2-6 (2) $AB+BC$

2-7 (2) $F = \overline{\overline{A\,\overline{BC}} \cdot \overline{A\,\overline{B}} \cdot \overline{A\,B \cdot \overline{BC}}}$

2-8 (2)

A	B	$A \oplus \overline{B}$	$\overline{A \oplus B}$
0	0	1	1
0	1	0	0
1	0	0	0
1	1	1	1

2-9

(2) 与非 – 与非式

$$Y = \overline{\overline{\overline{AB\,\overline{C}}\ \overline{\overline{BCD}}\ \overline{A\,\overline{BD}}}}$$

或非 – 或非式

$$Y = \overline{\overline{(\overline{A} + \overline{B} + C) + (B + \overline{C}) + \overline{D}} + \overline{(A + B + C)}}$$

2-10 (2)

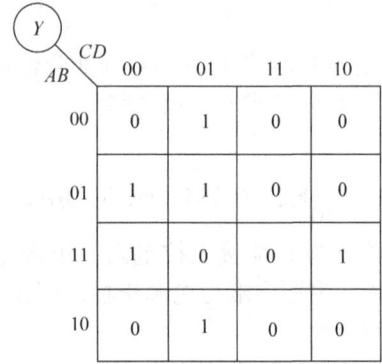

习答图 2 题 2-10（2）

$$Y(A, B, C, D) = \sum m(1, 4, 5, 9, 12, 14)$$

2-11 (2) $Y = A + B$

2-12 (2) $Y_2 = \overline{A}\,\overline{B}D + \overline{A}B\,\overline{C} + A\,\overline{B}C$ (4) $Y_4 = A\,\overline{C}D + \overline{B}\,\overline{D}$

第 3 章 组合逻辑电路

3-1 (2) 2 2 3 2   (3) 低

3-2 (2) A (4) B (6) B

3-5 设 A_0、A_1、A_2、A_3 为输入变量，L_0、L_1、L_2、L_3 为对应的输出变量，C 为控制信号。
根据已知条件：$C = 0$ 时，$L_i = \overline{A_i}$
        $C = 1$ 时，$L_i = A_i (i = 0, 1, 2, 3)$

$$L_i = \begin{cases} \overline{A_i} & C = 0 \\ A_i & C = 1 \end{cases} \quad i = 0, 1, 2, 3$$

$$L_i = \overline{A_i} \cdot \overline{C} + A_i \cdot C = A \odot C \ (i = 0, 1, 2, 3)$$

$$L_i = A_i \oplus \overline{C}\,(i = 0, 1, 2, 3)$$

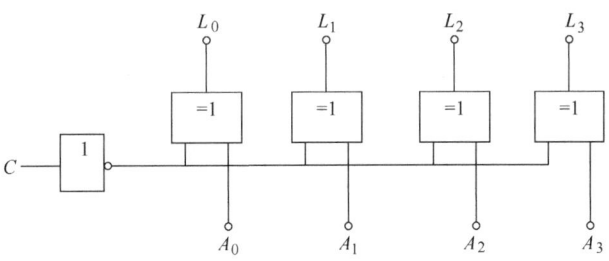

习答图 3　题 3-5

3-7　$F_2 = \overline{\overline{Y_3} \cdot \overline{Y_5} \cdot \overline{Y_6}} = Y_3 + Y_5 + Y_6 = \overline{P}QR + P\,\overline{Q}R + PQ\,\overline{R}$

3-9　根据题意分析可知，$P_C = 2P_A = 2P_B$，$P_X = P_A$，$P_Y = 3P_X$。列真值表

A	B	C	X	Y
0	0	0	0	0
0	0	1	0	1
0	1	0	1	0
0	1	1	0	1
1	0	0	1	0
1	0	1	0	1
1	1	0	0	1
1	1	1	1	1

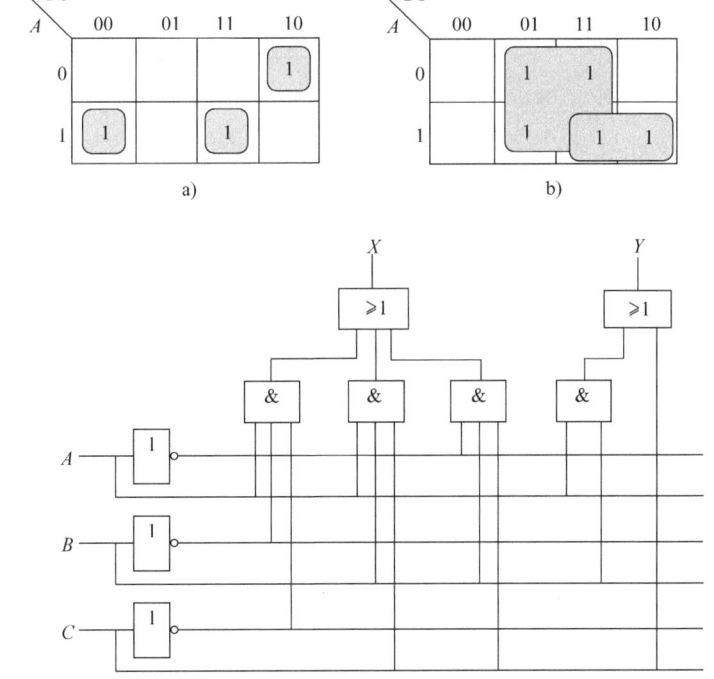

习答图 4　题 3-9

a) $X = A\,\overline{B}\,\overline{C} + ABC + \overline{A}B\,\overline{C}$　b) $Y = C + AB$

3-10　设 A、B 为输入变量，根据题意，列出真值表

字母形状	输入		输出				
	A	B	a	b	c	d	e
E	0	0	1	0	1	1	1
r	0	1	1	0	0	1	0
o	1	0	1	1	1	1	0
暗	1	1	0	0	0	0	0

$a = d = \overline{AB}$, $b = A\,\overline{B}$, $c = \overline{B}$, $e = \overline{A}\,\overline{B} = \overline{A + B}$

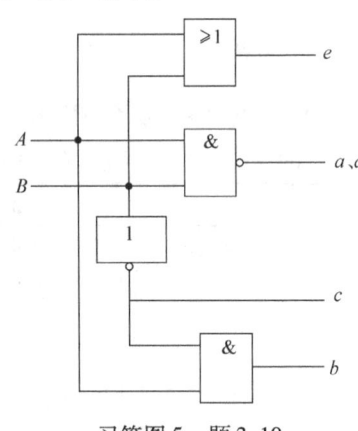

习答图 5 题 3-10

3-11

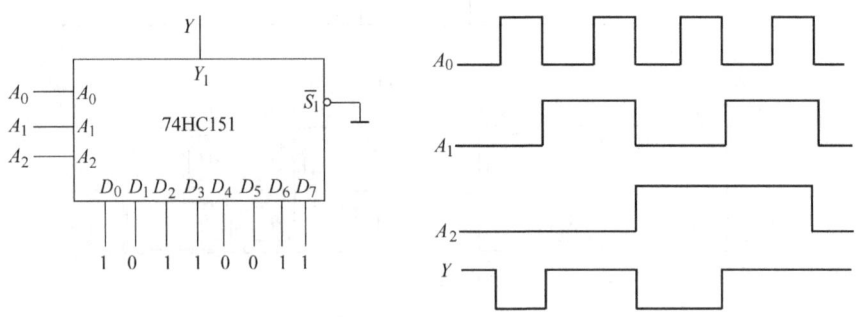

习答图 6 题 3-11

3-14 (2) $Z = A\,\overline{B}C + \overline{A}\,\overline{B}C + \overline{A}\,\overline{B}\,\overline{C} + \overline{A}BC = \sum m\,(0, 1, 3, 5)$

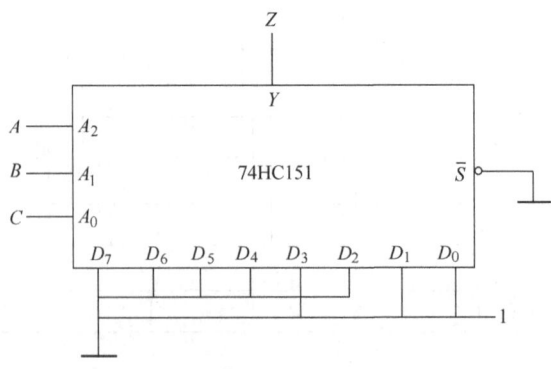

习答图 7 题 3-14

3-16 $Y_2 = (A + B)(\overline{B} + C) = \overline{AB} + AC + BC + \overline{BB}$,当 $A = C = 0$,$Y_2 = B \cdot \overline{B}$,所以存在"1"型冒险。电路有险象。可以采用封锁脉冲消除。

第 4 章 触发器

4-1　(2) √　(4) √
4-2　(2) C　(4) C
4-3

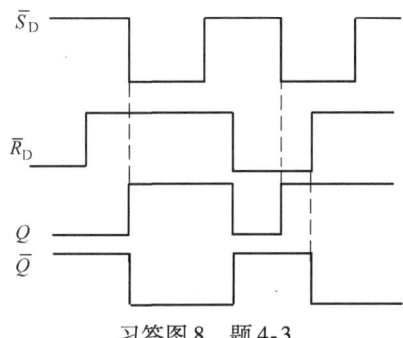

习答图 8　题 4-3

4-5

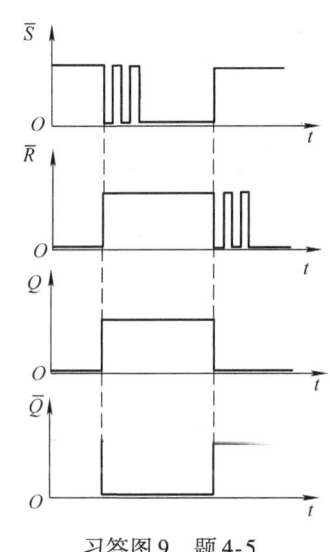

习答图 9　题 4-5

4-7

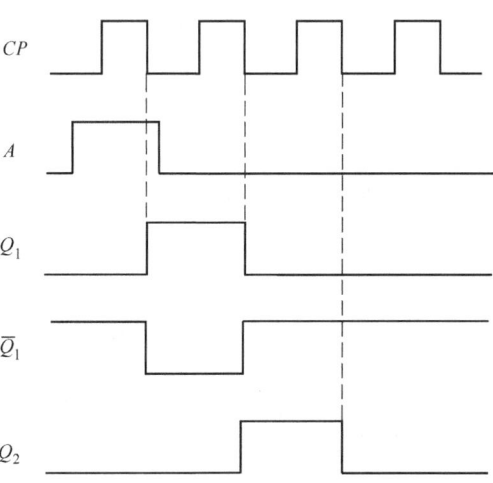

习答图 10　题 4-7

4-9

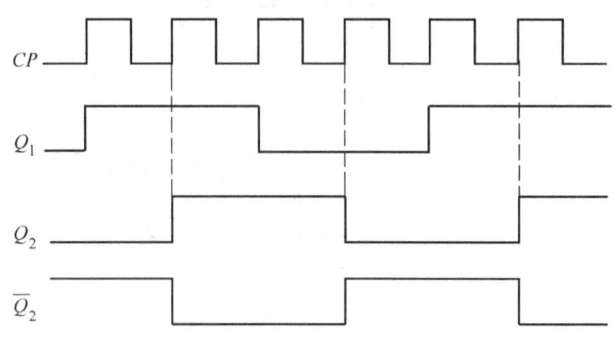

习答图 11 题 4-9

4-11

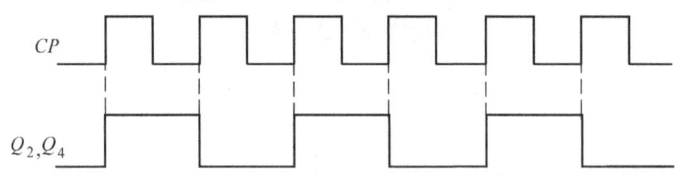

习答图 12 题 4-11

第 5 章 时序逻辑电路

5-1 （2） n 计数或 T' 计数脉冲输入端 邻低位 $\overline{Q}$ （4） 4

5-2 （2） × （4） ×

5-3 （2） B （4） C （6） B

5-4 电路组成串行输入、串行输出左移移位寄存器

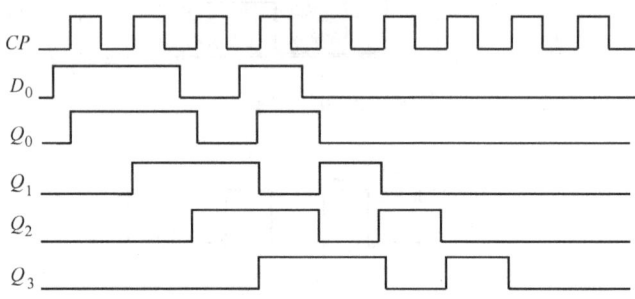

习答图 13 题 5-4

5-6 实现的功能是 3 位异步二进制递增计数器

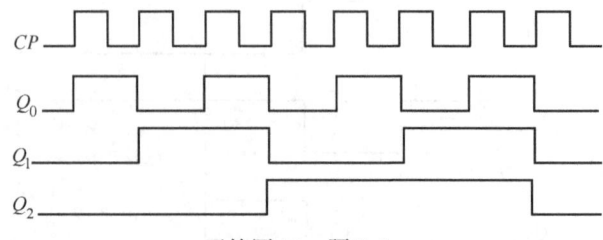

习答图 14 题 5-6

5-8 （1）驱动方程：

$J_0 = K_0 = 1$；$J_1 = K_1 = Q_0 \overline{Q_2}$；$J_2 = Q_1 Q_0$，$K_2 = Q_0$。

（2）状态转移方程：

$Q_0^{n+1} = \overline{Q_0^n}$；$Q_1^{n+1} = \overline{Q_0^n \, \overline{Q_2^n} \cdot \overline{Q_1^n} + \overline{Q_0^n \, \overline{\overline{Q_2^n}}} \cdot Q_1^n}$；$Q_2^{n+1} = Q_0^n Q_1^n \, \overline{Q_2^n} + \overline{Q_0^n} Q_2^n$。

（3）状态转移图：

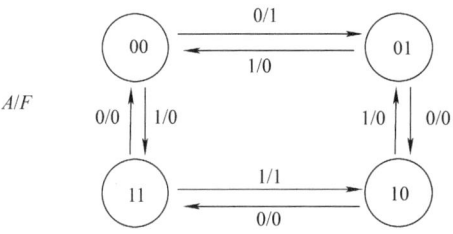

（4）偏离状态的自启动检查。

该无效状态是（110，111），将其代入状态转移方程可得，此电路有自启动特性。

（5）该电路为同步六进制递增计数器。

5-10 （1）驱动方程：$J_0 = K_0 = 1$；$J_1 = K_1 = A \oplus Q_0^n$。

（2）状态转移方程：$Q_0^{n+1} = \overline{Q_0^n}$；$Q_1^{n+1} = A \oplus Q_0^n \oplus Q_1^n$。

（3）输出方程：$F = A Q_0^n Q_1^n + \overline{A} \cdot \overline{Q_0^n} \cdot \overline{Q_1^n}$

（4）画出状态转移图：

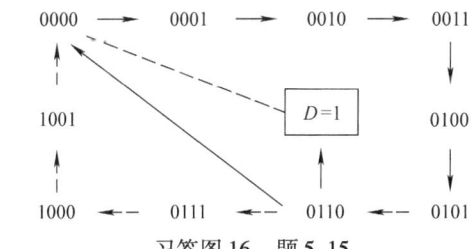

习答图15 题5-10

（5）该电路是可逆计数器，当 $A = 0$ 时，作递增计数器，当 $A = 1$ 时，作递减计数器。

5-15 电路为模 $M = 7$ 计数分频电路。

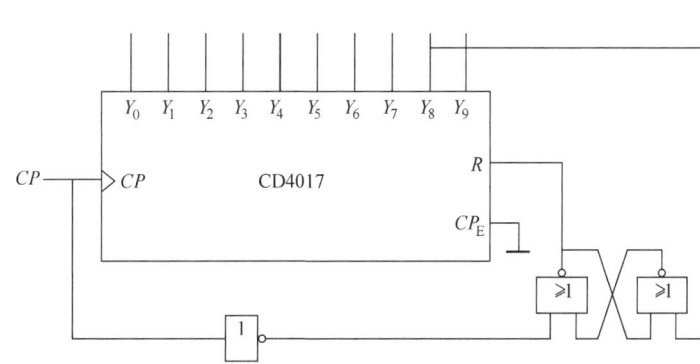

习答图16 题5-15

5-17 该电路其模为 $6 \times 16^1 + 4 \times 16^0 = 100$，经 D 触发器 2 分频后，电路的分频系数为 200∶1。若 CP 的信号频率为 20kHz，则输出 Y 的频率等于 100Hz。

5-19

习答图17 题5-19

第6章 脉冲波形的产生与整形

6-1　(2) B　(4) C　(6) C　(8) B　(10) D

6-2　(2) √　(4) ×　(6) √　(8) √　(10) ×

6-3　(2) 施密特　矩形　抗干扰　$\dfrac{1}{3}V_{CC}$　(4) 回差　滞后　脉宽

　　　(6) 1　0　(8) 多谐振荡器　单稳态触发器　施密特触发器

6-4

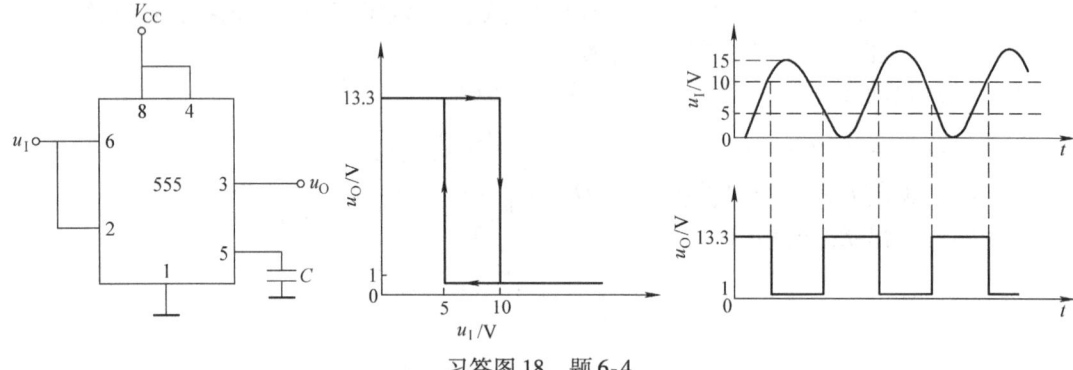

习答图 18　题 6-4

6-8

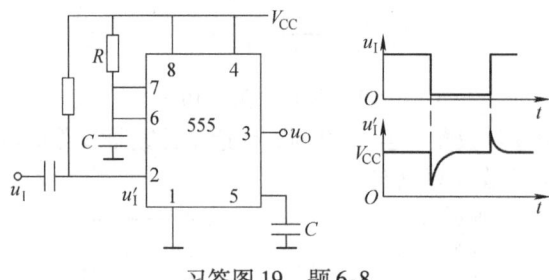

习答图 19　题 6-8

6-12

$$t_1 = 11\mathrm{s}$$

$$f = \dfrac{1}{0.7(R_2+2R_3)C_2} = \dfrac{1}{0.7 \times 15 \times 10^3 \times 0.01 \times 10^{-6}} \approx 9.5\mathrm{kHz}$$

6-14

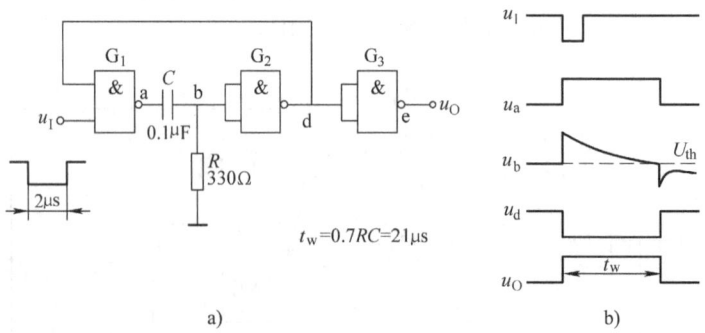

习答图 20　题 6-14

6-16　$T = 2R_F C\ln3 = 2 \times 10 \times 10^3 \times 10^{-8} \times 1.1\mathrm{s} = 2.2 \times 10^{-4}\mathrm{s}$　$f = 4.55\mathrm{kHz}$

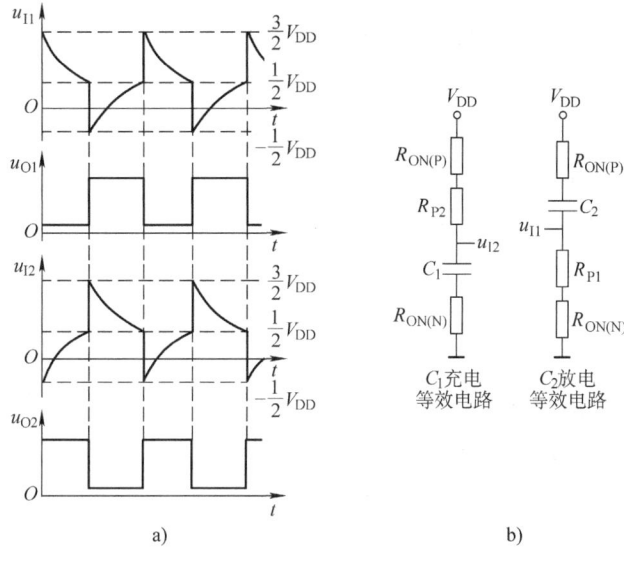

习答图 21 题 6-16

第 7 章 半导体存储器与可编程逻辑器件

7-1 （2）B （4）C （6）A

7-2

$$F_0 = W_3 = AB$$
$$F_1 = W_1 + W_2 + W_3 = \overline{A}B + A\overline{B} + AB = A + B$$
$$F_2 = \overline{A}B + A\overline{B} = A \oplus B$$
$$F_3 = W_0 + W_1 + W_2 = \overline{A}\,\overline{B} + \overline{A}B + A\overline{B} = \overline{A} + \overline{B} = \overline{AB}$$

A	B	F_0	F_1	F_2	F_3
0	0	0	0	0	1
0	1	0	1	1	1
1	0	0	1	1	1
1	1	1	1	0	0

7-4

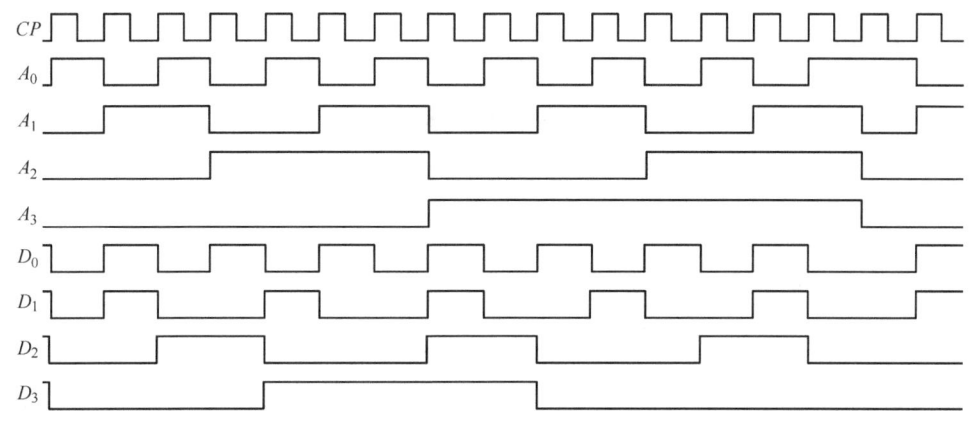

习答图 22 题 7-4

第8章 数/模和模/数转换

8-1 (2) B (4) B (6) C (8) B

8-2 (2) A/D D/A (4) 量化 编码
(6) 1个LSB的输出所对应的模拟量的范围 不可

8-4 其分辨率为 $\dfrac{1}{2^{10}-1} = \dfrac{1}{1023} \approx 0.001 = 0.1\%$

$V_{LSB} = 5 \times \dfrac{1}{2^{10}-1} = 5 \times \dfrac{1}{1023}V \approx 0.005V = 5mV$

8-6 $i_O = \dfrac{V_{REF}}{R \cdot 2^{10}}D = \dfrac{10}{10 \cdot 2^{10}} \times (512+128+64+16+4+1)mA = \dfrac{725}{1024}mA \approx 0.708mA$

$u_O = -i_O R_F = (-0.708 \times 10)V = -7.08V$

8-8 (1) $u_{Omin} = 0.02V$, $u_O = u_{Omin} \times \sum\limits_{i=1}^{n-1} D_i \times 2^i$

当输入二进制数 01001101 时输出电压 $u_O = (0.02 \times 77)V = 1.54V$

(2) 分辨率用百分数表示为 $\dfrac{u_{Omin}}{u_{Omax}} \times 100\% = \dfrac{0.02}{0.02 \times 255} \times 100\% = 0.39\%$

(3) 不能

8-10 AD7520 的 $d_3 \sim d_0$ 从 0000~1111 循环输入。

当 d_9、d_8、d_7、d_6 分别为1，其他位为0时，有 $d_9=1$ 时，$u_O=5V$；$d_8=1$ 时，$u_O=2.5V$；$d_7=1$ 时，$u_O=1.25V$；$d_6=1$ 时，$u_O=0.625V$，u_O 波形如习答图23所示。

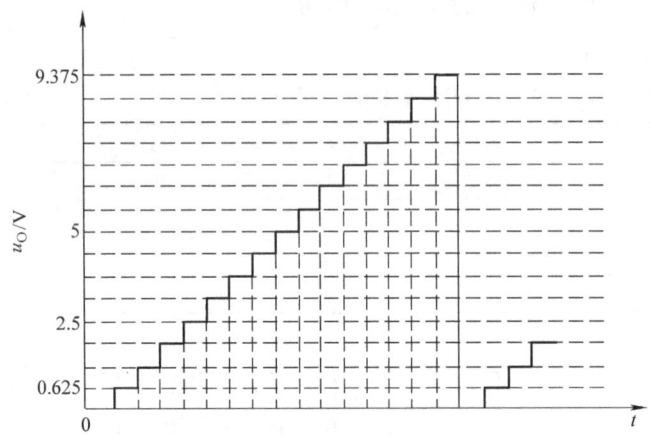

习答图23 题8-10

8-12 (1) 最低位为 "1" 时输出为

$u_{Omin} = \dfrac{V_{Omax}}{2^n - 1} = \dfrac{14.322V}{2^{10}-1} = 0.014V$

故当输入电压 $u_I = 9.45V$ 时的数字输出状态为

$\dfrac{9.45V}{0.014V} = (675)_{10} = (1010100011)_2$

即 $d_9 \sim d_0 = 1010100011$

(2) $t = (n+2)\dfrac{1}{f_C} = (10+2) \times \dfrac{1}{1 \times 10^6}s = 12\mu s$

8-14 $T_{max} = 2T_1 = 2NT_C = 2 \times 2000 \times 0.1\text{ms} = 400\text{ms} = 0.4\text{s}$

$$N_2 = \frac{u_I}{V_{REF}}N$$

$$u_I = \frac{V_{REF}}{N}N_2 = \frac{6}{2000} \times 369\text{V} = 1.107\text{V}$$

完成一次转换最长需要的时间为 0.4s；计数器的计数值 $N_2 = (369)_{10}$，基准电压 $-V_{REF} = -6\text{V}$，此时输入电压 u_I 为 1.107V。

第 9 章 数字系统的综合分析

9-2 分析略

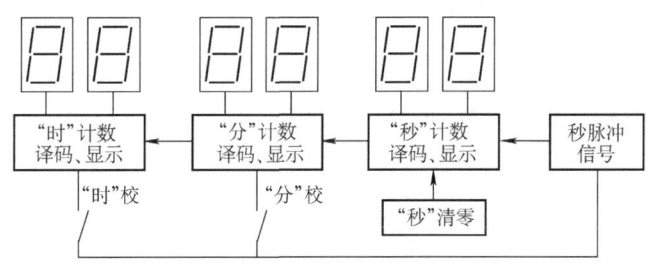

数字钟电路框图
习答图 24 题 9-2

9-4 分析略

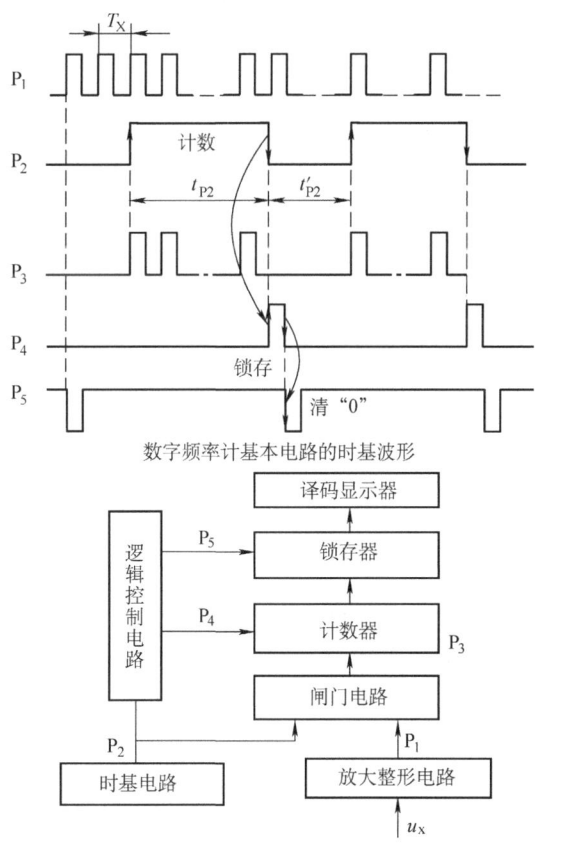

数字频率计基本电路的时基波形

数字频率计基本电路框图
习答图 25 题 9-4

参 考 文 献

[1] 阎石. 数字电子技术基本教程 [M]. 北京：清华大学出版社，2007.
[2] 阎石. 数字电子技术基础 [M]. 4版. 北京：高等教育出版社，1998.
[3] 潘明，潘松. 数字电子技术基础 [M]. 北京：科学出版社，2008.
[4] 梅开乡，郭颖. 数字电子技术 [M]. 北京：北京大学出版社，2008.
[5] 李晶皎，李景宏. 逻辑与数字系统设计 [M]. 北京：清华大学出版社，2008.
[6] 高吉祥. 数字电子技术 [M]. 2版. 北京：电子工业出版社，2009.
[7] 沈任元. 数字电子技术基础 [M]. 2版. 北京：机械工业出版社，2009.
[8] 王公望. 数字电子技术常见题型解析及模拟题 [M]. 3版. 西安：西北工业大学出版社，2003.
[9] 陈洪明. 电子技术基础——数字部分习题全解 [M]. 4版. 北京：中国建材工业出版社，2004.
[10] 侯建军. 数字电子技术基础重点、难点、题解、试题 [M]. 北京：高等教育出版社，2005.
[11] 范文兵. 数字电子技术基础习题解答与实验指导 [M]. 北京：清华大学出版社，2008.
[12] 孔凡才，周良权. 电子技术综合应用创新实训教程 [M]. 北京：高等教育出版社，2008.
[13] COOK P N. 实用数字电子技术 [M]. 施惠琼，李黎明，译. 北京：清华大学出版社，2006.